2007中央美术学院建筑学院
2007 School of Architecture, CAFA
优秀学生作品集
Portfolio of Outstanding Student Work

中央美术学院建筑学院　主编
School of Architecture,CAFA　Chief Editor

中国建筑工业出版社
CHINA ARCHITECTURE & BUILDING PRESS

图书在版编目（CIP）数据

2007中央美术学院建筑学院优秀学生作品集/中央美术学院建筑学院 主编,-北京:中国建筑工业出版社,2007
ISBN 978-7-112-09559-9

Ⅰ.2… Ⅱ.2… Ⅲ.建筑设计-作品集-中国-现代Ⅳ.TU206

中国版本图书馆CIP数据核字(2007)第129790号

本书以中央美术学院建筑学院的本科教学课程体系为基本结构，收录以2007年为主的中央美术学院建筑学院的优秀学生作业，全书分为造型基础课程、设计初步课程、建造基础课程、建筑设计课程、室内设计课程、景观设计课程、专业实践课程、毕业设计等八大板块，兼顾建筑设计、室内设计、景观设计三个专业方向的教学。每个板块的构成包括课题介绍和作业案例。以图为主，图文并茂；文字部分中英文对照。本书较全面地向读者呈现了中央美术学院建筑学院的本科教学的成果，其办学思路与教学特色可窥一斑。

责任编辑：唐　旭　李东禧
责任设计：肖广慧
责任校对：汤小平

2007中央美术学院建筑学院
优秀学生作品集
中央美术学院建筑学院　主编
*
中国建筑工业出版社出版、发行（北京西郊百万庄）
各地新华书店、建筑书店经销
北京方嘉彩色印刷有限责任公司印刷
*
开本：889×1194毫米　1/20　印张：18⅘
2007年9月第一版　2007年9月第一次印刷
印数：1-2,500册　　定价：118.00元
ISBN 978-7-112-09559-9
（16223）

编委会

前言

在美术学院兴办建筑教育，总会使人直接联想到巴黎美术学院建筑教育兴衰的历史，也始终让人怀疑在美术院校重新建立起来的建筑教育系统能否摆脱其环境和历史局限。面对这些联想和怀疑，否认巴黎美术学院在建筑教育中的历史地位是荒谬的；同样，简单套用巴黎美术学院的教育体系在当今也毫无意义。

中央美术学院建筑学院的教学，并不企图以继承传统的衣钵来找寻美术学院建筑教育曾经有过的辉煌，也不可能照搬当今成功的建筑教育模式以行走捷径。“美术”已非昔日的“美术”，“建筑”亦非昔日的“建筑”，毕竟时过境迁。我们希望以探索者的姿态，在一个浓郁的艺术氛围中，重新思考建筑教育的问题，虽然我们仍然难以突破传统，但是我们将始终保持追求理想的开放心灵。

我们把教学组织和学生作品结集出版，无意作为成果展示，相反，我们自己清醒地认识到尽管我们在很多方面进行着创新的实验，但我们的教学依然显现着传统的烙印在身。我们只是期待以这样一种方式，作为我们师生对过去共同努力的总结，使我们自己更全面更清晰地了解所走过的道路，利于调整我们的方向，当然，更重要的是让外界更多地了解我们，以获取更多中恳的批评与宝贵的建议。

吕品晶　教授

中央美术学院建筑学院　院长

Preface

To start architectural education in schools of fine arts would inevitably remind people of the rise and decline of architectural education of Ecole nationale supérieure des beaux-arts, and suspicions cannot be avoided as to whether the department of architectural education in schools of fine arts can get rid of environmental and historical limitations. It is ridiculous to deny the historical influence of the architectural education department at Ecole nationale supérieure des beaux-arts while facing these associations and suspicion. Also, it is meaningless to simply imitate the educational system of Ecole nationale supérieure des beaux-arts.

The education at the School of Architecture of China Central Academy of Fine Arts will not seek the lost resplendence through heritage of legacies, nor is it going to copy today's successful architectural education patterns for shortcut. The connotations of "art" and "architecture" are different from the past. After all, the situation has changed. We are hoping to keep the posture of explorers and reconsider the issue of architectural education in a full-bodied artistic atmosphere. Despite the difficulty in breaking the ice of the conventions, we shall still keep an open mind to pursue our ideal.

We have no intention of showing off the works of our students and teaching organization while publishing this collection. Instead, we are clearly aware that we are still bearing traces of conventions in our teaching in spite of experiments of innovation in many aspects. We are just summarizing our past experiences in this way, hoping it can provide a better illustration of the paths that we have walked upon and help to adjust our direction. Of course, the more important intention in publishing this collection is to let the society know more about us, so that we can hear more sincere critiques and valuable advice.

Lv Pinjing Professor
Dean of School of Architecture, China Central Academy of Fine Arts

目录

Content

造型基础课程
Fine Art Courses

一、造型基础课程

造型基础课程目的是培养建筑学院各专业学生的艺术审美、造型思维及表现能力，其主体教学课程包括：素描、色彩、视觉形态分析、艺术创作实践和材料体验等几个方面。在每一段主体课程内设置了不同格式的单元课目，作为每个课程之间的深化和衔接，这些课目大部分具有实验性，目的是让学生们在完成了规定课程的同时，拥有更多更大的自主创新的空间和机会。课时量大约在220学时左右，课程的开设时间与建筑初步课程平行进行，交叉互补。基础造型作为每届新生进入建筑学院学习的起步课程，它的作用在于调整和调动学生的学习状态，以系统严格的固定课程设置构建和谐的学业秩序，培养学生的造型思维与表现能力，强化学生的艺术审美素质，为他们进一步的专业学习打好扎实的基础。重要的是，教学设置是对未来负责，通过对教学实践研究确定创意课程，逐步扩展建筑学院基础造型整体课程的规模，这是我们的愿望，也是我们的目标。

Ⅰ. Fine Art Basics Courses

The purpose of this course is to cultivate the abilities of artistic taste, form thinking and expression of students of different majors at the School of Architecture. Principal courses include: charcoal drawing, color, visual shape analysis, artistic creation practice and material experience. Different formats are adopted by different units within each course. Most of the units are experimental and serve to deepen interlink different courses. The purpose of this arrangement is to give students more space and opportunities for innovation while accomplishing the required courses. There are about 220 learning hours. The timing of these courses parallels with primary architecture courses and can act as a good supplement. Fine Art Basics Courses is the entry course of every freshman, serving to adjust and activate students' form thinking and expression ability and enhance their artistic tastes, so that they can build a solid foundation before moving any further. More importantly, the teaching schedule is designed according to future developments. It is our desire and goal to decide creative courses and gradually expand the course scale of Fine Art for the School of Architecture through teaching practices.

建筑学院的造型教学设置是通过教学实验的证实而获得的，考虑到建筑专业的整体教程，我们从一开始就安排了几何空间分析课程，一周的时间，同学以线的形式在教室专门设置的几何磨具呈现的空间范围内辨别与概括几何体构架的方位和秩序。

微小的物体被置于最大限度的画面中，它们原有的视觉关系就会发生量的变化，另外，小物体因为被极力扩充后就会在细节上出现必然的空虚和力量方面的松散，所以，我们就必须兼顾写真与延持我们的视觉，在被放大后的物态空间中重构出新的情景形态。这是一个以小见大的写生练习，课程为一周的时间。

人们为生产、生活所设计的功能性机械物质，标志人应用动力的智能，其形象构造已具备了抽象设置的意味，它们都是通过设计制造而完成的，所以它们具备了更多精密的结构。以复杂精密的小型物体，用最大的画面加以表现。

我们需要有耐力完成对它们的观察与表现，显然这也是以写生放大的形式安排的课程。但是，在它整体的构造中包含着的综合造型要求，我们作出较复杂的形态逻辑的判断和推测，它可以锻炼我们的眼力，而眼力是一种悟解的能力，这个课程规定的两周时间，作业的尺幅为一开整张纸。

创意素描作业安排在假期，同学们可以在课堂以外发现更多新奇的事物。我们希望同学们从现实观察中获得的元素，以我们课堂练习的内容自主创作，从作业反馈的情况来看，同学们已可以从具体的现实形态中脱离出来，构想表现出一个较为完整自由的和拥有动感节律的作品来。

组织同学用两周的时间在自然博物馆和植物园对动物骨骼和植物生态进行考察记录，目的是让同学们对动物和植物的视觉信息和相关综合的知识作现场的记录。动物骨骼可以使我们体验生命体原始结构力量的内核；观察自然的色彩和生态，可以增加我们对自然物态抽象意念的推想。

作为这个课目的后续创作是前期博物馆和植物园考察写生经过我们的思考和准备而形成的创作总结。我们首先要检查同学们获得的资料情况。根据他们的主观意向和主题构思引导他们进入创作。两周的时间，创作分为三个阶段：（1）每个同学提出自己的创作方案，老师组织同学以讨论会的形式针对创作中的问题和感想进行交流。（2）准备相关内容的讲座和图像欣赏，让同学们多想、多看，逐渐进入良好的创作状态。（3）由代课老师现场对同学们的创作过程进行指导。这个课程完成了一个从观察体验、构思调整，直到最后的创意表现的完整的独立的艺术创作过程，对同学是一个综合锻炼的机会。

关于由“苹果”主题所设想的课题在西方国家的艺术学院已经有了成果，对我们而言，则是一种尝试。首先，我们要求同学们以写实的态度对待“真实”的苹果，通过这个基点逐步进入一个有规则的主观练习的实验过程，其内容包括了平面构成、立体构成和色彩构成三个方面的内容，综合地将我们由客观转入到主观，具象转入到抽象、依靠自然体转入到视觉空间设想，通过系列的作业格式表述出来。

在材料体验课的设置方面我们面临着实际的困难。蓝本设想：我们希望在金属、木质、陶瓷、玻璃、塑料几个方面以造型课的方式让同学们做多方面的体验，限于目前的条件，我们只能让同学根据自己的实际条件选择材料。作业的主体内容分两个方面，即设想与实践。题目是“汽车和飞机”（不限于课题），从造型构思到结构比例和材料配备作一个图式和计划文案，将自己的设想通过创意和有序的工作安排予以实施，实现知识构思和材料应用的综合制作。

将想像的空间完全放开，我们需要一个抽象的标志，所以我们设置了充满无数假设的主题“时间的装置”。首先，我们需要帮助同学们找到一个切入点，将我们对时空秩序的理解转化构想成为视觉目标，借以现有的物态以装置的方式加以表达。我们为同学们准备的相关的背景提示，并推荐了有关的阅读书目。我们提出：重构一个以物态设置而获得的 “时间形式”是艺术思维理念情节化的过程。以理念的推断支配物质条件产生艺术造型最终结果。

最后的课程安排是生活体验：美院传统的方法是下乡，带领同学们走出户外，让他们在自然和现实中体验学习的乐趣。我们的课程会根据实际的环境做现场的安排；对周围自然景物、建筑群、村落、居宅和当地的生活场景进行写生、测量、考察环境细节和风土人情。白天由老师带领同学以小分队的方式外出写生，晚上安排专题讲座和作业讲评。在这段时间里，同学和老师有更多的沟通和了解，既完成了计划课程，也增进了师生间的友情，在同学们的作业里，我们可以看到一种自由、放松、活泼、生动的气息，我们希望以后有机会进入工业厂区，这样可以增加我们这个课程的容量。（王兵）

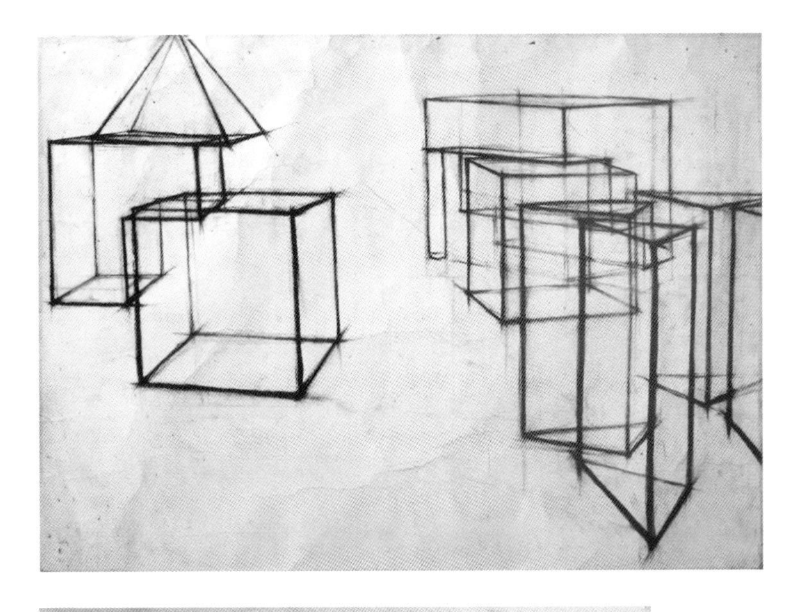

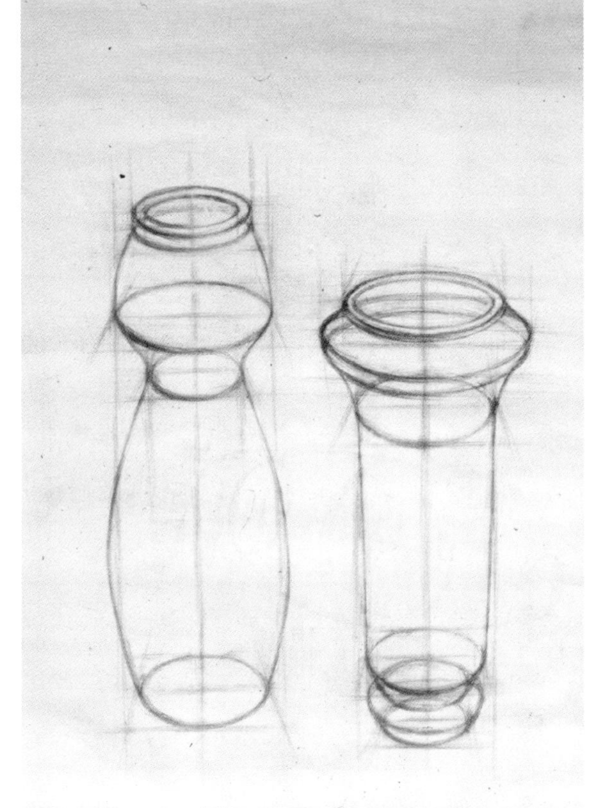

课题名称：造型基础1
作品名称：几何素描写生练习

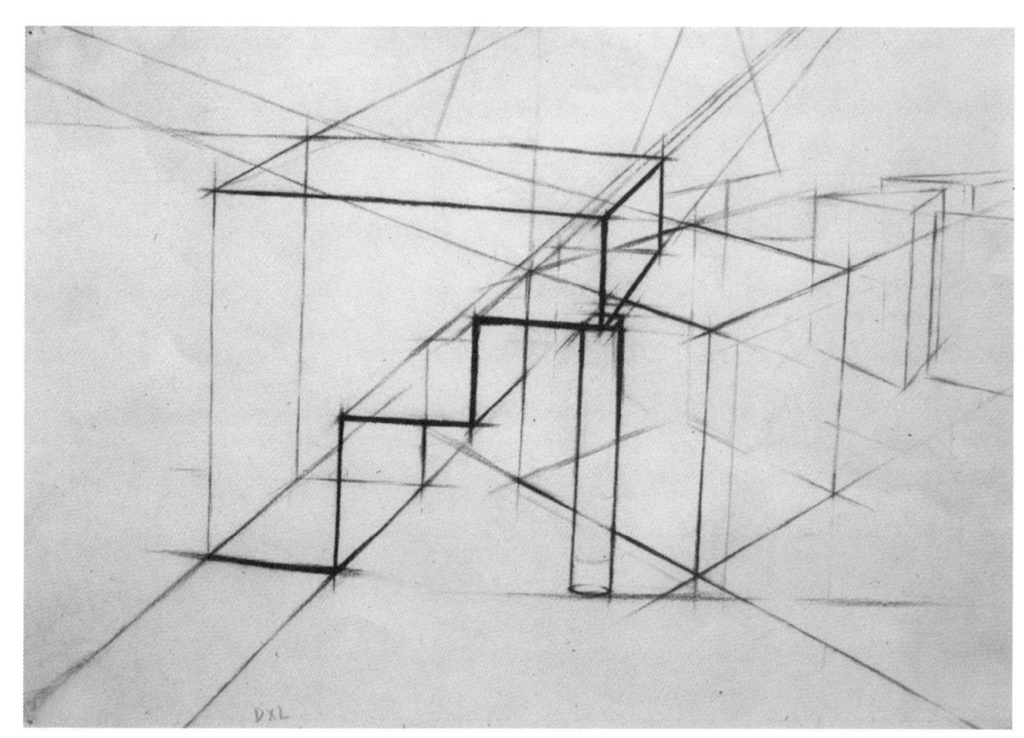

课题名称：造型基础1
作品名称：几何素描写生练习

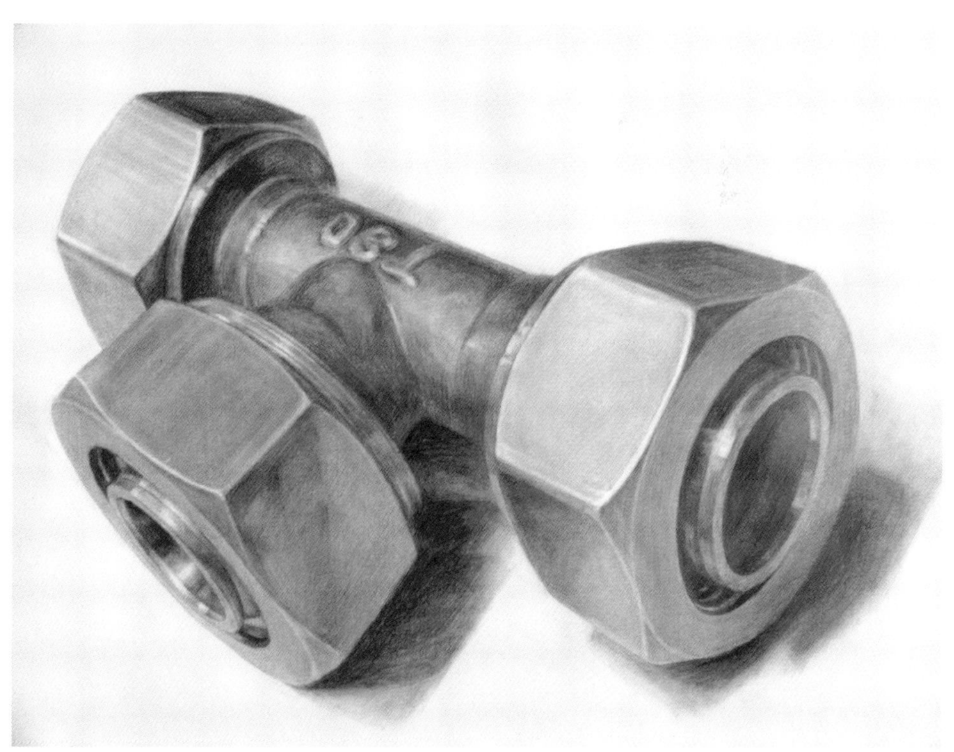

课题名称：造型基础1
作品名称：以小见大

课题名称：造型基础1
作品名称：以小见大

课题名称：造型基础1
作品名称：以小见大

课题名称：造型基础1
作品名称：以小见大

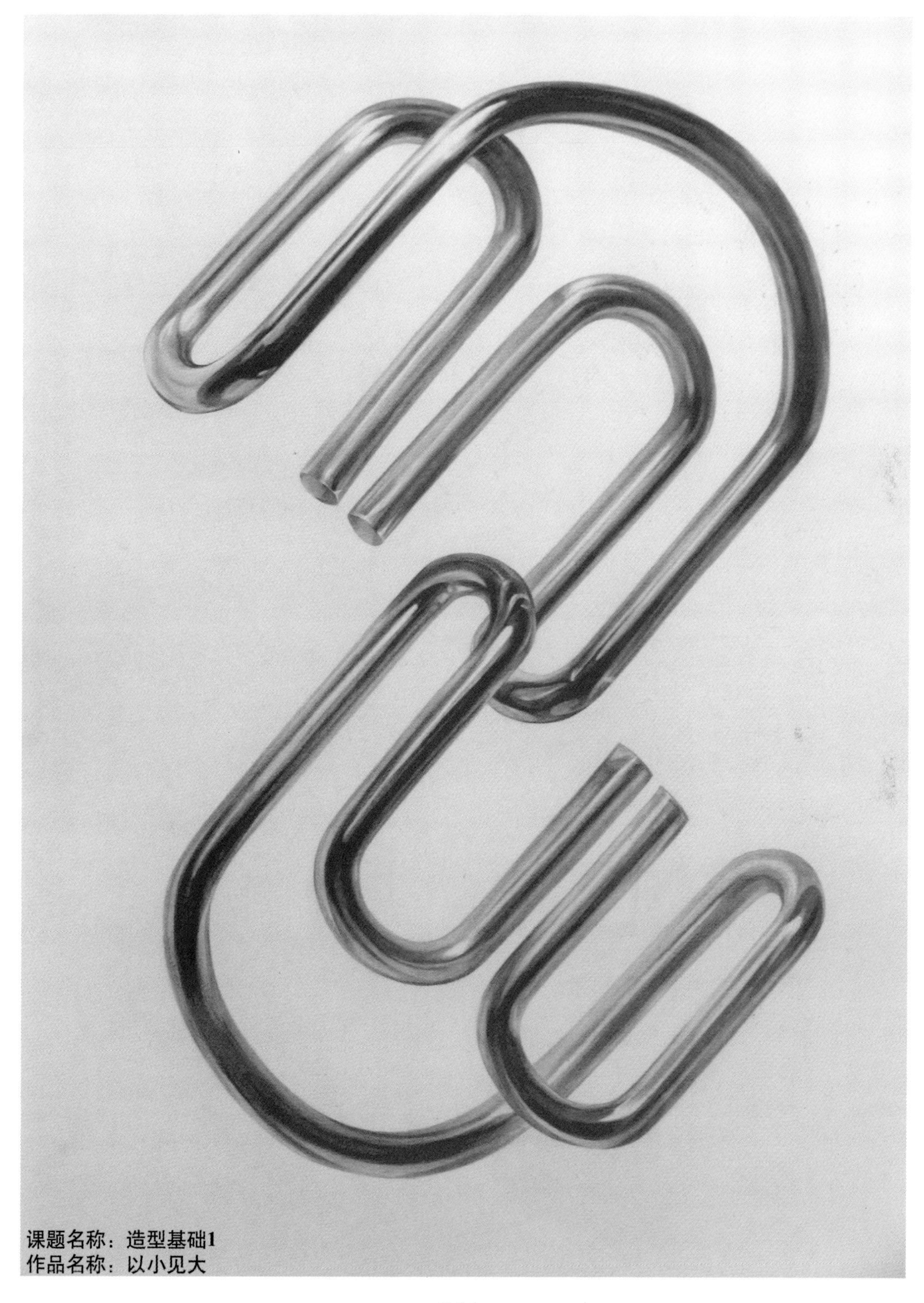

课题名称：造型基础1
作品名称：以小见大

课题名称：造型基础1
作品名称：综合写生

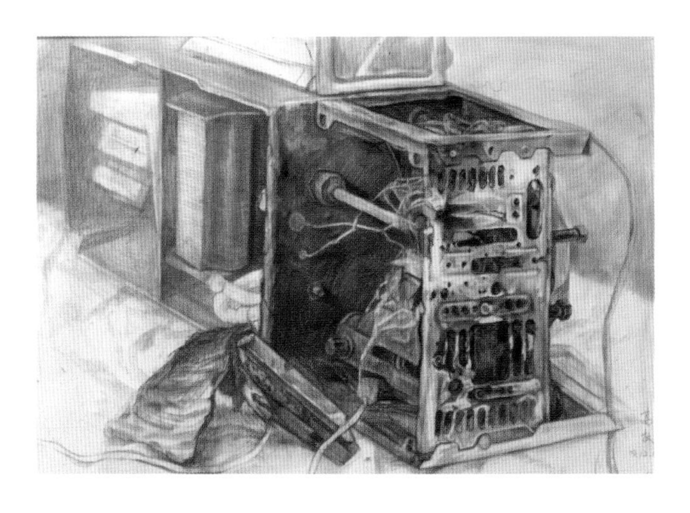

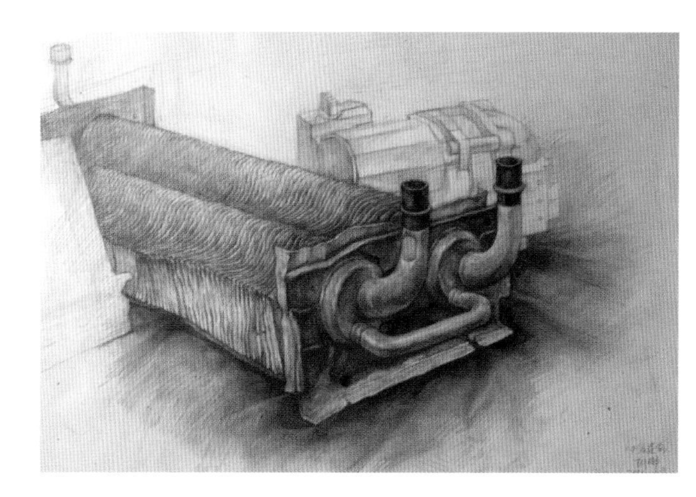

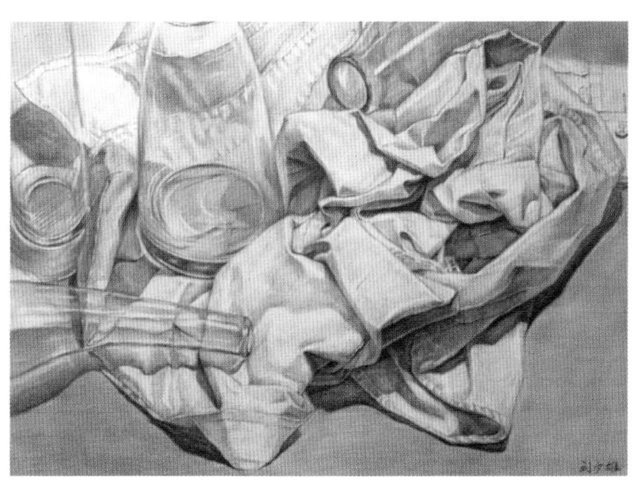

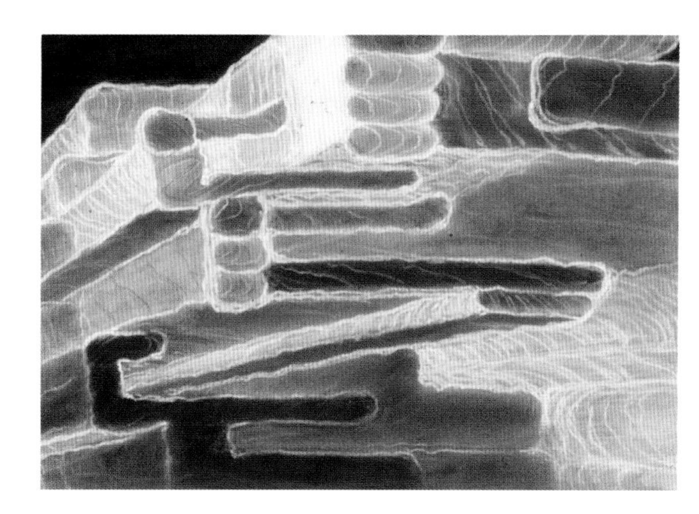

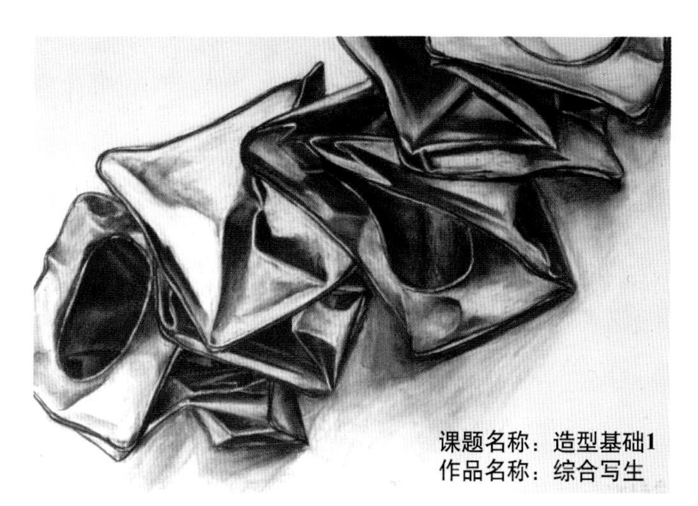

课题名称：造型基础1
作品名称：综合写生

课题名称：造型基础1
作品名称：素　　描

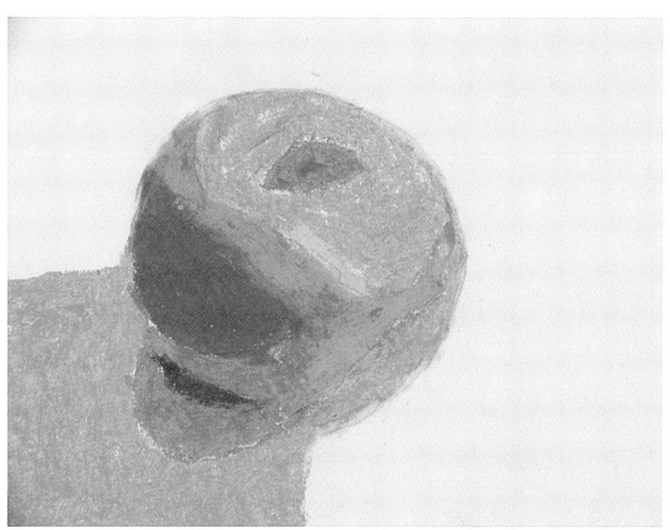

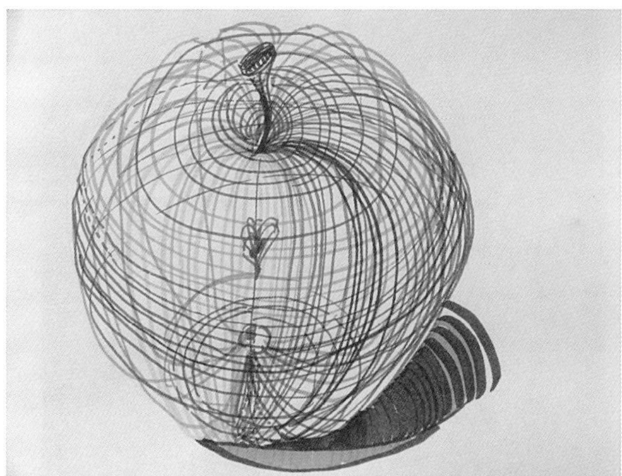

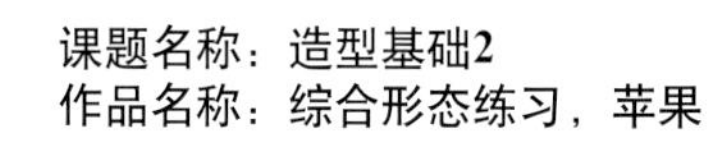

课题名称：造型基础2
作品名称：综合形态练习，苹果

课题名称：造型基础2
作品名称：综合形态练习，苹果

课题名称：造型基础2
作品名称：综合形态练习，苹果

课题名称：造型基础2
作品名称：综合形态练习，苹果

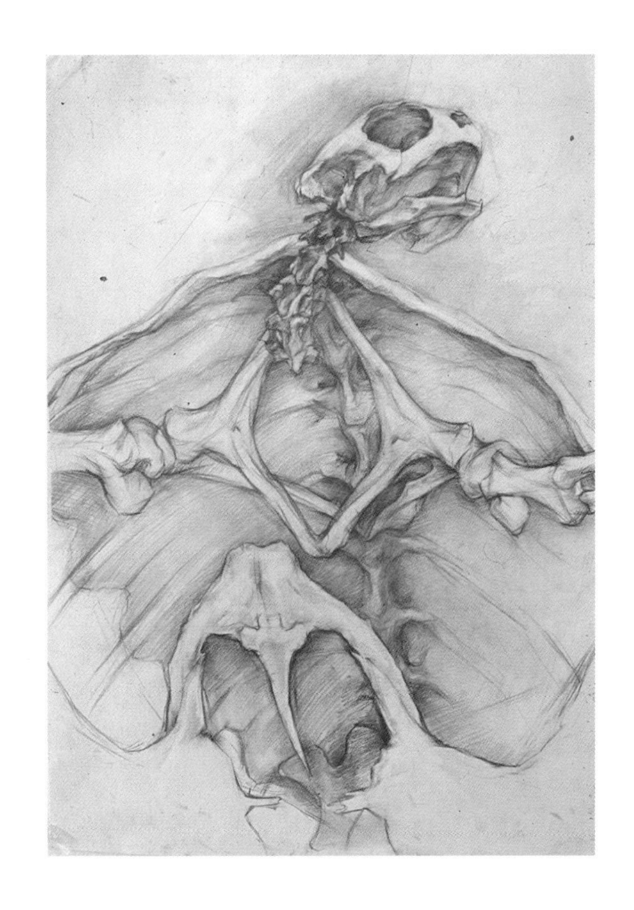

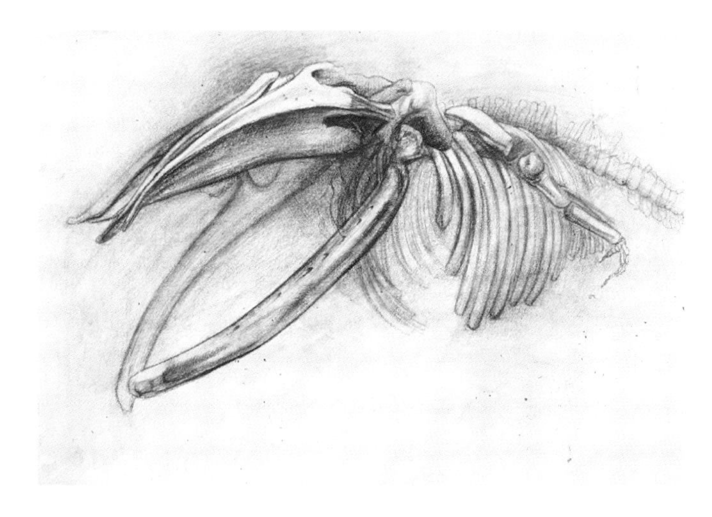

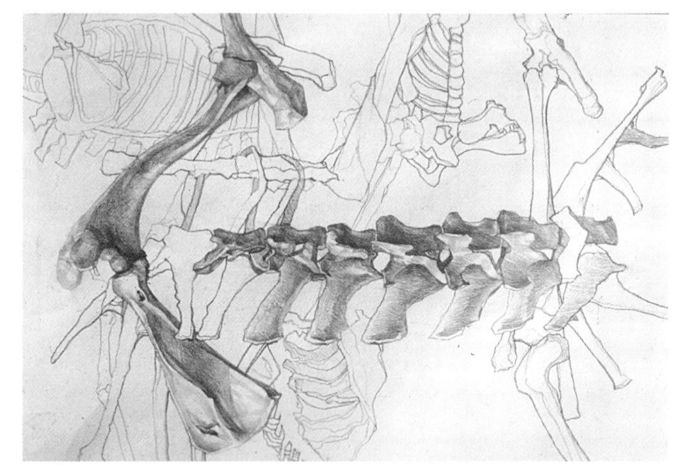

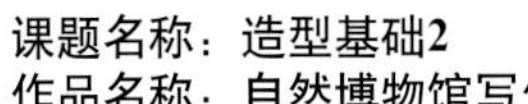

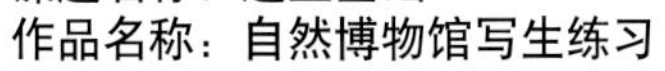

课题名称：造型基础2
作品名称：自然博物馆写生练习

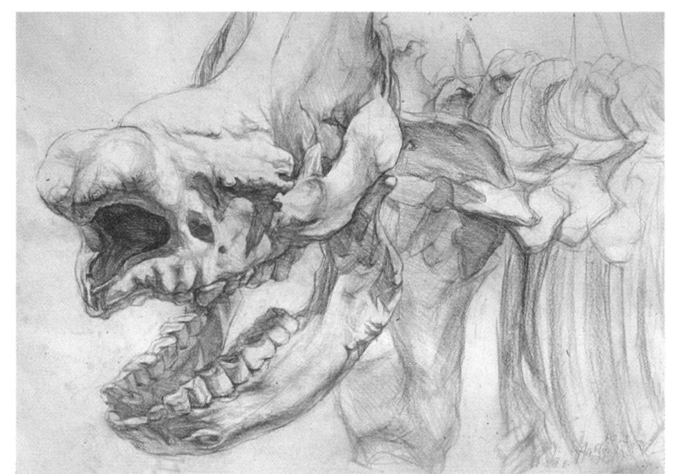

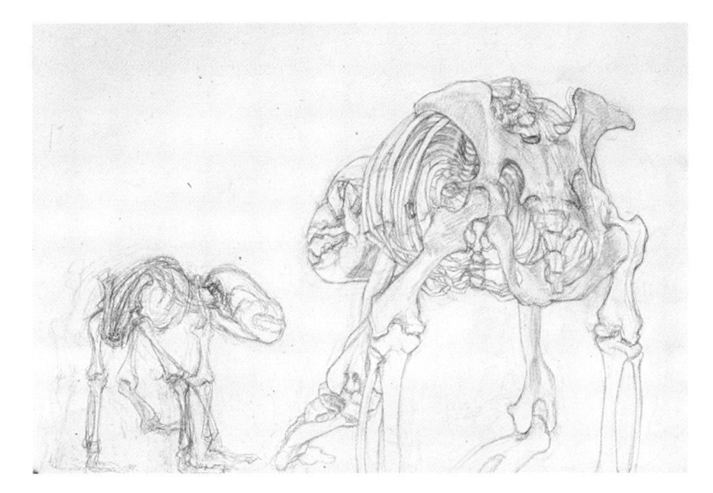

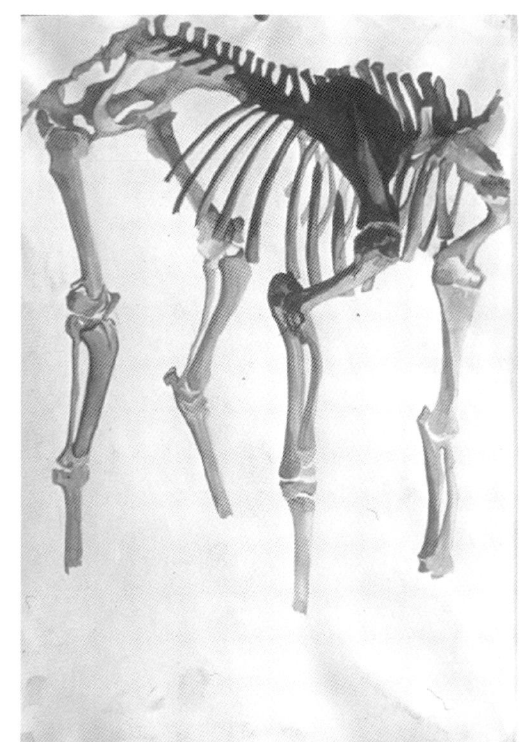
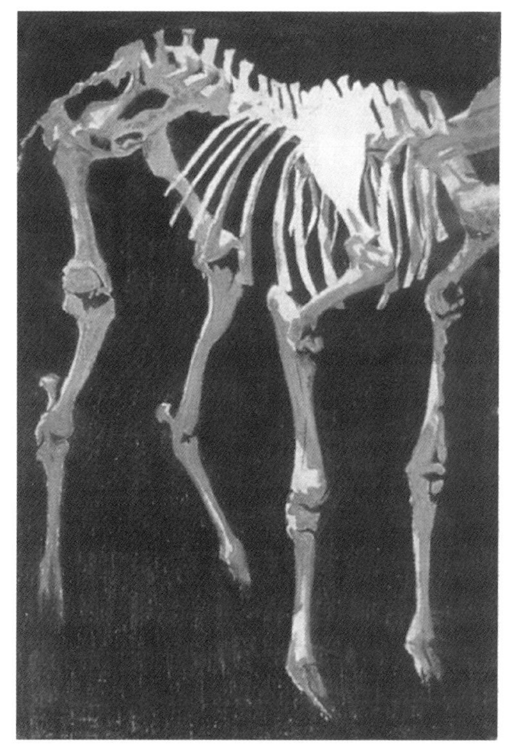
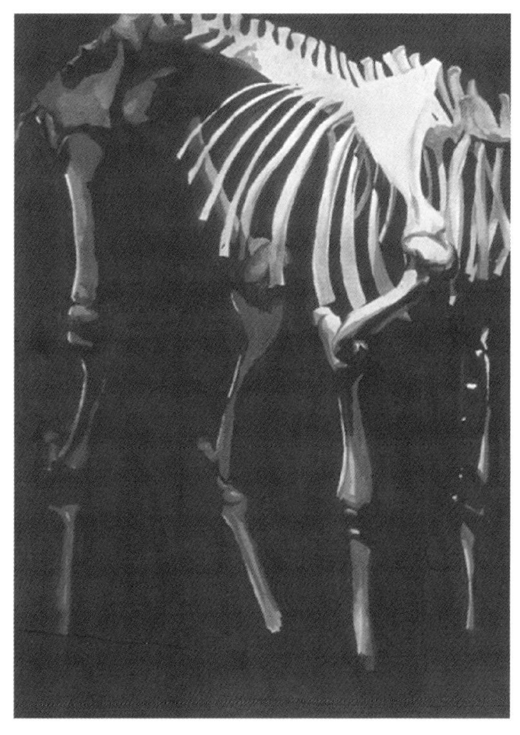
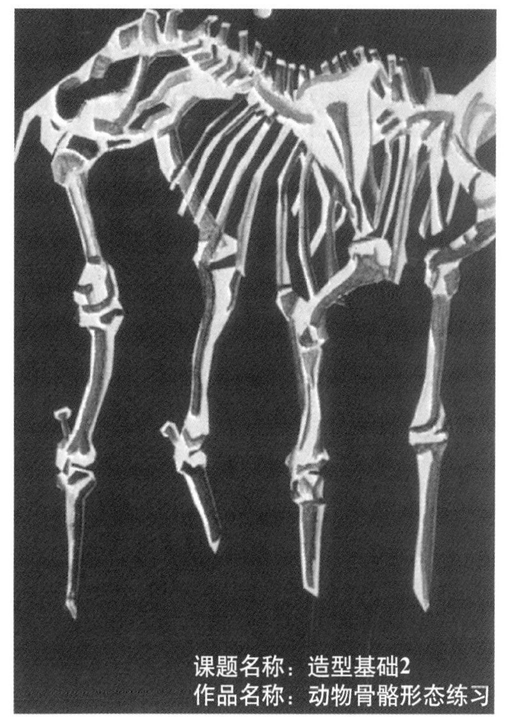

课题名称：造型基础2
作品名称：动物骨骼形态练习

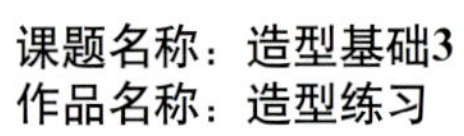

课题名称：造型基础3
作品名称：造型练习

设计初步课程
Basic Design

二、设计初步课程

什么是设计基础训练的核心？时代在发展，传统的建筑初步课程是否还能满足当今的教学需要？抑或单纯的形式思维的训练能否完全代替传统的建筑初步课程。经过多年探索，针对美术院校的学生，我们逐步建立了设计初步课程的构架。教学重点在于设计能力的培养与扎实基本功的强化，以及二者的相互结合。课程多样开放，目的是要使学生对建筑学有一个初步系统的认识，了解一定的专业设计和专业学习的方法，掌握初步的设计表达能力，使之能够很快进入专业领域。

设计初步是为时两年基础课程的最重要的一个教学单元，横跨两个年级，是为建筑、室内、景观三个专业而设置的设计基础课。一年级教学以空间塑造能力的培养、专业的基本功和制图表现技法的训练为核心展开；同时以初步设计能力培养，建筑一些基本问题的初步认识作为专业学习的提高；二年级研习性的建筑分析性课程成为建筑设计和语言的桥梁，促使学生具备一定的学习和研究能力，为今后的设计课程拓展思维起到指导的作用。

II. Basic Design

What is the core of basic design training? As time develops, will traditional preliminary courses still satisfy the teaching needs of today? Or, can pure training of shape thinking completely replace traditional preliminary architecture courses? After years of exploration, we have established a structure for basic design courses for schools of fine arts. The point of teaching is to cultivate design abilities and enhance basic skills, and the combination of both. Versatile courses can provide students with a preliminary systematic impression of architecture. Students can understand some professional methods of design and learning and grasp basic design expression abilities that can facilitate their entry into the professional field.

Basic design is the most important teaching unit of the two-year course. It spreads across two years, and is designed as the basic course for students of architecture, interior design and landscape design. The teaching content of freshman year shall be centered on cultivation of space forming abilities, professional skills and architectural drawing skills. Meanwhile, students will be trained on preliminary design abilities and recognition of some basic architectural issues as an elevation of major learning. In the sophomore year, architecture analysis seminar courses shall serve as the bridge to architecture design and languages. They shall provide students with certain learning and studying abilities and work as a guideline for thinking expansion in design courses.

设计初步一

在此课程中，学生要对什么是空间的语言有一个初步了解，了解空间与使之形成空间的形式之间的密切关系，学习如何使用这些形式语言来营造空间的气氛和节奏。通过此课程，学生要理解空间与其围护物（形式）互为依存的“正负”关系，积累起一些基本的空间塑造和组织手法，让学生建立起“空间”的思考模式——学会以空间的角度去思考认识建筑，最终理解“空间”是一切外在形式元素所要集中体现的“内在”建筑主题。在练习中，学生要通过模型多做练习，多体验。从最初摆弄模型的偶然性体验并逐渐能够明确思路以主动控制某种空间形态，把握空间性质，并追求对空间性格的最大表现力。

课程为时6周，48课时。（王小红）

Basic Design 1

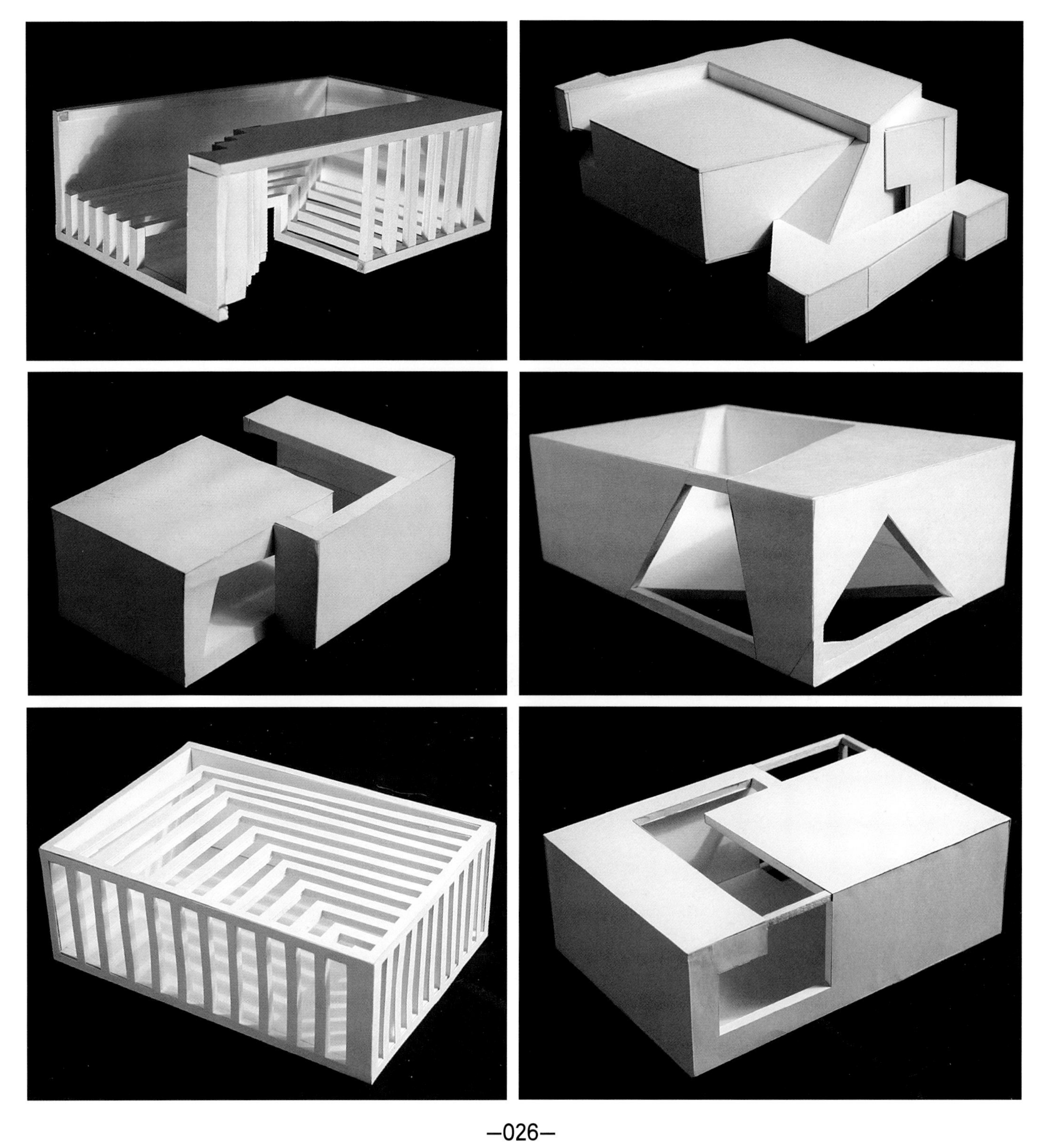

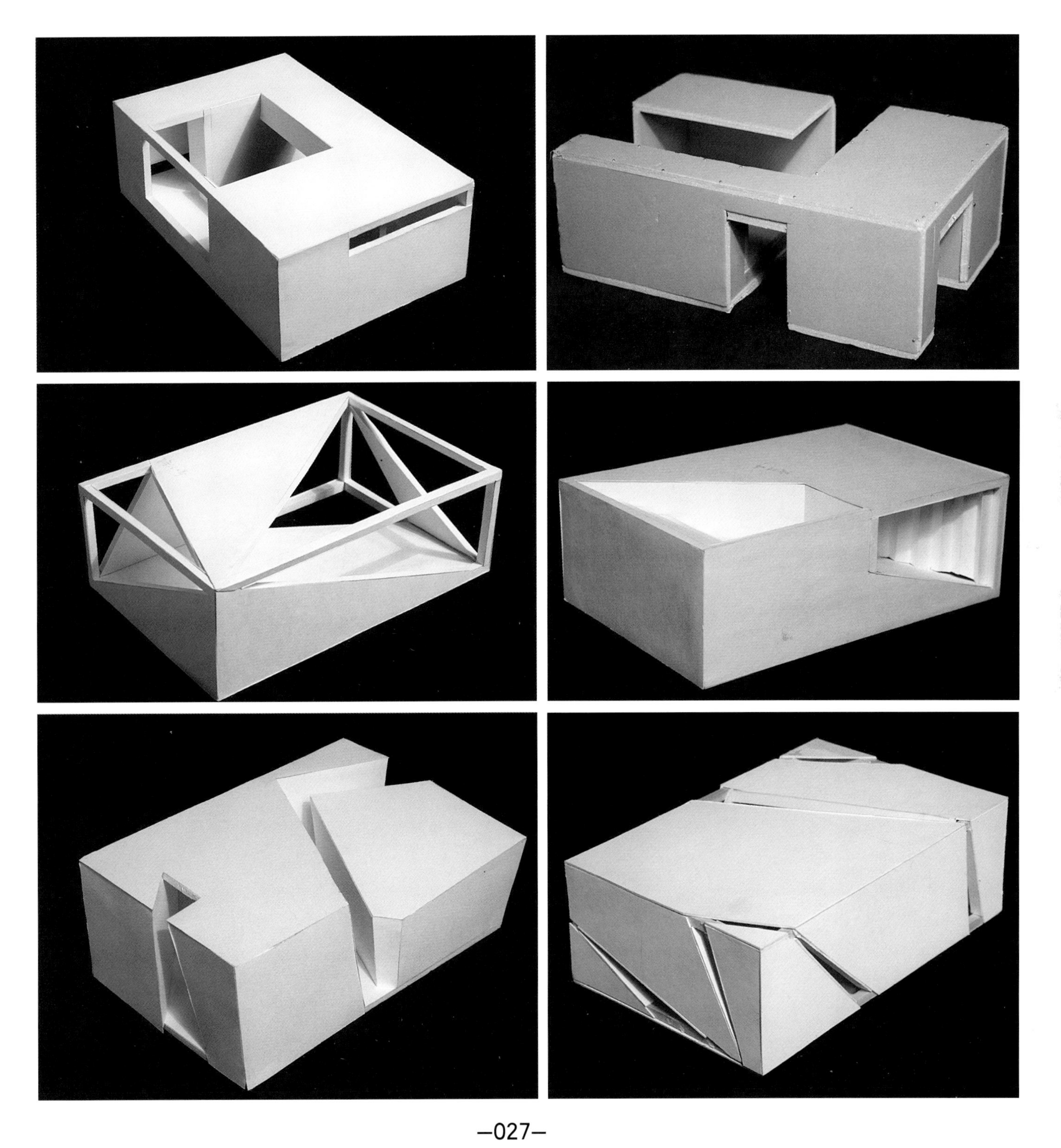

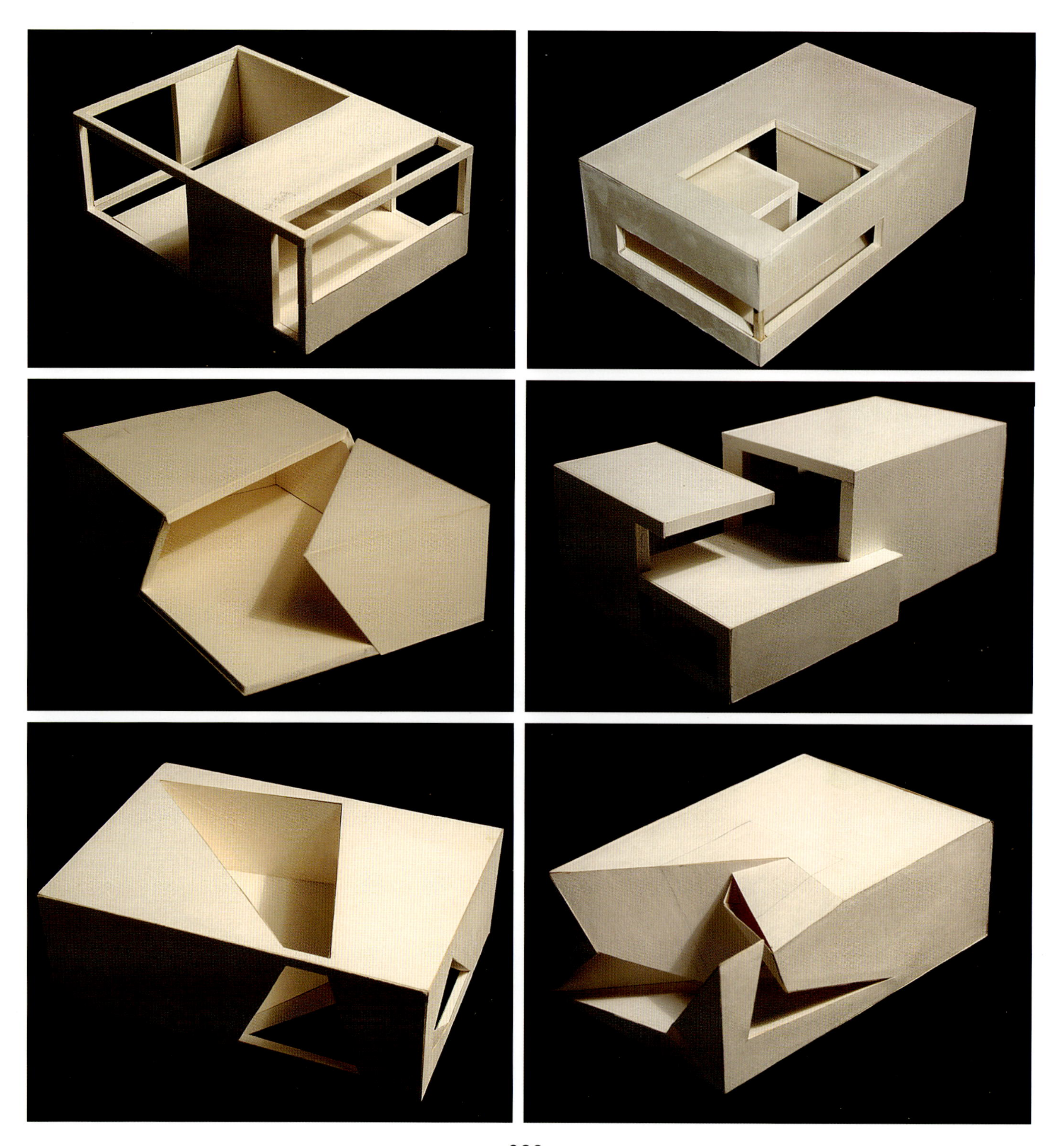

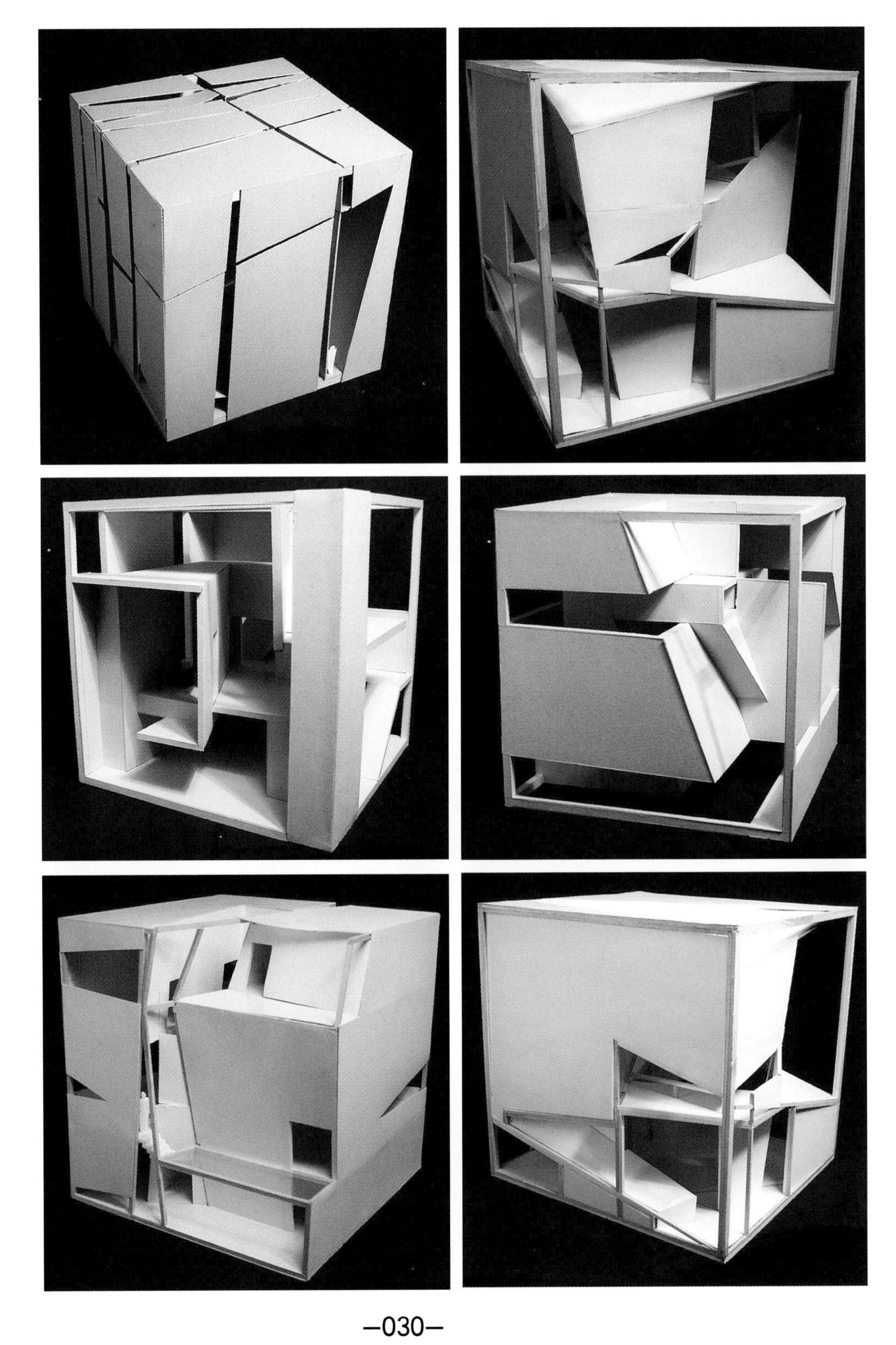

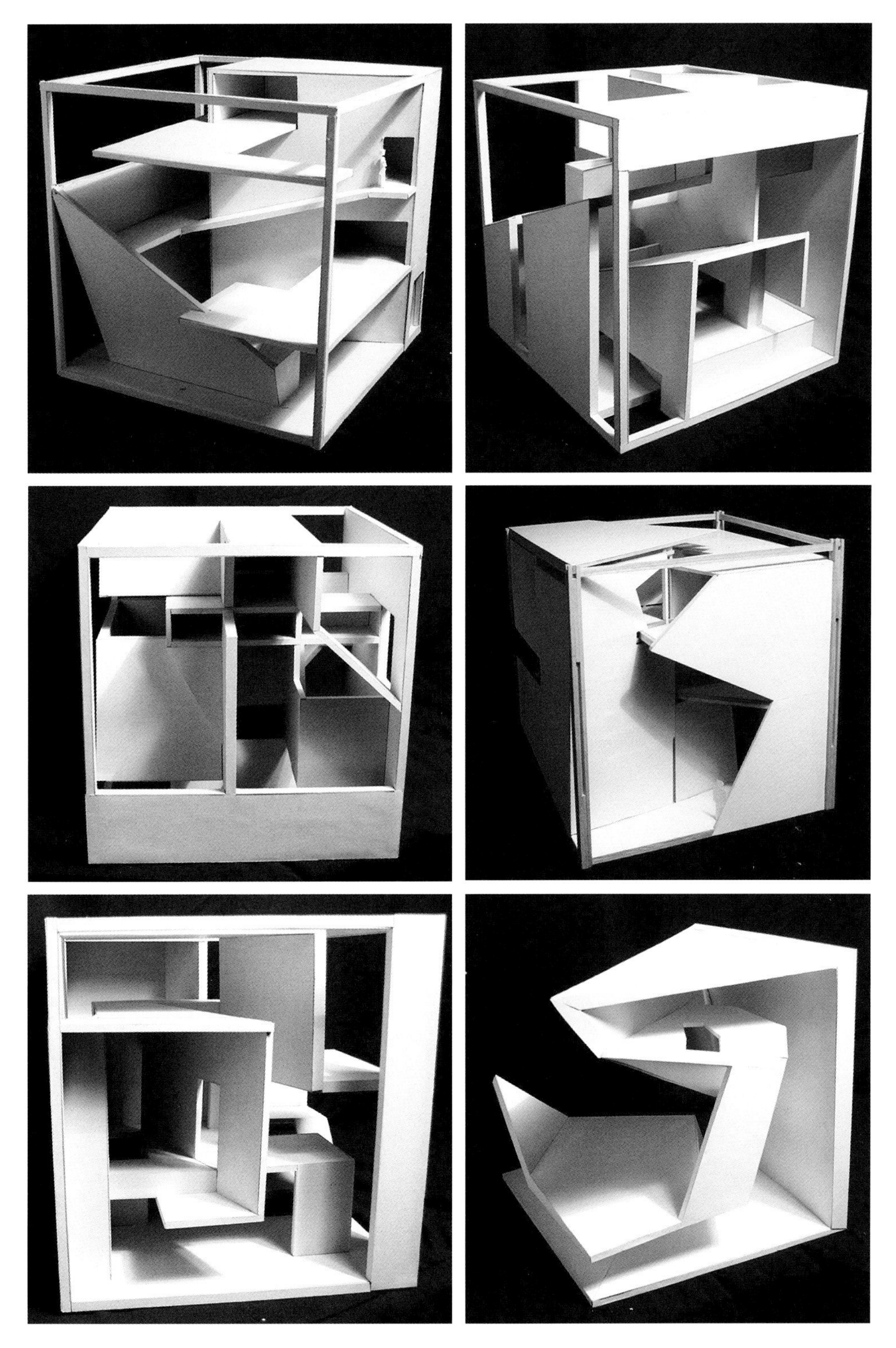

设计初步二

课程由经典建筑抄绘、体验测绘表达、现代著名建筑案例研究三个部分组成。首先从最基本的与建筑相关的各种质感开始，练习“线”的表达能力，注重结构性、逻辑性，力求准确、严谨。其次选取几个有代表性的建筑及其环境，进行体验测绘，做适当的调研，独立查找相关资料，徒手绘制所需的各类图纸。第三个部分是从著名的建筑入手，学习最基本、纯正的建筑设计手法，了解建筑空间的组织、构成，初步把握建筑的形式生成原理，同时开始研究建造的基本方法与逻辑关系，并培养最高水准的建筑品味和鉴赏、判断能力，为以后的继续深入打下较好基础，完成从作品到模型再到图纸的二维到三维的体验过程。

课程为10周，80课时。（王小红）

Basic Design 2

课题名称：设计初步2
作品名称：环境认知练习-798
作者姓名：李俐 路洁婷
　　　　　张栋栋 李惠
指导教师：刘彤昊
设计时间：2006年12月

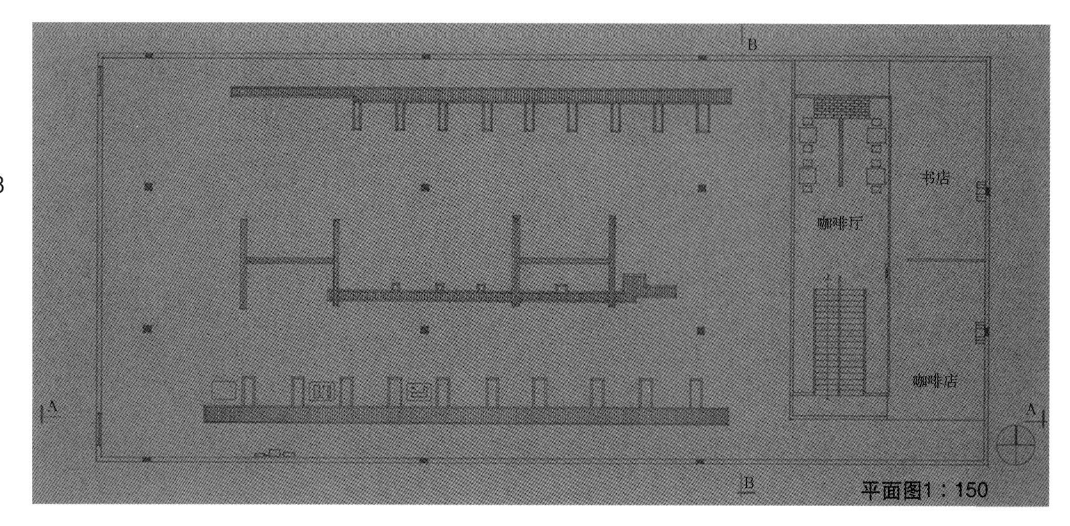

20世纪40年代的时候，loft这种居住生活方式首次在美国纽约出现。当时，艺术家与设计师们利用废弃的厂房，创作行为艺术或者办作品展，构造各种生活方式，淋漓酣畅，快意人生。

在20世纪后期，loft这种工业化和后现代主义完美碰撞的艺术，逐渐演化成为了一种时尚的居住与工作方式。

北京789大山子艺术区现象就是对国际loft文化现象的一个回音。

798厂大山子艺术区是原北京7118联合厂1964年4月718联合厂分家，才有了789厂、厂区位于北京市朝阳区酒仙桥路2–4号院。该厂建于上世纪50年代初，建设总面积为116.19万平方米，全部由前民主德国设计、施工。在设计建筑、以及规模等方面、在当时亚洲地区可称的上是一流的。如今保存的如此完好的此类建筑群，即使在世界范围内也是很少见的，在中国更是绝无仅有。

工厂从建成到80年代末，经历了计划经济时代，有过很辉煌的历史，80年代后期，随着改革开放的大潮，工厂像其他许多国营企业一样开始告别了往日的辉煌，工人纷纷下岗、分流，大片的厂房车间长期处于闲置状态，逐渐荒寂了。至此，曾经辉煌的原国营（军工）企业完成了它的历史使命。

如今的798是中国城市文化的急先锋，一个引人注目的时尚新宠，一个过去与未来、现实与理想境界、荒诞与正经奇幻纵使的试验场，从工厂区到艺术区，从工业到后工业，从沉寂到活跃，从保守到创新，从封闭到开放，从低租金到高代价，从纯民间到政府的介入……一切的转变都是在不经意中"转瞬"即成。其步伐之快、势头之猛，出乎很多人的意料。

798所以能成为艺术区、与中央美术学院在大山子北京大学电子器件二厂6年(从1995到2001)的搬迁过渡期有直接的关系。由于原有厂房的建筑特点，其高大的空间、自然的采光、原始的情趣。

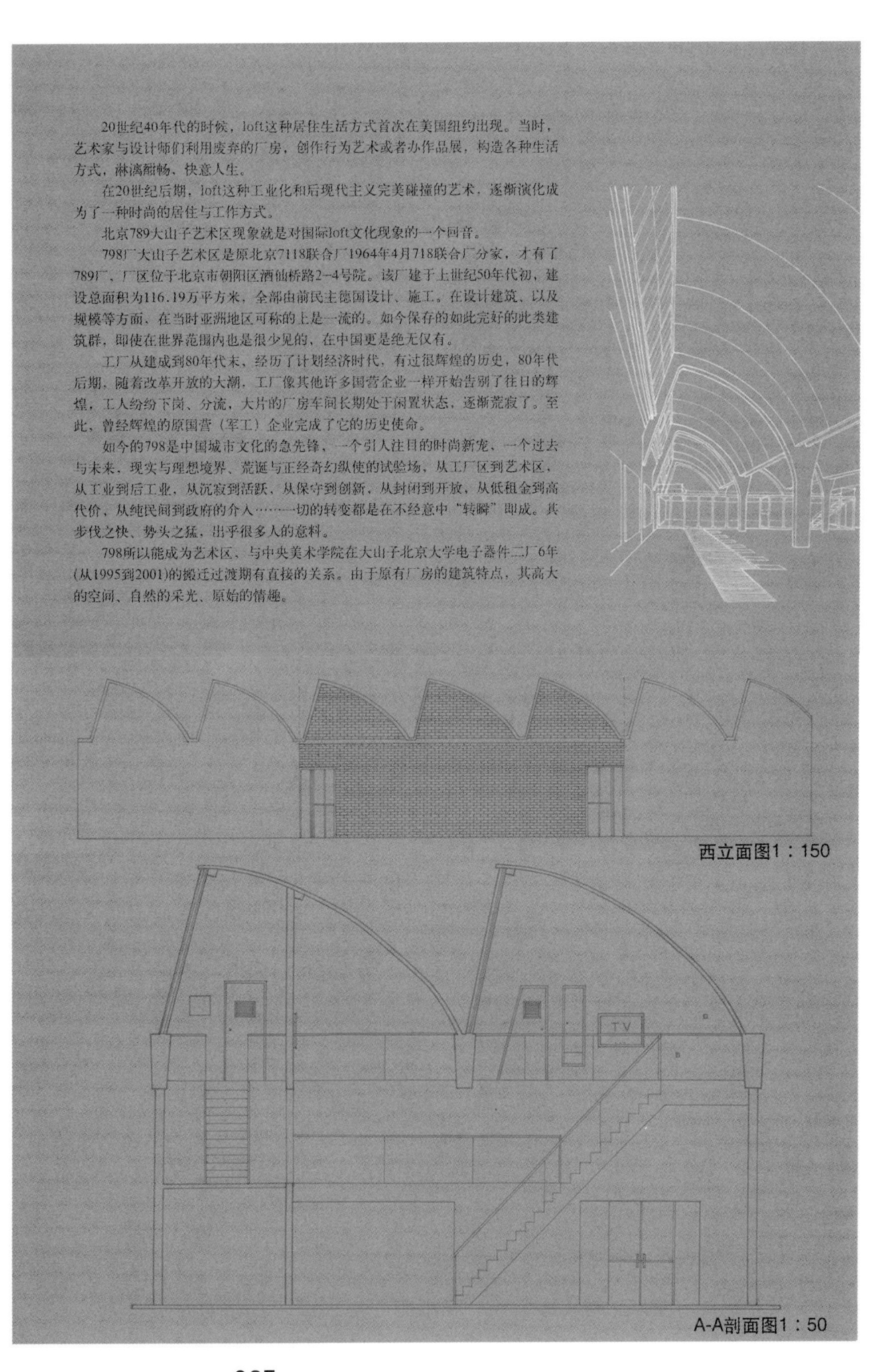

西立面图1：150

A-A剖面图1：50

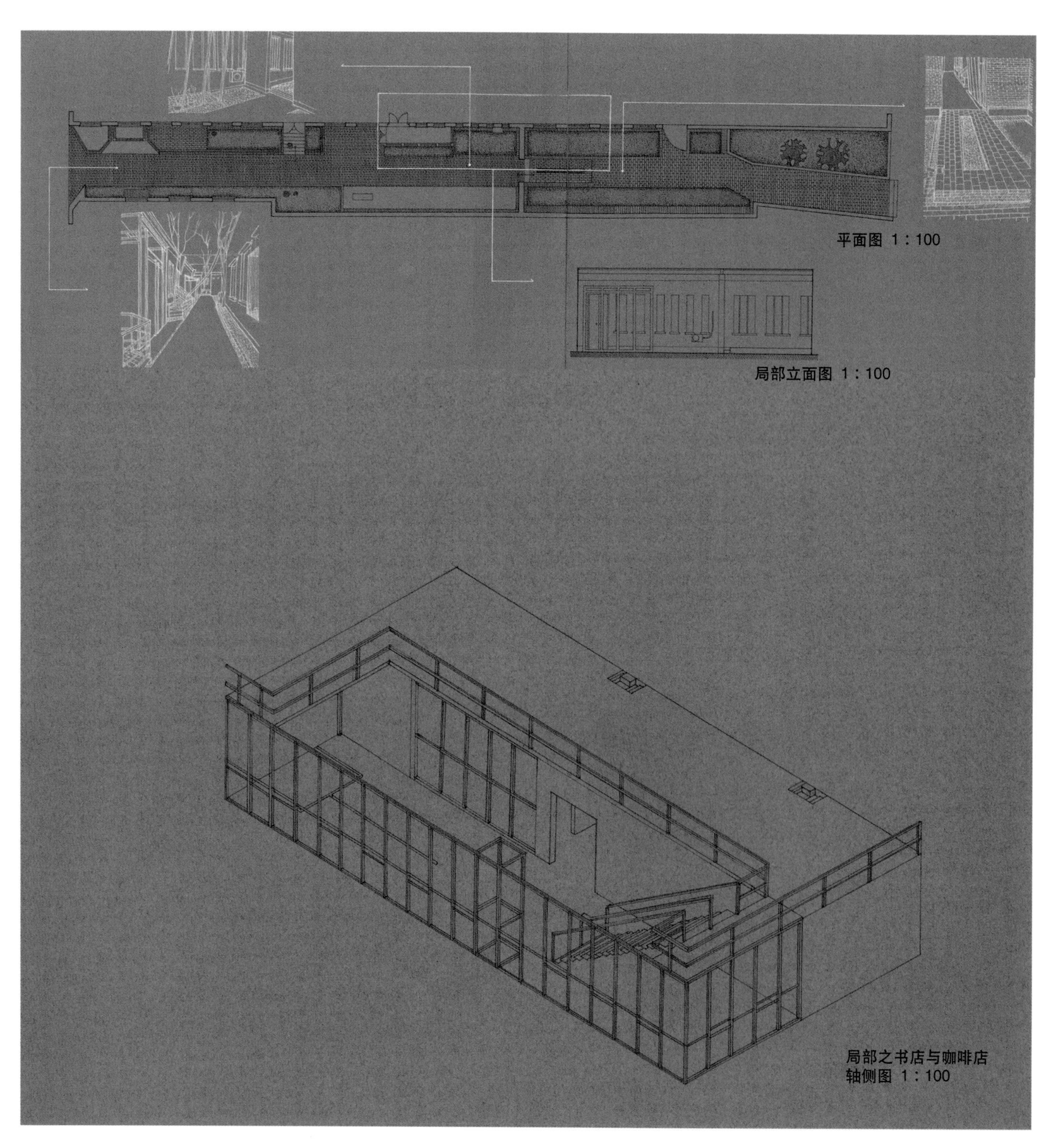
平面图 1：100
局部立面图 1：100
局部之书店与咖啡店
轴侧图 1：100

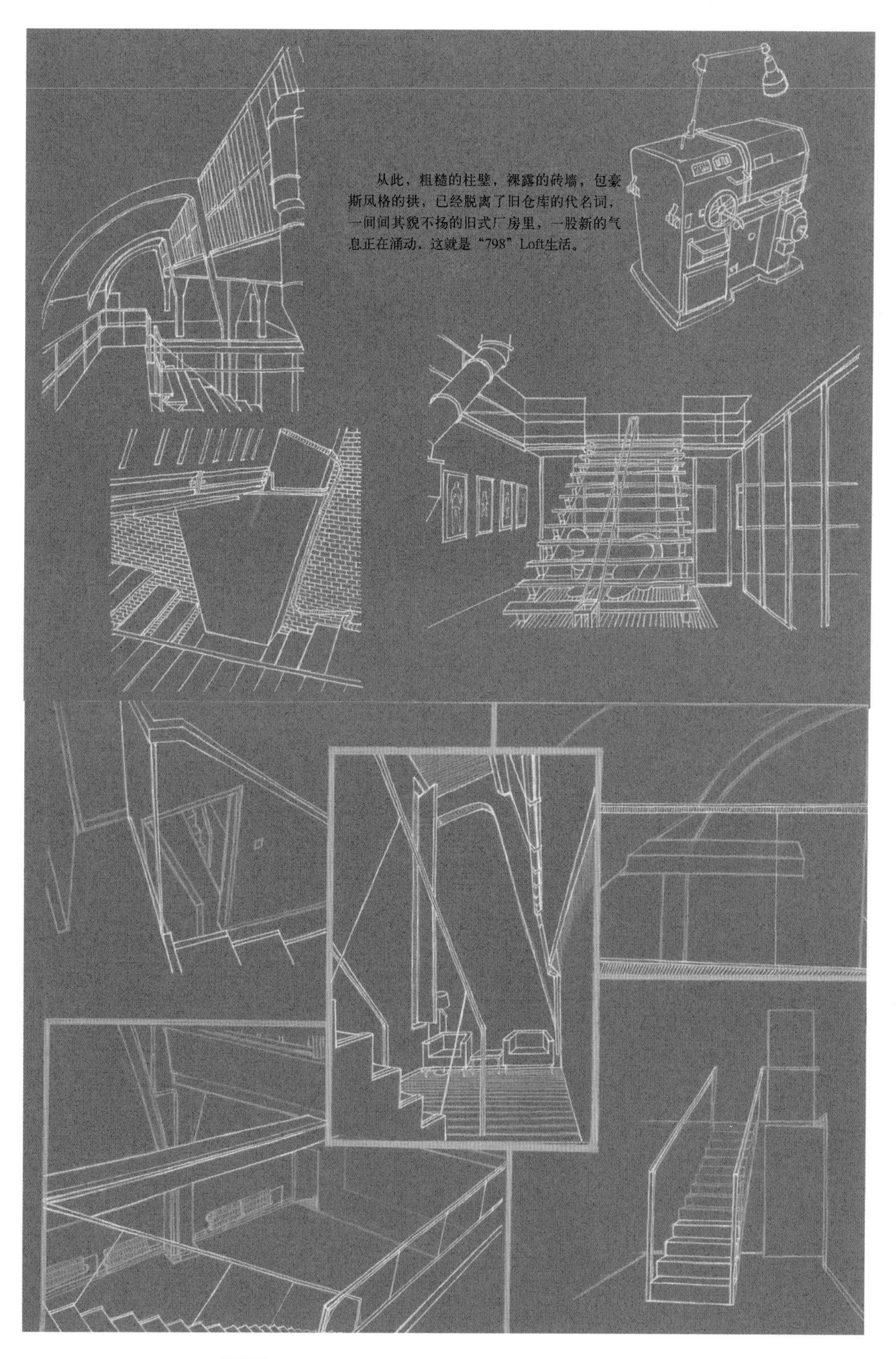

从此，粗糙的柱壁，裸露的砖墙，包豪斯风格的拱，已经脱离了旧仓库的代名词，一间间其貌不扬的旧式厂房里，一股新的气息正在涌动，这就是“798”Loft生活。

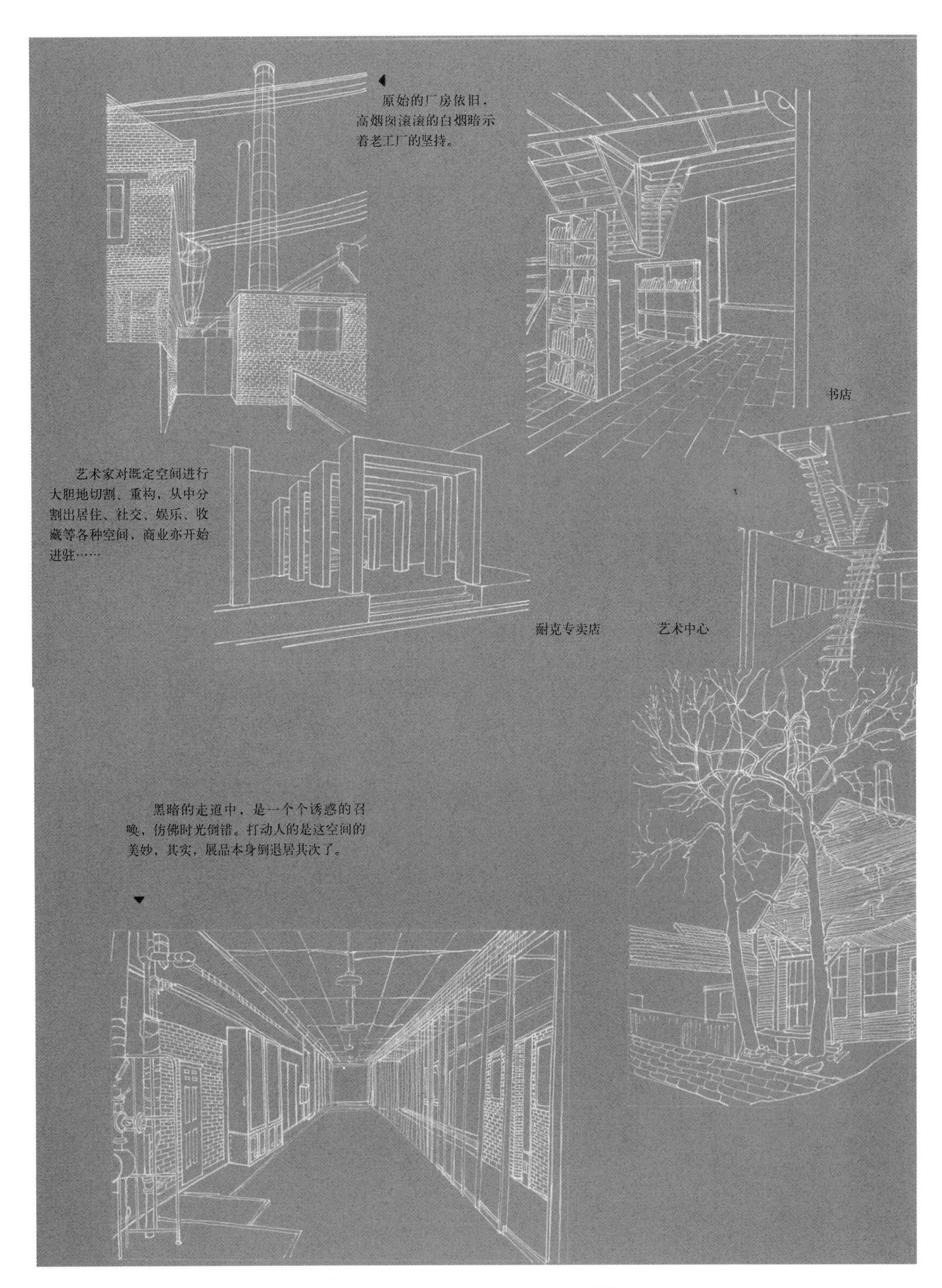

原始的厂房依旧，高烟囱滚滚的白烟暗示着老工厂的坚持。

书店

艺术家对既定空间进行大胆地切割、重构，从中分割出居住、社交、娱乐、收藏等各种空间，商业亦开始进驻……

耐克专卖店

艺术中心

黑暗的走道中，是一个个诱惑的召唤，仿佛时光倒错。打动人的是这空间的美妙，其实，展品本身倒退居其次了。

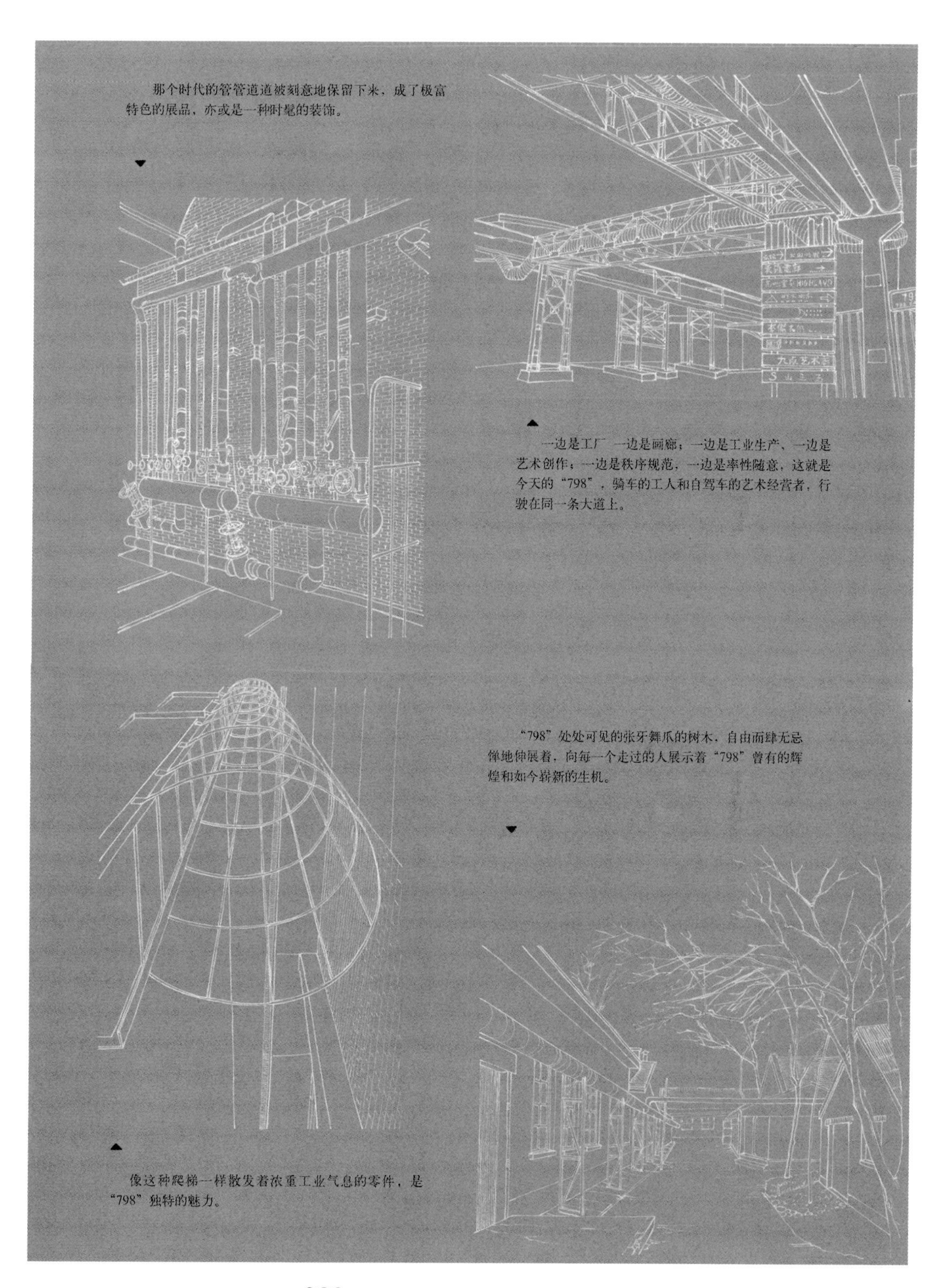

那个时代的管管道道被刻意地保留下来，成了极富特色的展品，亦或是一种时髦的装饰。

一边是工厂 一边是画廊；一边是工业生产、一边是艺术创作；一边是秩序规范，一边是率性随意，这就是今天的“798”，骑车的工人和自驾车的艺术经营者，行驶在同一条大道上。

像这种爬梯一样散发着浓重工业气息的零件，是“798”独特的魅力。

“798”处处可见的张牙舞爪的树木，自由而肆无忌惮地伸展着，向每一个走过的人展示着“798”曾有的辉煌和如今崭新的生机。

设计初步三

通过一个小的建筑设计课题，让学生初步体验建筑设计过程，包括以下内容：分析、构思、深化及调整、方案表达。从教学重点来说初步掌握场所与空间、功能与空间、形式与空间的关系。此次课题为艺术家工作室，要求在真实场地酒厂艺术园这个特定的场所，围绕所选择的艺术家的功能要求，完成艺术家工作室设计。建筑的场所、空间、功能布局、外观及图纸表现要求协调统一，最终的设计需重新定义背景场所空间。

课程为4周，32课时。（王小红）

Basic Design 3

油画家陈曦作品

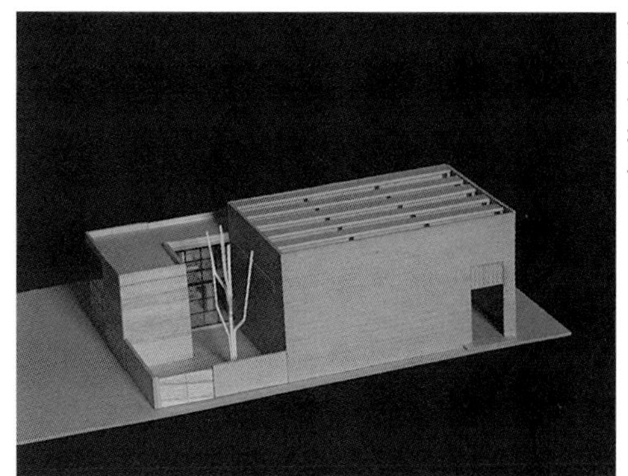

课题名称：设计初步3
作品名称：油画工作室设计
作者姓名：陈培新
指导教师：王小红
设计时间：2007年6月

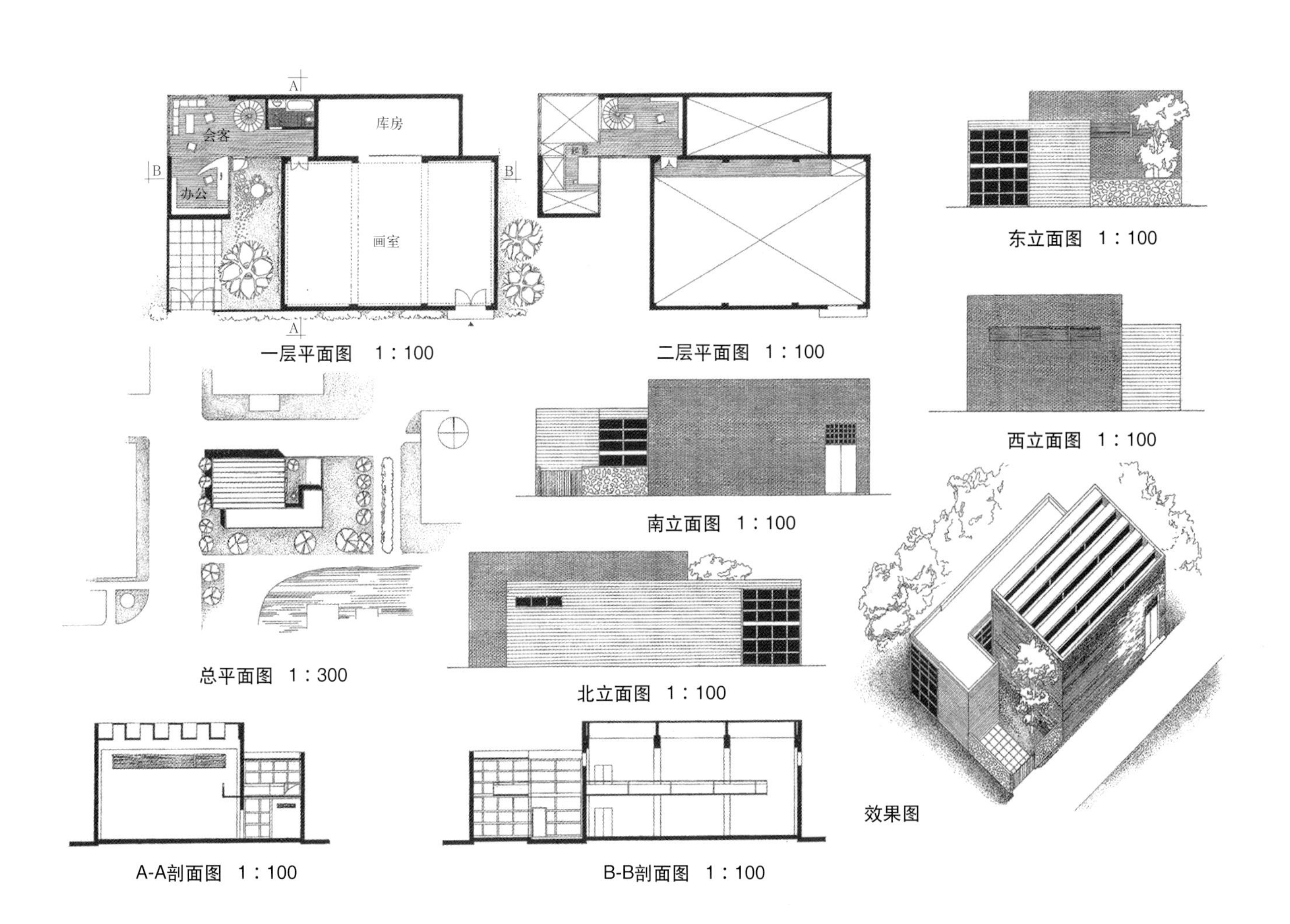

一层平面图 1：100

二层平面图 1：100

东立面图 1：100

西立面图 1：100

总平面图 1：300

南立面图 1：100

北立面图 1：100

效果图

A-A剖面图 1：100

B-B剖面图 1：100

课题名称：设计初步3
作品名称：油画工作室设计
作者姓名：范劼
指导教师：刘彤昊
设计时间：2007年6月

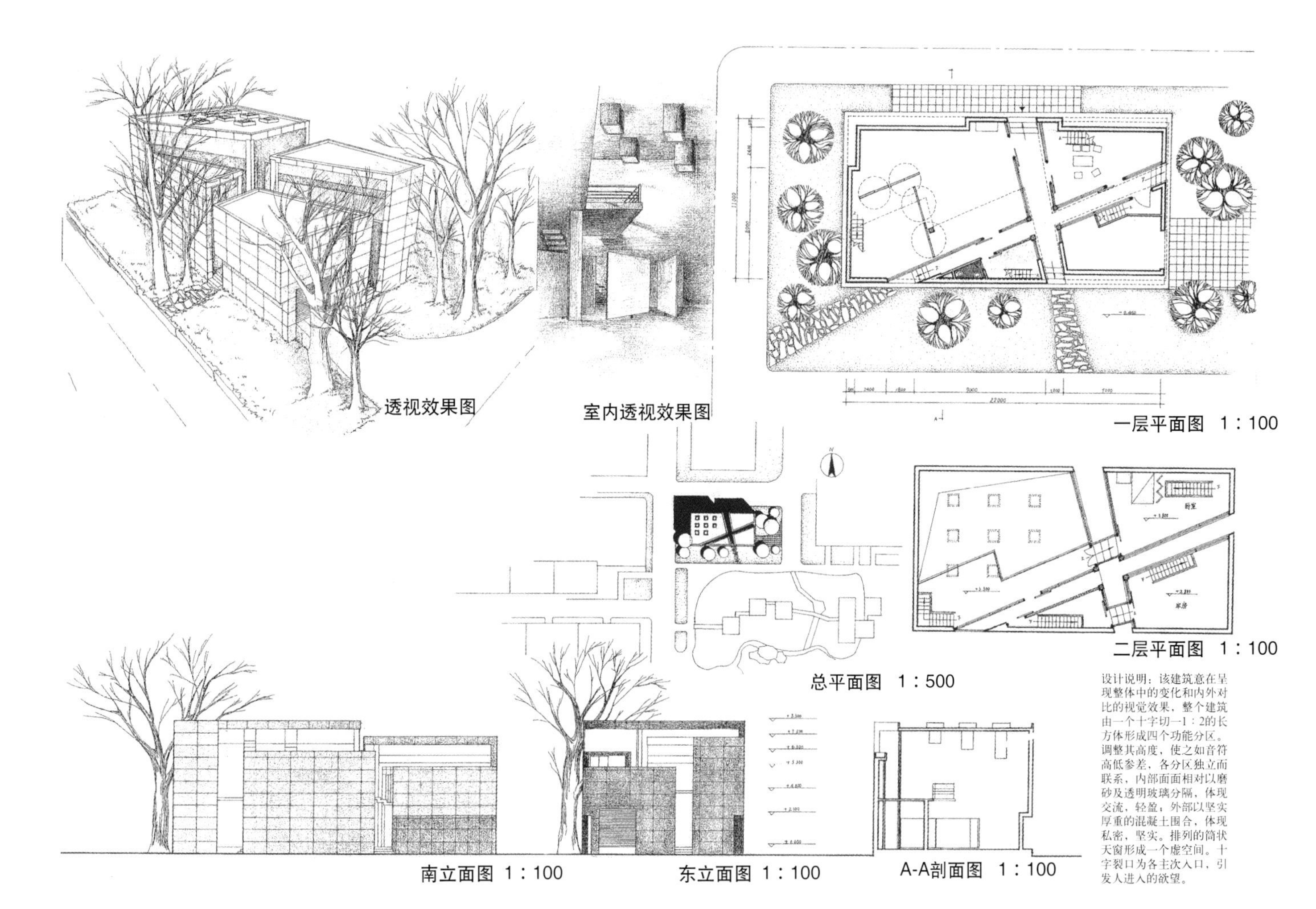

设计说明：该建筑意在呈现整体中的变化和内外对比的视觉效果，整个建筑由一个十字切一1：2的长方体形成四个功能分区。调整其高度，使之如音符高低参差，各分区独立而联系，内部面面相对以磨砂及透明玻璃分隔，体现交流，轻盈；外部以坚实厚重的混凝土围合，体现私密，坚实。排列的筒状天窗形成一个虚空间。十字裂口为各主次入口，引发人进入的欲望。

摄影师王川作品

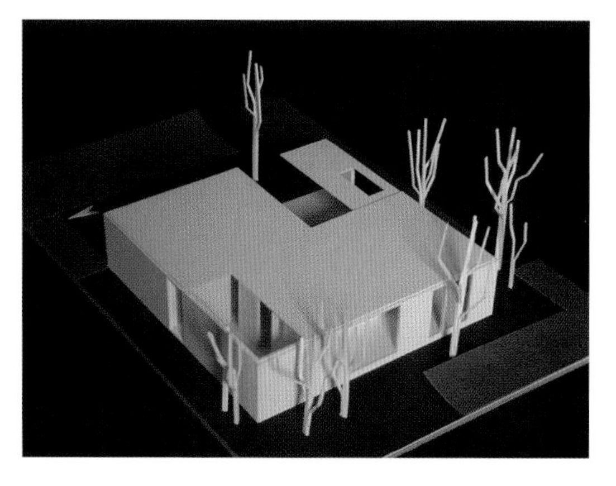

课题名称：设计初步3
作品名称：摄影工作室设计
作者姓名：李俐
指导教师：钟予
设计时间：2007年6月

总平面图　1：100

效果图

东立面图　1：100

南立面图　1：100

西立面图　1：100

北立面图　1：100

分析图　1：200

平面图　1：100

A-A剖面图　1：100

B-B剖面图　1：100

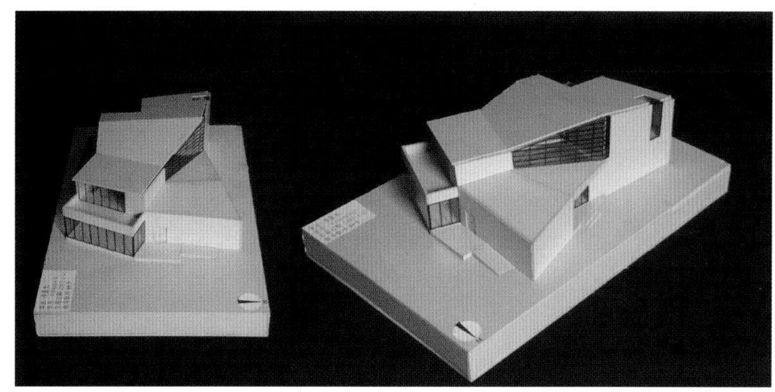

课题名称：设计初步3
作品名称：摄影工作室设计
作者姓名：辛晨光
指导教师：钟予
设计时间：2007年6月

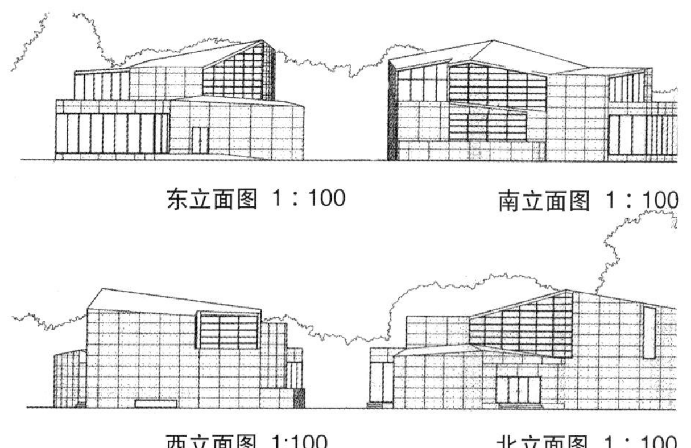

东立面图 1：100

南立面图 1：100

西立面图 1:100

北立面图 1：100

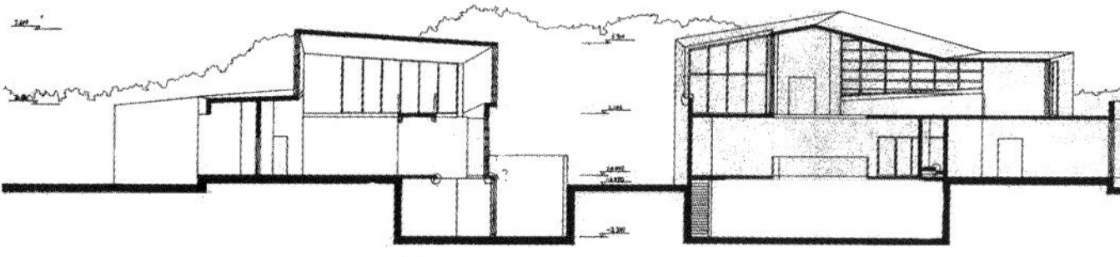

剖面图B-B 1:100

剖面图A-A 1：100

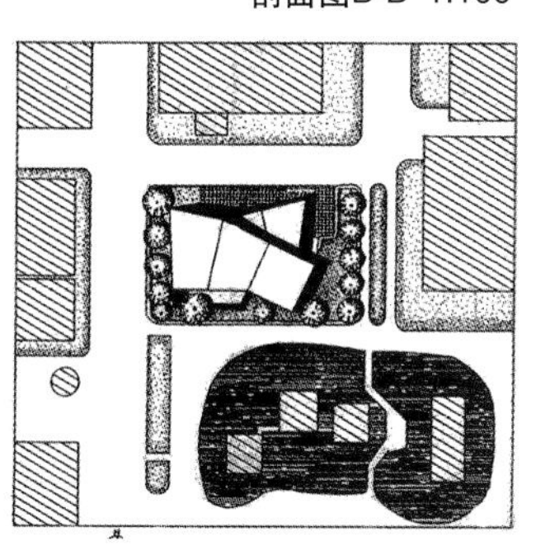

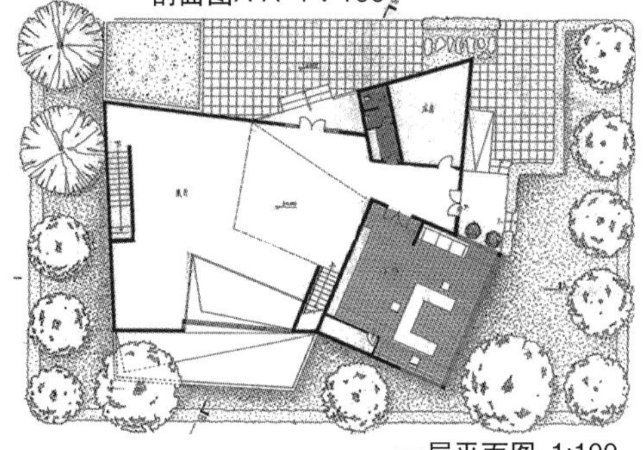

一层平面图 1:100

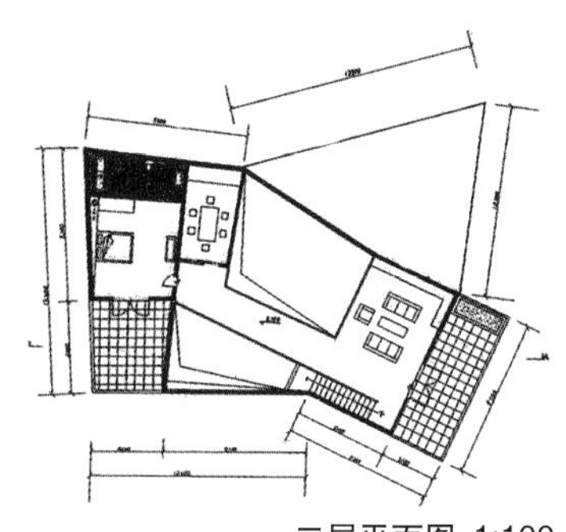

二层平面图 1:100

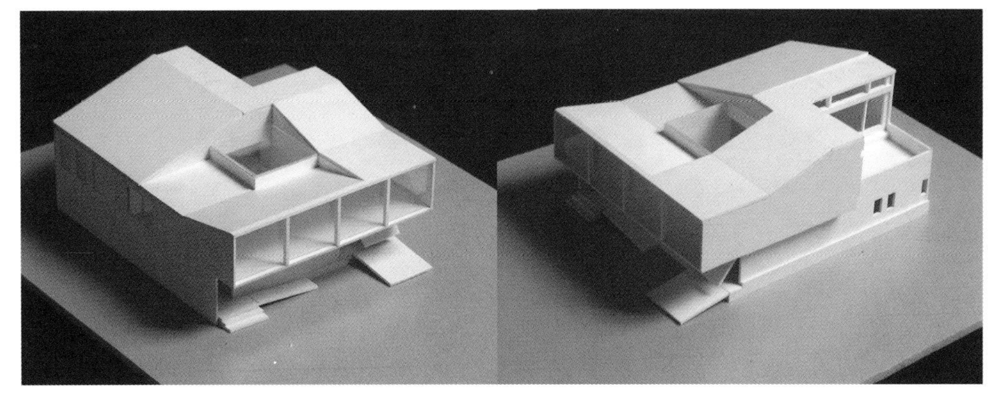

课题名称：设计初步3
作品名称：摄影工作室设计
作者姓名：梁以刚
指导教师：刘彤昊
设计时间：2007年6月

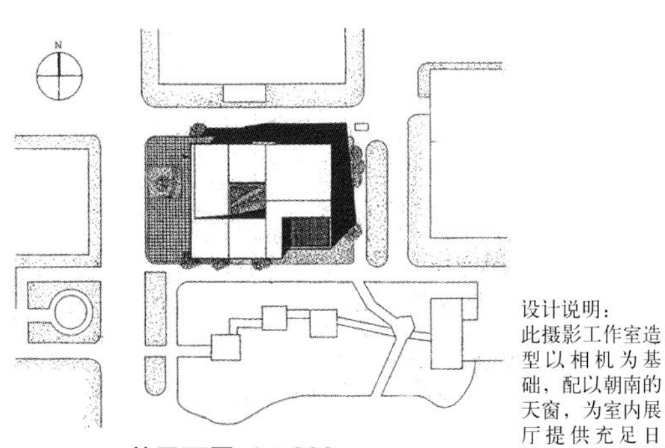

总平面图 1：300

设计说明：
此摄影工作室造型以相机为基础，配以朝南的天窗，为室内展厅提供充足日照。二层大面积的落地窗使工作间与艺术园有良好的沟通。阳光从天井倾泻而下，可直至地下层，使建筑各层之间产生交流，该设计从造型和光的角度诠释着摄影的艺术。

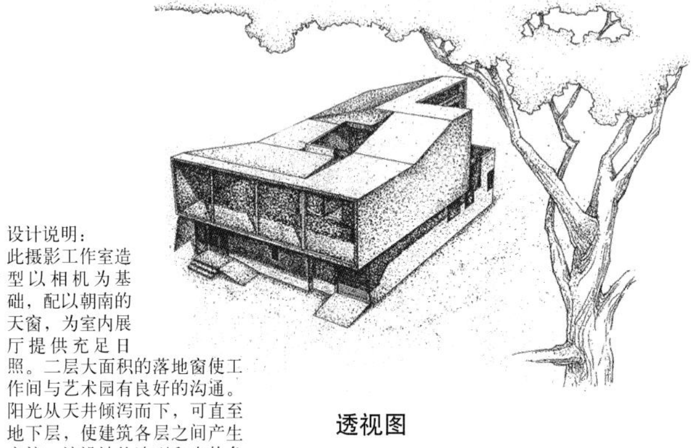
透视图

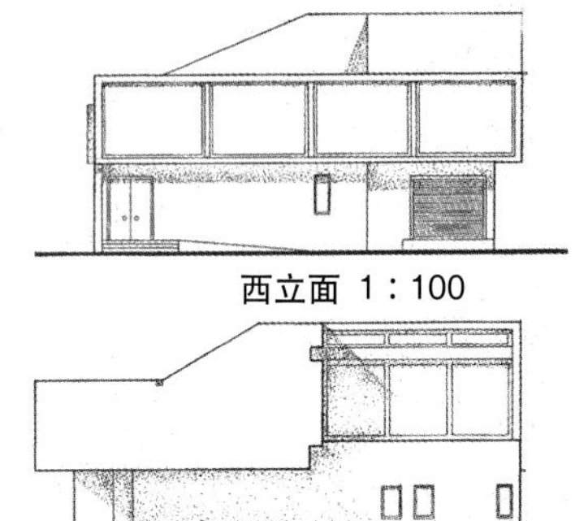
西立面 1：100

南立面图 1：100

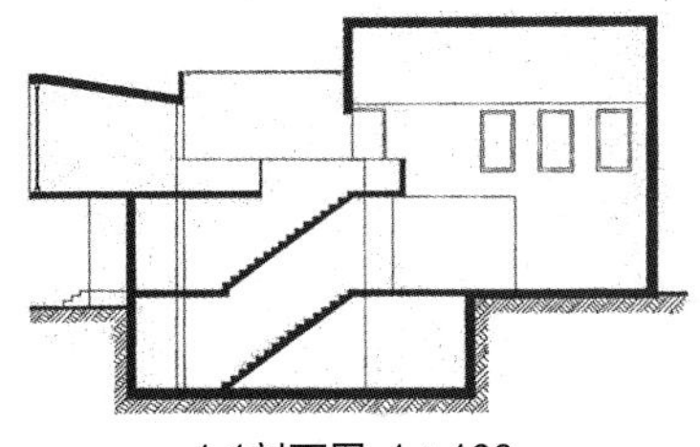
1-1剖面图 1：100

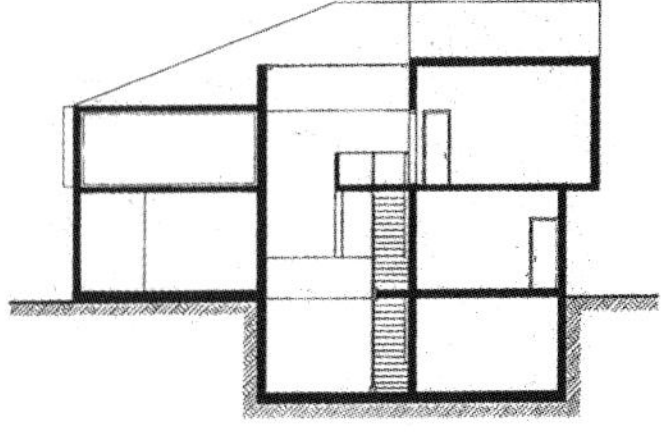
2-2剖面图 1：100

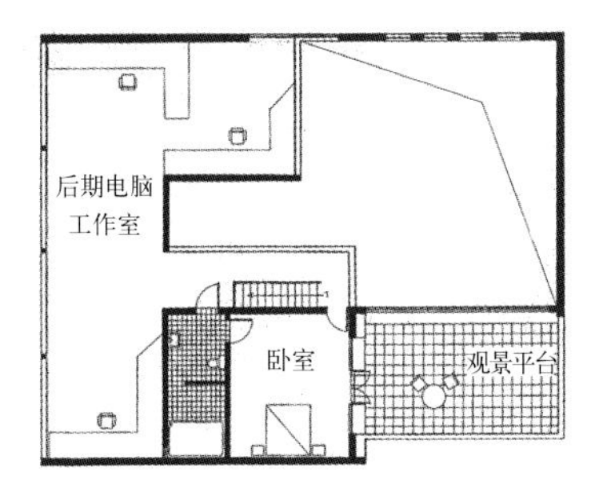

二层平面图 1：100

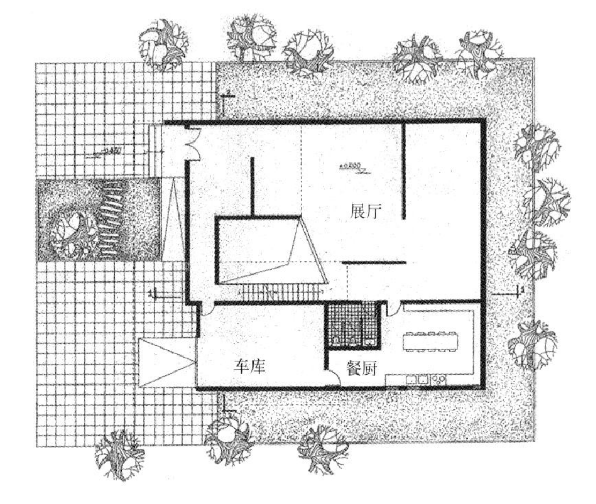

一层平面图 1：100

库房

地下层平面图 1：100

课题名称：设计初步3
作品名称：摄影工作室设计
作者姓名：陈瑶
指导教师：苏勇
设计时间：2007年6月

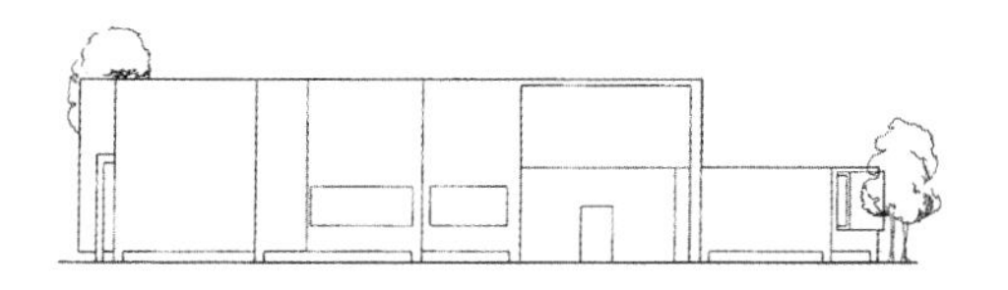

北立面图　1：100

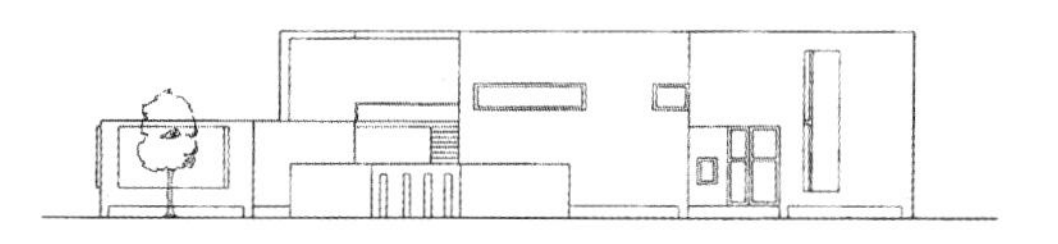

南立面图　1：100

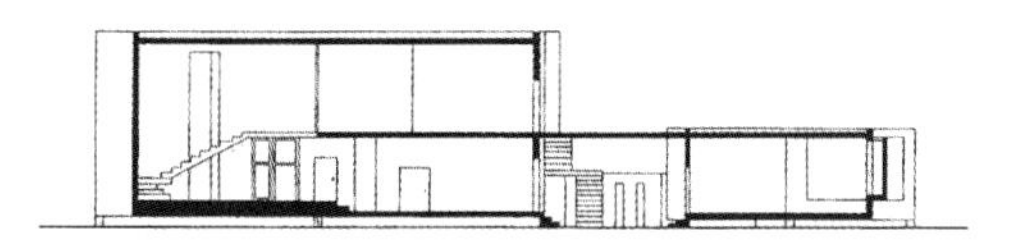

A-A 剖面图　1：100

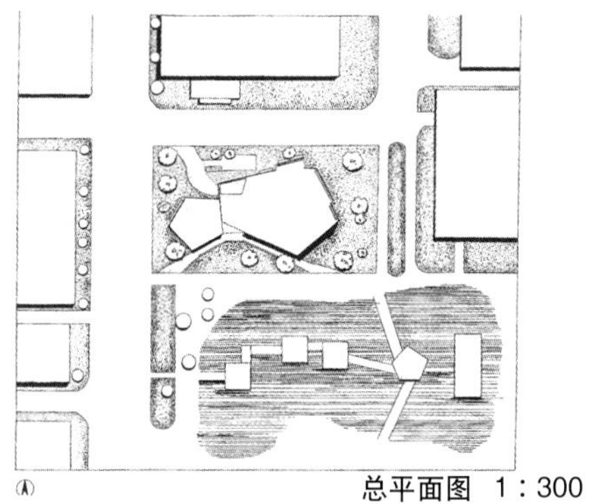

总平面图　1：300

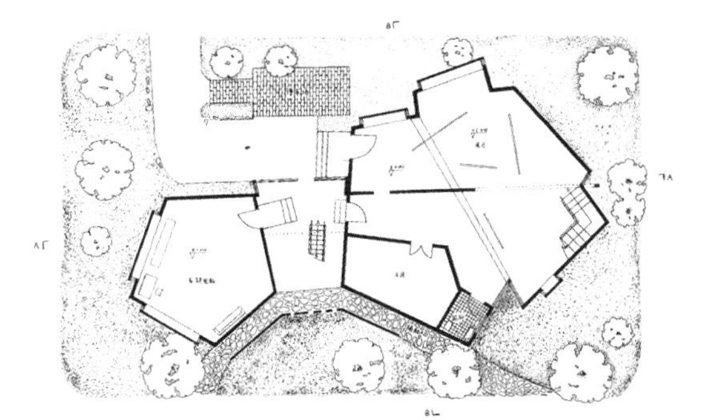

首层平面图　1：100

二层平面图　1：100

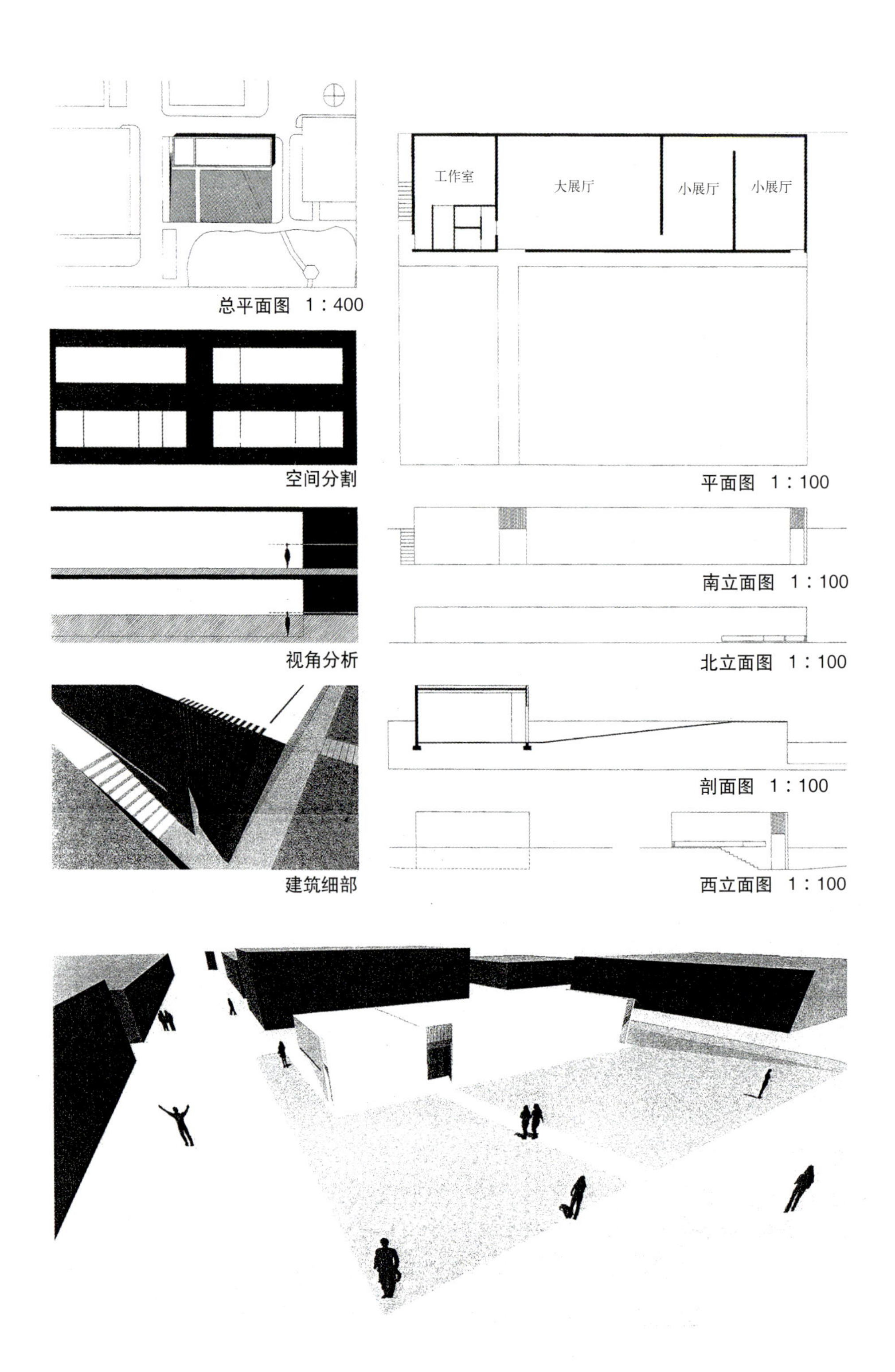

课题名称：设计初步3
作品名称：多媒体艺术工作室
作者姓名：郭曦
指导教师：王小红
设计时间：2007年6月

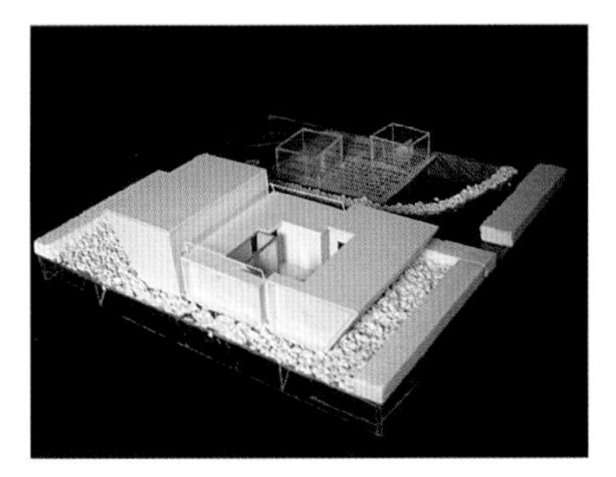

课题名称：设计初步3
作品名称：多媒体艺术工作室
作者姓名：郑钰
指导教师：刘文豹
设计时间：2007年6月

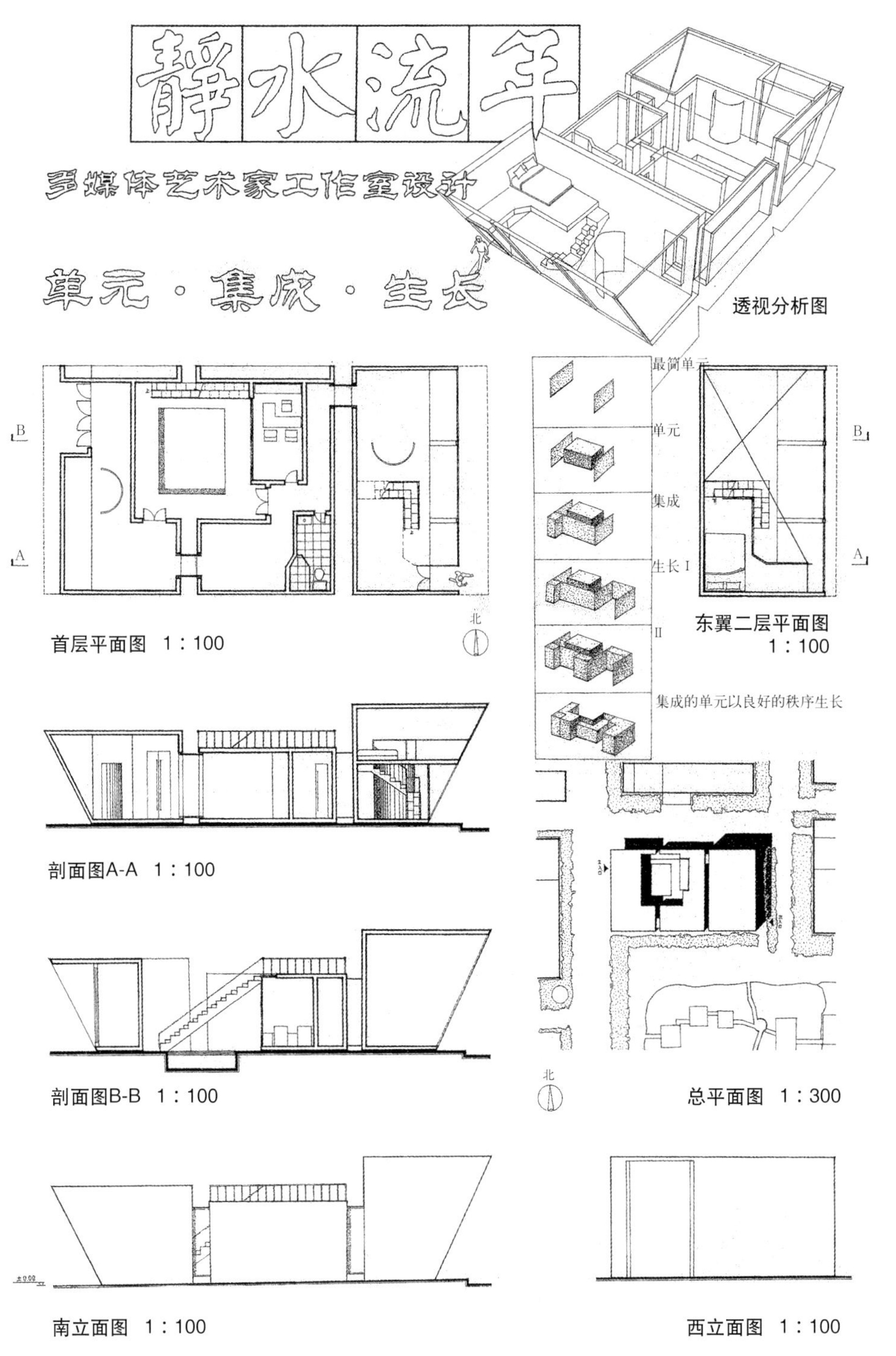

设计初步四

通过授课使学生系统了解现代建筑的发生发展的历史演变过程，并了解影响现代建筑空间构成的各种因素；同时通过课程作业对建筑作品的深入分析，使学生能从深层次的多个角度来分析研究建筑作品，建立一个基本的建筑判断标准，避免仅仅从建筑形式上去简单地对建筑作出评判，使学生建立初步理论研究能力。课程作业按魏森霍夫住宅展和20世纪10～40年代经典住宅为主题，分析现代建筑作品中影响建筑的重要建筑要素和空间特征。作业通过对建筑作品图纸绘制和三维图解，使学生能够进一步了解建筑的特点，并掌握相对评判建筑的能力；而建筑模型制作，能够促进学生直观感受建筑和体验建筑。

课程为4周，32课时。（王小红）

Basic Design 4

课题名称：设计初步4
作品名称：魏森霍夫住宅展1-4号(Mies)
作者姓名：曹晓飞　张昊　王鹏　邢磊
指导教师：刘文豹
设计时间：2006年11月

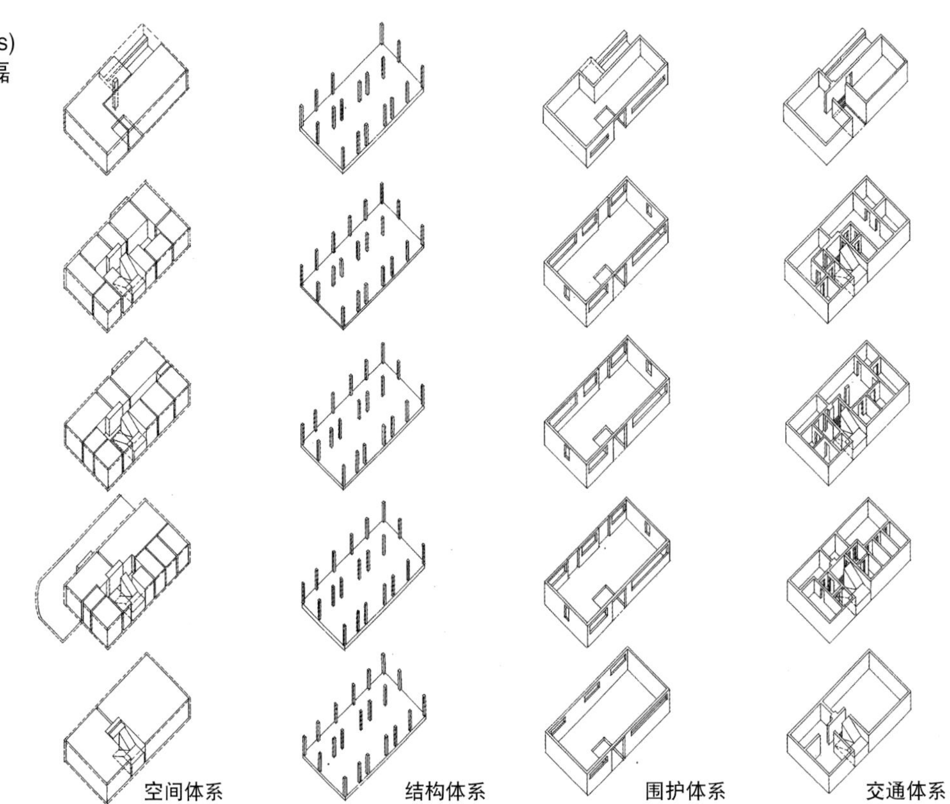

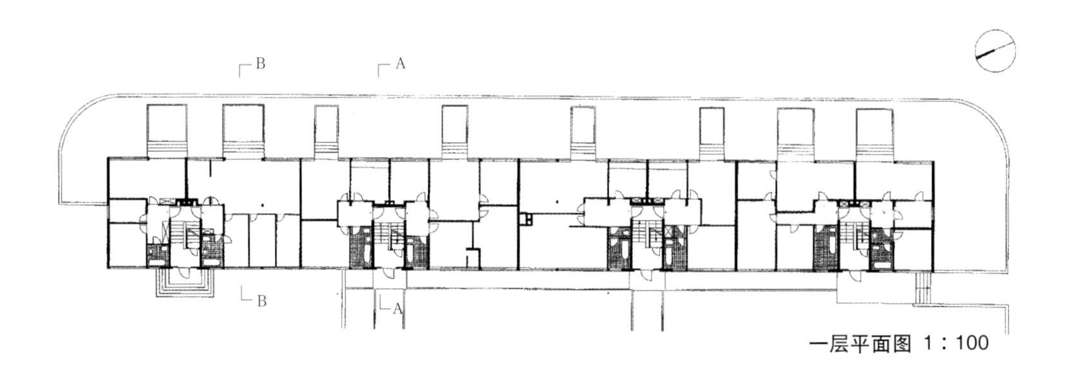

一层平面图 1：100

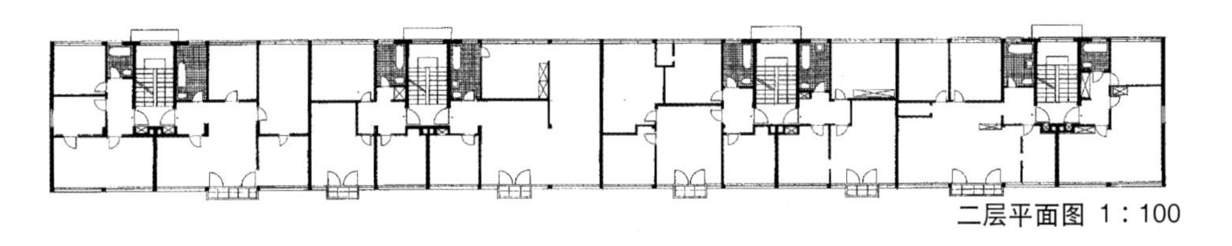
二层平面图 1：100

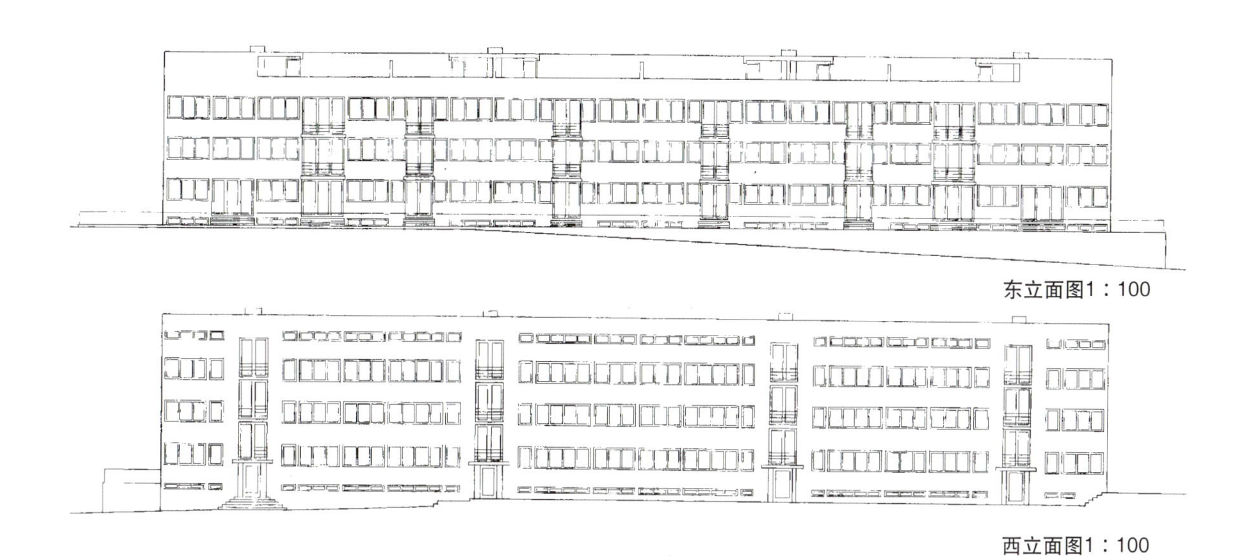

东立面图1：100

西立面图1：100

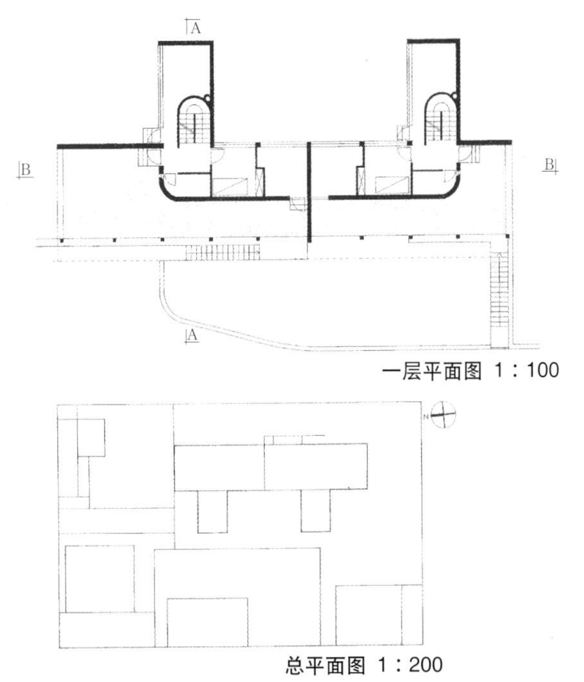

一层平面图 1：100

总平面图 1：200

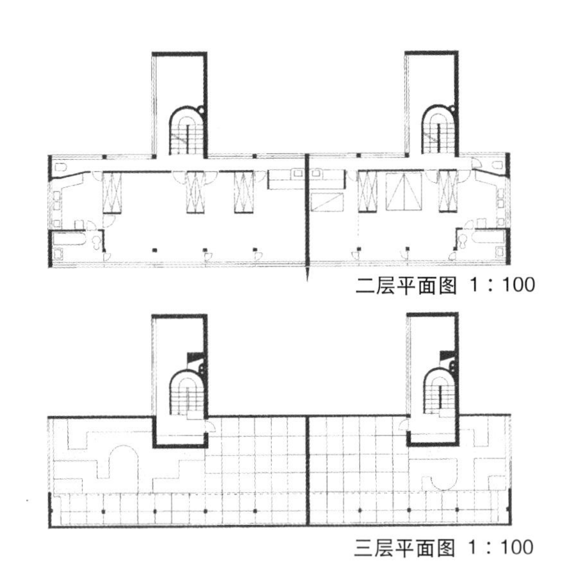

二层平面图 1：100

三层平面图 1：100

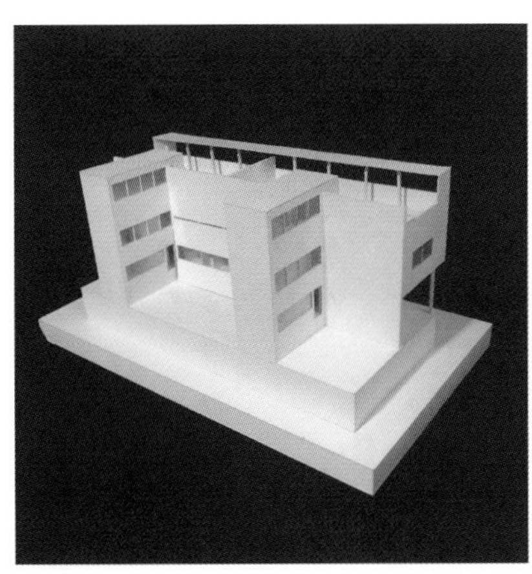

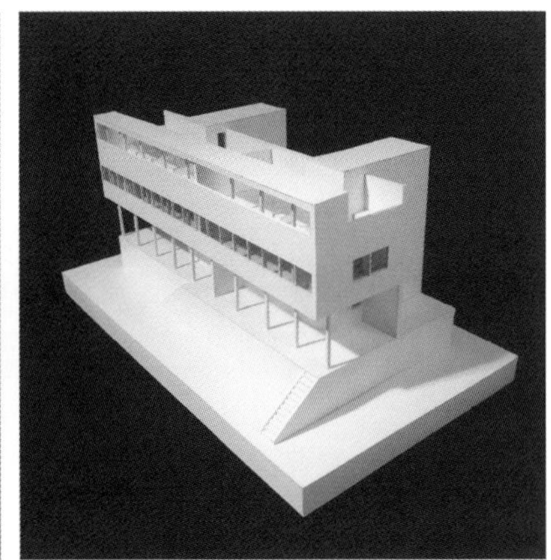

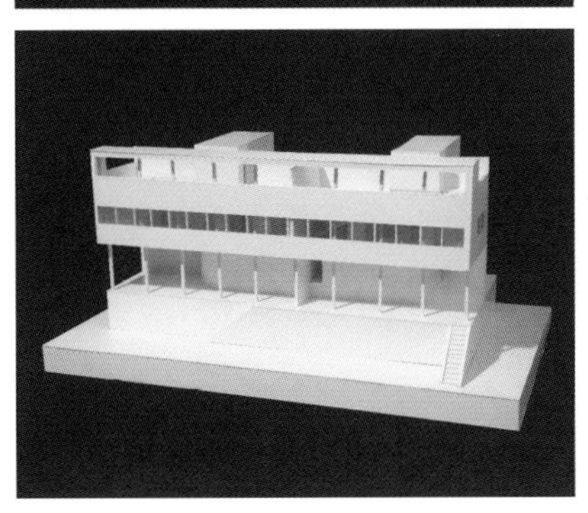

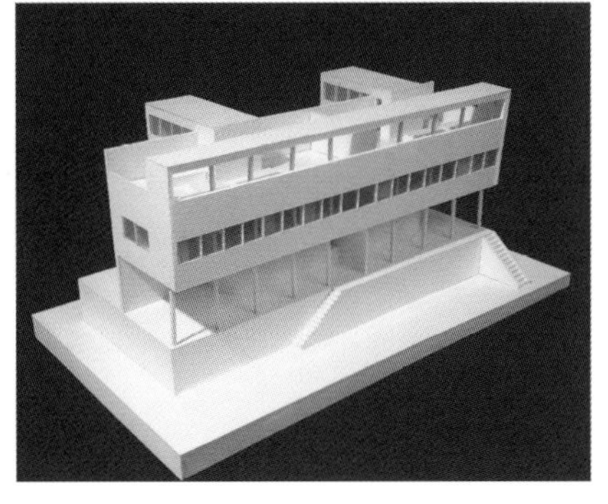

课题名称：设计初步4
作品名称：魏森霍夫住宅展14-15号(Le Corbusier)
作者姓名：刘洋小路　谢逍
指导教师：何崴
设计时间：2006年11月

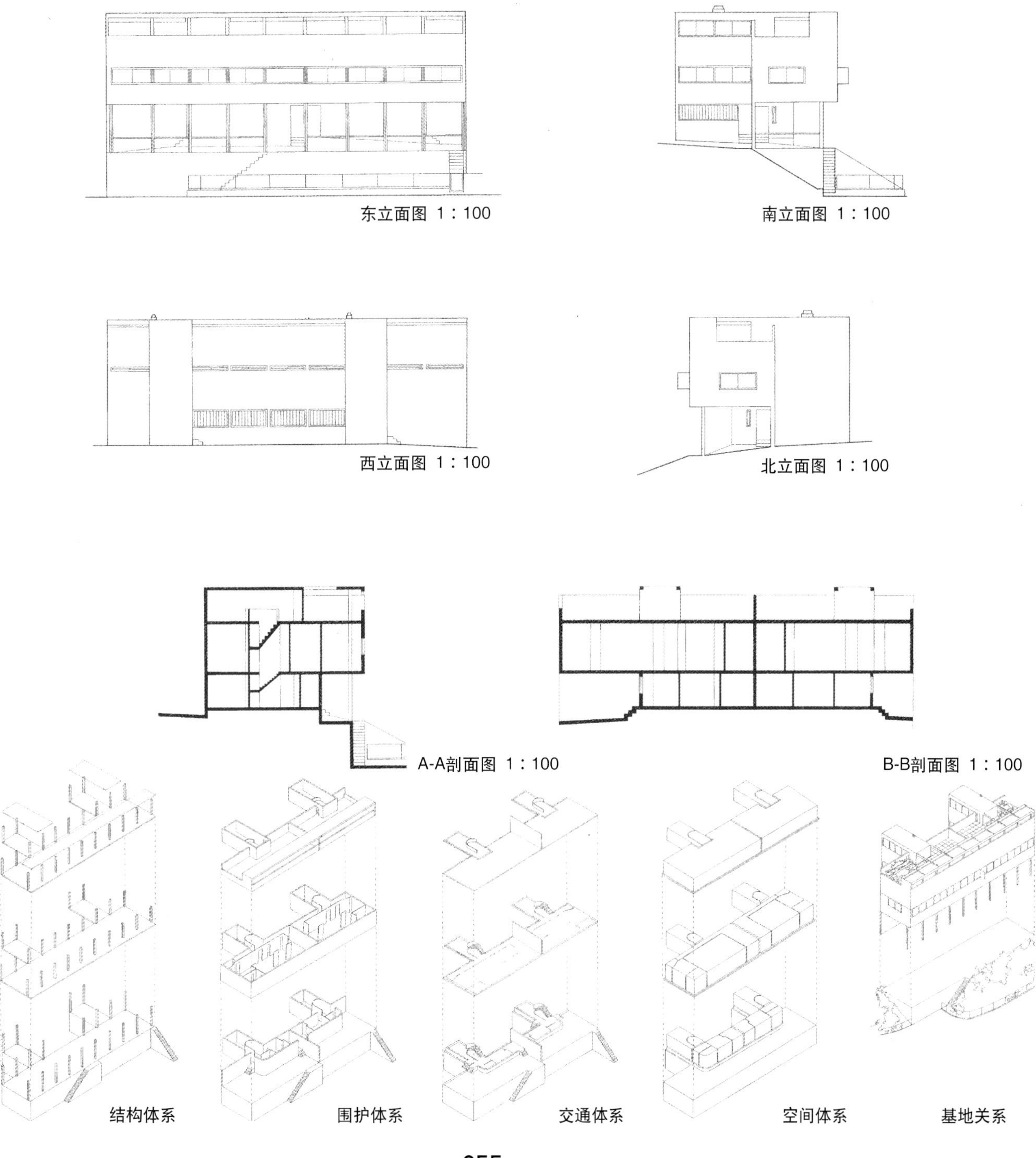
东立面图 1：100
南立面图 1：100
西立面图 1：100
北立面图 1：100
A-A剖面图 1：100
B-B剖面图 1：100
结构体系
围护体系
交通体系
空间体系
基地关系

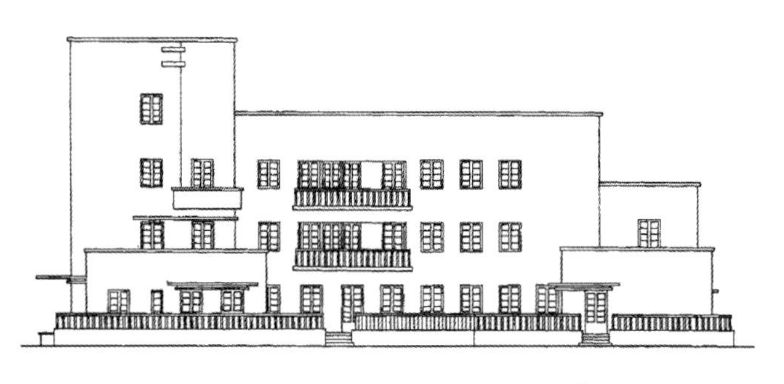
南立面图 1：100

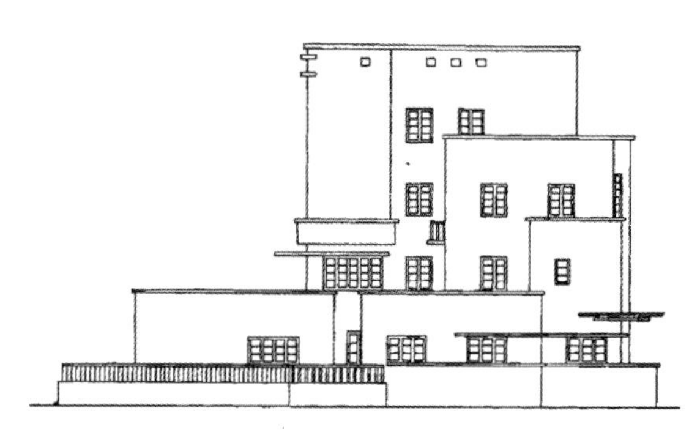
东立面图 1：100

课题名称：设计初步4
作品名称：魏森霍夫住宅展31-32号(Behrens)
作者姓名：崔琳娜 温颖华 刘晓雨 吴雨航
指导教师：王小红
设计时间：2006年11月

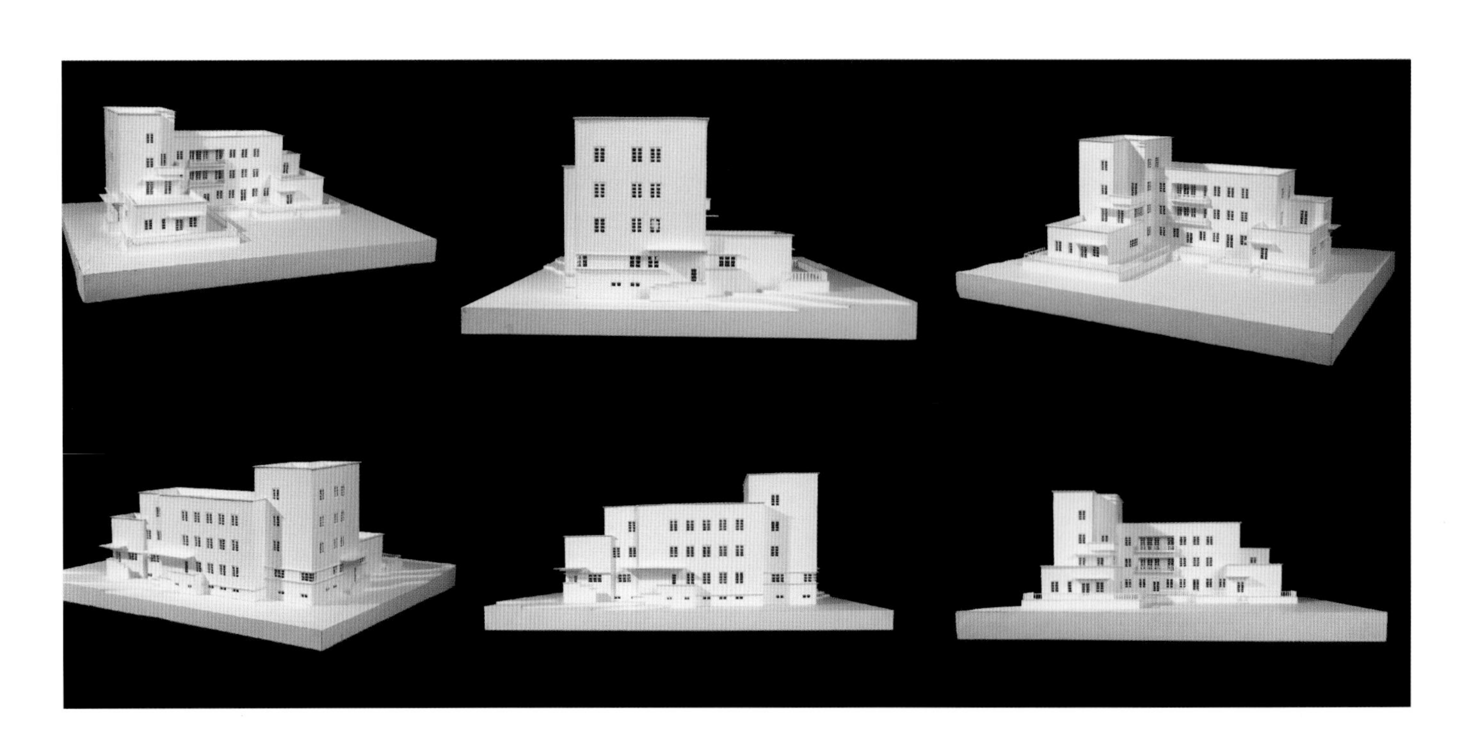

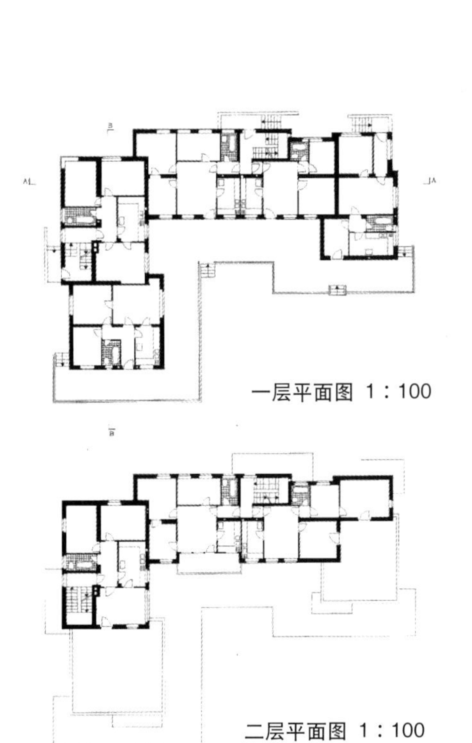

一层平面图 1：100

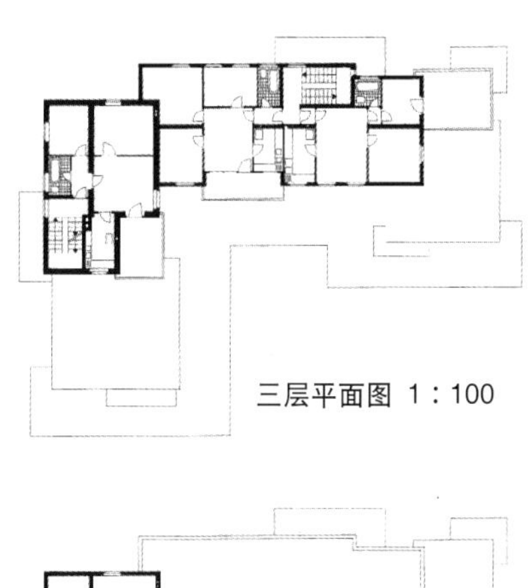

三层平面图 1：100

二层平面图 1：100

四层平面图 1：100

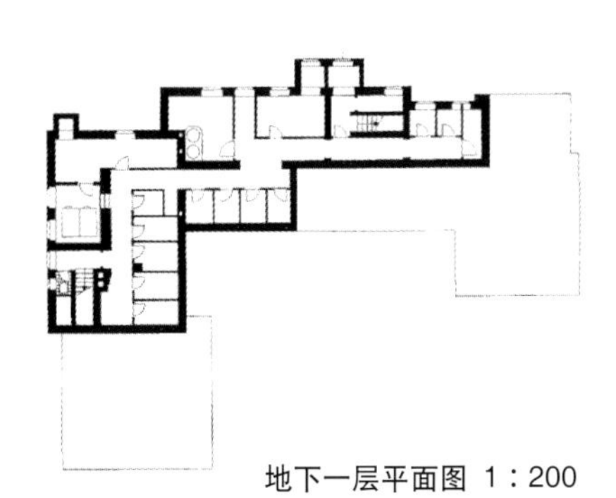

地下一层平面图 1：200

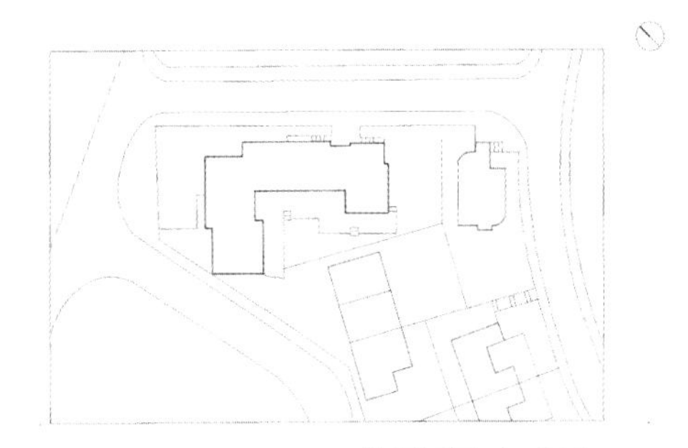

总平面图 1：200

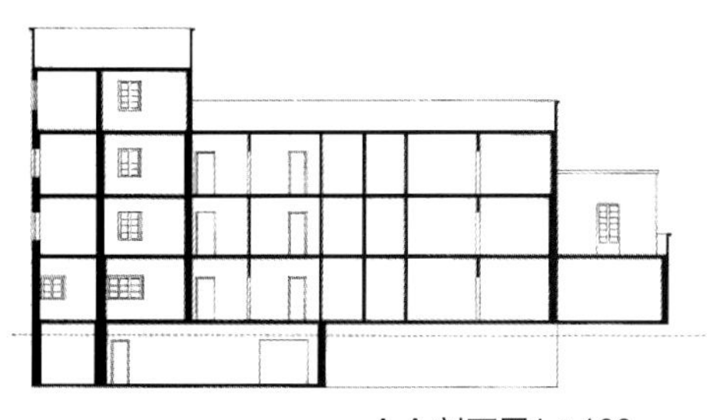

A-A 剖面图1：100

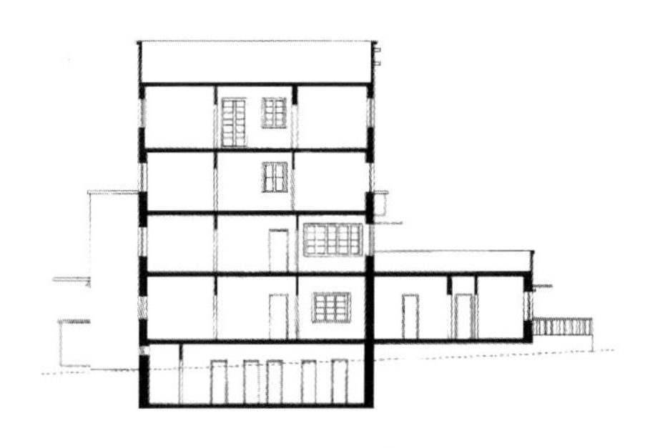

B-B 剖面图 1：100

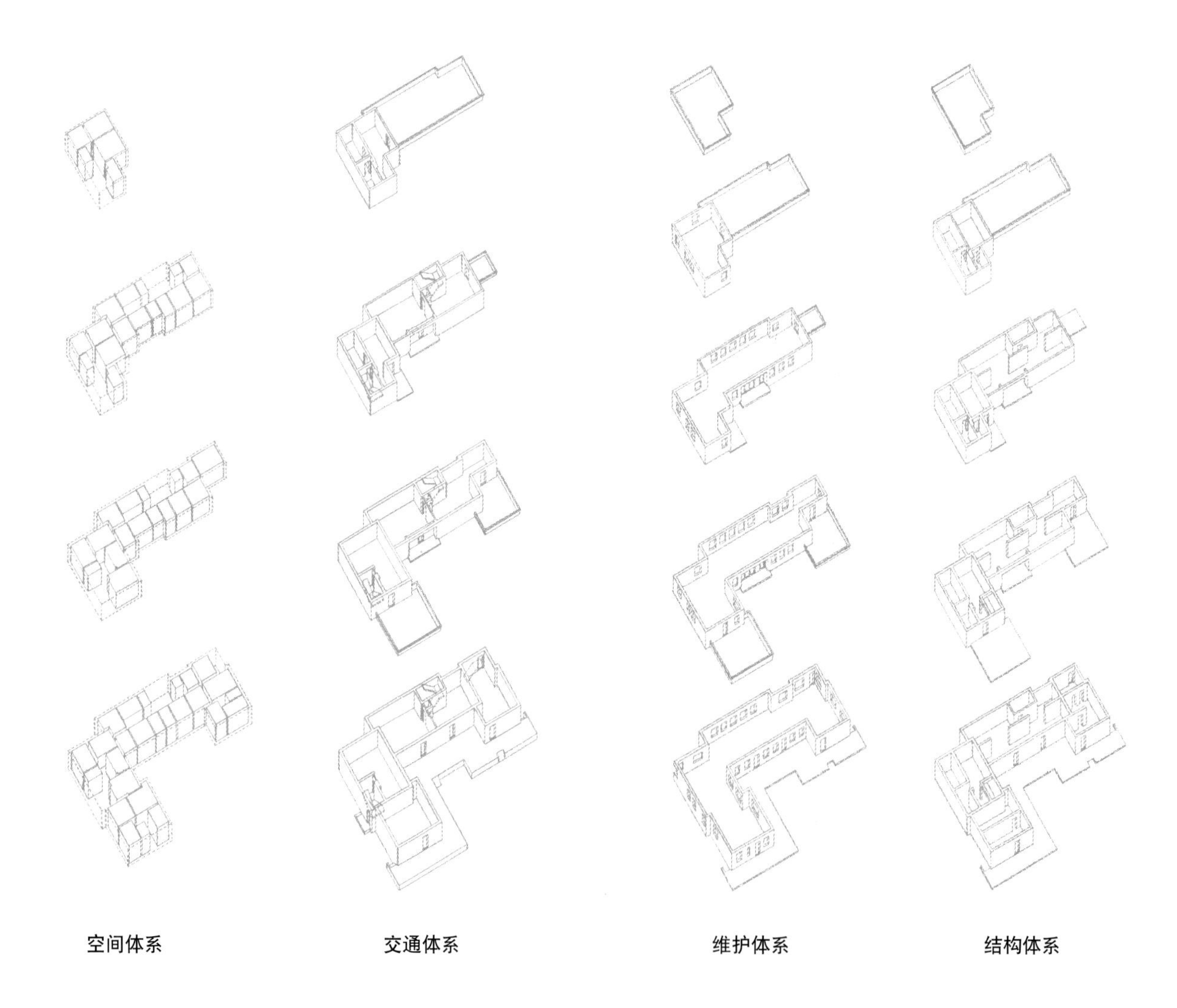
空间体系
交通体系
维护体系
结构体系

建造基础课程
Construction Basic

三、建造基础课程

建筑是艺术与技术结合的综合体。建筑一定要被建造出来，才能成为最终的作品。因此建造的规律和法则必须被建筑设计所尊重。进而更应对建筑的建造加以表现，这既是符合建筑技术的，也是符合建筑文化的。建筑的建造应包括结构、构造和材料的因素。

建筑技术教学不应脱离建筑设计，更应与造型紧密契合，发挥美术院校建筑学的优势。建造基础就是这样一门融造型、设计与技术于一体的综合性课程。它以建筑的建造为核心问题，自开设至今已近四年，并逐渐形成设计课、理论课和动手制作相结合的系统化课程。建造基础可以帮助学生深刻理解建筑的技术方法，提高设计可行性，提高学生自信心。建造基础还可以从技术角度提供建筑设计的依据和方法，拓展学生的建筑设计语言。

通过多年教学我们发现，对建筑技术的理解不能靠一点突破来解决，需要连续的、系统的教学才能逐步培养起来。因此本课程的设置贯穿在本科一、二、三年级之中，采用渐进式的教学方法。课程的主线是设计课，包括：一年级体验建造（建造基础1）、二年级课程设计（建造基础2）、三年级国际合作课程（建造基础3）。课程的辅线是结构体系、结构造型和建筑构造、建筑材料等知识性课程。

III. Construction Basic

Construction is the combination of art and techniques. Buildings must be constructed before they become accomplished works. Therefore, the disciplines and principles of construction must be respected by and then expressed with construction design. This process is in accordance with construction techniques as well as architectural culture. The construction of buildings should include structure, design and materials.

The teaching of construction techniques should be closely connected with architecture design. It should also be tightly linked with form so as to manifest the advantages of architecture in schools of fine arts. Construction Basic is a comprehensive course that blends sculpting, design and techniques. It is cored against the question of building construction and has been established for four years, forming a systematic course structure of design courses, theoretic courses and hand-on workshop courses. Construction Basic can help students to deepen their understanding of construction techniques, improve the feasibility of design, and enhance their confidence. Construction Basic can also supply basis and methods for construction design from the aspect of techniques and expand students' construction design languages.

Years of teaching practice has made us realize that the understanding of construction techniques cannot be broken through at a single point. It needs to be cultivated with continuous and systematic teaching. Therefore, this course goes through freshman, sophomore and junior years with a step-by-step level design. The main theme is design courses, including experiencing construction (Construction Basic 1) in the freshman year, course design (Construction Basic 2) in the sophomore year and international course (Construction Basic 3) in the junior year. The auxiliary themes are structural system, structural sculpting and construction structure, construction materials and other knowledge courses.

建造基础一

本课程限定在单一空间的小型课题设计，结构形式也是限定在木建筑形式，目的是通过简单的建筑设计使学生初步理解场所、空间、结构、形式和材料等与建筑设计密切相关的基本问题。本次课题是美院操场旁的休闲亭设计。根据给予的项目设定，要求围绕木建筑这一建造类型，完成各设计图和细节图。建筑的建造结构、空间和外观表现要求协调统一，最终参与评价的还有，新的建筑是否强调了此场所的作用，以及木建筑作为一个建筑要素是否被明确定义。

课程为4周，32课时。（王小红）

Construction Basic 1

课题名称：看瓜凉棚建造实践
作品名称：看瓜凉棚建造实践作品集合
作者姓名：02级建筑班
指导教师：黄源 王小红
设计时间：2004年6月

课题名称：纸之桥
作品名称：纸桥
作者姓名：李国进
指导教师：黄源
设计时间：2003年11月

纸桥施加荷载破坏试验

课题名称：纸之屋
作品名称：纸屋面
作者姓名：孙蕙
指导教师：黄源
设计时间：2003年11月

课题名称：著名建筑作品建构分析
作品名称：建构分析模型
作者姓名：李丽姝
指导教师：王小红
设计时间：2003年11月

课题名称：著名建筑作品建构分析
作品名称：建构分析模型
作者姓名：焦建芳 姜琳玮
指导教师：王小红
设计时间：2003年11月

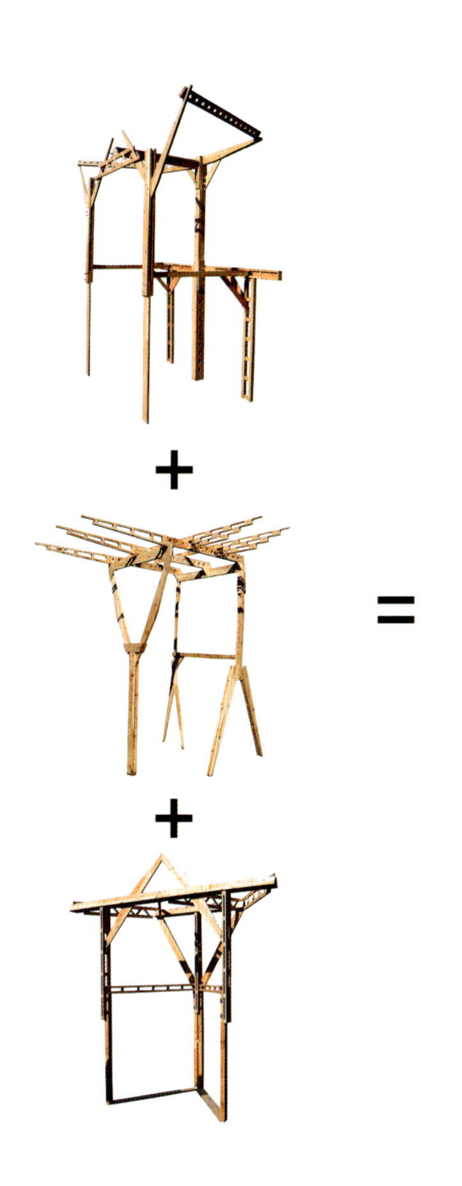

课题名称：81根木构件与木亭子
作品名称：纸屋面
作者姓名：范尔溯　张玉婷　王文涛　王滨　王溪莎　左航等27人
指导教师：黄源
设计时间：2005年3月

建造基础二

课题多以中小型建筑为载体，简化了建筑设计中其他因素的影响，突出其中结构造型的因素。课程评价的标准包括造型的美观独特，也包括其结构的可行性和合理性，以及空间关系的组织与基本功能的配置。学生需综合考虑功能与空间关系、结构系统和构造细部。作业成果包括模型（比例为1：100～1：30）和图纸（比例为1：100～1：10）。

已做课题包括集装箱建筑设计（小型可移动建筑设计）、车间加建、小型展览建筑设计、售楼处设计等。

课程为8周，64课时。（黄源）

Construction Basic 2

课题名称：结构造型
作品名称：结构造型
作者姓名：张洋
指导教师：王环宇
设计时间：2002年12 月

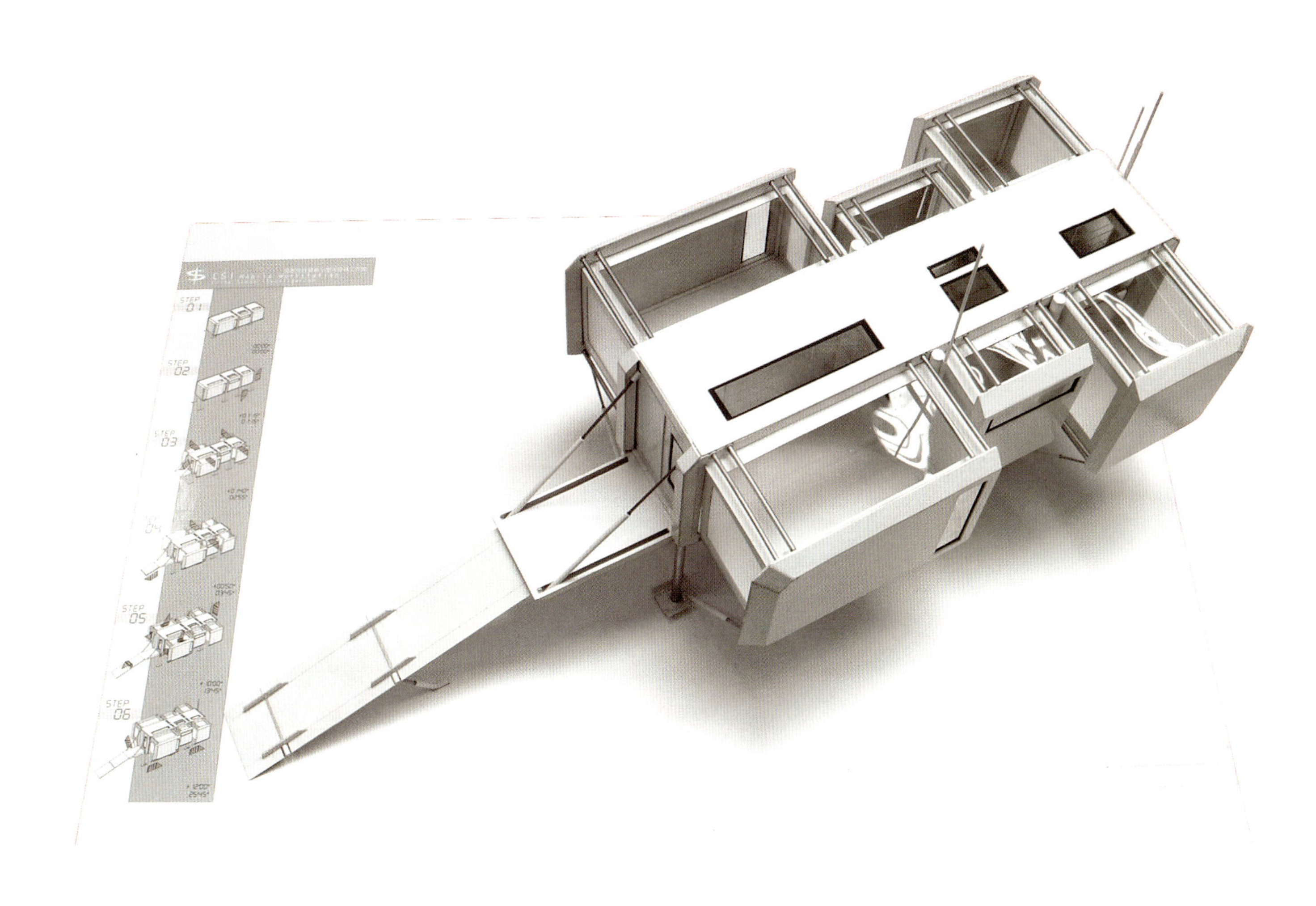

课题名称：小型可移动建筑设计
作品名称：“犯罪现场调查”可移动工作站
作者姓名：赵丹丹　马珂　李政
指导教师：崔冬晖 钟山风
设计时间：2005年4月

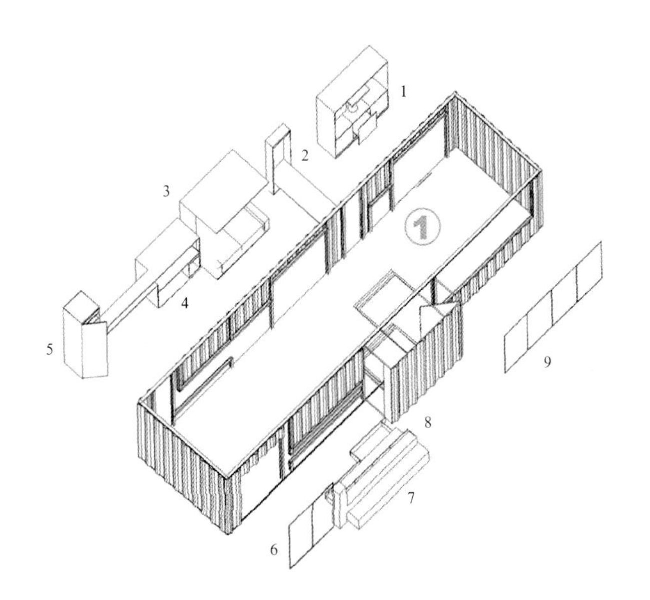

集装箱经过改造，在外部附加上可选择的家具、厨具、电器模块

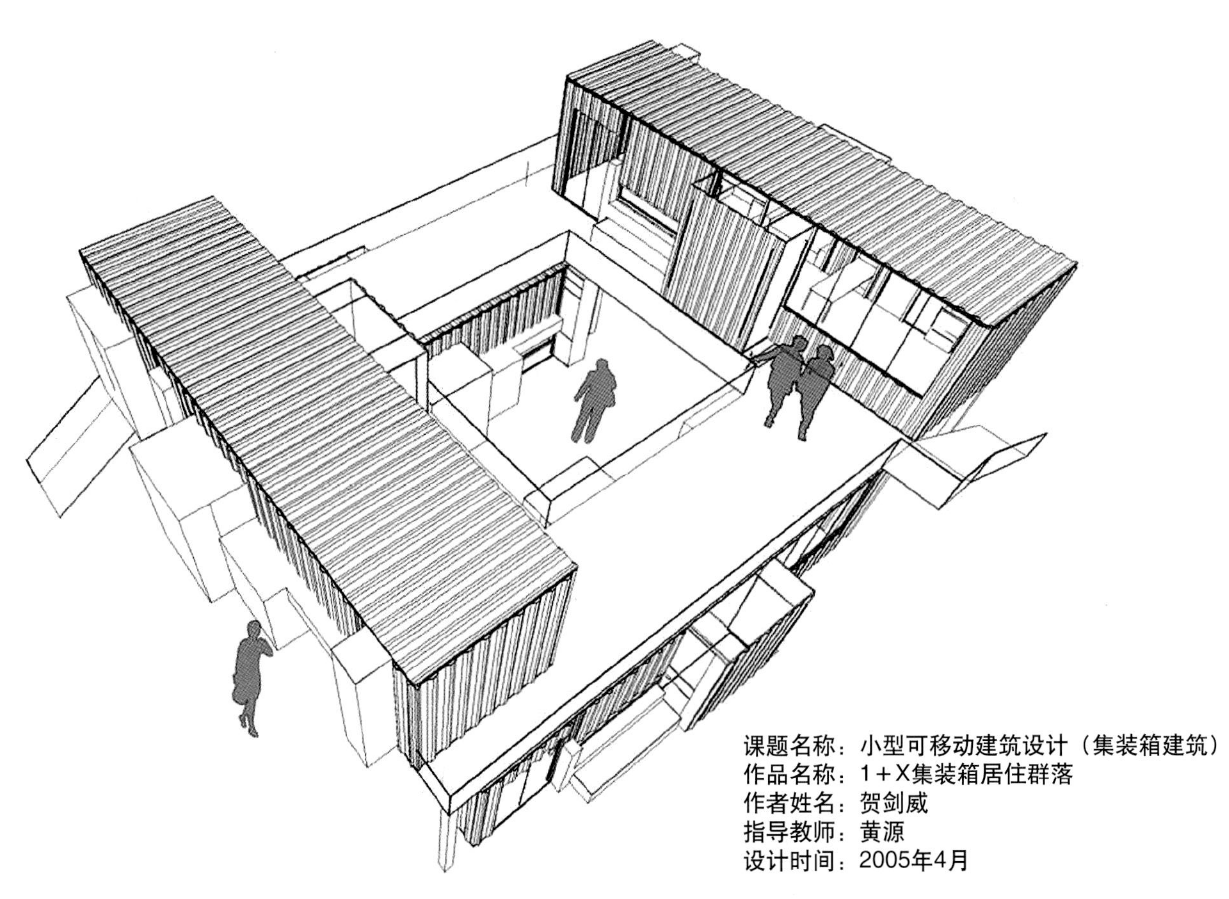

课题名称：小型可移动建筑设计（集装箱建筑）
作品名称：1＋X集装箱居住群落
作者姓名：贺剑威
指导教师：黄源
设计时间：2005年4月

四个集装箱竖直起来组合成一个可以展示风筝文化的观景塔，内部双螺旋楼梯增加了戏剧性的空间体验。

课题名称：小型可移动建筑设计
作品名称：观景塔
作者姓名：尹晓煜
指导教师：黄源
设计时间：2005年4月

课题名称：结构造型
作品名称：展览空间与结构
作者姓名：李黎诗　葛兴安　王维
指导教师：王环宇
设计时间：2005年4月

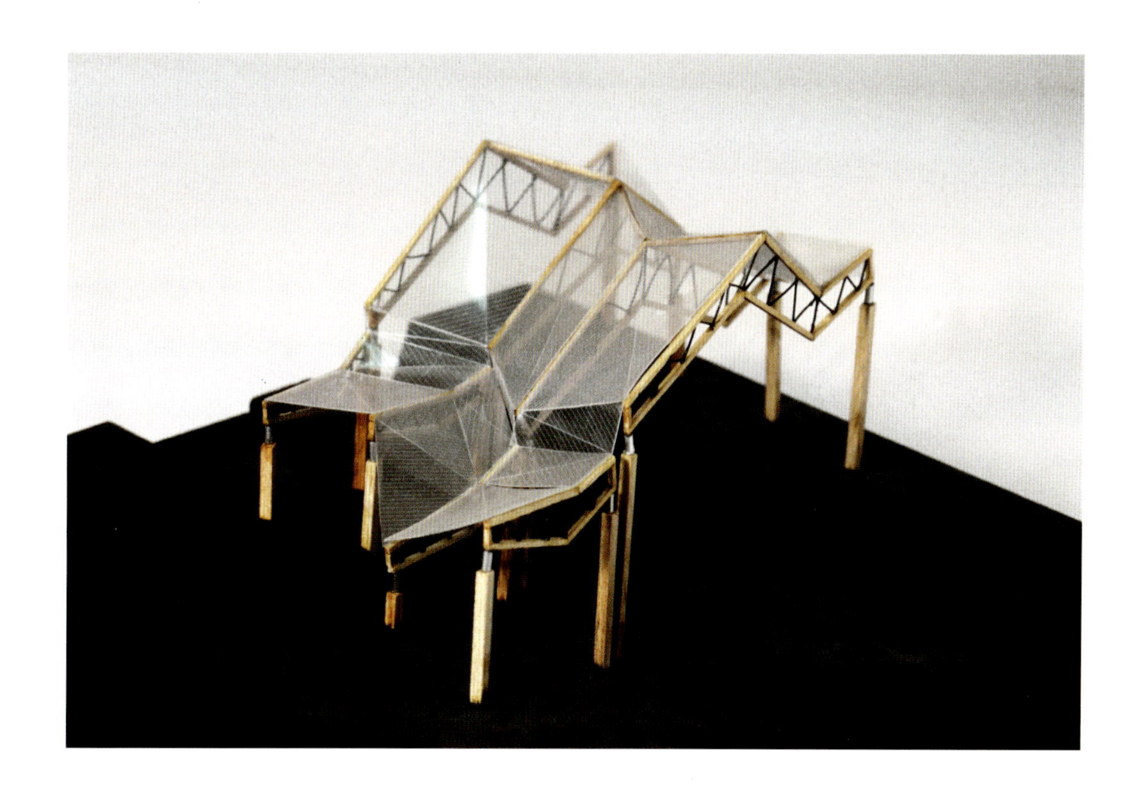

课题名称：结构造型
作品名称：桁架与悬索结构
作者姓名：程志哲 胡泉纯
指导教师：王环宇
设计时间：2005年4月

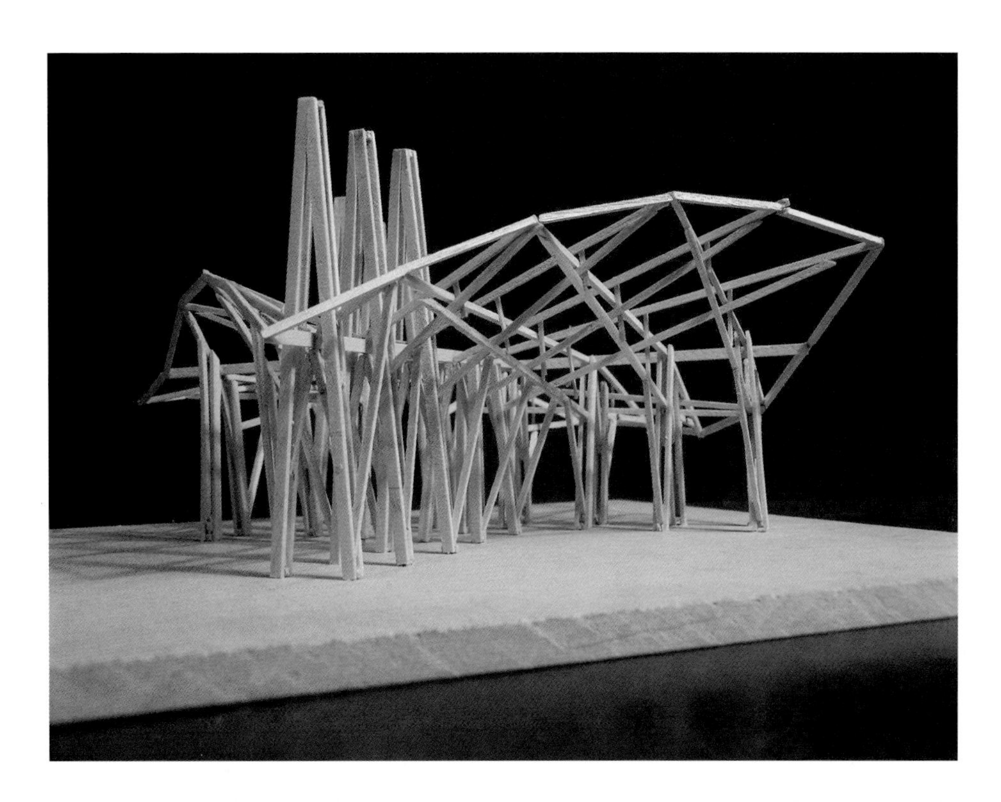

课题名称：木结构建筑设计
作品名称：售楼处设计
作者姓名：高宇迪　申佳鑫
指导教师：黄源
设计时间：2006年4月

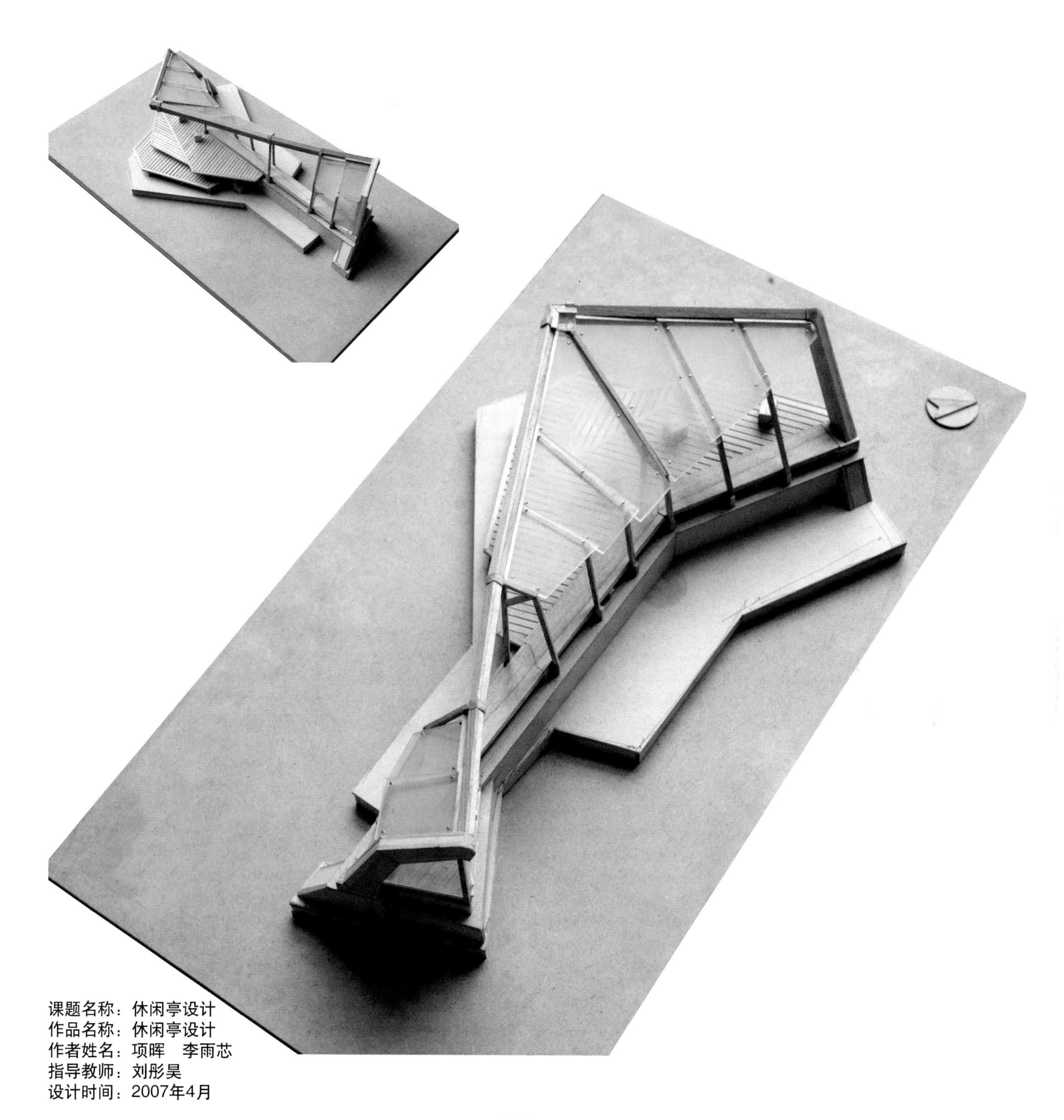

课题名称：休闲亭设计
作品名称：休闲亭设计
作者姓名：项晖　李雨芯
指导教师：刘彤昊
设计时间：2007年4月

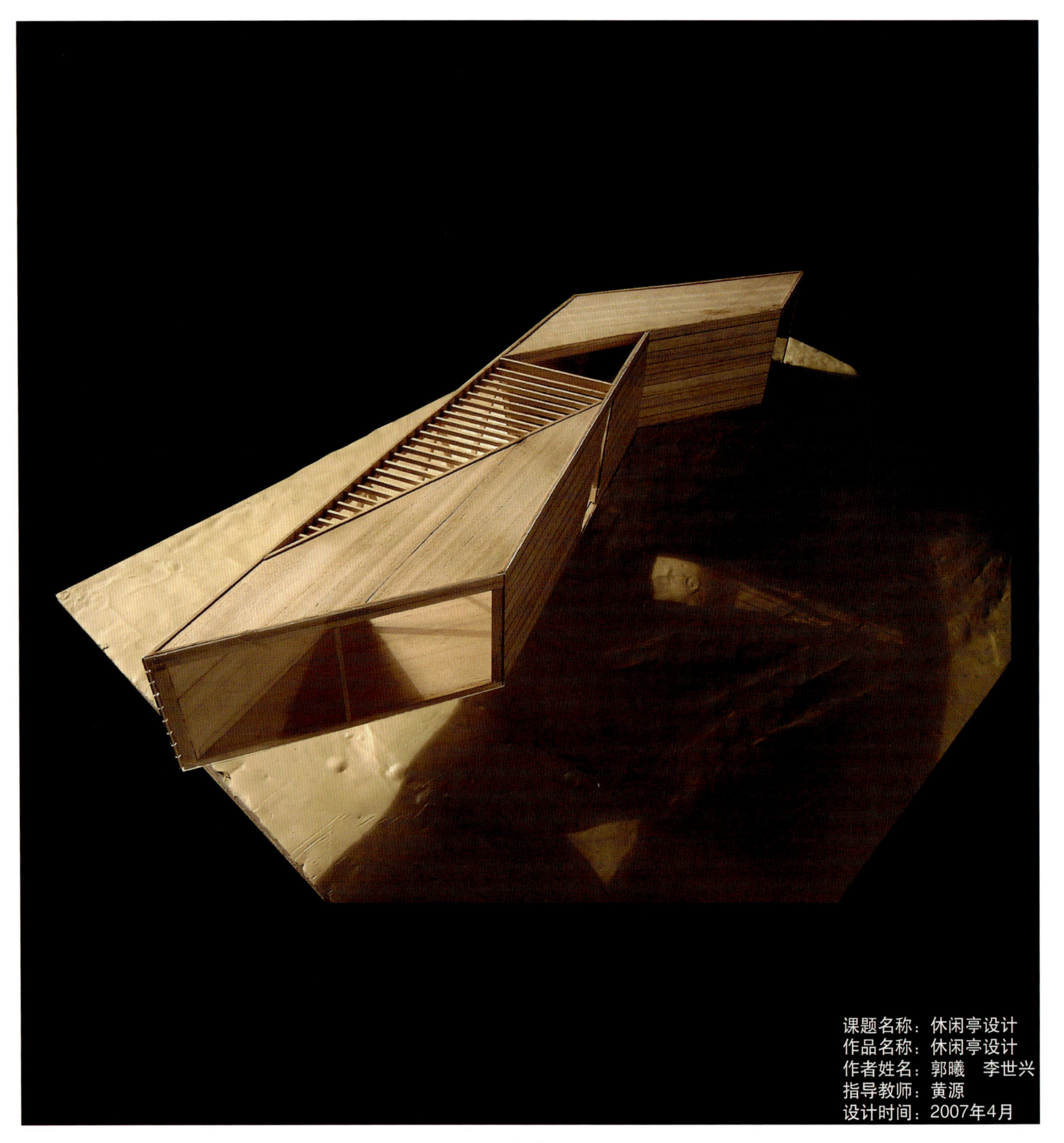

课题名称：休闲亭设计
作品名称：休闲亭设计
作者姓名：郭曦　李世兴
指导教师：黄源
设计时间：2007年4月

课题名称：木结构建筑设计
作品名称：售楼处设计
作者姓名：蔡鸿奎
指导教师：黄源
设计时间：2007年4月

建造基础三

此课程是同德国凯泽斯劳滕技术大学的联合课程，通过一种限定的结构形式的小课题设计，使学生认识到不同建筑形式中材料、形态和建筑的建造之间存在着清晰的逻辑关系，也就是形成建筑三大基本要素：建筑所在环境场所、建筑类型及建构之间的相互联系。首先设计课题按照建造类型限定，一般在木建筑、混凝土建筑、砖石建筑和钢结构范围内；课题题目为小于400m^{2}的小型建筑。设计分2个阶段：①建筑体量、空间的构思及概念的确认；②深化方案，确认建造形式，研究节点。课程最终使学生了解到在建筑设计中如何从方案转化到建筑建成所需要的技术和建构的基本知识，把技术专业知识和建筑的形式美紧密联系在一起。

课程为4周，32课时。（王小红）

Construction Basic 3

课题名称：木结构建筑设计
作品名称：车间设计
作者姓名：02级建筑全体专业学生
指导教师：Prof. Bernd Meyerspeer
（德国凯泽斯劳滕技术大学）
王小红
设计时间：2004年9月

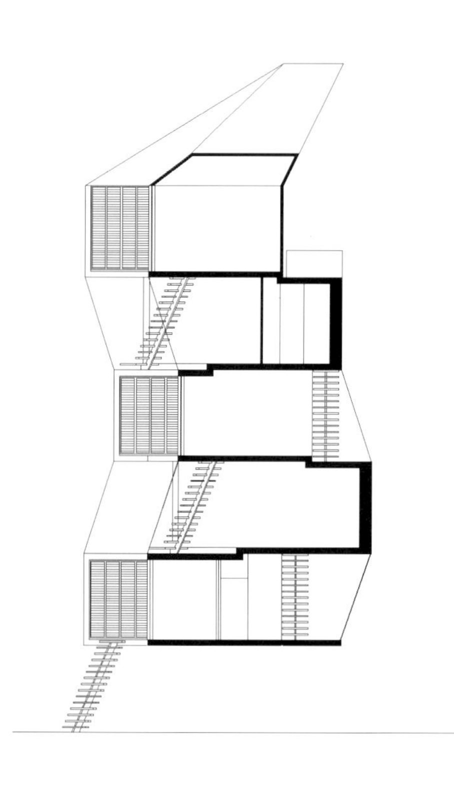

课题名称：混凝土建筑设计
作品名称：混凝土独立住宅
作者姓名：张玉婷 王文涛 王文栋
指导教师：Juni.Prof.Dr.Castorph
Juni.Prof.Bayer
(德国凯泽斯劳滕技术大学)
王小红
韩文强
设计时间：2005年9月

课题名称：建造基础3
作品名称：运动塔
作者姓名：王　珣　宋方舟　尹晓昕
指导教师：Prof.Kleine-Kraneburg　P.Spitzley
(德国凯泽斯劳腾技术大学）
王小红
设计时间：2006年9月

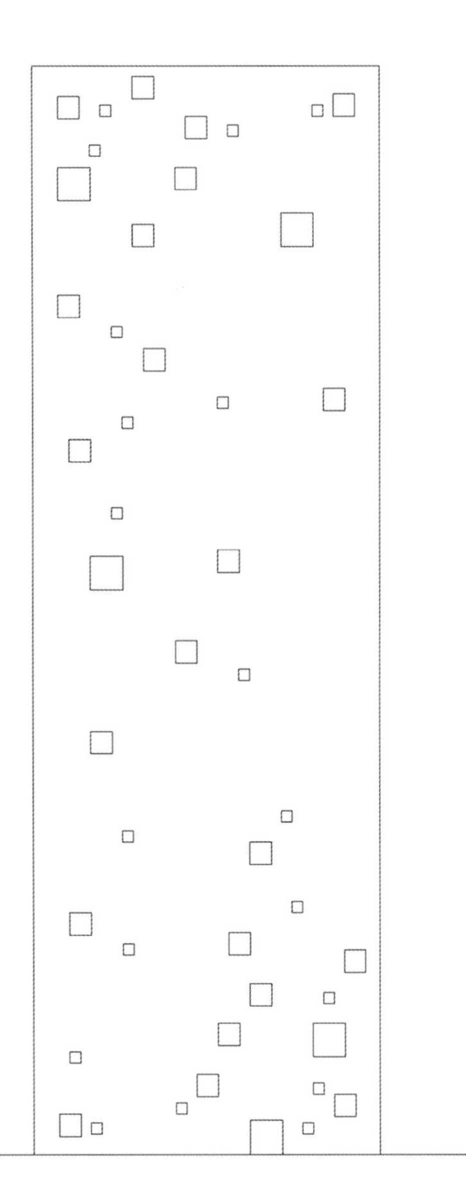

社会实践实习课程
Social Practice

四、社会实践实习课程

作为一个具有悠久传统的美术院校，“下乡采风”、深入生活并细致地观察生活是进行创作的必要且充分的条件，这也是感受自然、陶冶艺术情操的必然之路。在中央美术学院下乡传统的大背景下，建筑学院的社会实践、实习教学的开展也就有了坚实的基础和后盾。中央美术学院建筑学院的社会实践实习总体上分为三个阶段，分别贯穿在本科一、二、三年级之中，并与四年级的设计院生产实践实习结合起来成为完整的教学实习环节。

一年级的建筑写生融合在整体的造型基础教学之中，教学重点在于配合和补充完善造型基础系列课程，进一步提高学生的审美能力和训练学生一定的建筑表现能力；随着进入二年级专业课程的学习，学生们逐渐具备了一定的专业基础知识，建筑认识实习安排学生对城市、建筑、室内和景观做一次考察，要求掌握徒手测绘和用三视图的方式观察分析建筑与环境的职业方法，同时训练适应团队合作的工作方式；进入三年级，经过中国古建筑的系统性学习，在知识的领域奠定了古建测绘的业务基础，因此，对传统建筑的测绘，既可以在实践中领略教学中所掌握的知识，又可以对中国传统文化以及传统建筑文化有一个更好的理解和知识巩固；四年级的设计机构生产实践实习的目的是了解和学习设计机构生产实践的内容、程序与方法，各工种间的相互配合与协调，以及工程设计中的相关专业知识，培养学生的综合素质和实践能力，使该实习成为学生走向实际工作的重要过渡准备阶段。

Ⅳ. Social Practice

China Central Academy of Fine Arts has a long history. "Going to the countryside to collect sources of creation" is our tradition. We believe it to be a must and prerequisite to observe the details of life in order to create good art works. This is also the path to feel the nature and edify artistic tastes. The tradition of going to the countryside of China Central Academy of Fine Arts has provided a solid foundation and backup for the development of social practice and internship for the School of Architecture. The social practice of China Central Academy of Fine Arts is generally divided into three phases in the freshman year, sophomore year and junior year. This practice, combined with the production practice of the school of design in the senior year, comprises a whole teaching and practice system.

The drawing in architecture of freshman year is part of the content of the fine art course, and is aimed at supplementing the basic sculpting course, further enhance students' artistic taste and train their construction expression abilities. After they enter the sophomore year, students will gradually possess some basic professional knowledge. The construction recognition practice shall arrange them to conduct observations on cities, buildings, interior spaces and landscapes. Students will be required to observe and analyze the structure and the environment with manual mapping and three-view drawing. When they enter the junior year, the students shall systematically study ancient Chinese architecture and build a basic foundation of ancient architecture mapping in the field of knowledge. Therefore, through mapping of ancient architecture, students can not only better grasp class knowledge, but also have a better understanding of traditional Chinese culture and traditional architectural culture. The senior year shall focus on social practice of design institutes, aimed at understanding and learning the content, procedure and methods of the social practice of design institutes, cooperation and coordination of different types of work and relevant professional knowledge used in project design. Students shall acquire better comprehensive quality and practical ability so that they can be better prepared for their jobs.

春季写生

课程安排在一年级，2周时间，80课时。

教学目的：建筑色彩写生使同学们贴切地感受自然与人文的魅力。通过色彩的风景写生，锻炼良好色彩关系下的建筑表现能力；更重要的是培养和提高同学们的审美能力。

建筑速写是建筑学专业的基本功，是建筑表现与记录的必要能力。通过[钢笔/铅笔]的建筑写生训练，一方面锻炼建筑表现的基本素质，并在写生的过程中初步感性了解中国传统建筑的特征；另一方面，在伴随写生的授课过程中，使同学们初步认识中国古建筑的型制特点，及中国传统建筑空间的序列性特点。

教学内容：1.色彩部分：建筑和风景色彩写生，交10～15件作品。[技法不限，写实为主]

2.黑白部分：建筑速写和黑白建筑画，交20～25件作品。[技法为钢笔和铅笔]

3.中国传统建筑空间讲解。[以神道-陵墓空间秩序展开]

4.古建筑局部测绘。（选作）

（吴若虎）

Outdoor Sketch

课题名称：下乡写生
作品名称：色彩风景

课题名称：下乡写生
作品名称：色彩风景

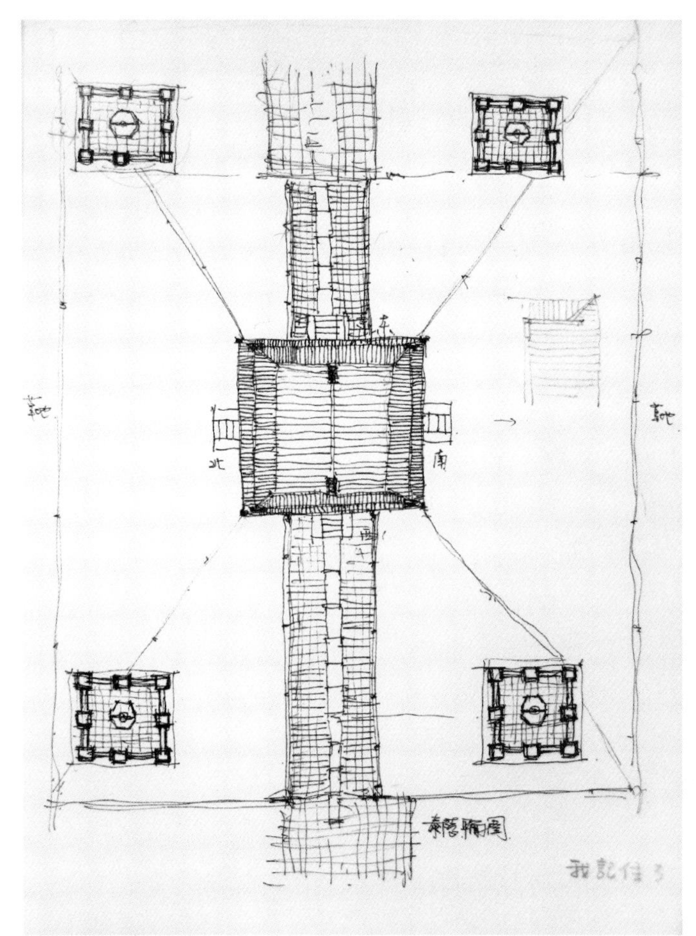

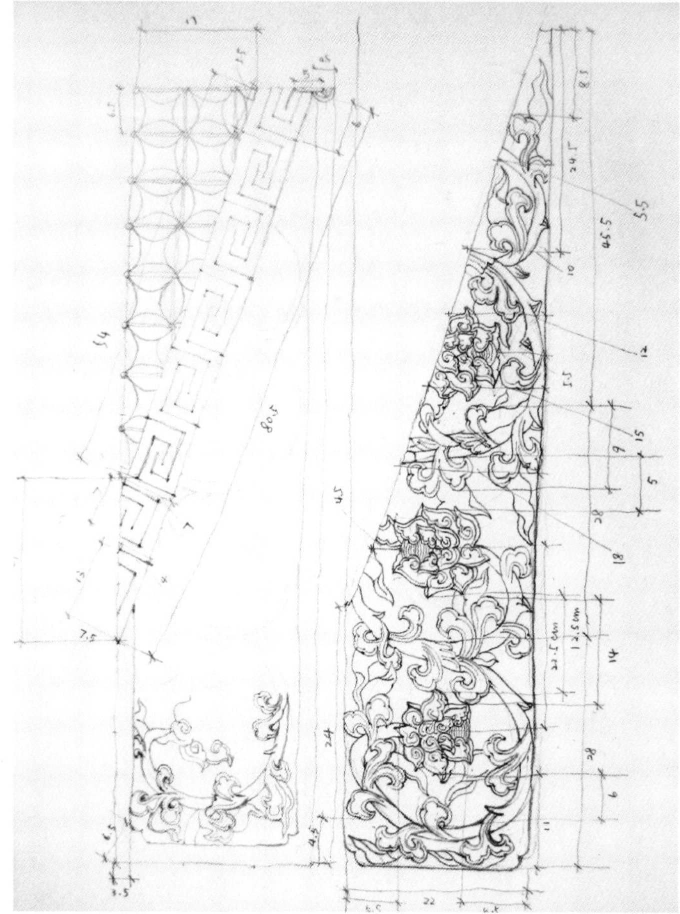

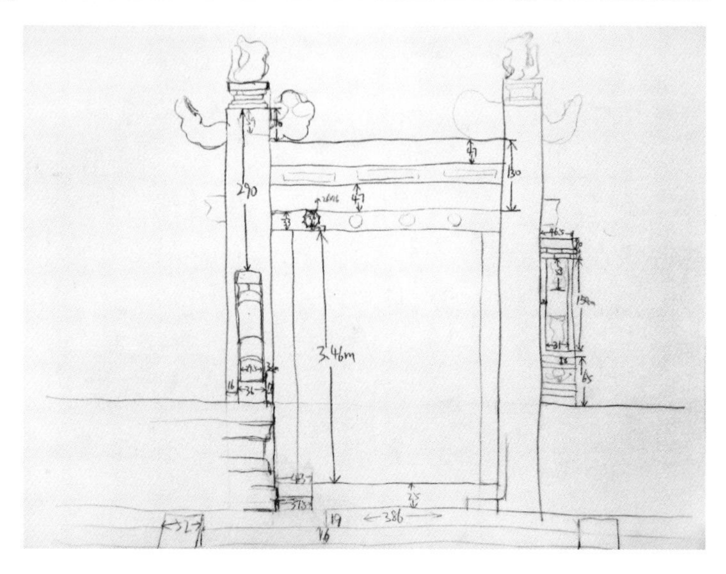

课题名称：下乡写生
作品名称：现场测绘

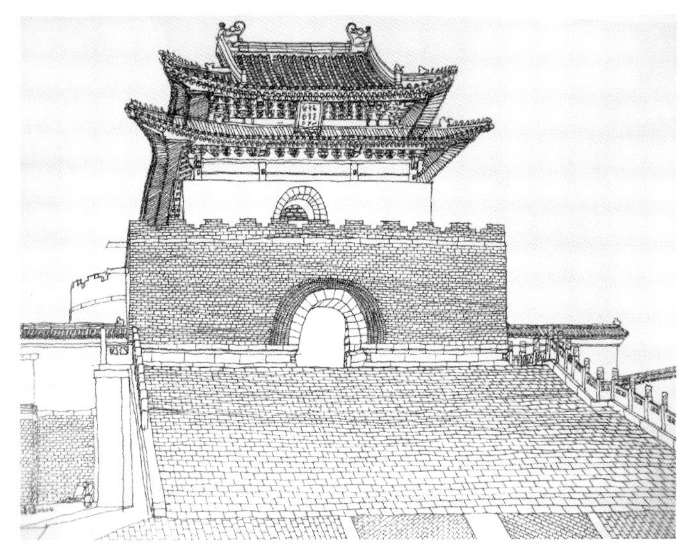

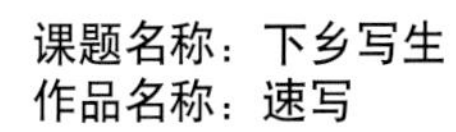

课题名称：下乡写生
作品名称：速写

课题名称：下乡写生
作品名称：色彩风景

课题名称：下乡写生
作品名称：色彩风景

建筑认识实习

课程安排在二年级，2周时间，80课时。

教学目的：通过对传统村落民居的考察，对中国建筑传统有一个概括的感性认识。掌握徒手测绘，学会用三视图的方式观察分析建筑，初步了解作为建筑师和环艺设计师审视建筑与环境的职业方法；培养与训练团队合作的工作方式。

教学内容：

对　　象：南方明清村落及居住建筑

方　　式：学生参观前需准备文案，对考察地区有个概括性的了解；参观时以文字记录、徒手测绘以及摄影、速写等手段，完成这一区域的记录。

方　　法：根据传统村落空间的序列和建筑类型的不同选择调查路线，以小组（每组5～7人）为单位，用三视图方式进行完整详尽的建筑分析速写。每天晚上进行整理、完善和汇报工作。

成果要求：以小组为单位提交测绘与分析报告。（钟予）

Field trip & Arch.obeservation

课题名称：下乡写生
作品名称：色彩风景

课题名称：下乡写生
作品名称：色彩风景

宏村一角俯视图.
宏村位于山间的平地之上，背倚黄山余脉羊栈岭，雷岗山
雷岗山地势更高，环绕着宏村.
宏村道路错综、由东而西错落有致的民居与弯曲的水
落的特点. 宏村的建筑顺应与地形与水系的关系紧密.
三间楼位于西溪以东，月沼以北. 有着良好的自然环境
类居住，这种道路与水系结合的村落水系设计，也有
便利的实用作用，是建筑与自然结合巧妙的范例.

宏村地形图

课题名称：下乡实习
作品名称：村落环境+村落结构
作者姓名：吴雨航　崔琳娜　艾润泽　胡　娜
刘　菁　时小雯　李未韬　陈钥在
张上海　孙　超　赵　远　刘　涛
指导教师：王小红
完成时间：2007年5月

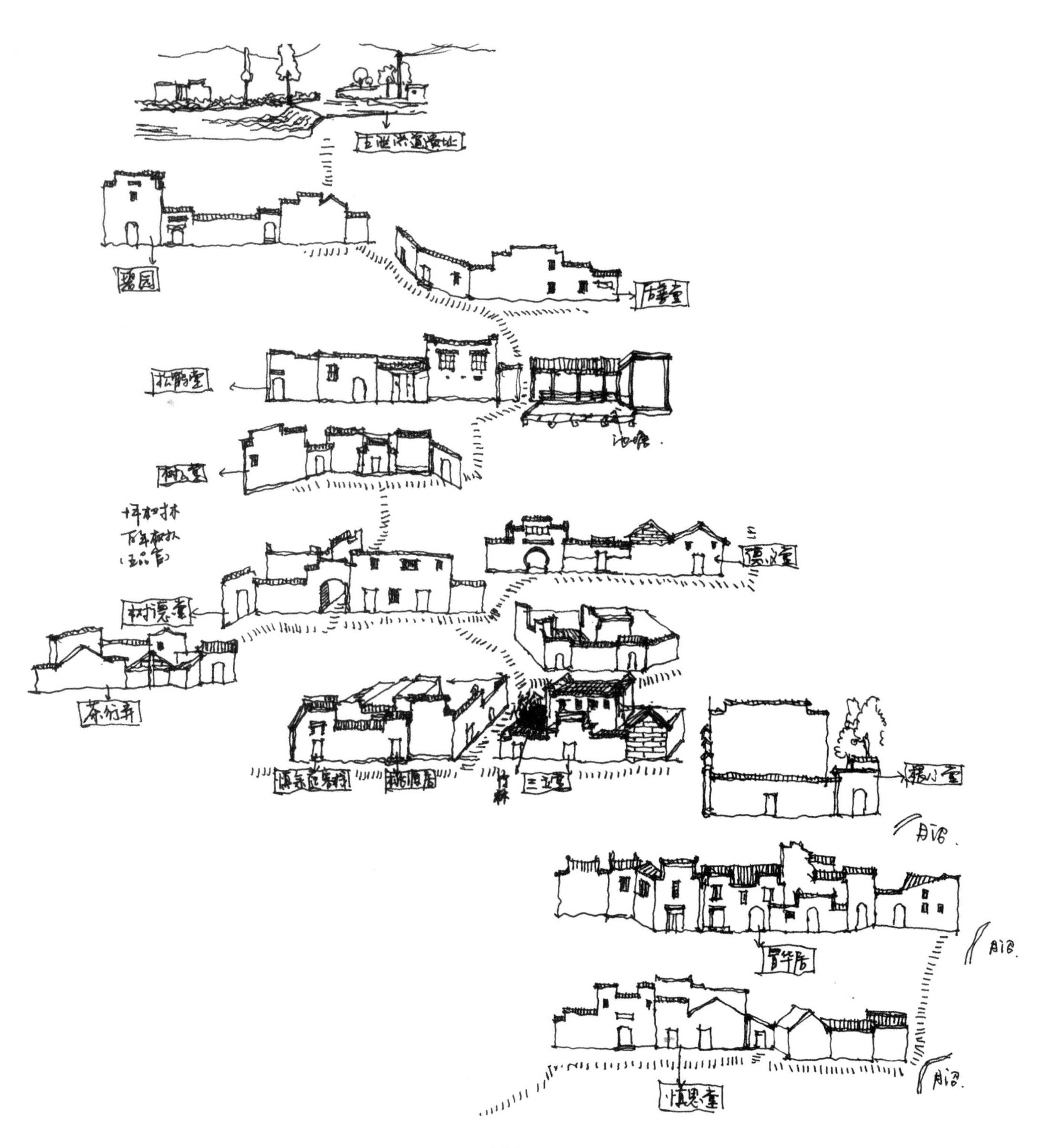
主泄洪道遗址
碧园
松鹤堂
池塘
树人堂
德义堂
三立堂
竹林
月沼
月沼
月沼
慎思堂

广场分析图

课题名称：下乡实习
作品名称：街道
作者姓名：蔡鸿奎 吴俟卿 卢超
王 睿 郑 默 史超
指导教师：王小红
完成时间：2007年5月

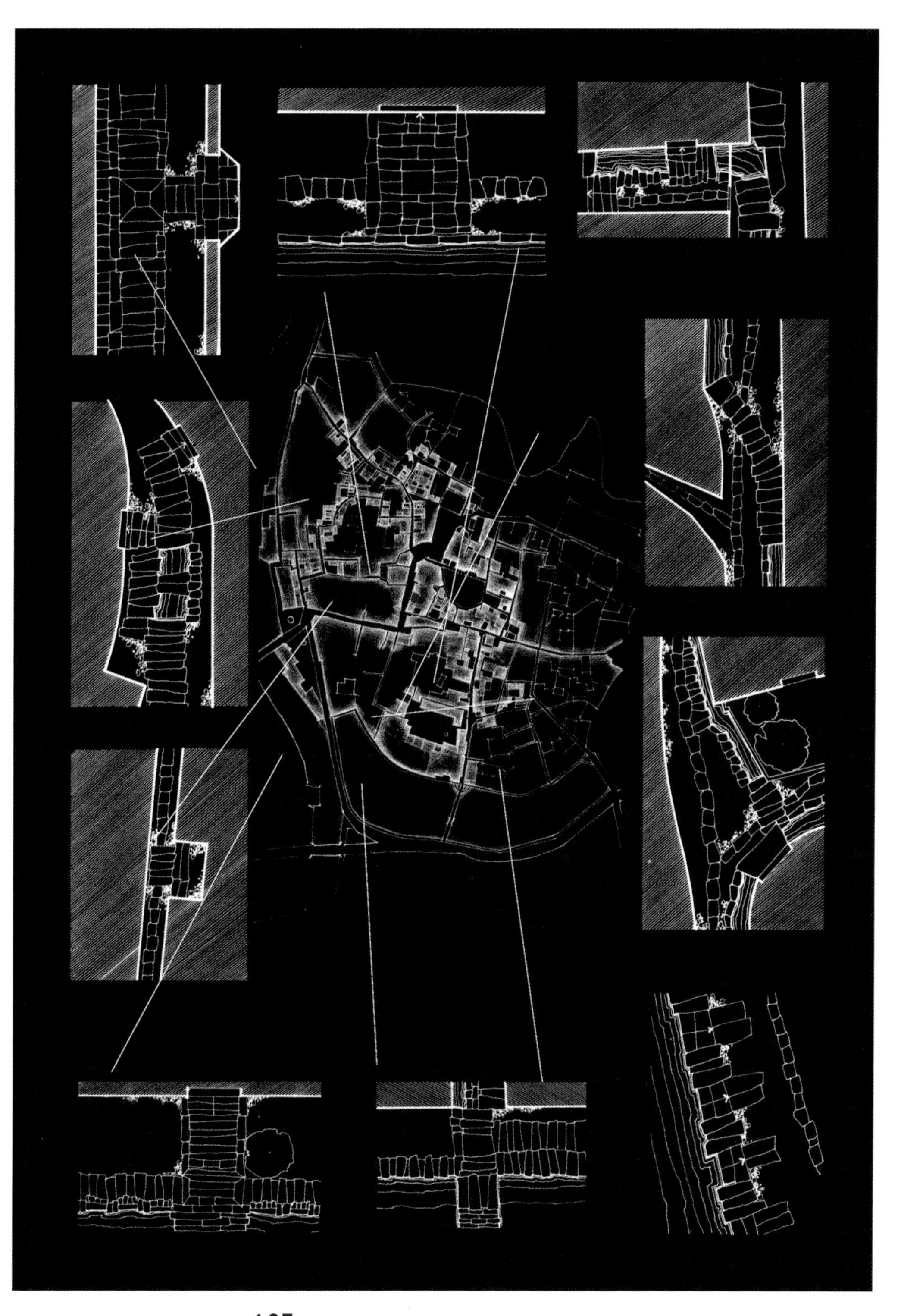

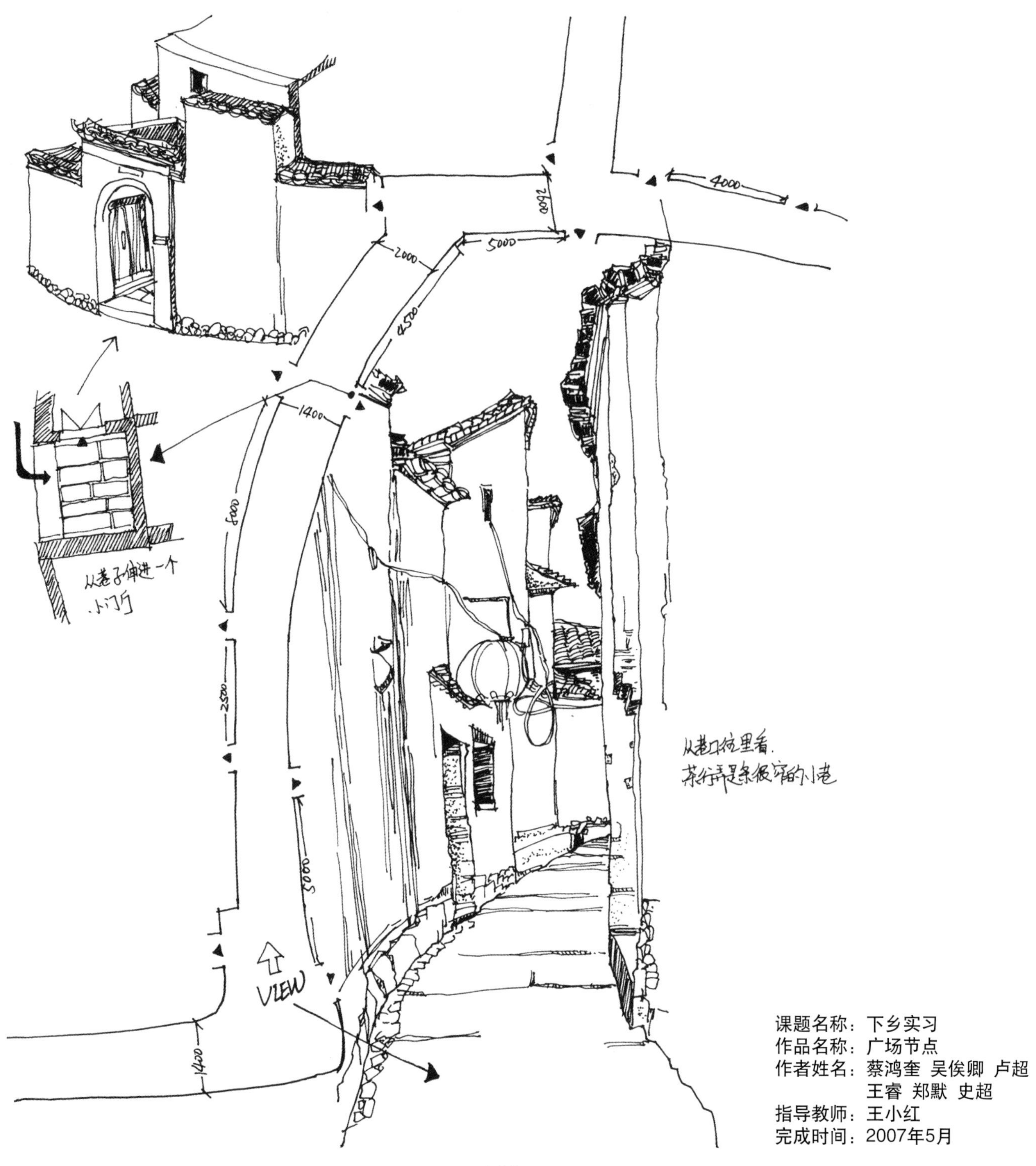

课题名称：下乡实习
作品名称：广场节点
作者姓名：蔡鸿奎 吴俟卿 卢超
王睿 郑默 史超
指导教师：王小红
完成时间：2007年5月

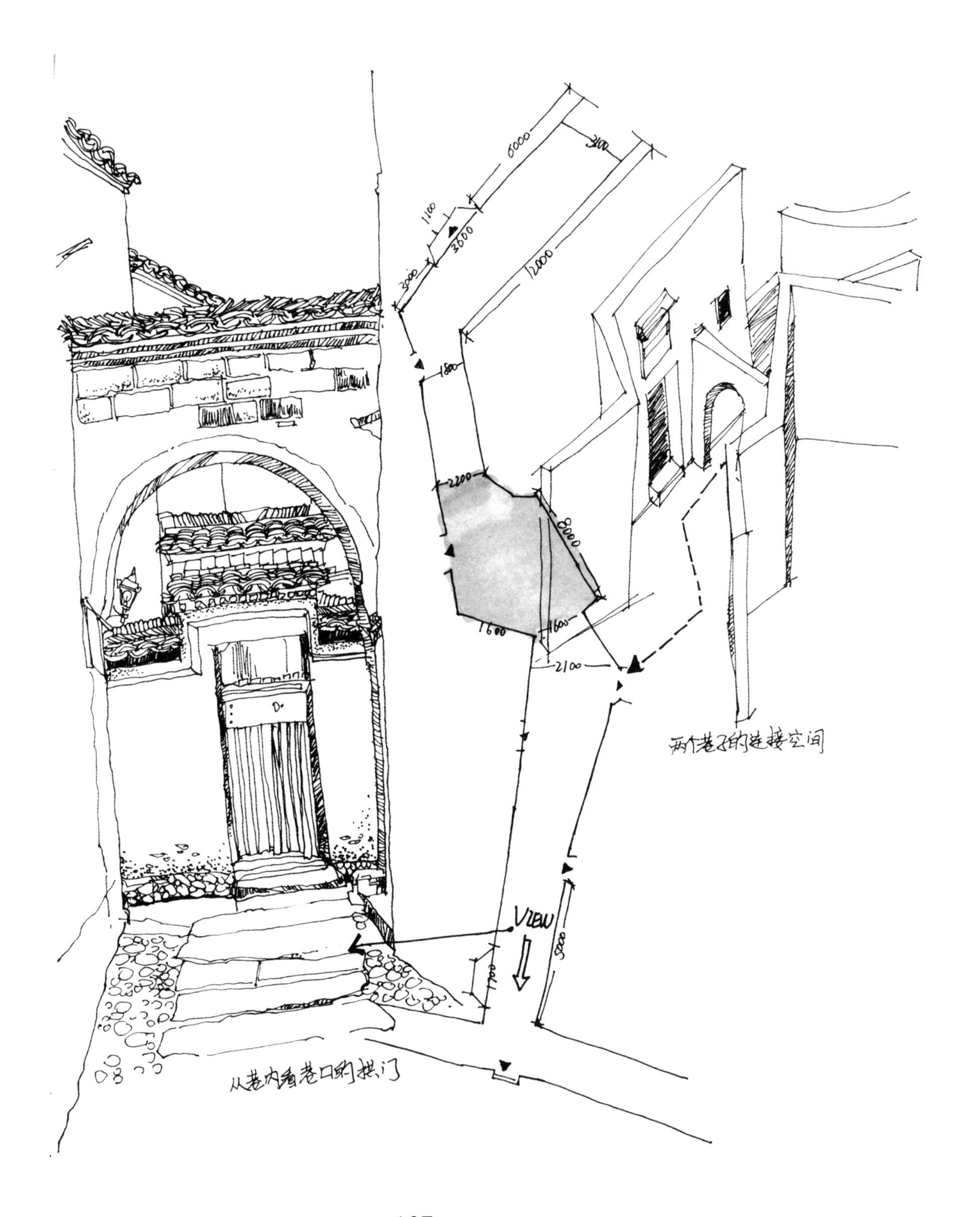
6000
3100
1100
3600
3000
12000
1800
2200
8000
1600
1600
2100
VIEW
5000
两个巷子的连接空间
从巷内看巷口的拱门

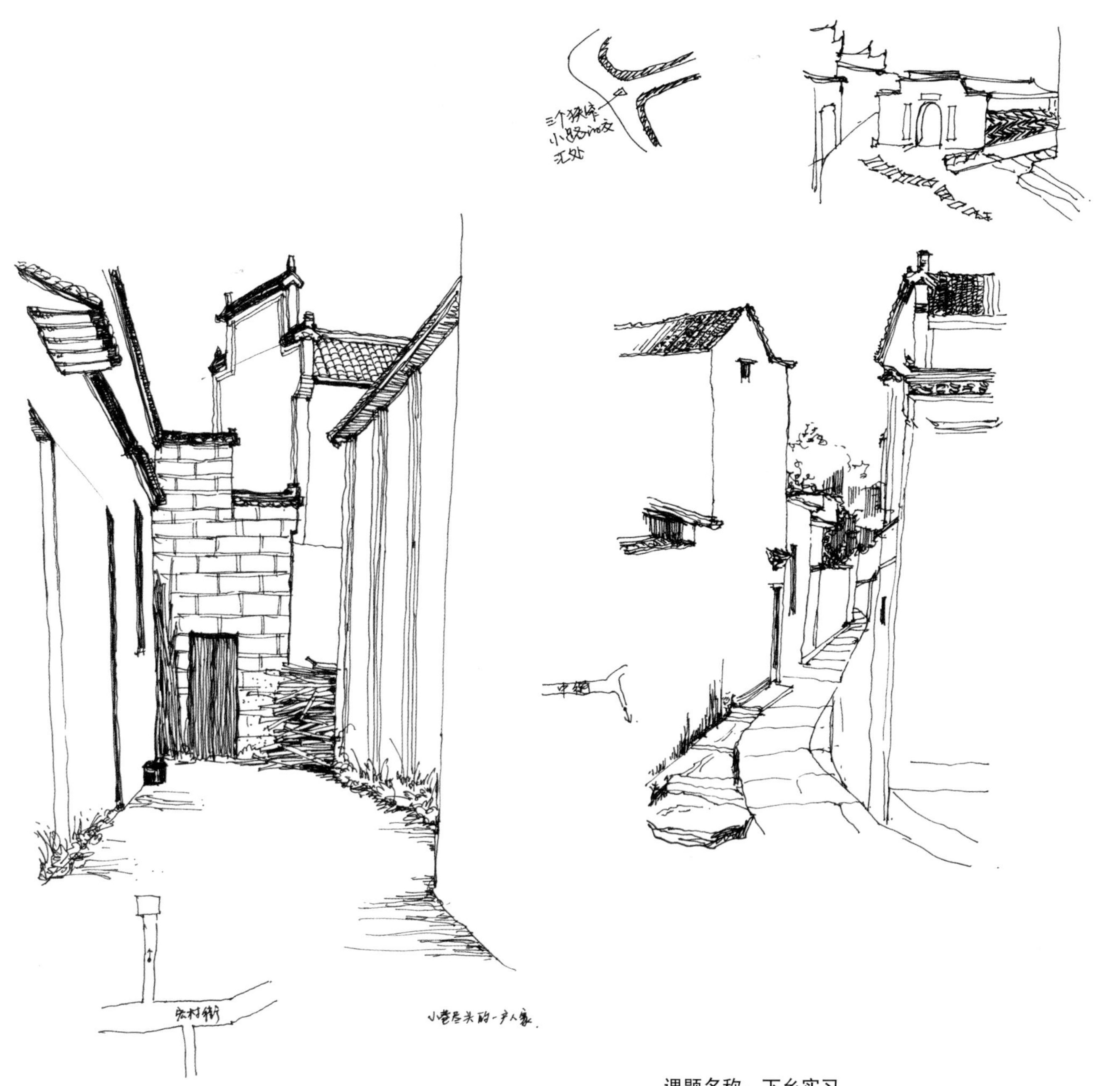

课题名称：下乡实习
作品名称：空间节点
作者姓名：吴雨航 崔琳娜 艾润泽 胡娜 刘菁 时小雯
李未韬 陈钥在 张上海 孙超 赵远 刘 涛
指导教师：王小红
完成时间：2007年5月

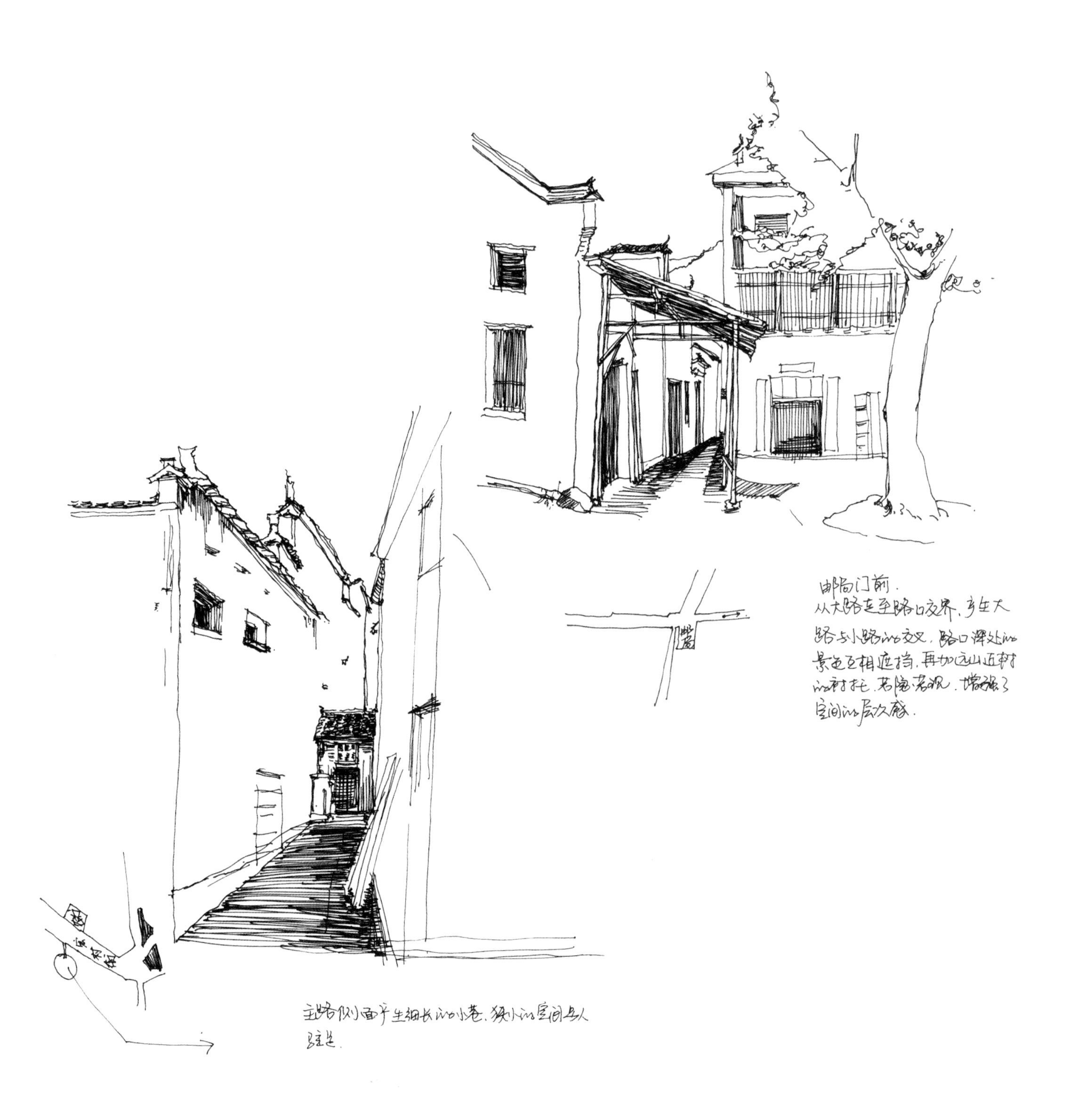
邮局门前。
从大路走至路口交界，产生大路与小路的交叉，路口深处的景色互相遮挡，再加远山近树的衬托，若隐若现，增强了空间的层次感。
主路侧面产生细长的小巷，狭小的空间与人强迫。

ASSUME

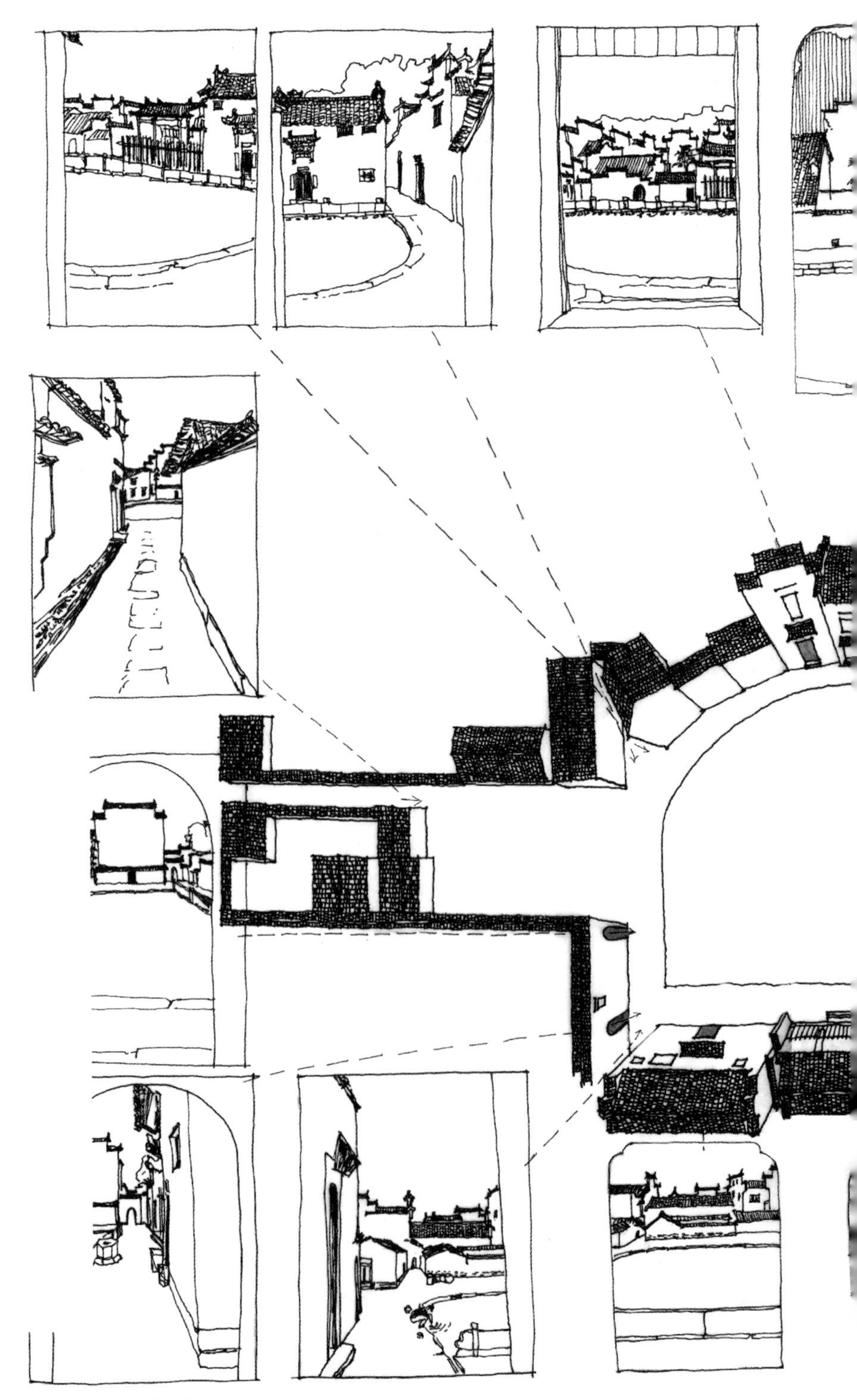

课题名称：下乡实习
作品名称：广场 月沼
作者姓名：谢海薇 徐波 刘灿
方茜 秦发金
指导教师：王小红
完成时间：2007年5月

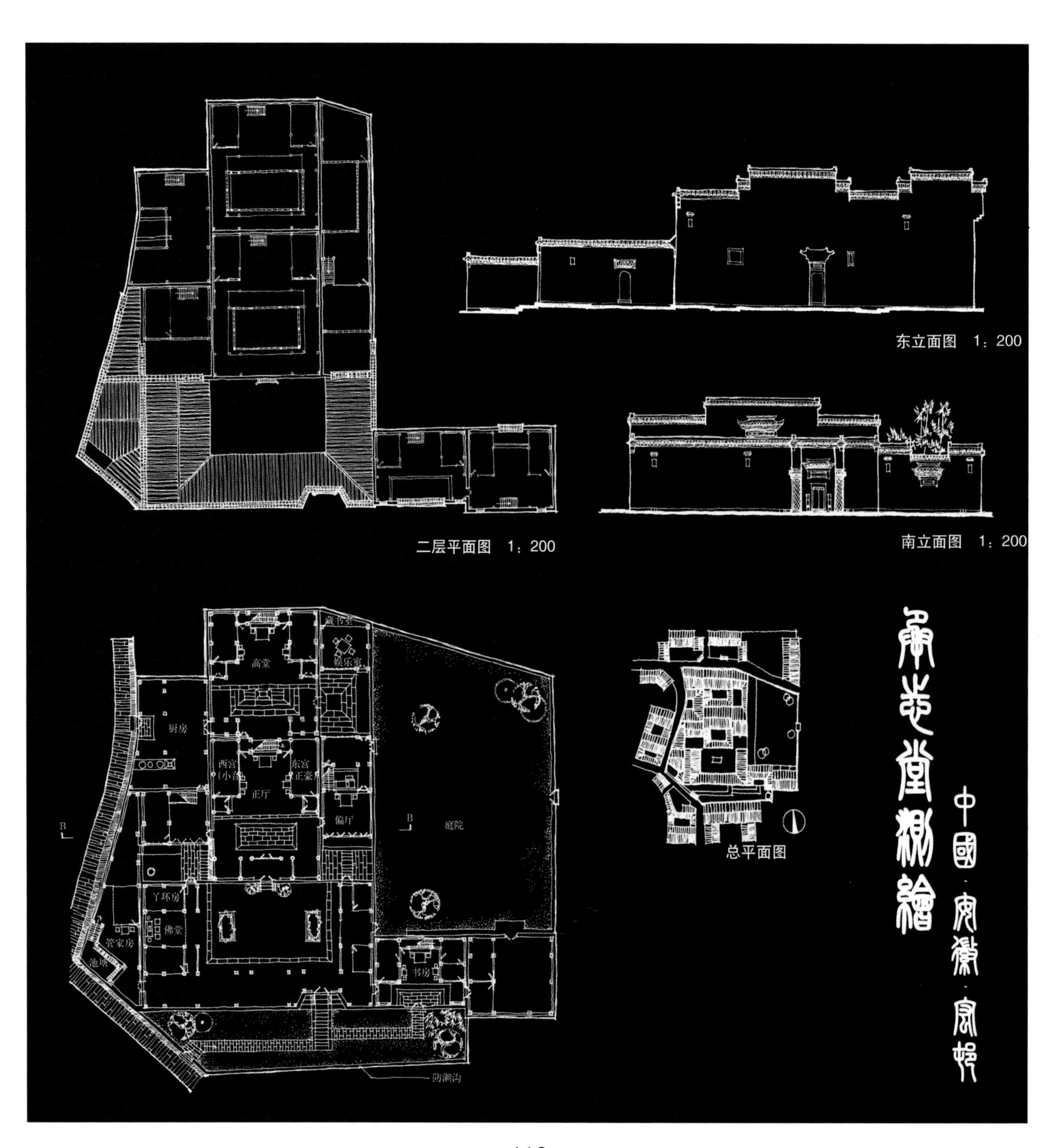
东立面图 1：200
南立面图 1：200
二层平面图 1：200
总平面图
藏书室
娱乐室
高堂
厨房
西宫
(小音
东宫
正豪
正厅
偏厅
庭院
B
B
丫环房
佛堂
管家房
池塘
书房
防潮沟
中國·安徽·宏村

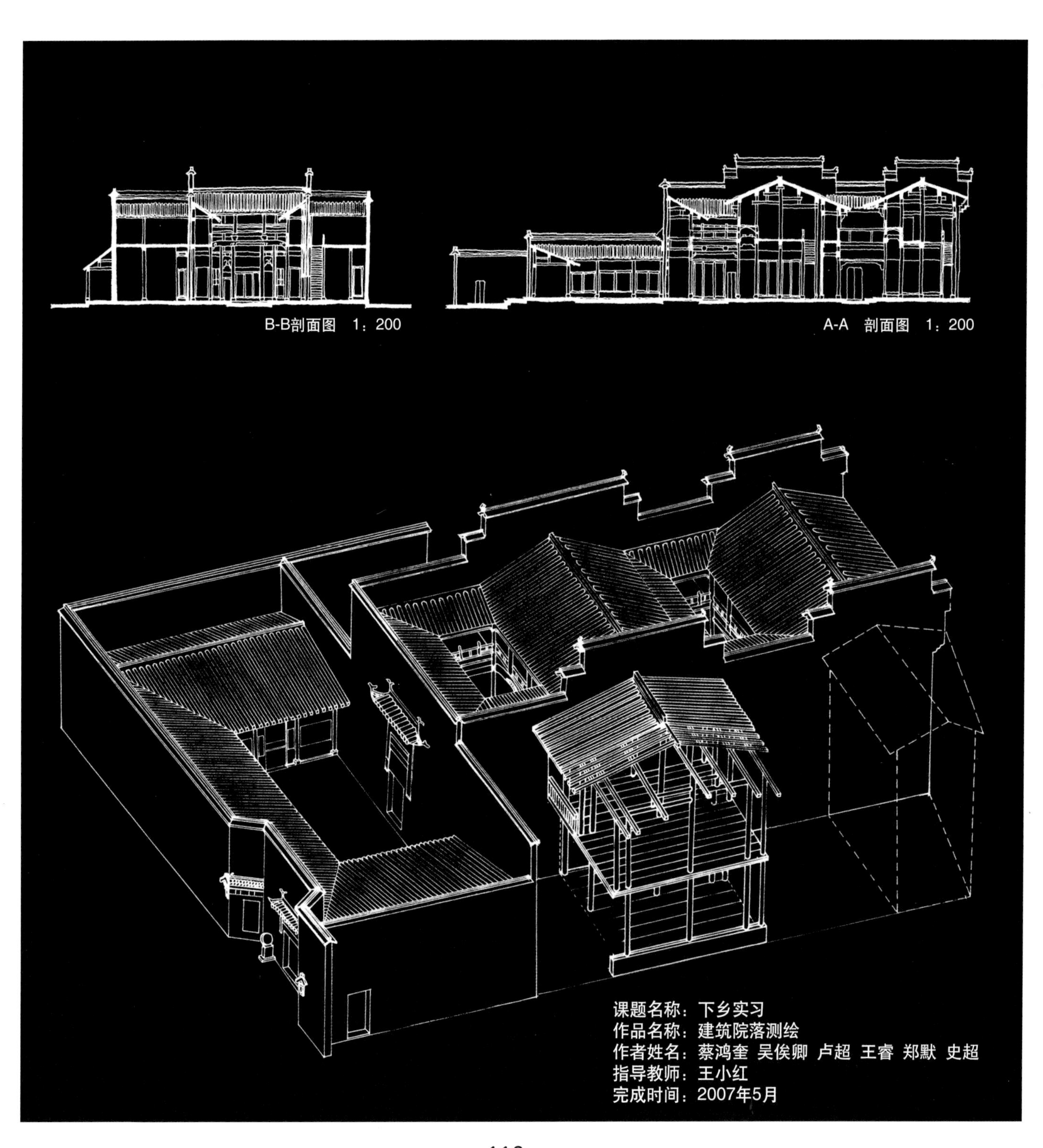
B-B剖面图 1：200
A-A 剖面图 1：200
课题名称：下乡实习
作品名称：建筑院落测绘
作者姓名：蔡鸿奎 吴俟卿 卢超 王睿 郑默 史超
指导教师：王小红
完成时间：2007年5月

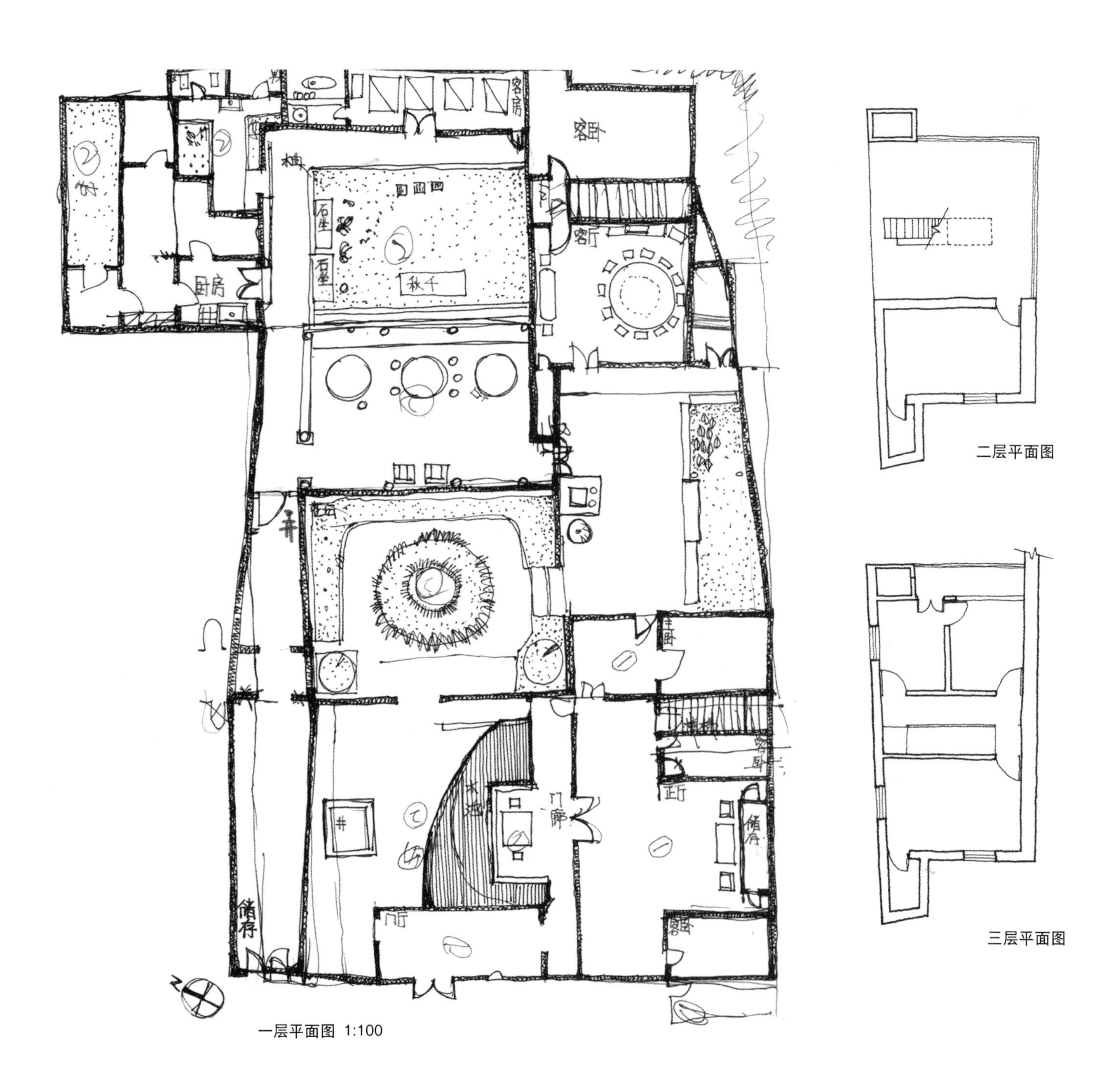

二层平面图

三层平面图

一层平面图 1:100

课题名称：下乡实习
作品名称：建筑院落
作者姓名：吴雨航 崔琳娜 艾润泽 胡娜 刘菁 时小雯
　　　　　李未韬 陈钥在 张上海 孙超 赵远 刘涛
指导教师：王小红
完成时间：2007年5月

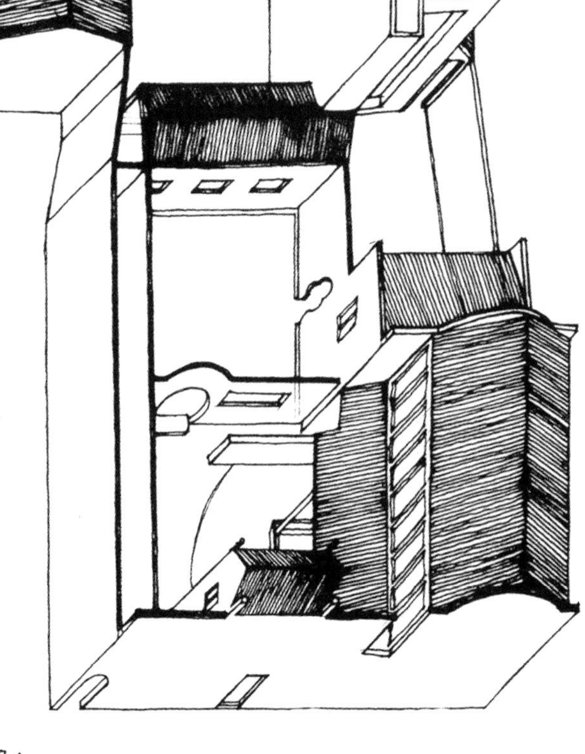

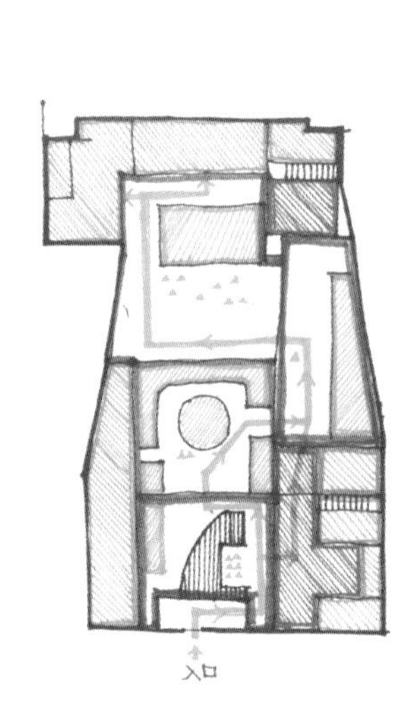

公用空间：
庭院：
道路：
私用空间：
绿地：
私用空间与庭院的过渡空间：
主要流动路线：
人员停留地点：

分析：1. 由此平面图可以看出私用空间一般都分布在边角，
2. 共用空间即庭院一般分布在中间且连贯、串通。
3. 过渡空间为大厅、客厅。
4. 每个私用空间前都对应一块绿地或庭院。
5. 流动路线曲折富有趣味性。

空间分析图

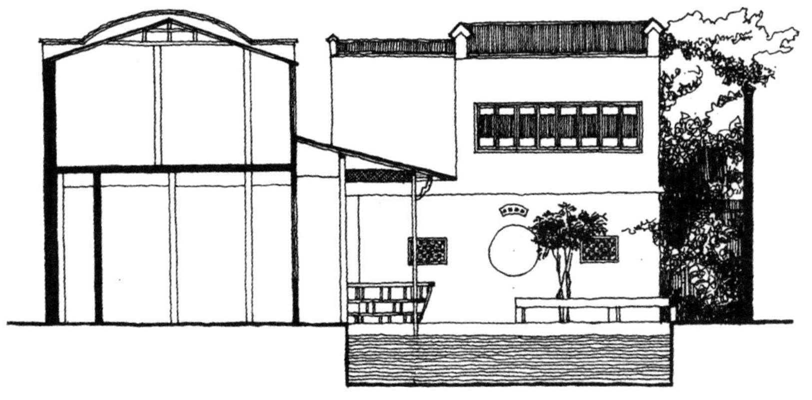

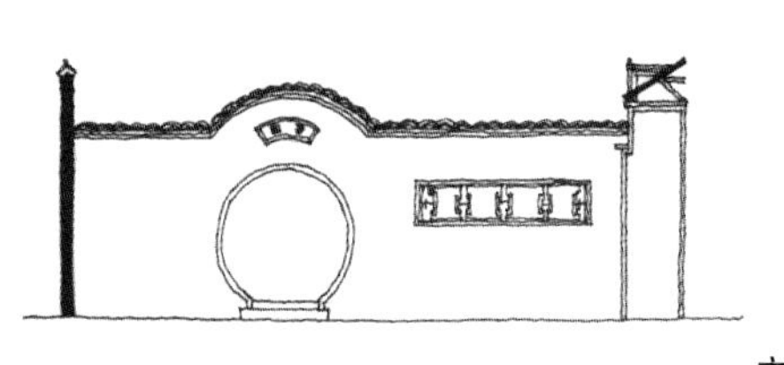

立面图

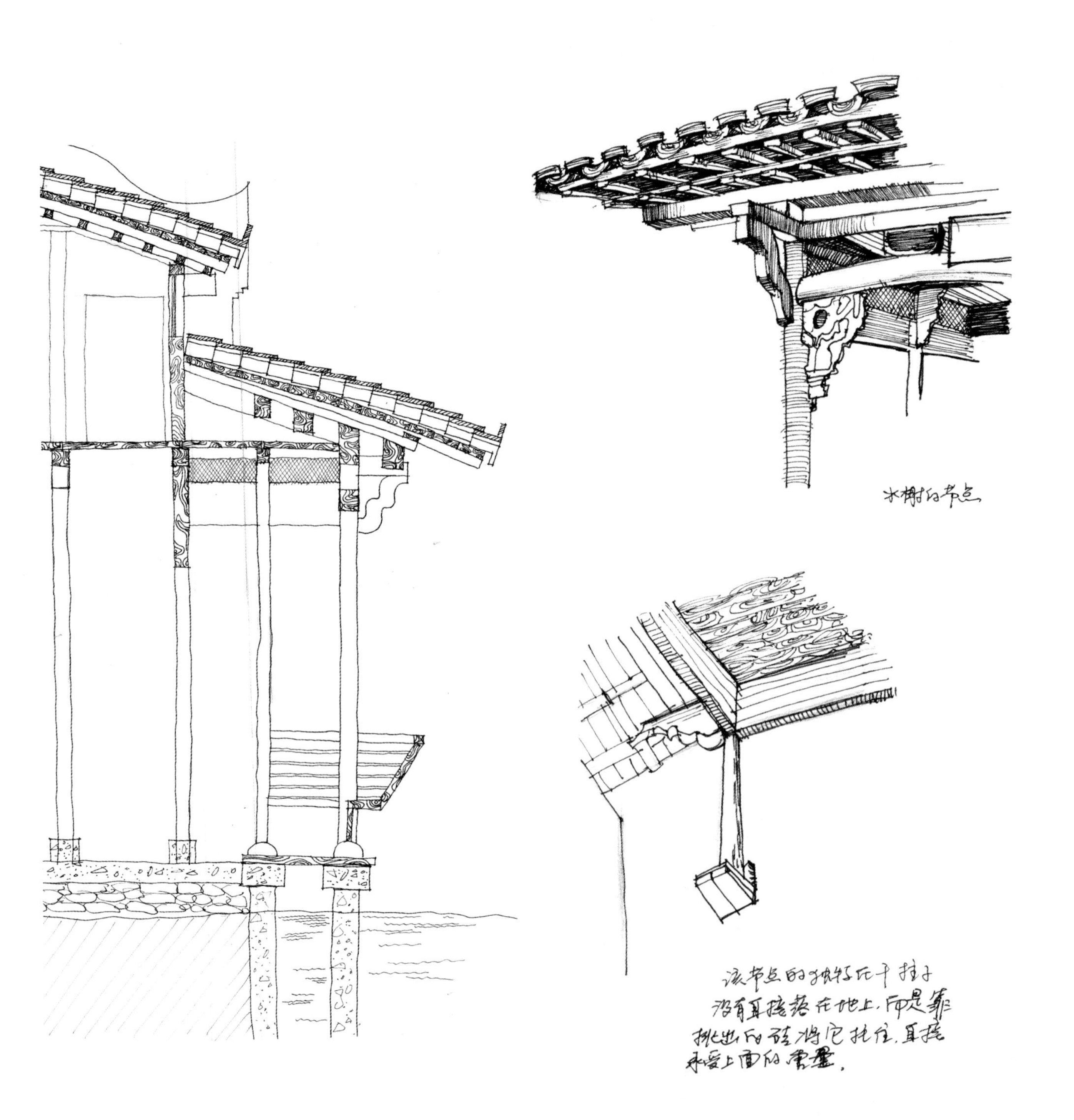
水榭的节点
该节点的独籽在干柱子
没有直接落在地上，而是靠
挑出的砖将它托住，且撑
承受上面的重量。

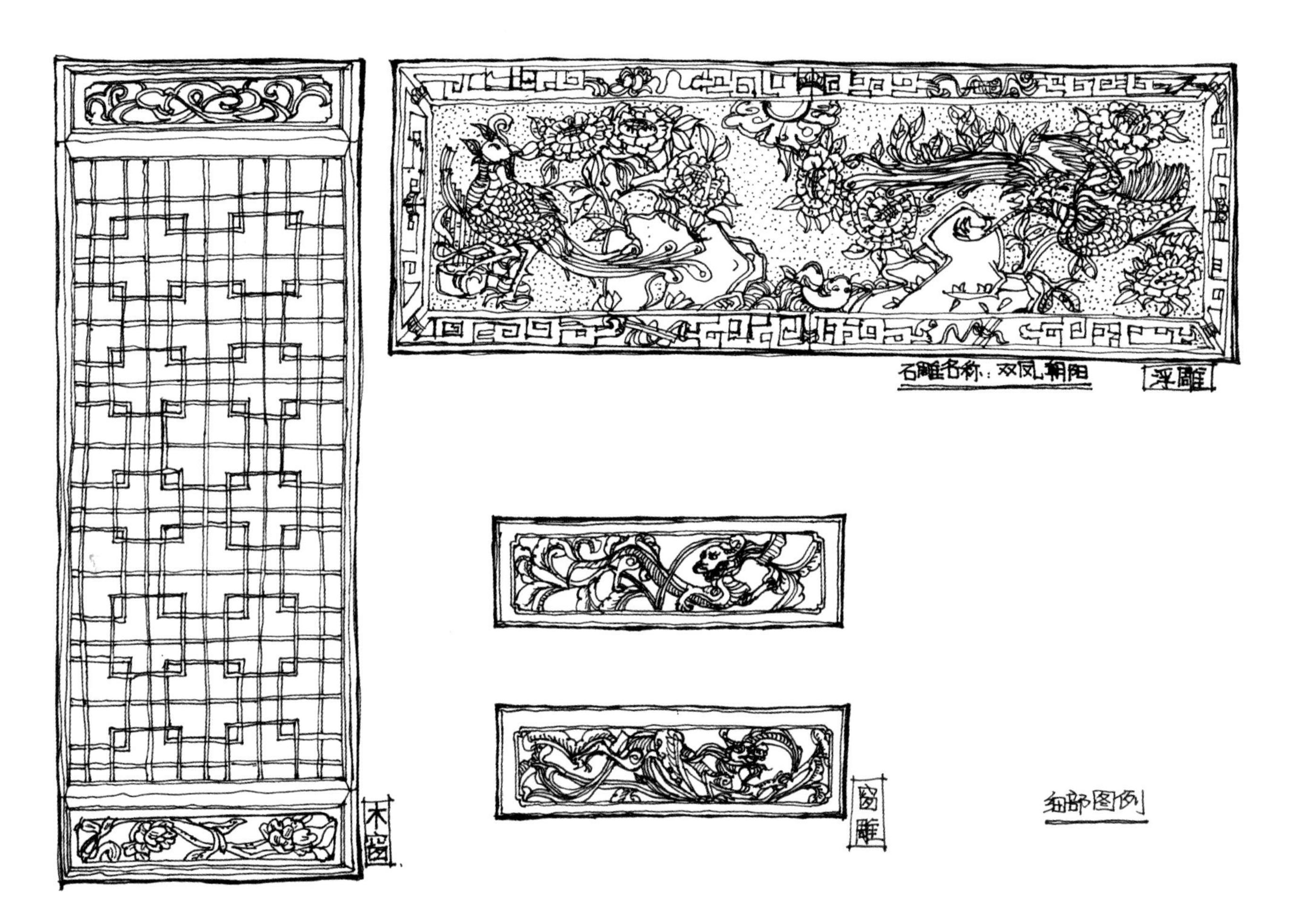

课题名称：下乡实习
作品名称：建筑细节
作者姓名：吴雨航　崔琳娜　艾润泽　胡娜　刘菁
　　　　　时小雯　李未韬　陈钥在　张上海
　　　　　孙超　赵远　刘涛
指导教师：王小红
完成时间：2007年5月

传统建筑测绘实习

课程安排在三年级，2周时间，80课时。

教学目的：通过现场体验中国目前保存较为完好的传统城市和建筑，了解中国传统城市规划和建筑设计的哲学、方法和技术。通过现场测绘，掌握古建筑测绘的基本方法，加深学生对中国传统建筑文化的理解和热爱。

教学内容：山西建筑体验教学内容，包括四个部分，

1. 考察山西传统城市规划的方法及特点。
2. 考察山西传统官式建筑和寺庙建筑的空间组织和建筑设计特点。
3. 考察山西传统民居空间组织及建筑设计方法等。
4. 考察中国传统建筑装饰特征与手法，以及中国传统壁画，雕塑等艺术成就以班级为单位提交完整的传统建筑群落的测绘图纸。

成果要求：

1. 以小组为单位提交古建筑测绘。
2. 以个人为单位速写30张、调研报告一份（要求图文并茂，不少于2000字）（苏勇）

Survey of Ancient Architecture

课题名称：云南下乡写生
作者姓名：02景观
课程内容：作为三年级本科测绘课题，结合云南地方民族建筑资源丰富的特点，本次下乡写生课程，　将民族建筑参观与民居测绘结合起来。一方面通过对民族建筑、宗教建筑、民居建筑、古代城市规划的参观学习，增强学生对于古建筑知识的理解；另一方面，通过对于朱家花园、团山民居、大理周城、松赞林寺的测绘，了解民族与宗教建筑的布局、形态、结构、细部与装饰特征；再者，结合景观专业的特点，通过对于不同的自然地理与人文环境的参观，使学生得到全方面的社会实践体验。
路　　线：昆明——建水朱家花园——建水团山民居——大理古城/周城民居——丽江束河古镇——玉龙雪山——虎跳峡——松赞林寺——昆明石林
完成时间：2005年4月

束河古镇
SHU HE GU ZHEN

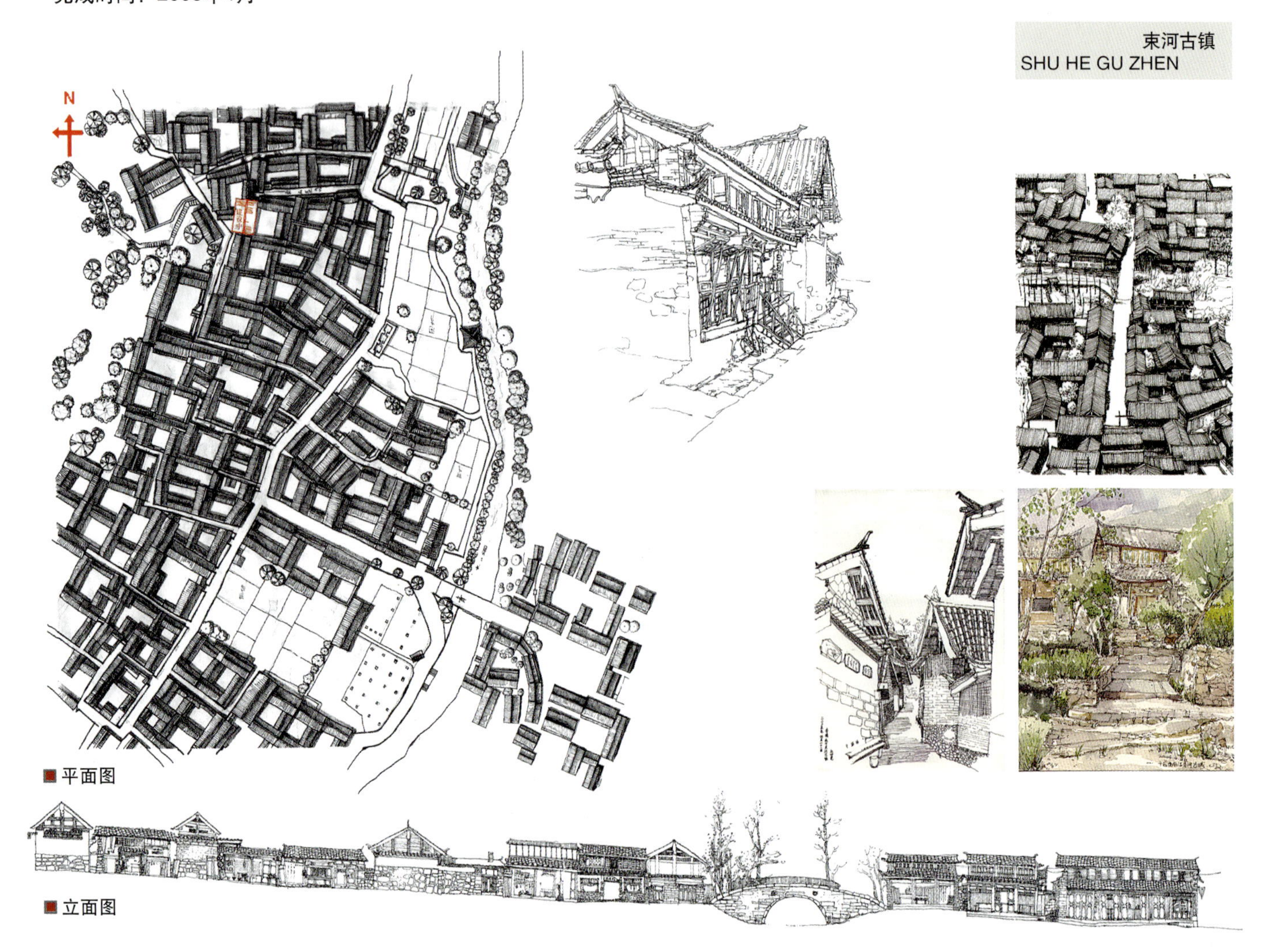

■平面图

■立面图

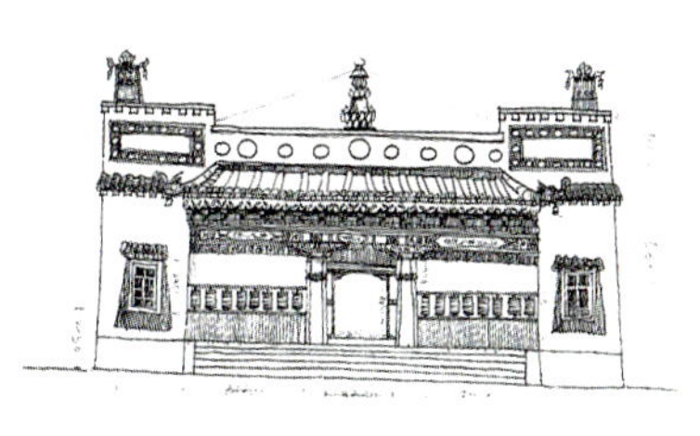

■主体建筑

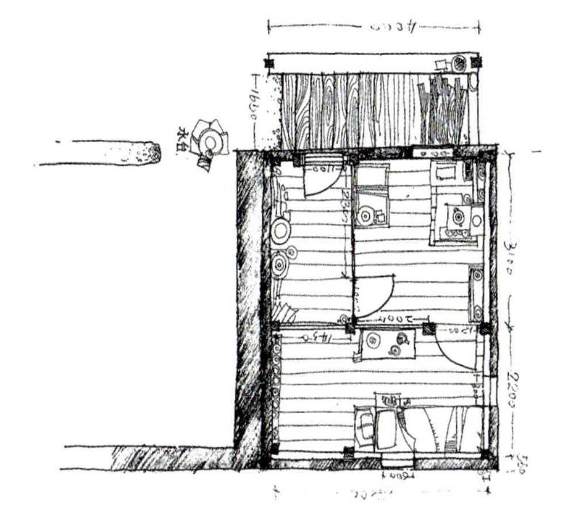

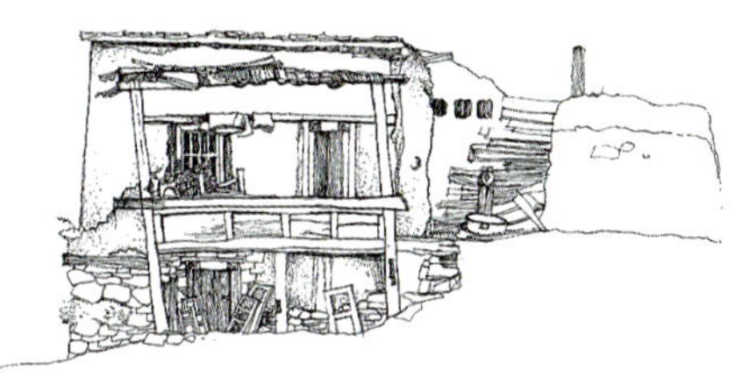

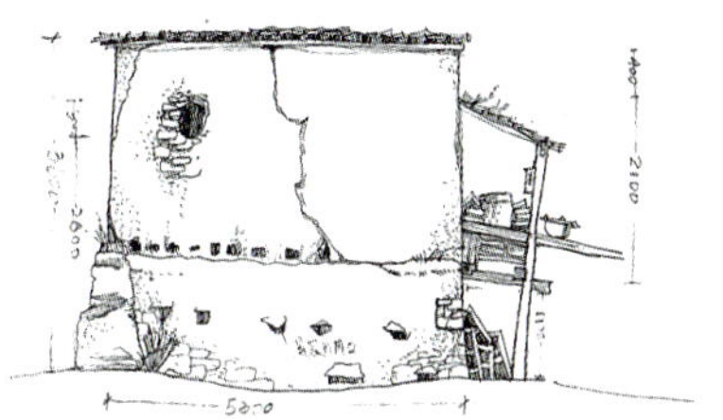

■僧房测绘

松赞林寺
SONG ZAN LIN SI

■鸟瞰图

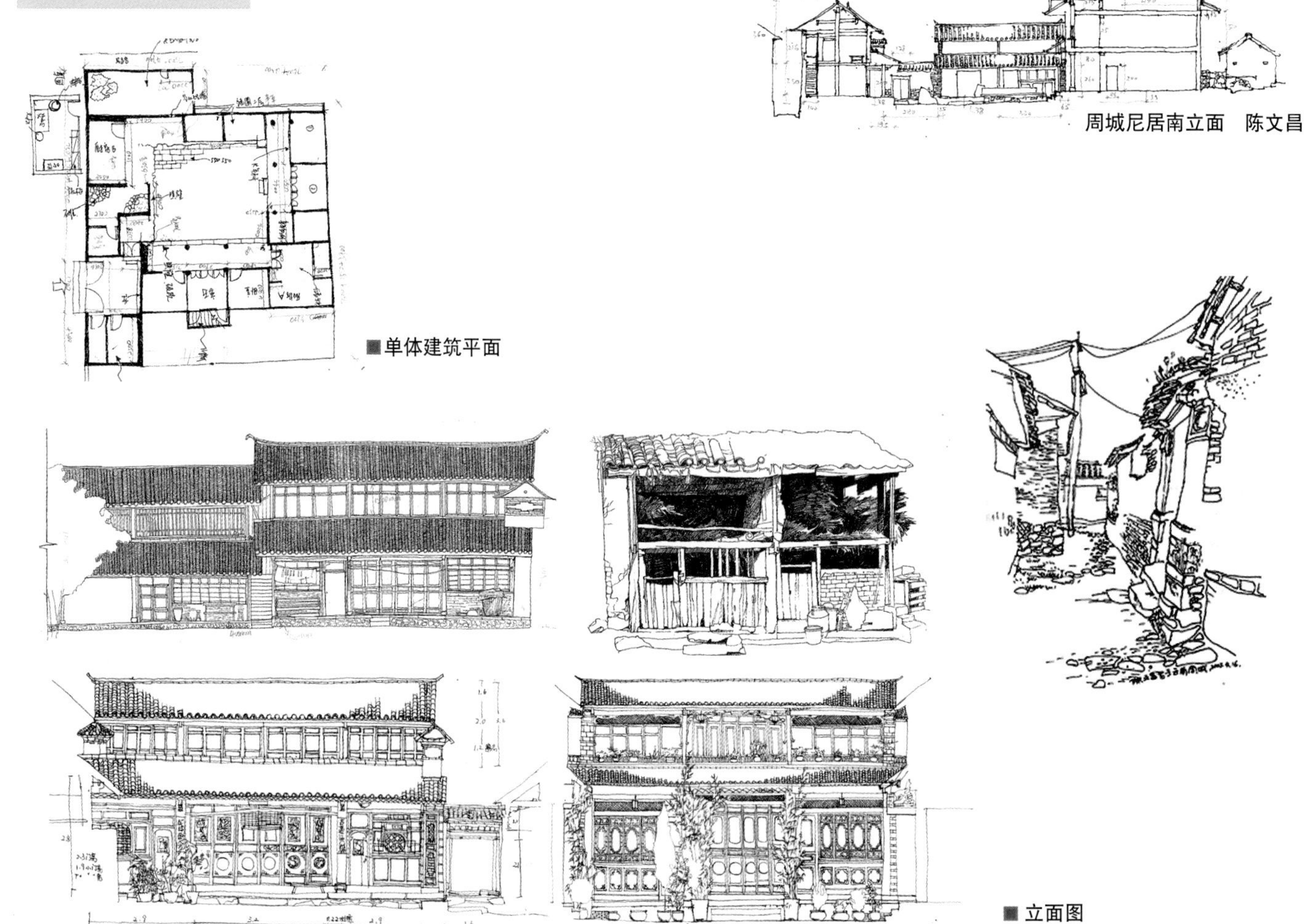

周城尼居南立面 陈文昌

■单体建筑平面

■立面图

■效果图

建水文庙
JIAN SHUI WEN MIAO

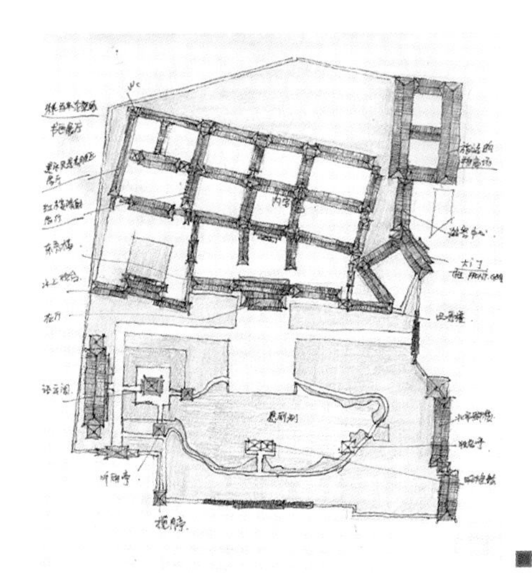

■平面图

张家花园
ZHANG JIA HUA YUAN

■效果图

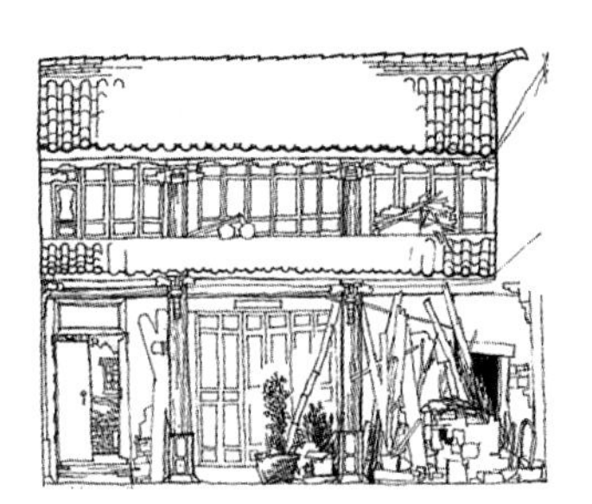

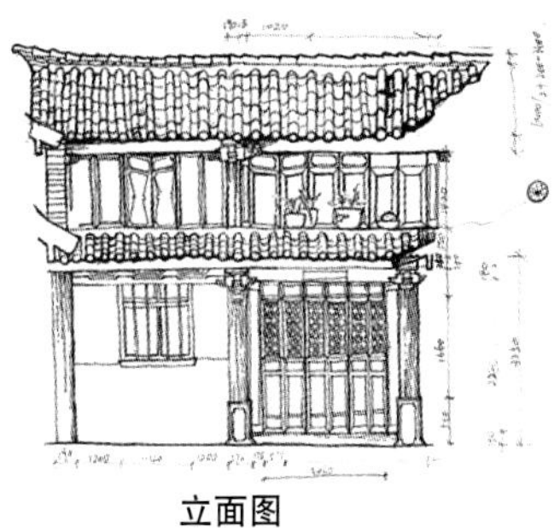

立面图

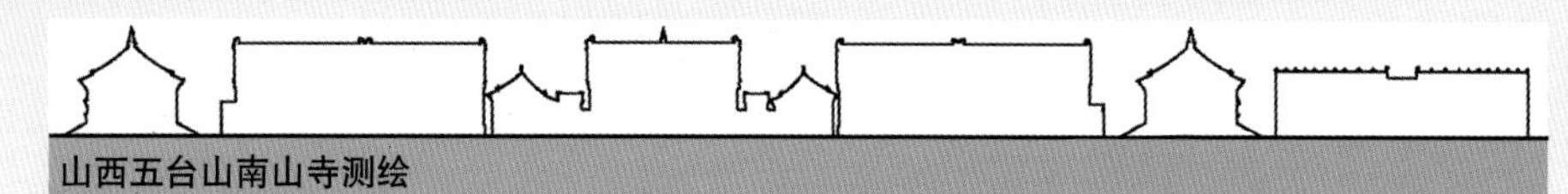

山西五台山南山寺测绘

课题名称：三年级下乡测绘实践
作者姓名：04级建筑全体同学
指导教师：苏勇 吴若虎
完成时间：2007年5月

五台山南山寺建筑群由三大寺院组成，共七层,下三层为极乐寺，中间一层称作善德堂，上三层为佑国寺。该寺创建于元代，原名“大万圣佑国寺”。清光绪年间重建，改称极乐寺。清末，由当时寺院方丈普济和尚主持，经过连续23年的施工将原有的三部分合建成一体，称为南山寺。此次测绘主要内容为南山寺的佑国寺和山门，同时利用skechup软件对南山寺全寺进行了数字建模，为反映其山地寺院复杂的建筑空间特色，还进一步根据人流路线进行了动画模拟。

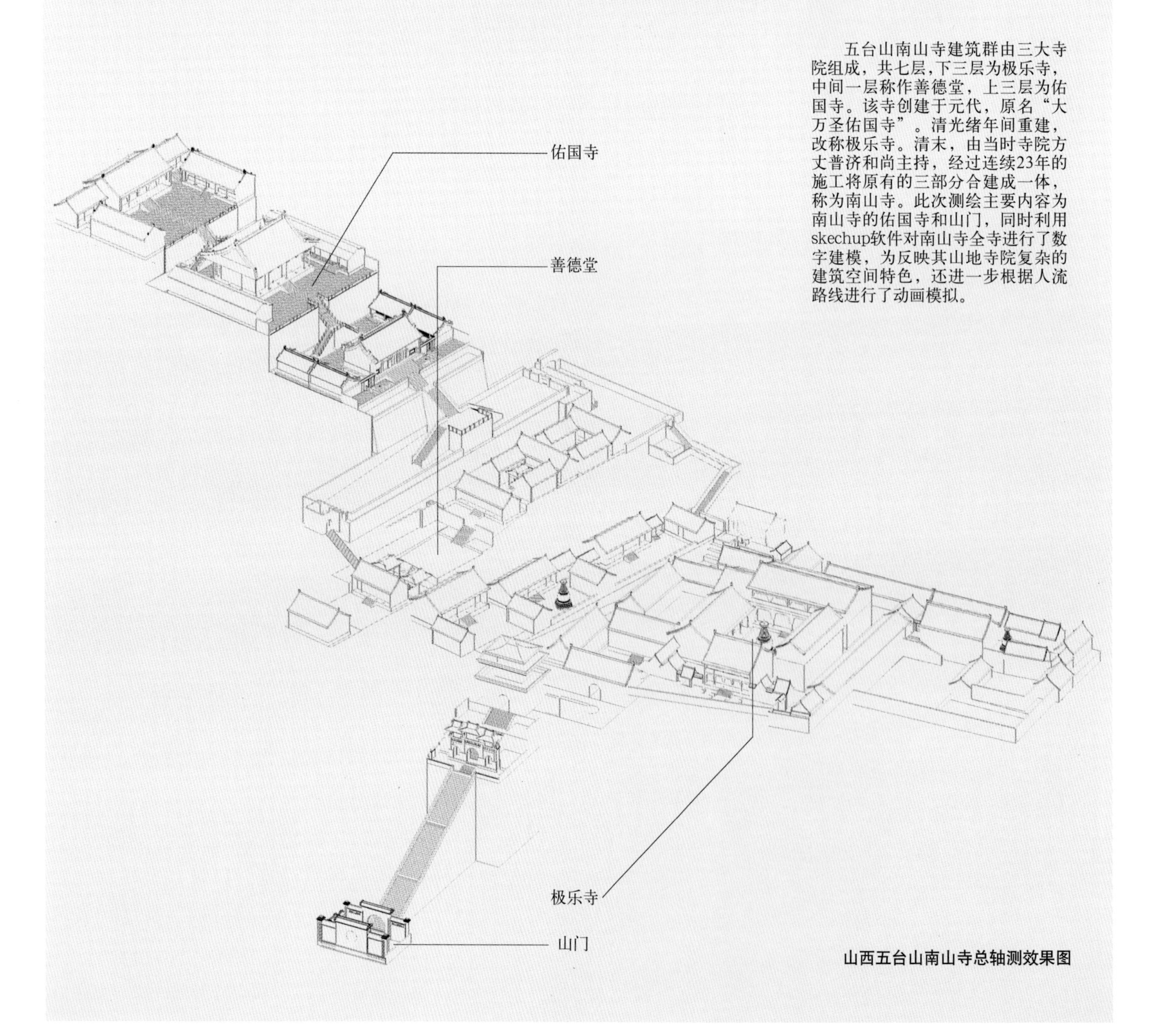

山西五台山南山寺总轴测效果图

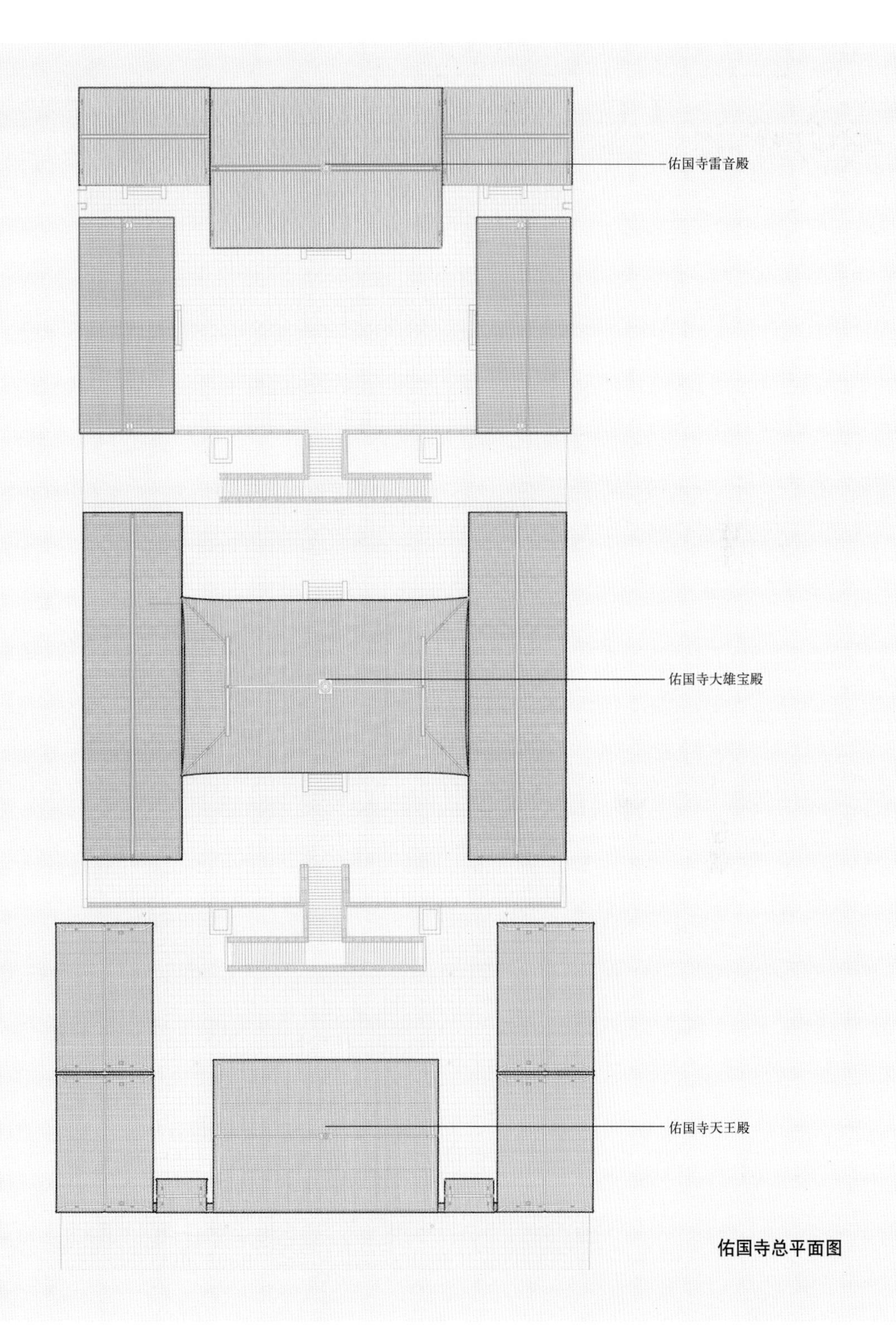

佑国寺总平面图

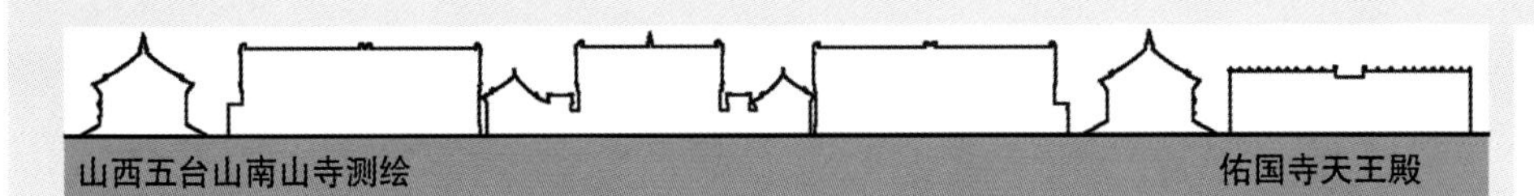

山西五台山南山寺测绘　　佑国寺天王殿

课题名称：三年级下乡测绘实践
作者姓名：04级建筑全体同学
指导教师：苏勇 吴若虎
完成时间：2007年5月

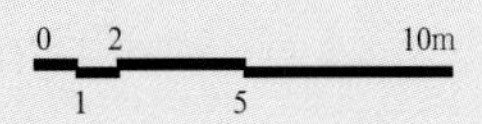

佑国寺天王殿平面图

佑国寺天王殿门窗大样

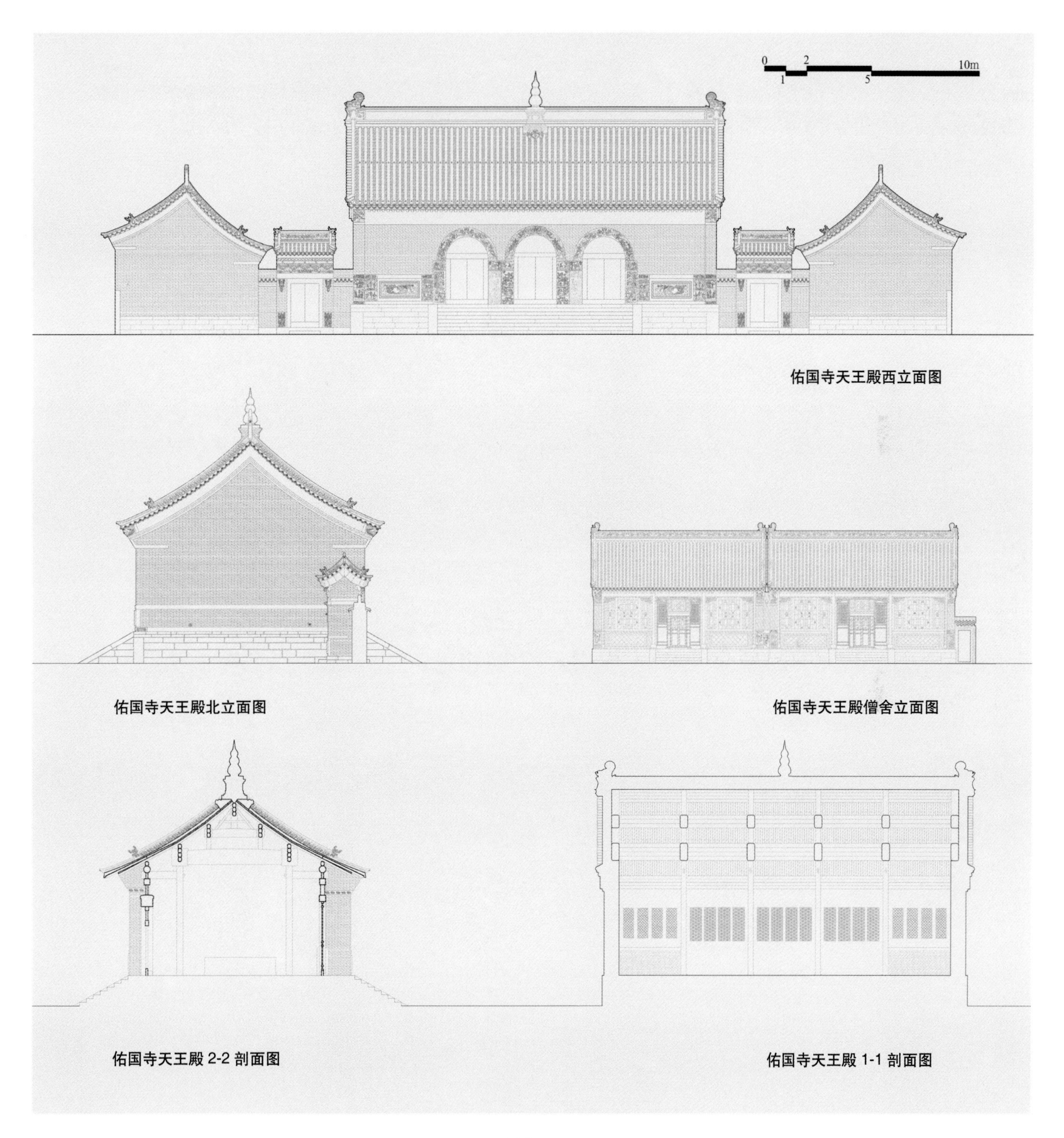

佑国寺天王殿西立面图

佑国寺天王殿北立面图

佑国寺天王殿僧舍立面图

佑国寺天王殿 2-2 剖面图

佑国寺天王殿 1-1 剖面图

课题名称：三年级下乡测绘实践
作者姓名：04级建筑全体同学
指导教师：苏勇 吴若虎
完成时间：2007年5月

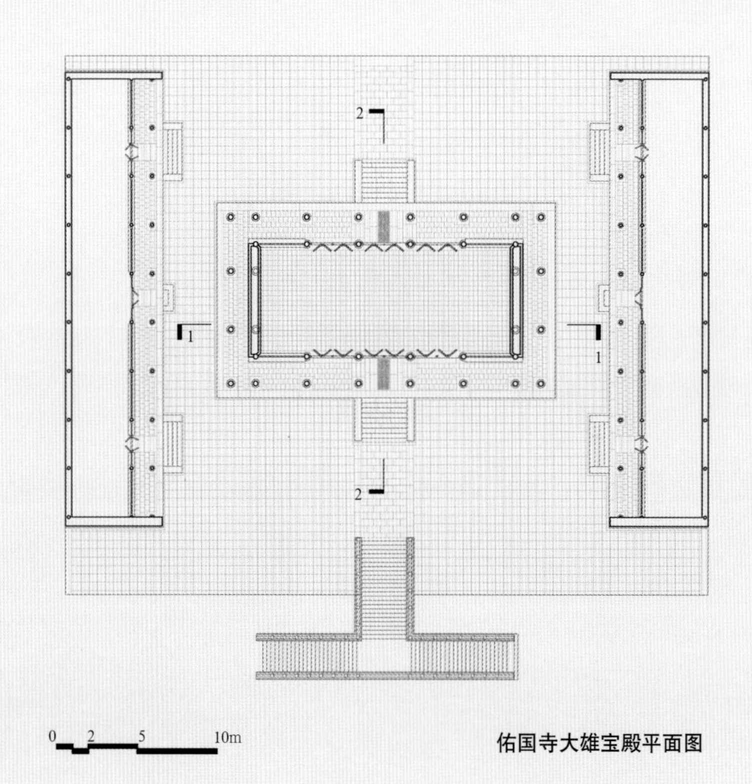

佑国寺大雄宝殿平面图

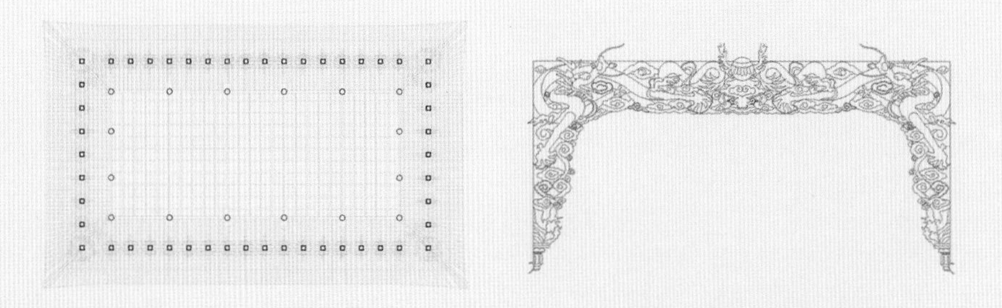

佑国寺大雄宝殿仰视图

大雄宝殿细部大样

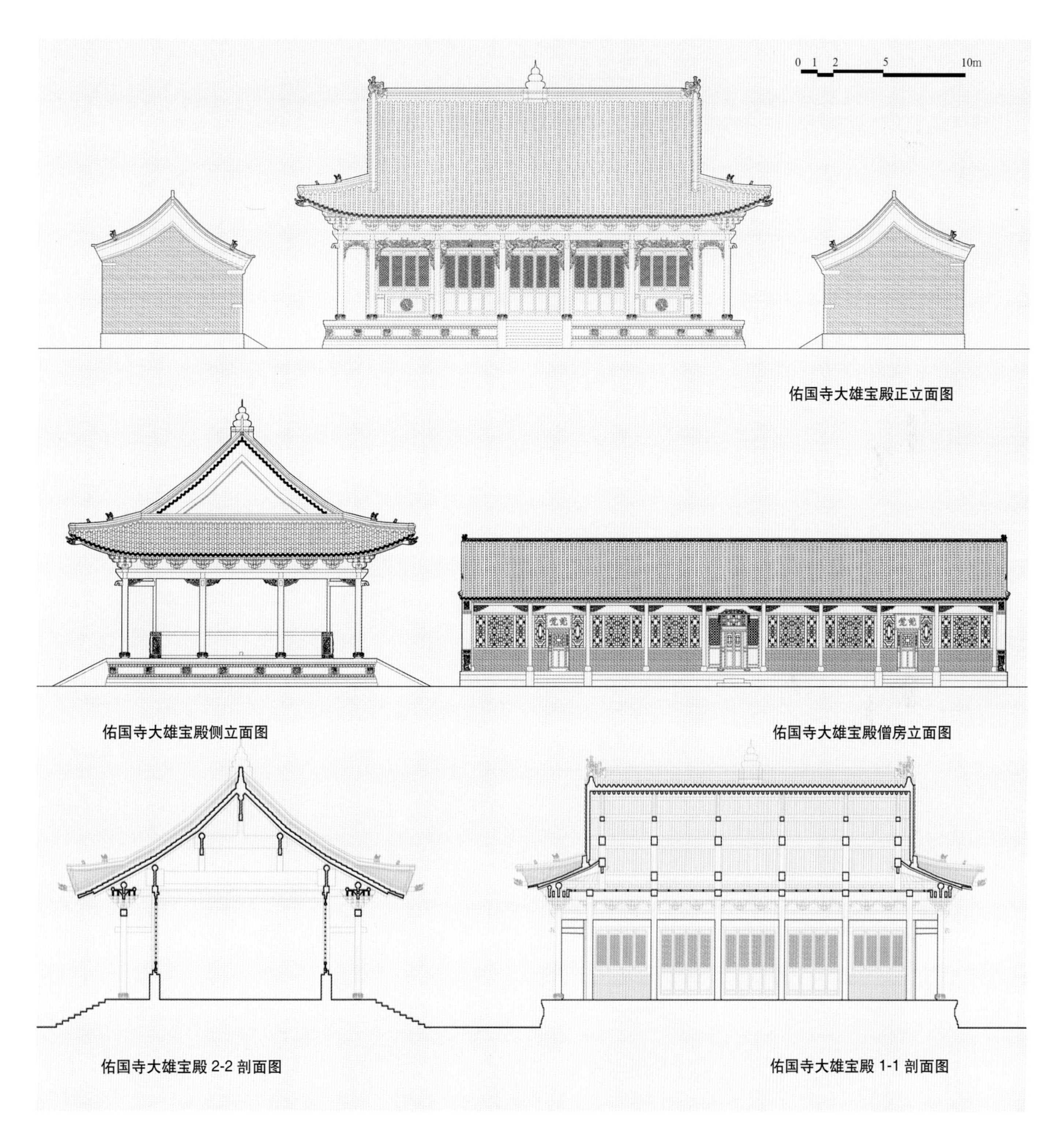

佑国寺大雄宝殿正立面图

佑国寺大雄宝殿侧立面图

佑国寺大雄宝殿僧房立面图

佑国寺大雄宝殿 2-2 剖面图

佑国寺大雄宝殿 1-1 剖面图

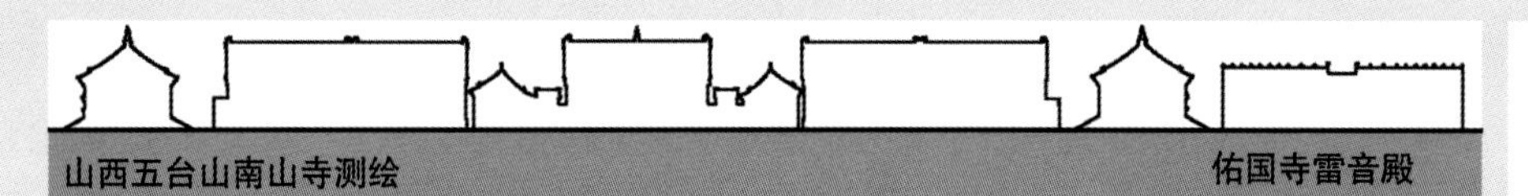

课题名称：三年级下乡测绘实践
作者姓名：04级建筑全体同学
指导教师：苏勇 吴若虎
完成时间：2007年5月

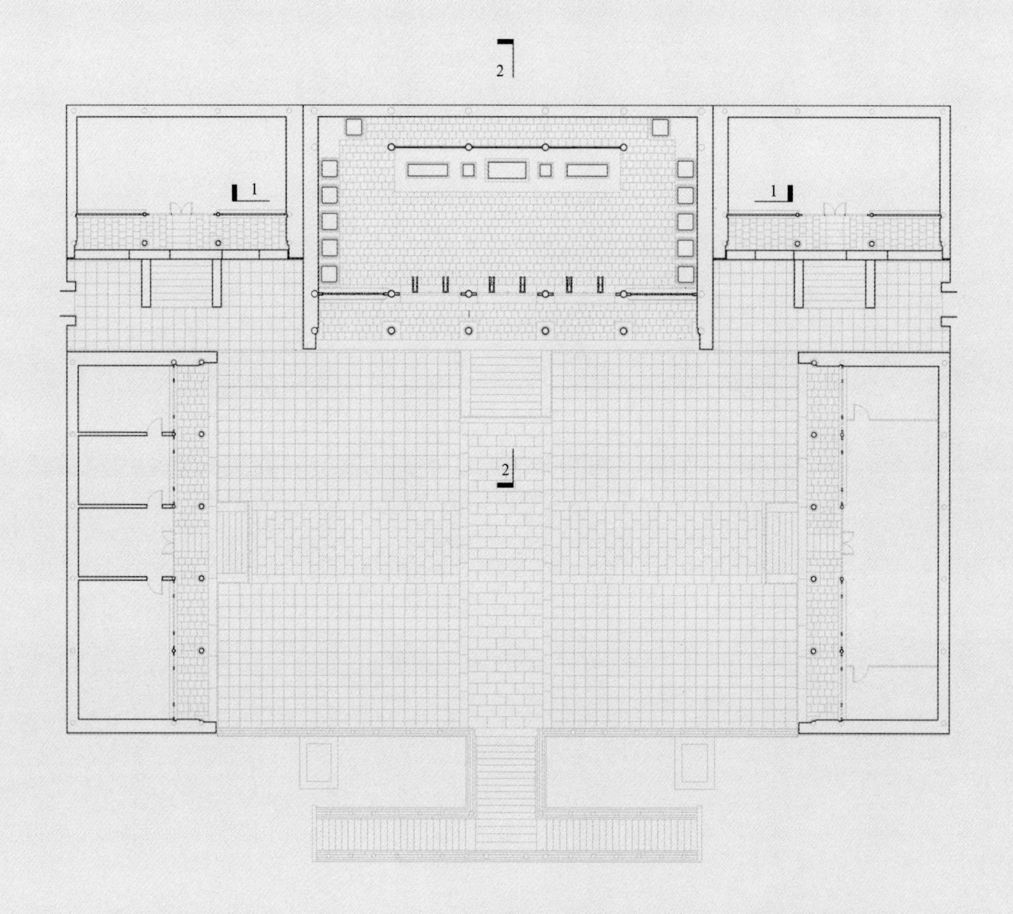

佑国寺雷音殿平面图

佑国寺雷音殿门窗细部大样

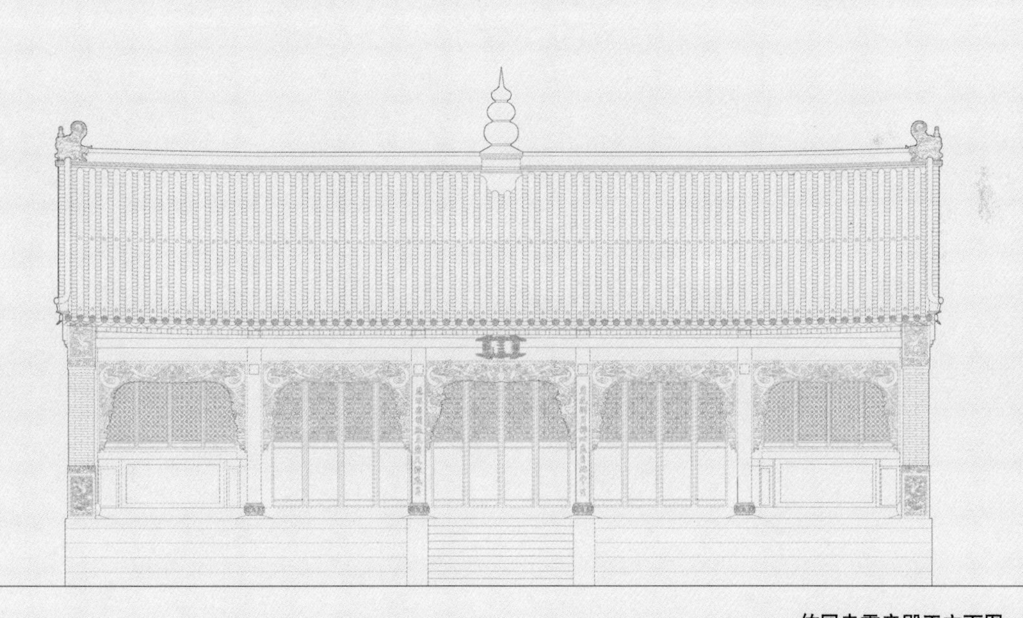

佑国寺雷音殿正立面图

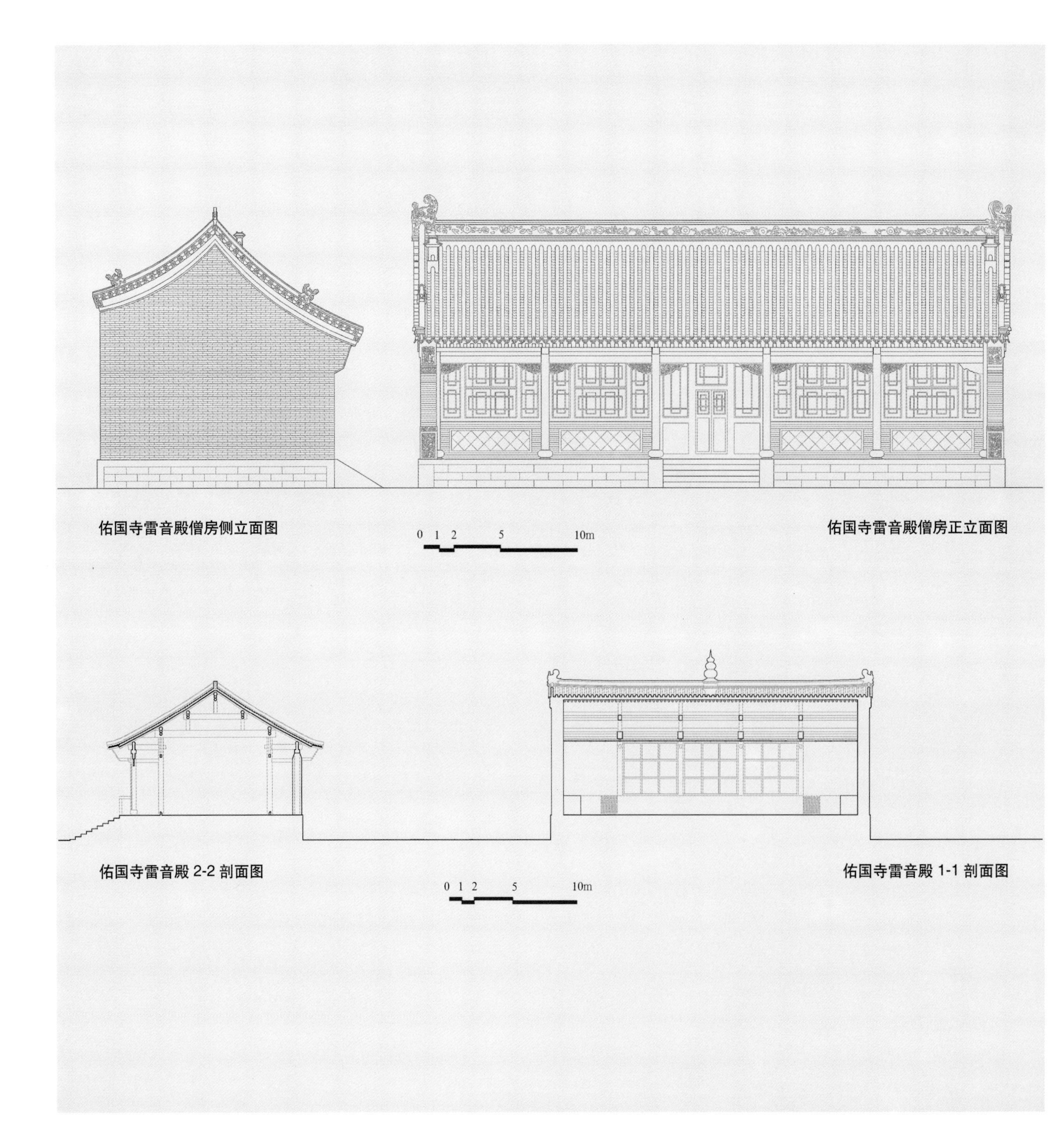

佑国寺雷音殿僧房侧立面图

佑国寺雷音殿僧房正立面图

佑国寺雷音殿 2-2 剖面图

佑国寺雷音殿 1-1 剖面图

建筑设计课程
Architecture Design Course

五、建筑设计课程

在美术类院校办建筑教育的背景下，建筑设计课程追求的是将美术院校的艺术气氛和感觉融合到建筑设计的功能安排、空间组织中，试图从多个方面引导学生在进入到建筑设计这个专业里的同时，又带着对于艺术的感觉和追求，从中体会建筑学本体的意义。课程不以固定的建筑类型为设计研究对象，而是通过某些类型的建筑来解决整体框架下的一些特定问题。课程教学以解决问题入手，课程中提出的一些问题，并不需要同学通过自己的设计来解答，而是辅助学生思考，帮助学生找到要解决的问题。

建筑设计课程在建筑学专业整体课程体系中是最为主要的课程，贯穿在本科二、三、四、五年级之中，采用渐进式的教学方法。课程的主线是建筑设计课，包括：二年级小型建筑设计（别墅设计）、三年级中型建筑设计（幼儿园、小学校、美术馆）、四年级综合型建筑设计（集合住宅、交通综合体）和城市设计，以及五年级的工作室课题设计和最终的毕业设计。课程的辅线是建筑历史、建筑设计原理和建筑构造、建筑材料等知识性课程。

Ⅴ. Architecture Design Courses

Under the background of architectural education in schools of fine arts, architecture design courses are aimed at mixing the artistic atmosphere and feeling of school of fine arts into the function arrangement and space organization of architectures. The course shall attempt to introduce students into architecture design while leading them to pursue the feeling of art and the meaning of architecture itself. The courses shall not set fixed types of architecture as study objects. Instead, they shall focus on the solution of specific questions through certain types of architecture. The teaching shall start with solving questions. The questions raised in class will not necessarily demand solutions from students. Rather, they will assist students with their thinking and find the proper questions that need to be resolved.

Architecture design is the most important course in the course system of architecture major. It goes through the second, third, fourth and fifth years of the undergraduate courses with a step-by-step teaching schedule. The main theme of the course is architecture design, including small building design (villa design) of the second year, medium-sized building design (kindergarten, primary school, art gallery) of the third year, comprehensive building design (integrative residence, traffic complex) and city design of the fourth year, the studio task of the fifth year and the final thesis design. The auxiliary theme of the course is knowledge courses such as history of architecture, principle of architecture design and architecture structure, construction materials, etc.

小型建筑设计

真正意义的别墅与其他居住建筑的不同，不在于规模大小、投资多少，而在于其用地是特殊选定，不是成片开发的；设计是个别委托，不是批量生产的。别墅应该反映业主与设计者的职业特点、个人喜好、文化品位及风格理念，富有个性是其最主要的特点。基于这点，课程一般会选择别墅作为入门学习的第一个设计课题。

作为建筑学院建筑、景观、室内三个专业方向的二年级学生进入专业课以来的第一个长课题，建筑设计学习的开始，在这个课程中学生开始接触建筑与环境、建筑与功能、建筑与材料等建筑基本问题，开始了解建筑设计的初步程序，学习和掌握建筑形态构成的一般原理和方法，初步掌握建筑设计的一些技巧。通过设计一个建筑面积在250～300m^{2}左右的小型别墅，训练学生徒手草图表达的能力，模型辅助设计的能力，设计方案综合深入的能力，语言表达和图纸表现的能力。教学上通过设计方法的导入，激发学生的创作欲望；课程强调过程管理与设计计划，以此影响学生形成正确的专业工作方法与学习态度，培养建筑师职业意识。

课程为10周，80课时。（傅祎）

Design of Small-scale Building

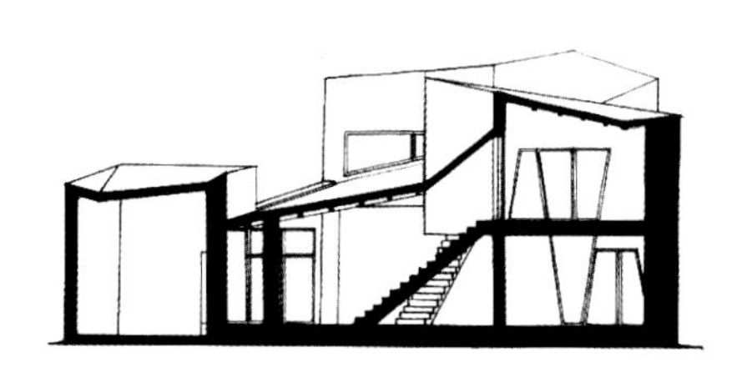

剖面图

课题名称：建筑设计1
作品名称：别墅设计
作者姓名：张德静
指导教师：步睿飞
完成时间：2005年1月

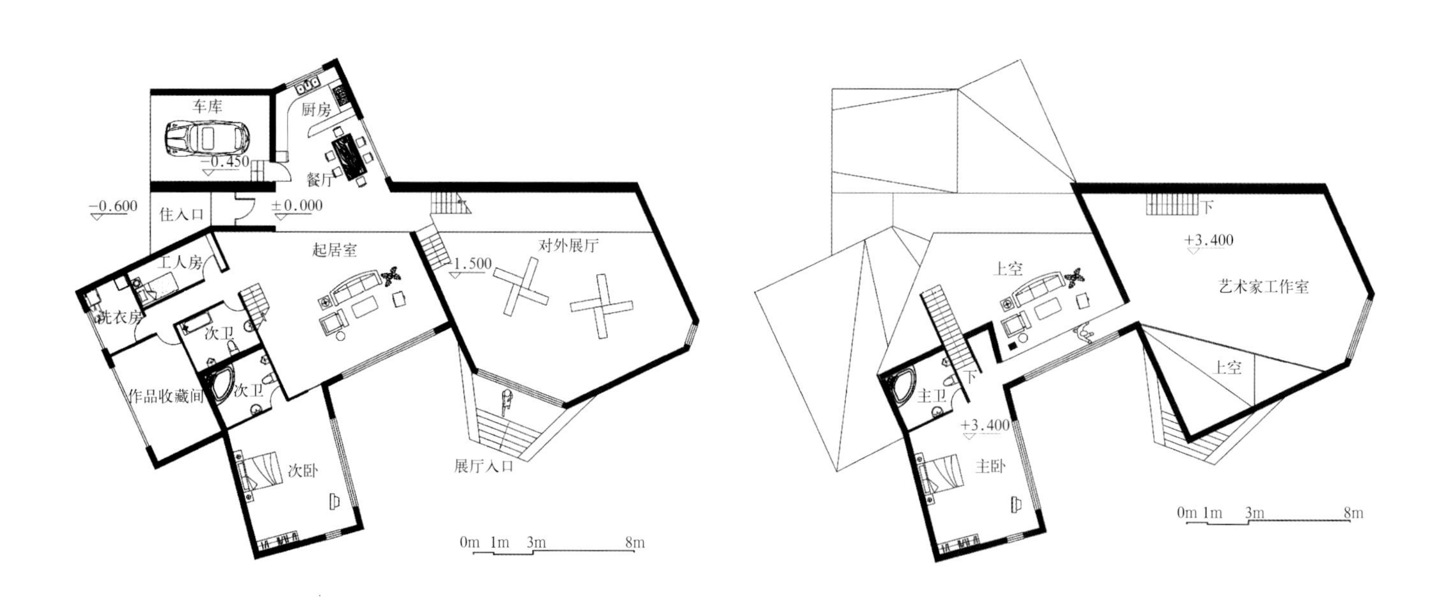

一层平面图

二层平面图

课题名称：建筑设计1
作品名称：别墅设计
作者姓名：阎海鹏
指导教师：韩光煦
完成时间：2005年1月

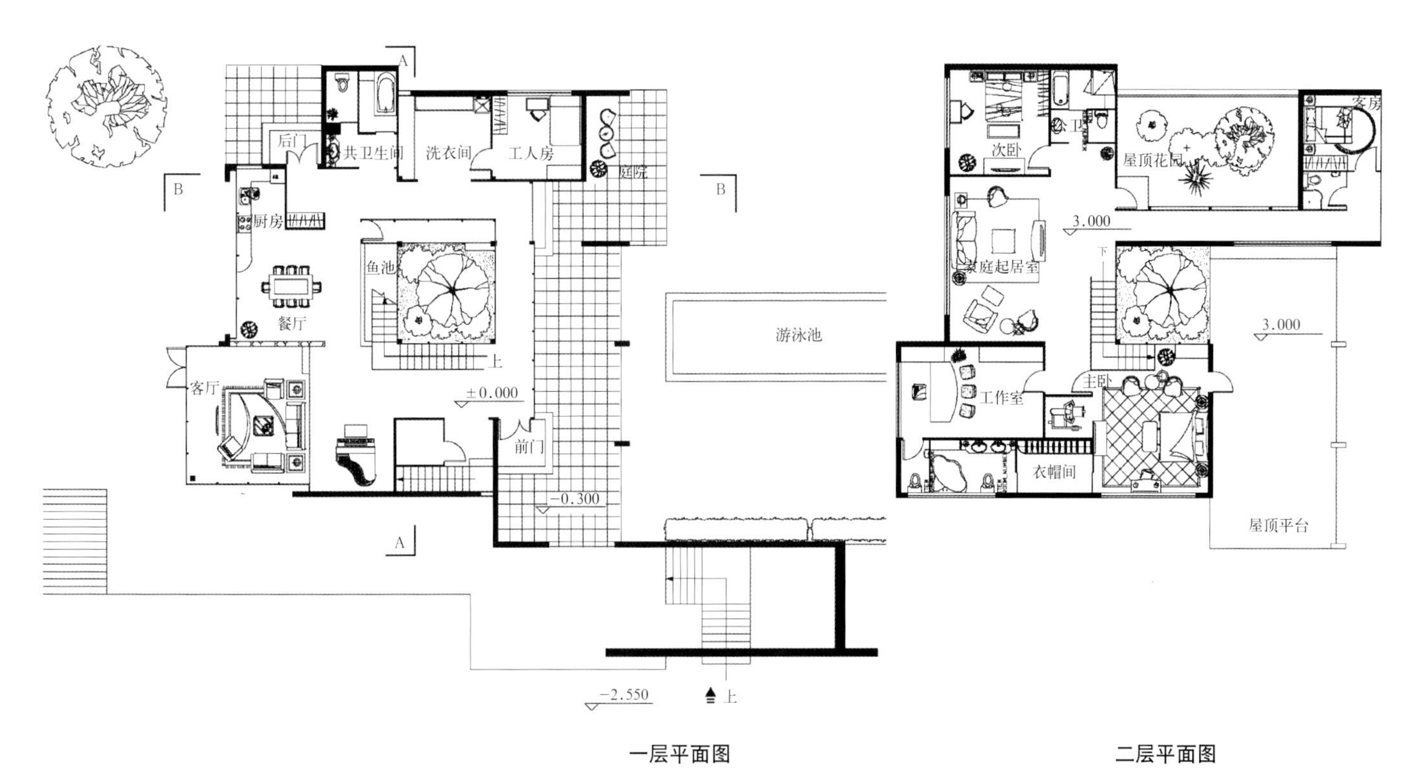

一层平面图

二层平面图

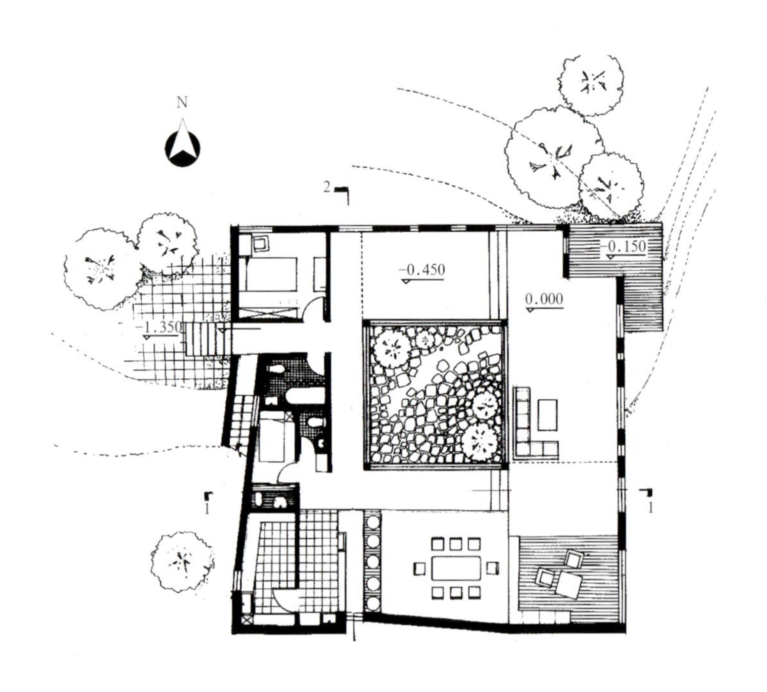

一层平面图

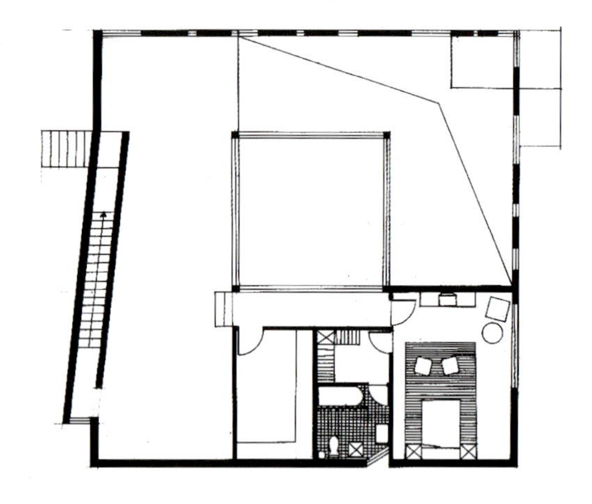

二层平面图

课题名称：建筑设计1
作品名称：别墅设计
作者姓名：申佳鑫
指导教师：黄　源
完成时间：2005年1月

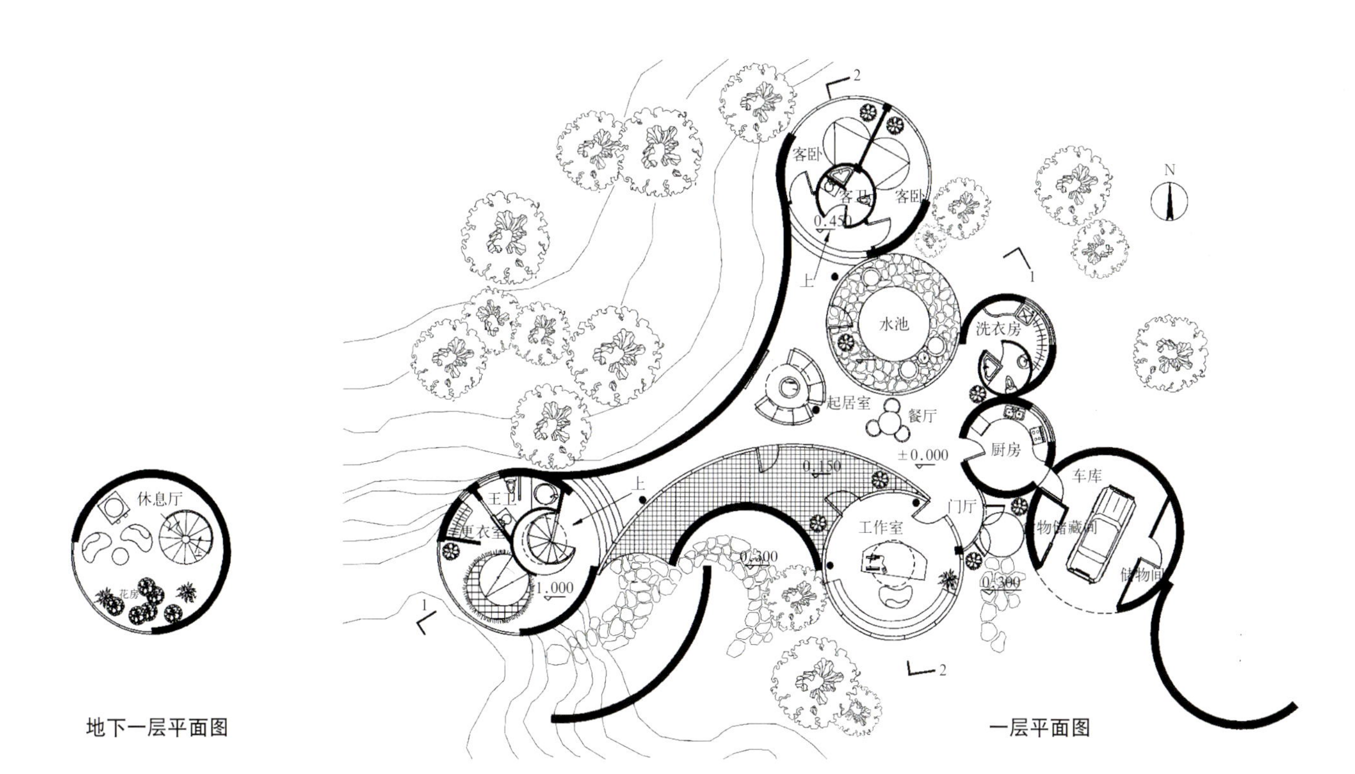

地下一层平面图

一层平面图

课题名称：建筑设计1
作品名称：别墅设计
作者姓名：胡　娜
指导教师：傅　祎
完成时间：2005年1月

课题名称：建筑设计1
作品名称：别墅设计
作者姓名：蔡鸿奎
指导教师：吴若虎
完成时间：2006年1月

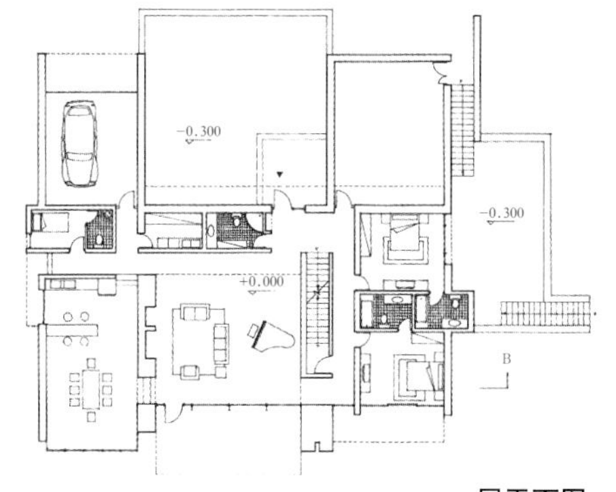

一层平面图

二层平面图

总平面图

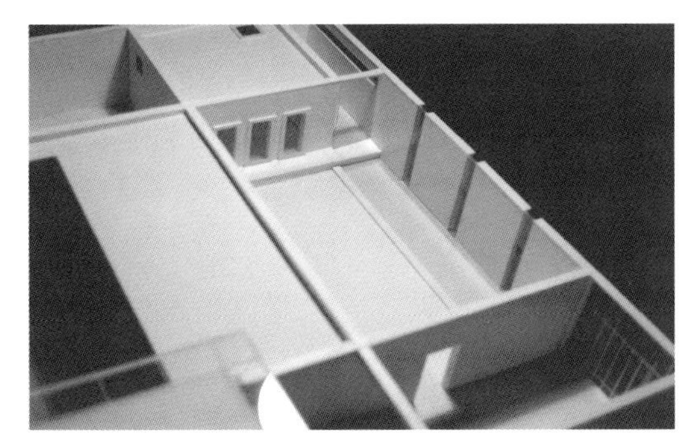

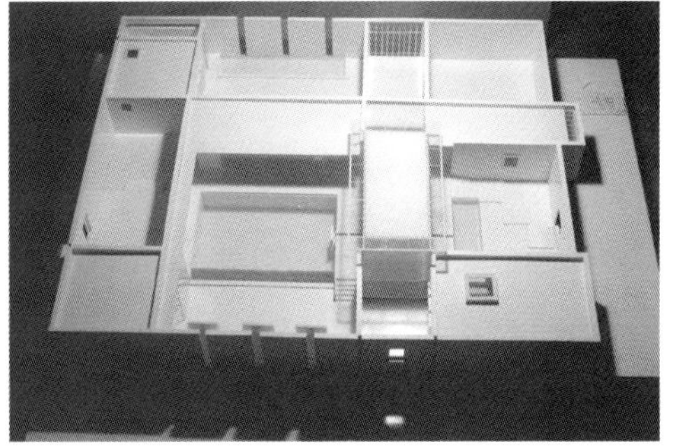

课题名称：建筑设计1
作品名称：别墅设计
作者姓名：王成业
指导教师：黄　源
完成时间：2006年1月

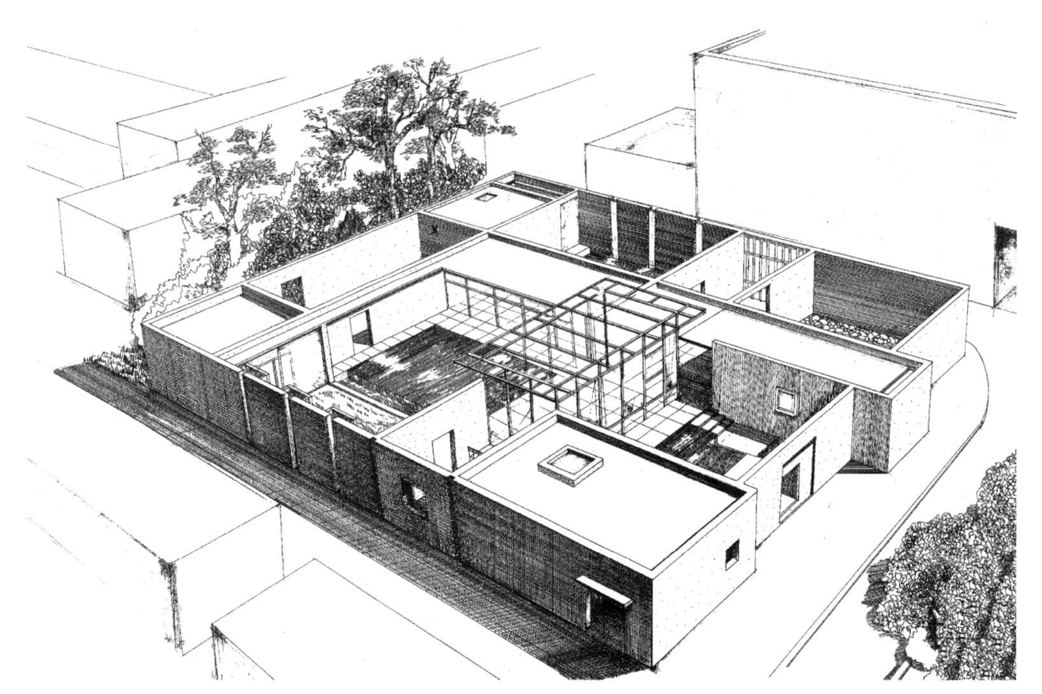

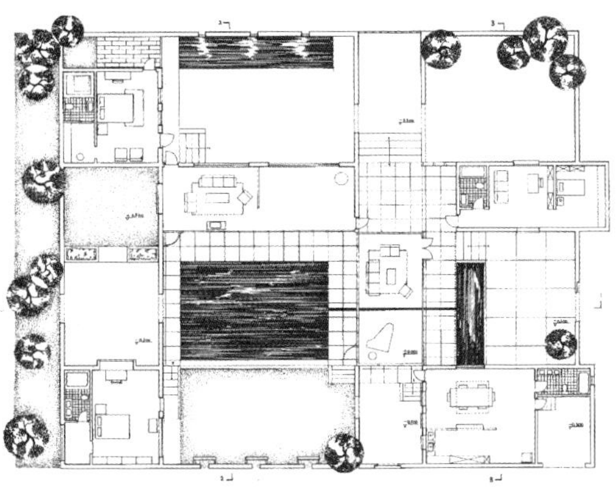

一层平面图

课题名称：建筑设计1
作品名称：别墅设计
作者姓名：谢海薇
指导教师：董灏　兰冰可
完成时间：2006年1月

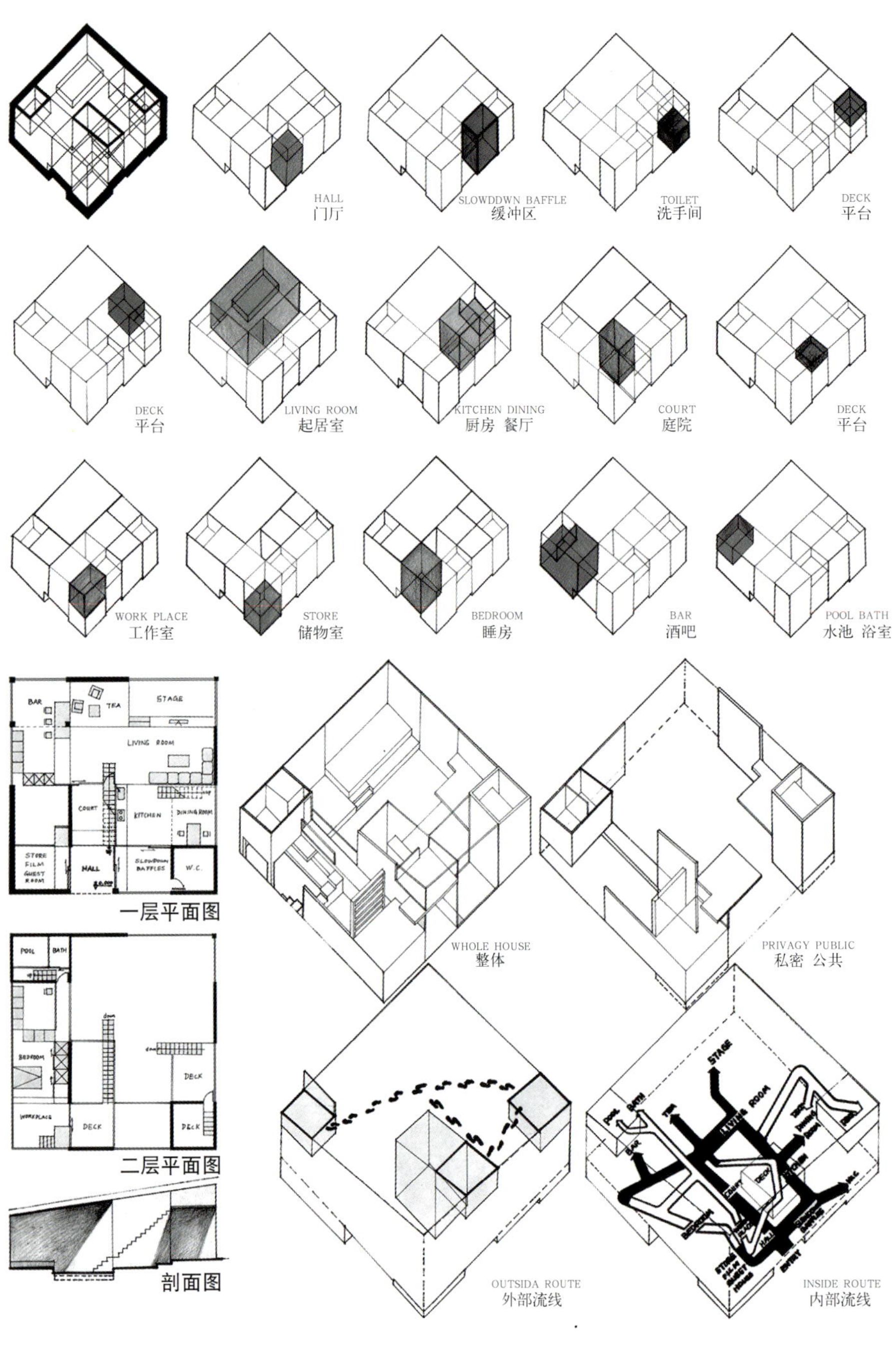

课题名称：建筑设计1
作品名称：别墅设计
作者名称：李琳
指导教师：王铁
完成时间：2006年1月

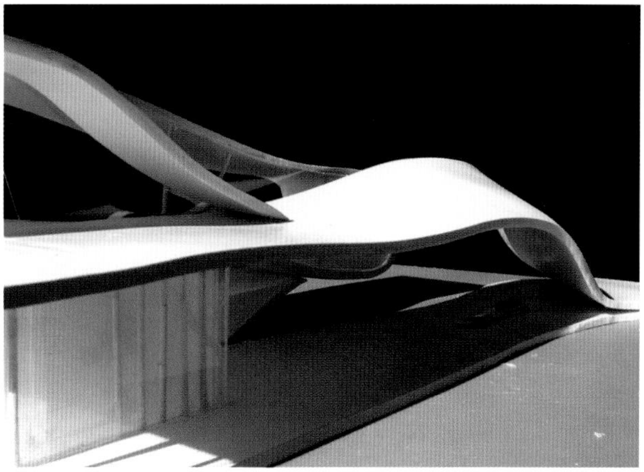

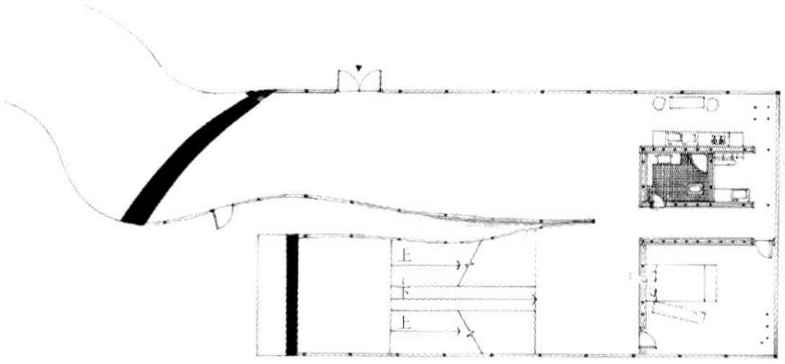

一层平面图

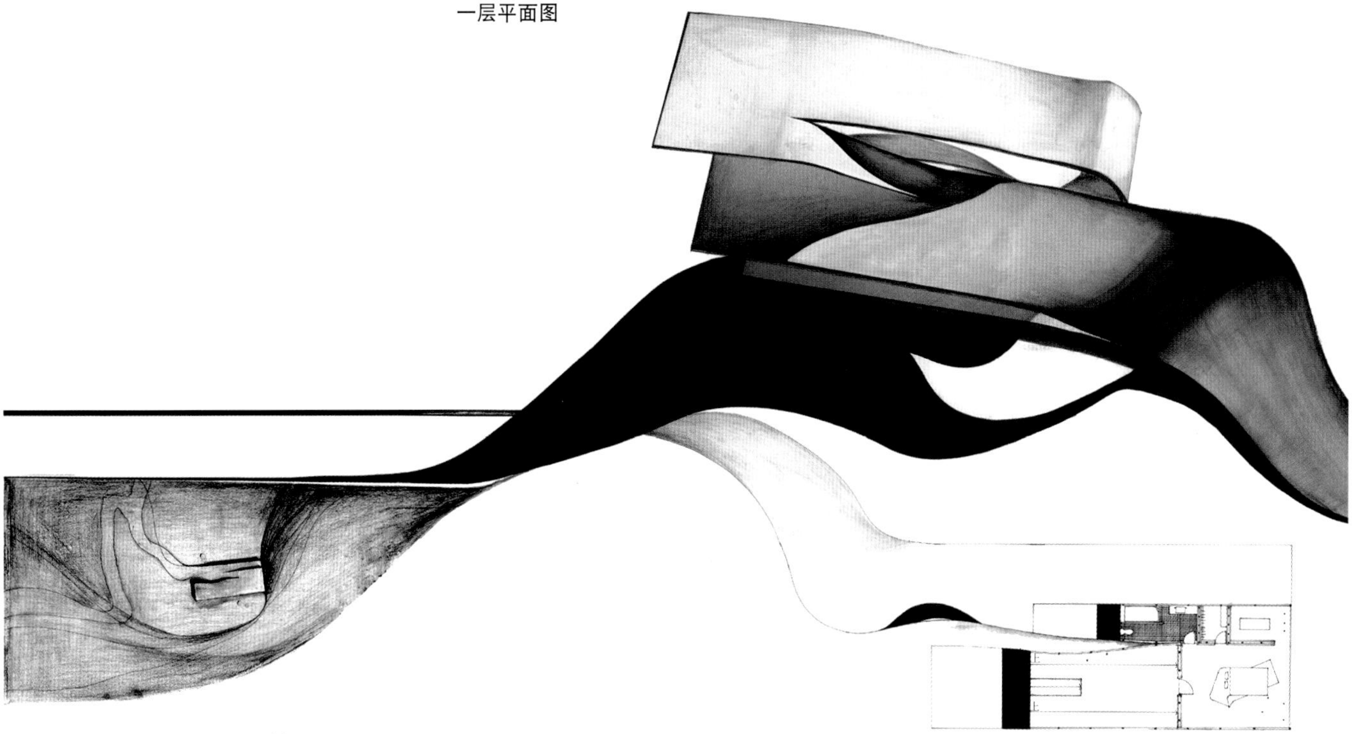

总平面图

二层平面图

中小型教育建筑设计

建筑使用功能及其他因素带来的限制并不等于设计中没有自由余地发挥。在这个中小型教育性课题设计中，几乎一半建筑面积是可以不受条件限制，如何把握限制与自由的关系，也是作为建筑师设计能力的一个体现，也充分发挥美术院校学生的创造空间的能力。

建筑设计课题一般为小学校和幼儿园建筑设计，这类建筑除去一般建筑所要涉及的对于建筑场所空间的总体把握及安排、建筑功能分析及分区、平面布置与空间组织、交通流线等常规的考虑之外，还需特别强调学校建筑的重复单元形体及总体建筑形体的关系、建筑外环境设计、室内与室外空间的关系、色彩设计、空间环境设计、建筑尺度的把握、建筑材料的选用对儿童想像力的影响。通过以上教学重点，使学生对建筑设计所包涵的基本问题有一个初步掌控，训练学生具备建筑设计所需要的一些基本能力，作为建筑专业学习的一个基本总结。

课程为10周，80课时。（王小红）

Mild and Small-Scaled Institutional Architectural Design

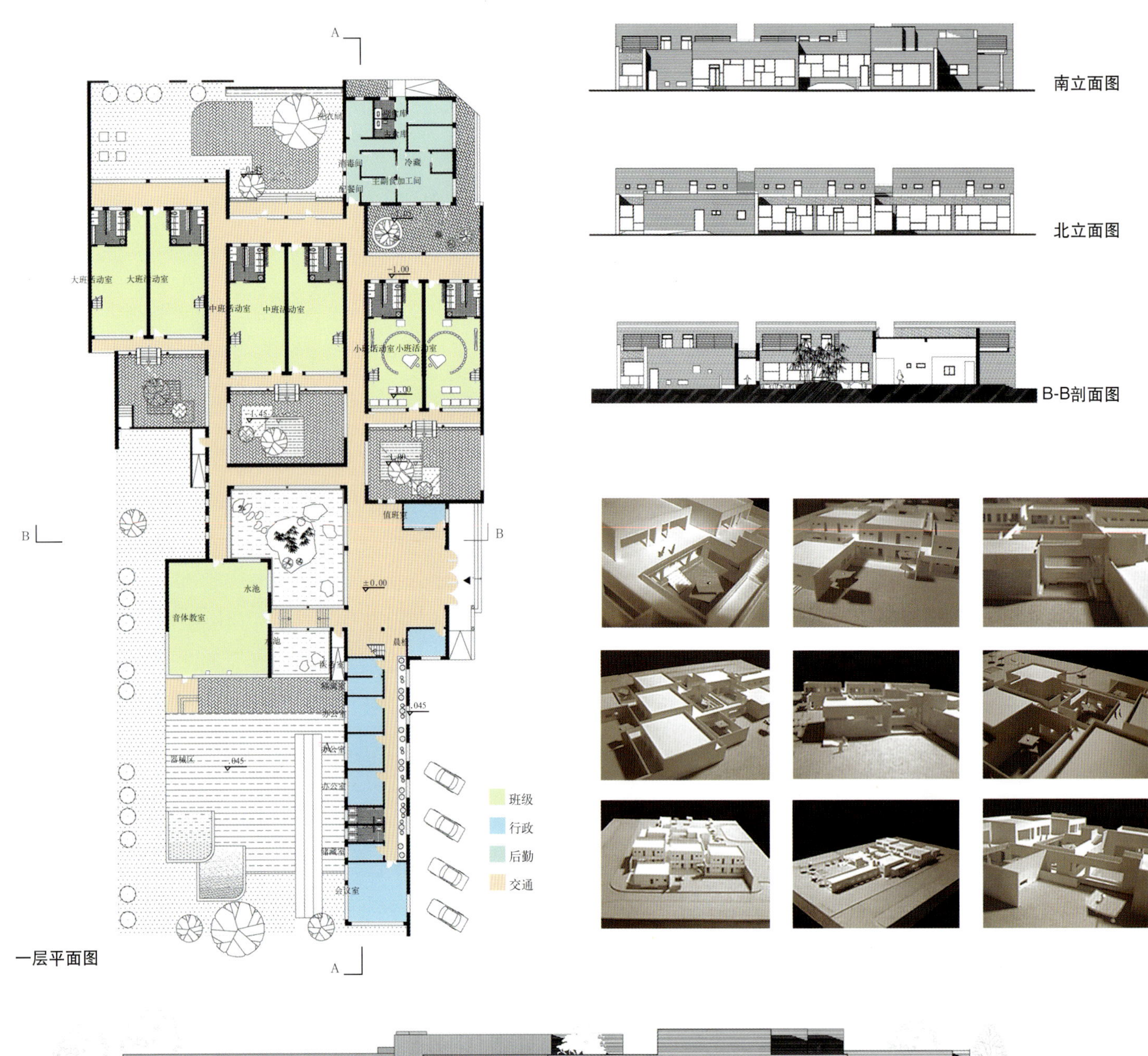
南立面图
北立面图
B-B剖面图
一层平面图
班级
行政
后勤
交通
大班活动室
中班活动室
小班活动室
音体教室
水池
值班室
会议室
办公室
储藏室
器械区
冷藏
主副食加工间
消毒间
配餐间
洗衣房
±0.00
-1.00

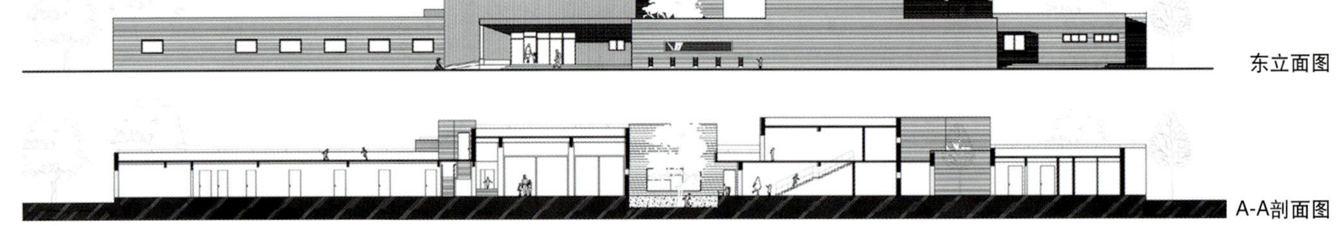
东立面图
A-A剖面图

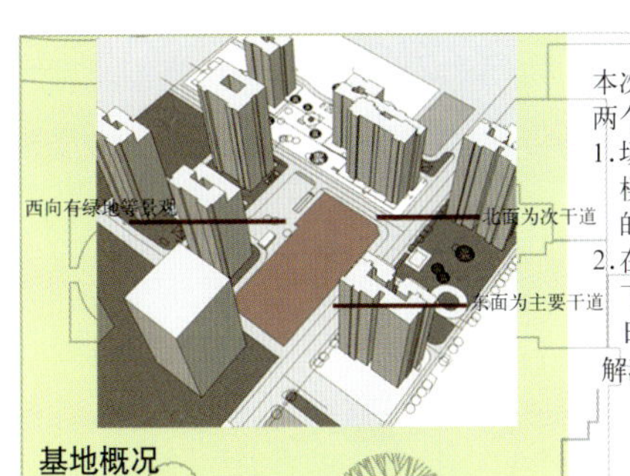

基地概况

本次幼儿园设计首先在环境上面临两个主要问题：

1. 场地四面均有50～70m高的住宅楼，如何处理幼儿园与周围建筑的关系？
2. 在四周都有高大建筑遮挡的条件下必须满足冬至日2 小时的满窗日照

解决方案：院落空间

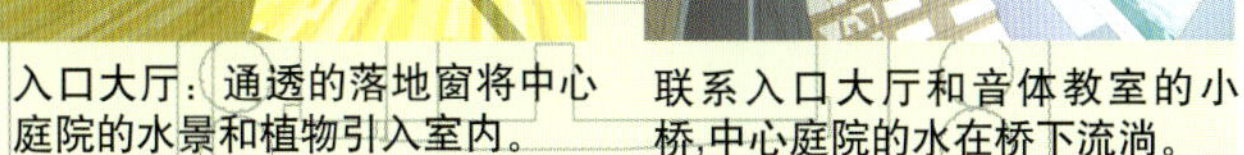

入口大厅：通透的落地窗将中心庭院的水景和植物引入室内。

联系入口大厅和音体教室的小桥,中心庭院的水在桥下流淌。

设计任务

总使用面积：2000m^2

规模：六班

层数：2～3层

地点：北京市朝阳区富力城

从二层阳台俯看庭院，二层为卧室，采用百叶窗。

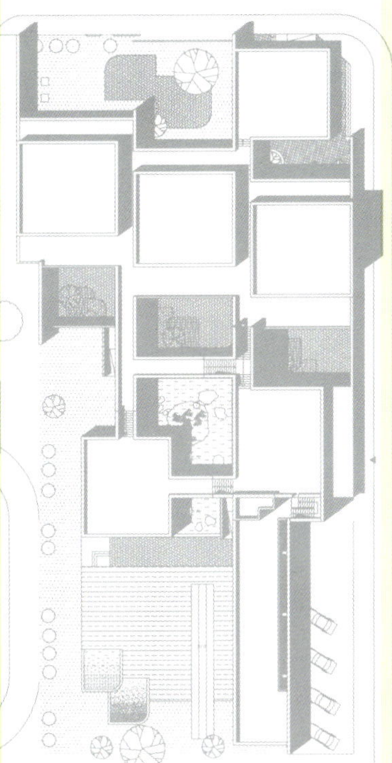

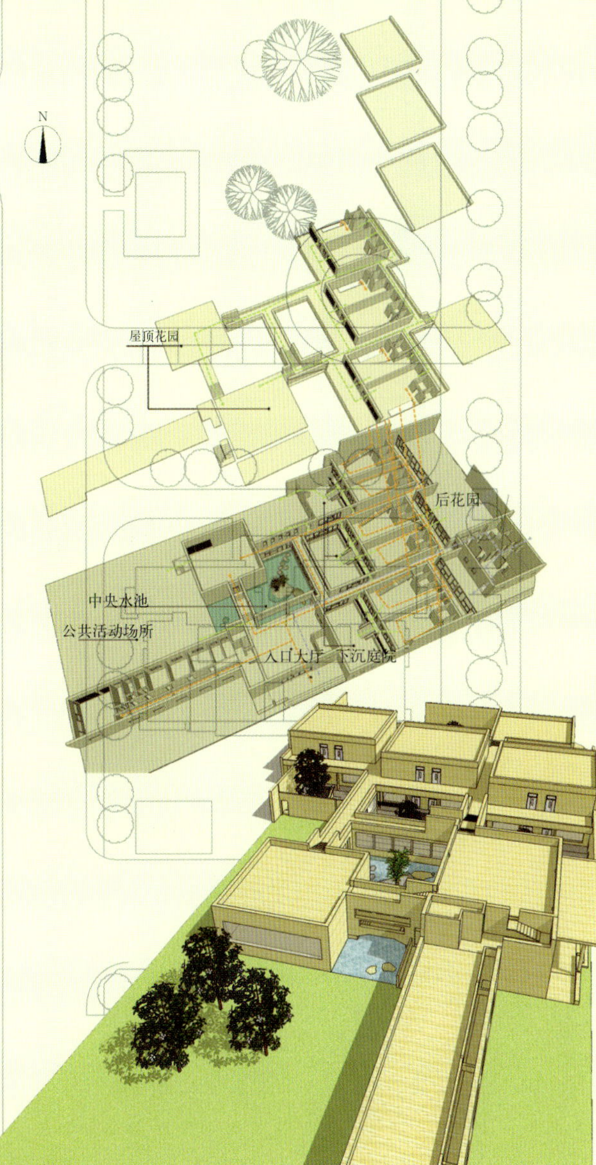

一层活动室看庭院，落地窗保证充足阳光，悬挑的二层阳台形成一层的遮阳部分。

庭院下沉 1 m，通过滑梯和半开敞的廊子将室内外联系，半廊按儿童尺度设靠椅。

课题名称：建筑设计2

作品名称：幼儿园设计

作者姓名：谭银莹

指导老师：王小红

设计时间：2005年12月

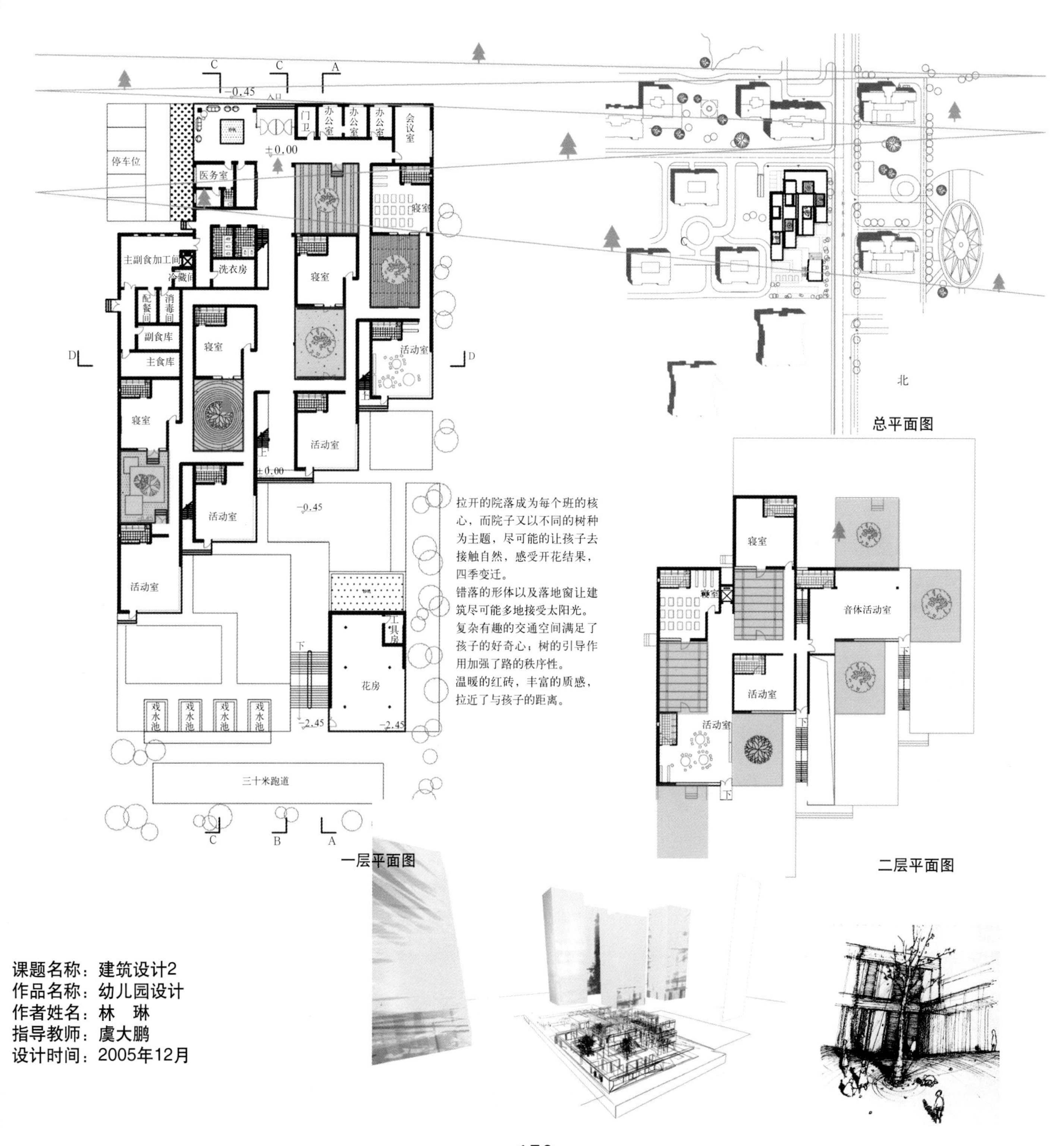

拉开的院落成为每个班的核心，而院子又以不同的树种为主题，尽可能的让孩子去接触自然，感受开花结果，四季变迁。

错落的形体以及落地窗让建筑尽可能多地接受太阳光。

复杂有趣的交通空间满足了孩子的好奇心；树的引导作用加强了路的秩序性。

温暖的红砖，丰富的质感，拉近了与孩子的距离。

课题名称：建筑设计2

作品名称：幼儿园设计

作者姓名：林　琳

指导教师：虞大鹏

设计时间：2005年12月

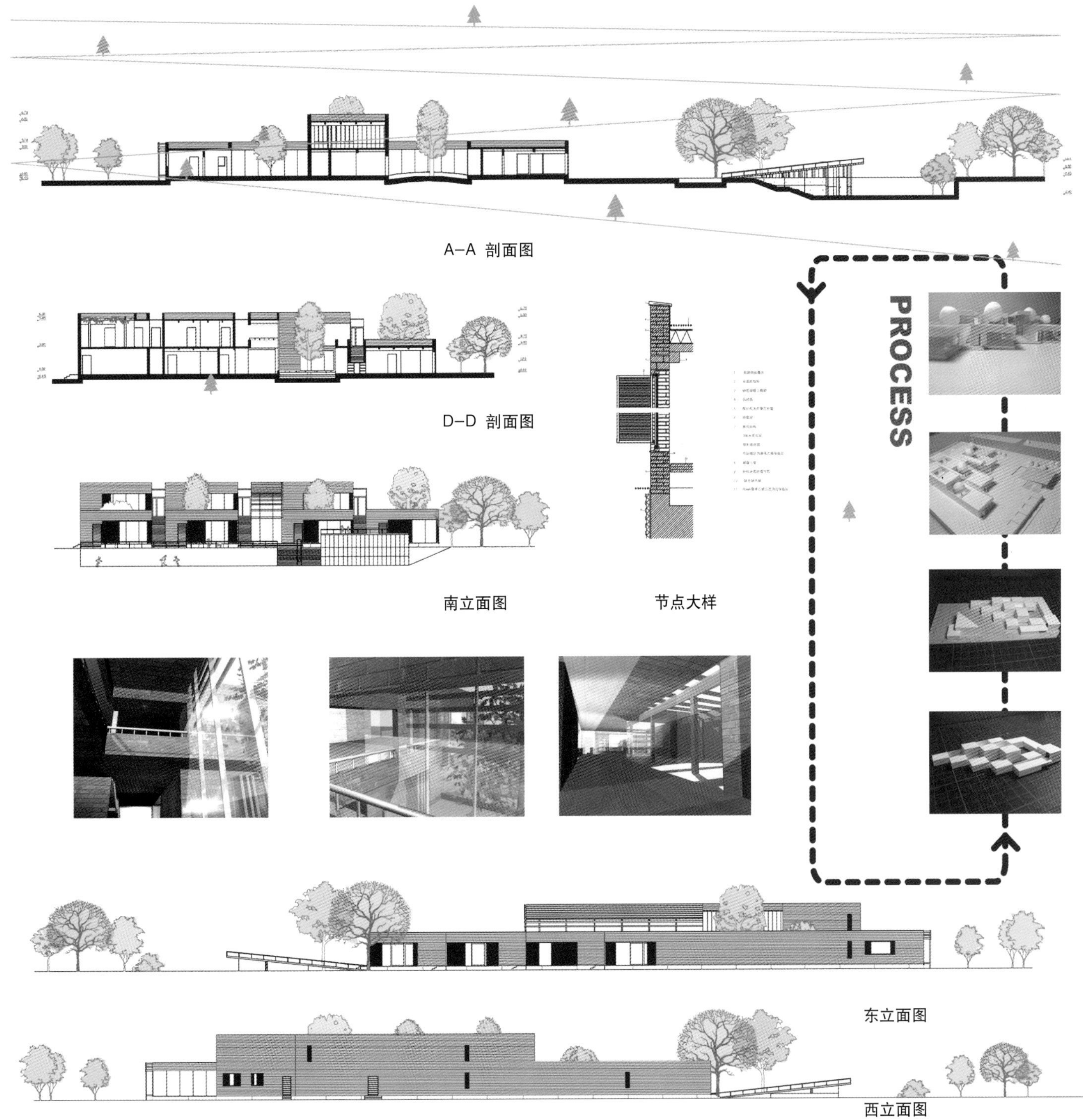
A–A 剖面图
D–D 剖面图
南立面图
节点大样
PROCESS
东立面图
西立面图

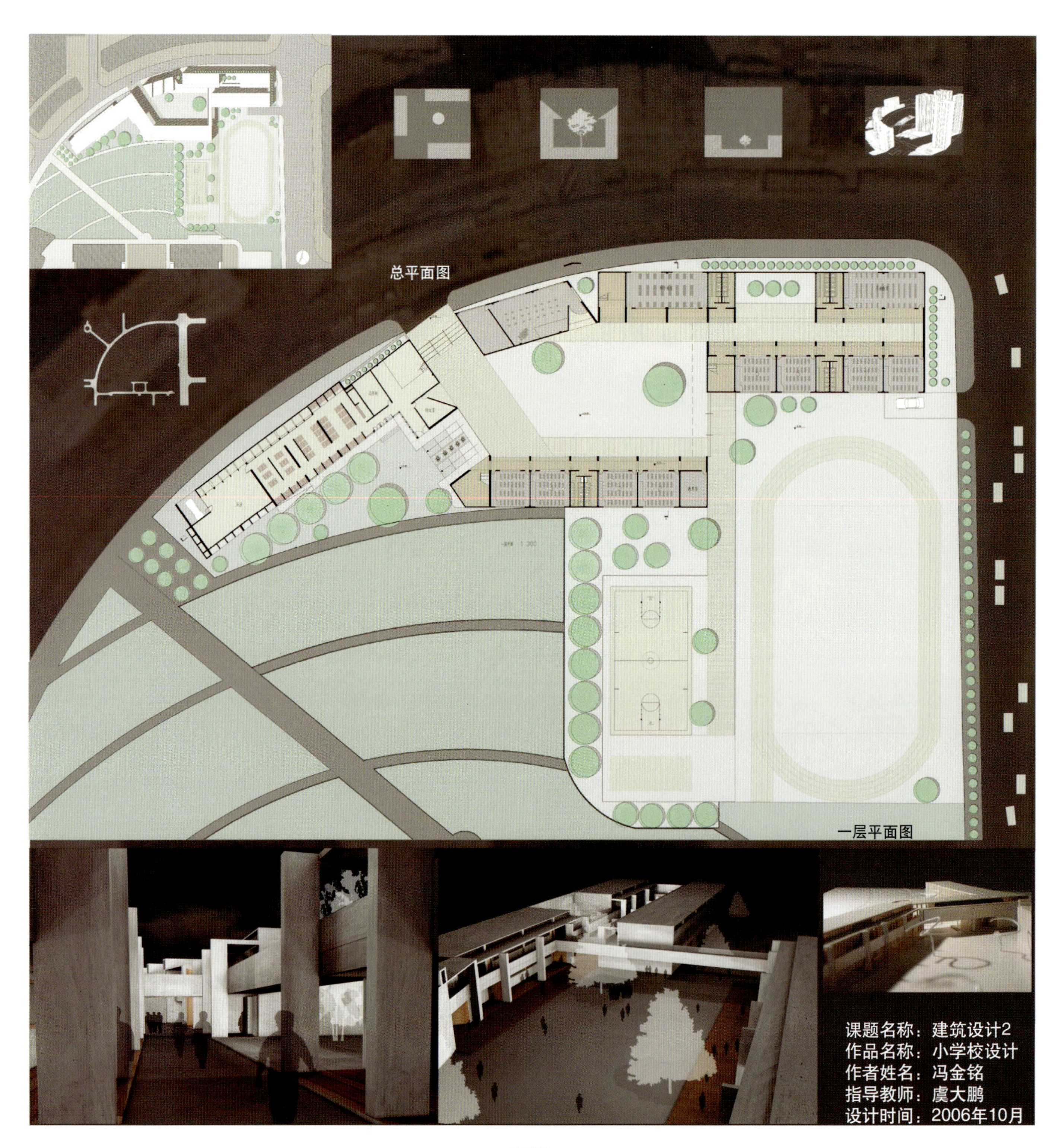
总平面图
一层平面图
课题名称：建筑设计2
作品名称：小学校设计
作者姓名：冯金铭
指导教师：虞大鹏
设计时间：2006年10月

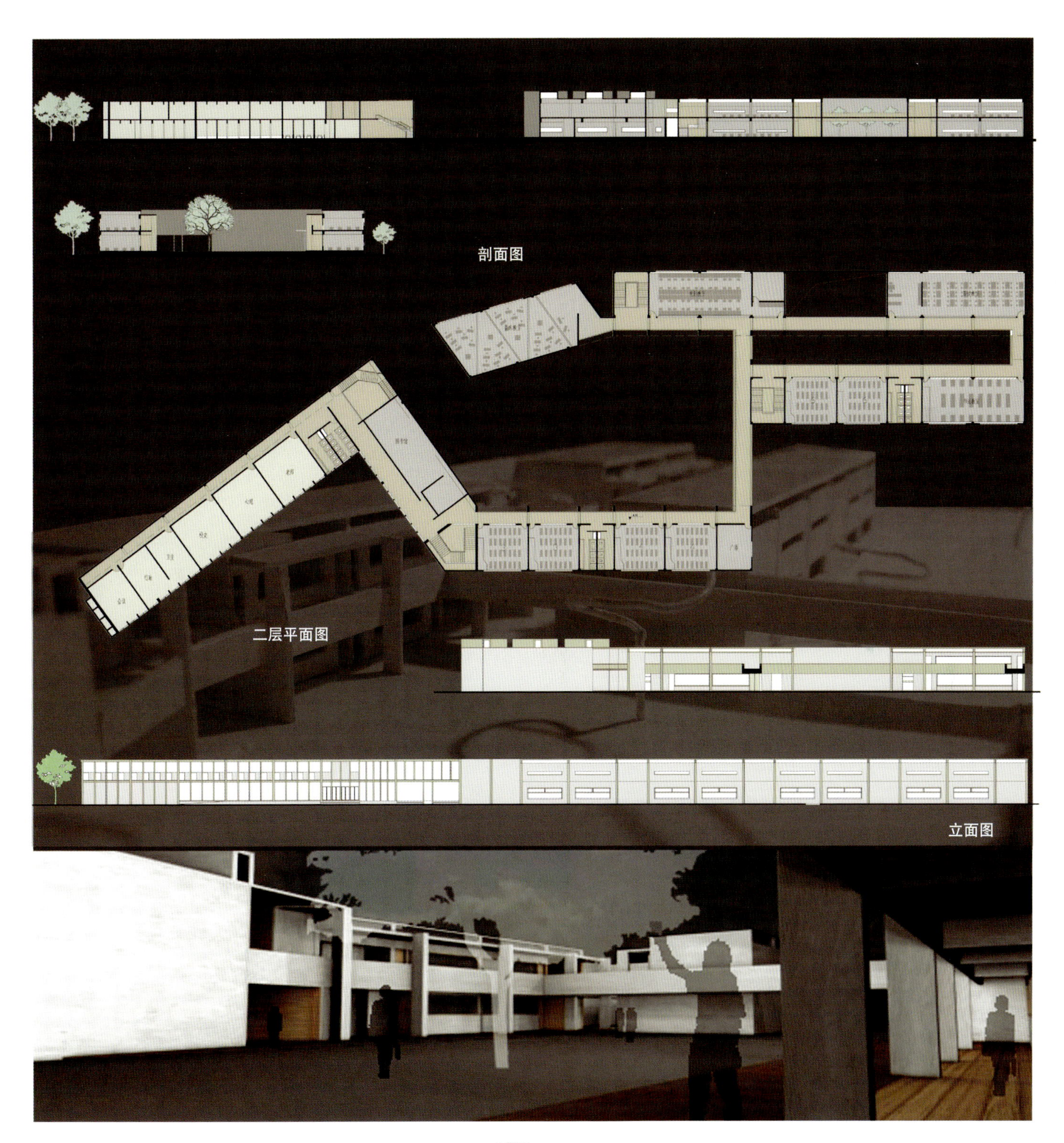
剖面图
二层平面图
立面图

课题名称：建筑设计2
作品名称：芳草地实验小学校设计
作者姓名：张　爽
指导教师：王小红
设计时间：2006年5月

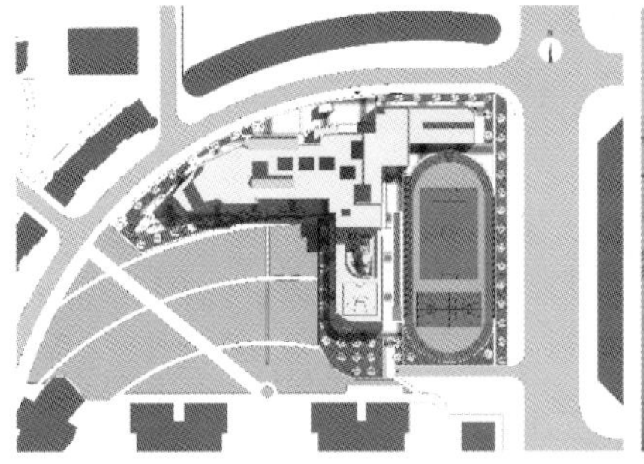
总平面图

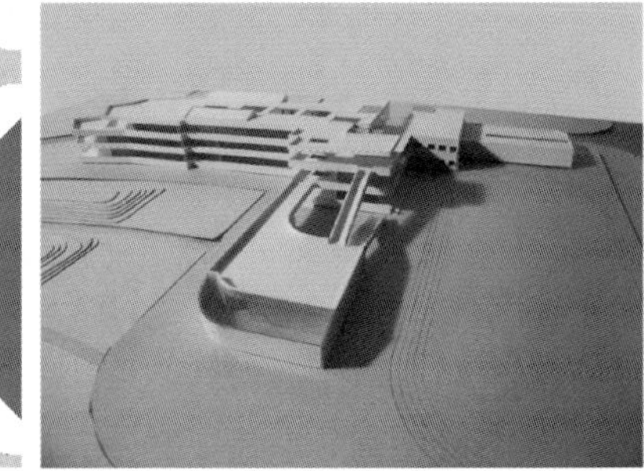
模型照片

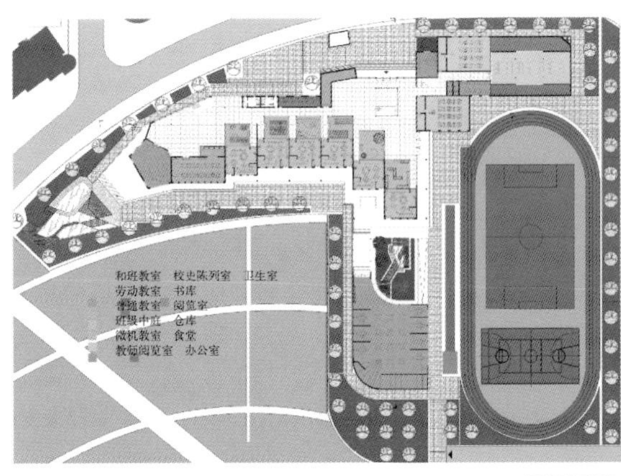

一 层平面图

大厅效果图

西南向效果图

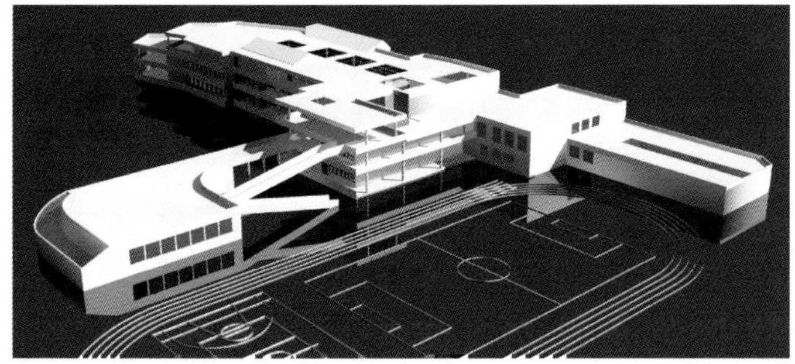
东南向效果图

外廊效果图

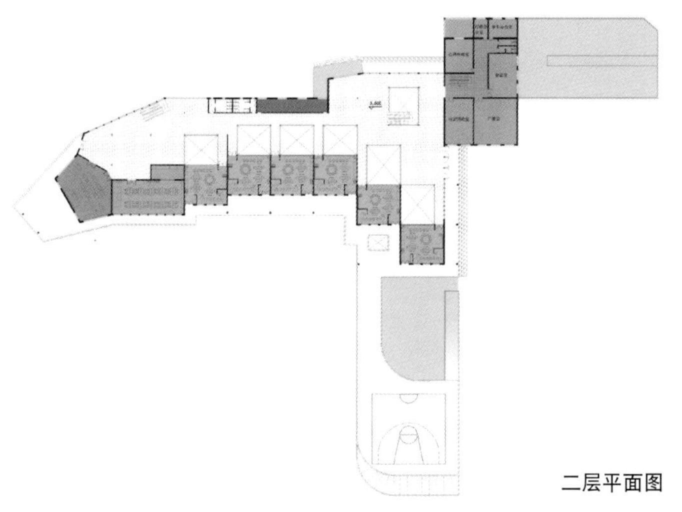
二层平面图

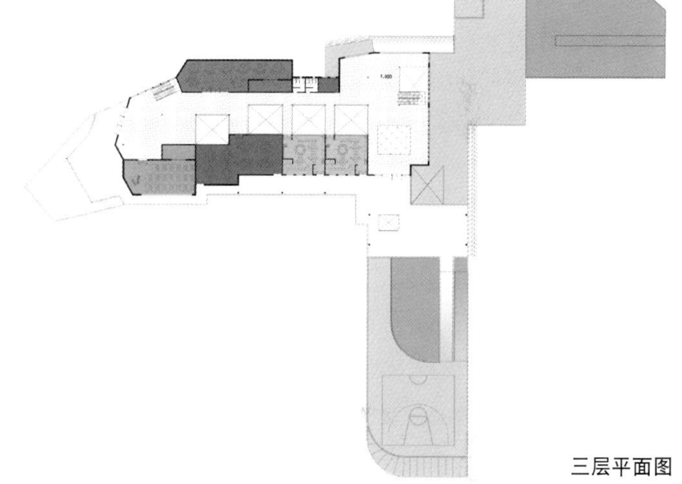
三层平面图

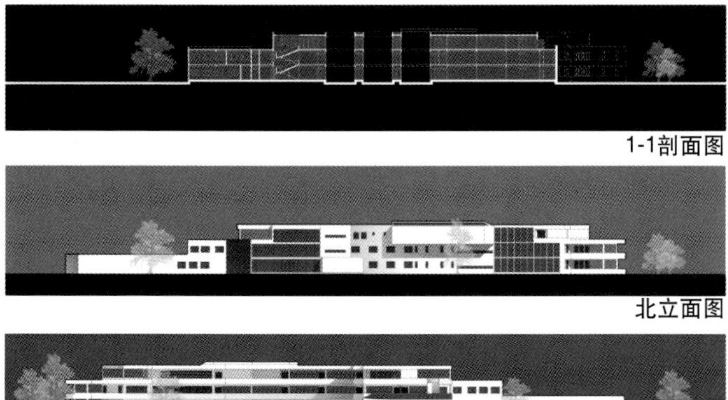
1-1剖面图

北立面图

南立面图

2-2剖面图

东立面图

西立面图

课题名称：建筑设计2
作品名称：芳草地实验小学校设计
作者姓名：岳宏飞
指导教师：虞大鹏
设计时间：2006年10月

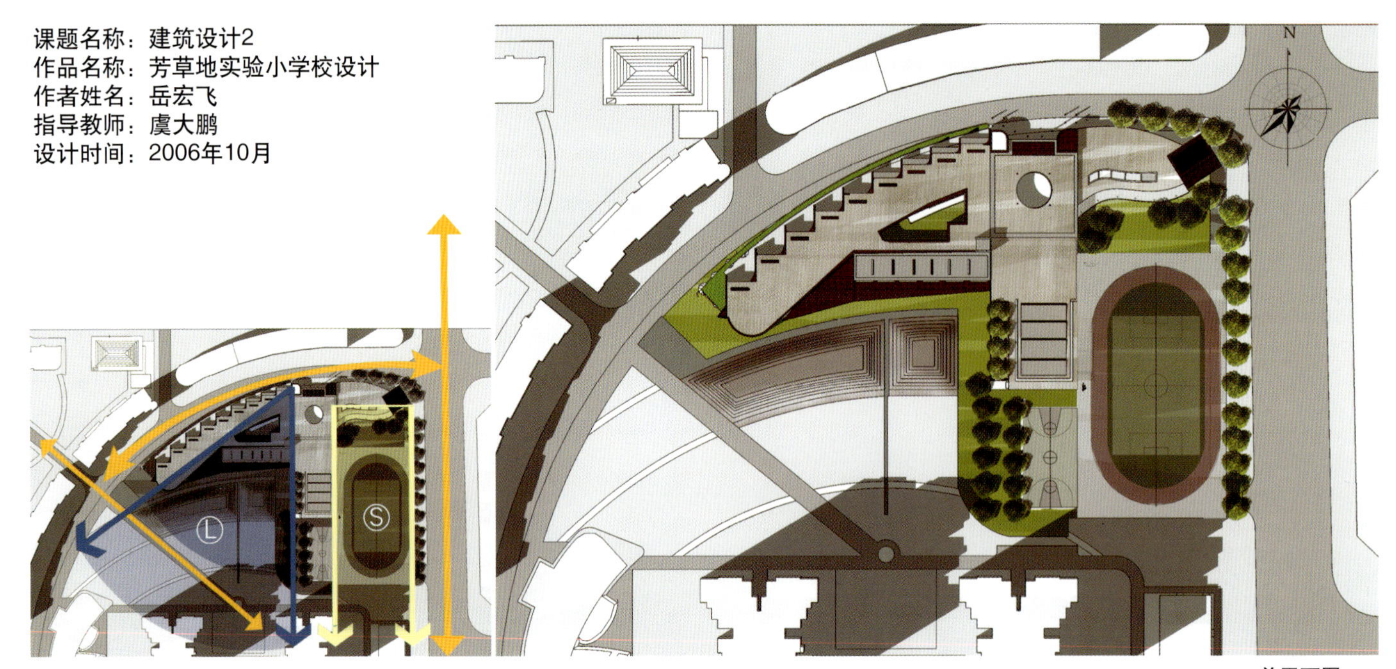

总平面图

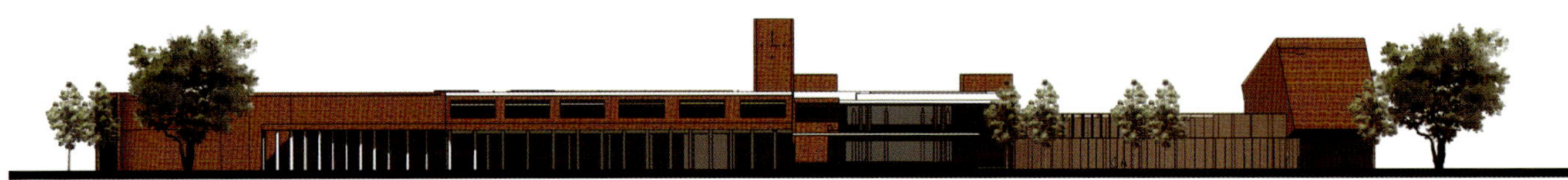
南立面图

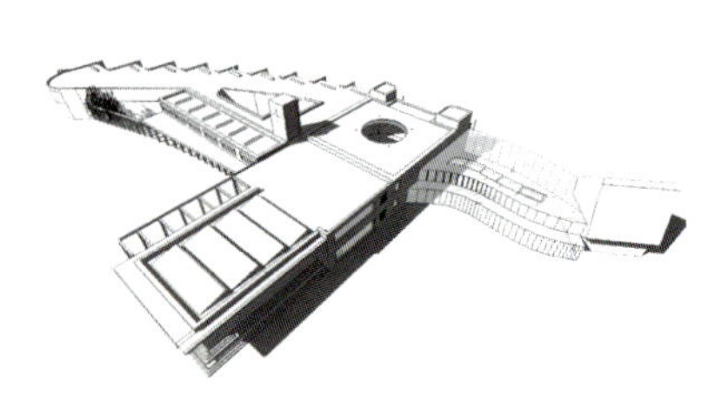

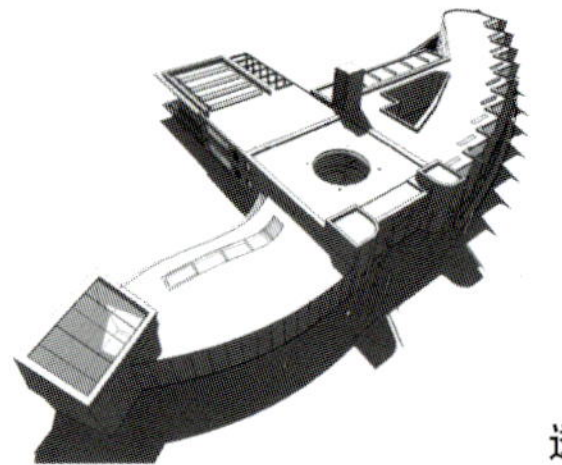
透视图

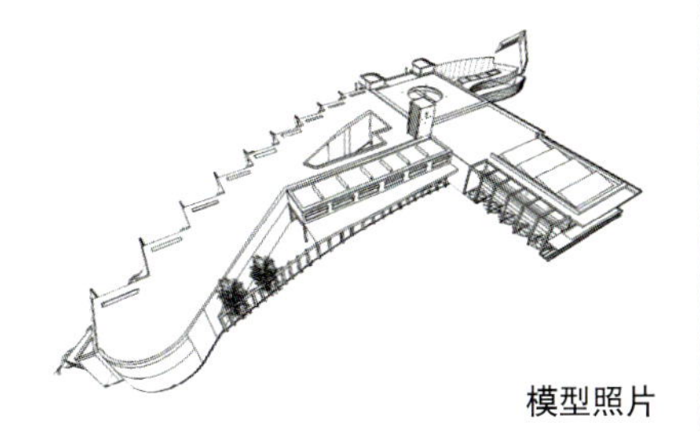

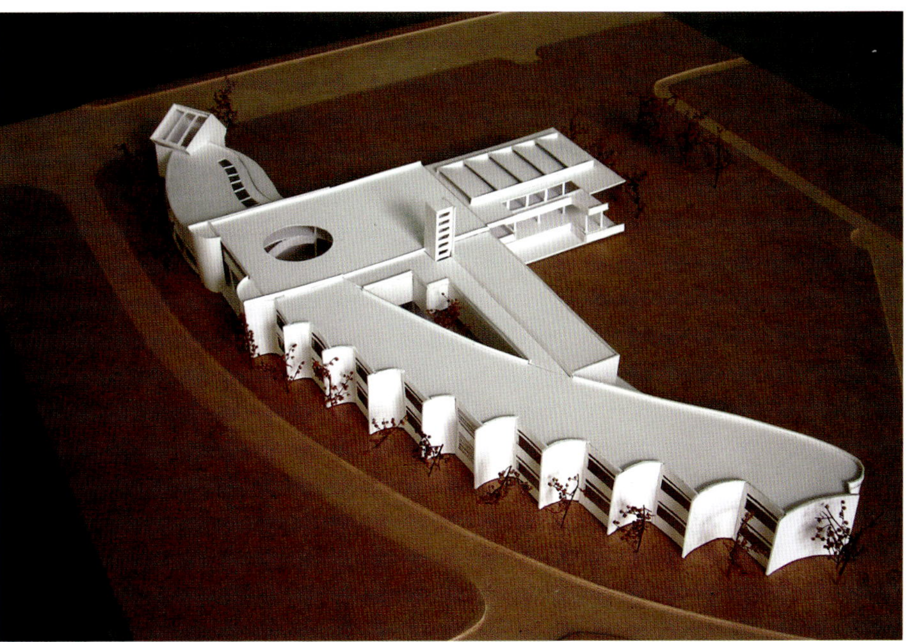

模型照片

北立面图

透视图

中型公共建筑设计

主 体 问 题：如何以形态为出发点，把不同的创意产业范围内的不同媒体的展示和创作方式，以空间为建筑语言，建构一个兼具展示与生产的公共建筑。引导学生解读现代主义大师的相关类型建筑的平面，在自己的设计中体现他们的空间精神。

相关的语境：基于当前国内对创意产业的定位，和加大力度推广的趋势。本课程着重研究面向这种产业形式的展示和创作环境。课程将基于对用地周边相关大学的教学体系和内容的调查研究，探讨其成为一个规模合适的创意产业的展示和创作中心的可能性。这种可能性不仅仅是指一个以展览为主的创作中心存在的可能与否，更是探讨项目是否能成为这一地区的一个新的动力，为未来的发展起到发动机和孵化器的作用。因此，本课程不仅是一个展览类的建筑设计，也是探讨如何通过一栋建筑，来带动一个区域内经济发展的现实性的过程。

课程为8周，64课时。（周宇舫）

Mid-Scaled Architectural Design

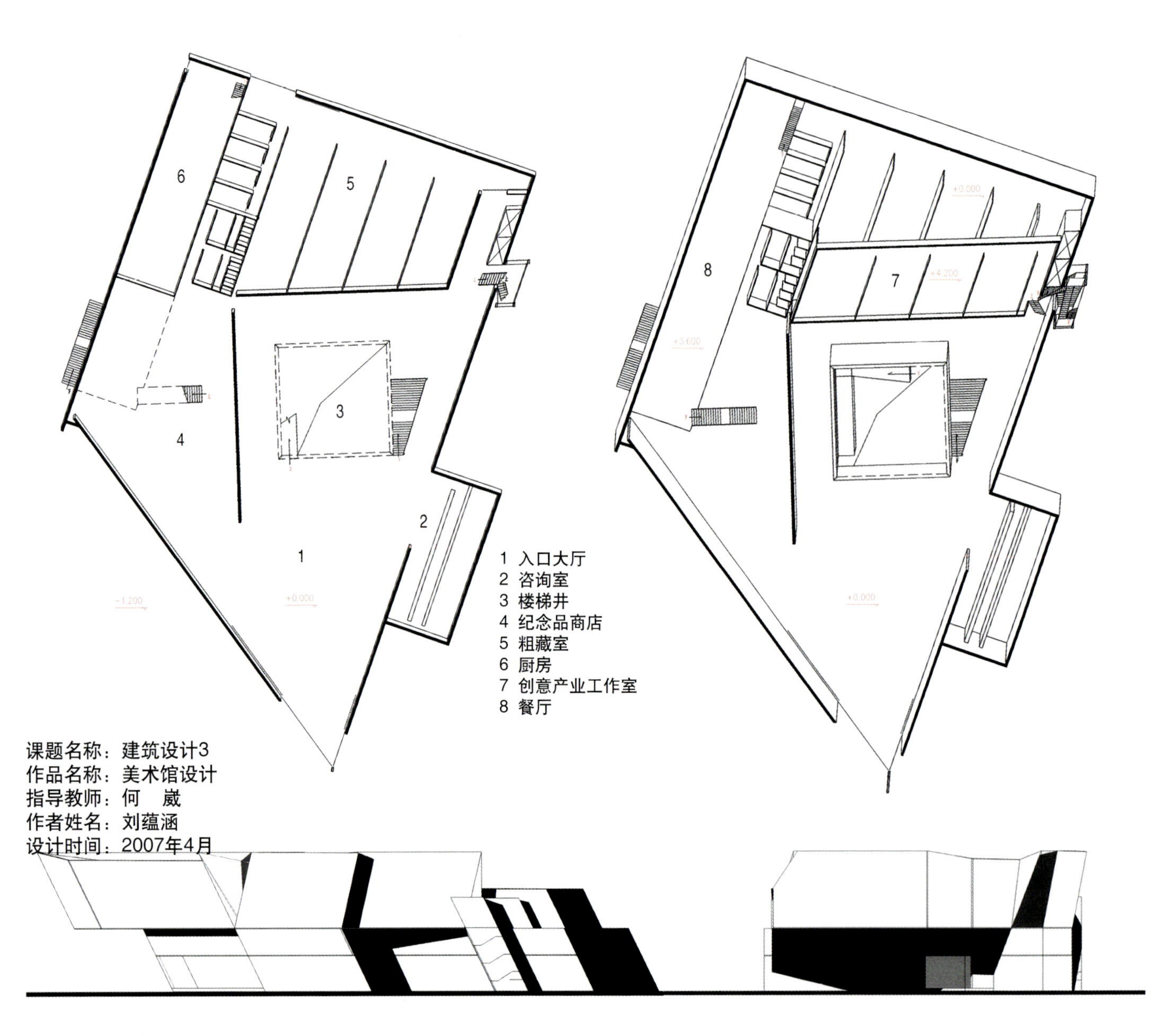

课题名称：建筑设计3
作品名称：美术馆设计
指导教师：何 崴
作者姓名：刘蕴涵
设计时间：2007年4月

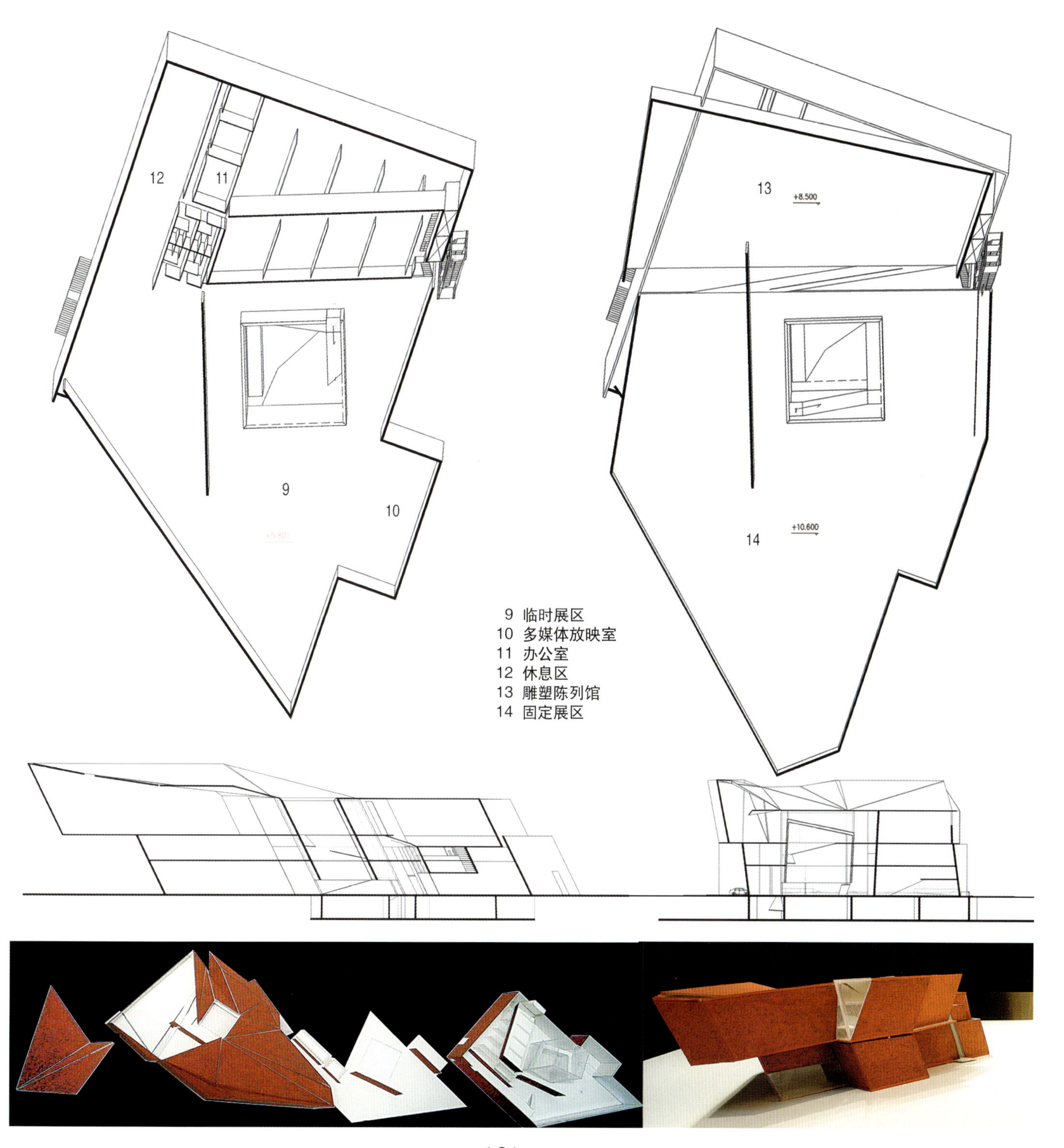
12
11
9
10
13
+8.500
14
+10.600
9 临时展区
10 多媒体放映室
11 办公室
12 休息区
13 雕塑陈列馆
14 固定展区

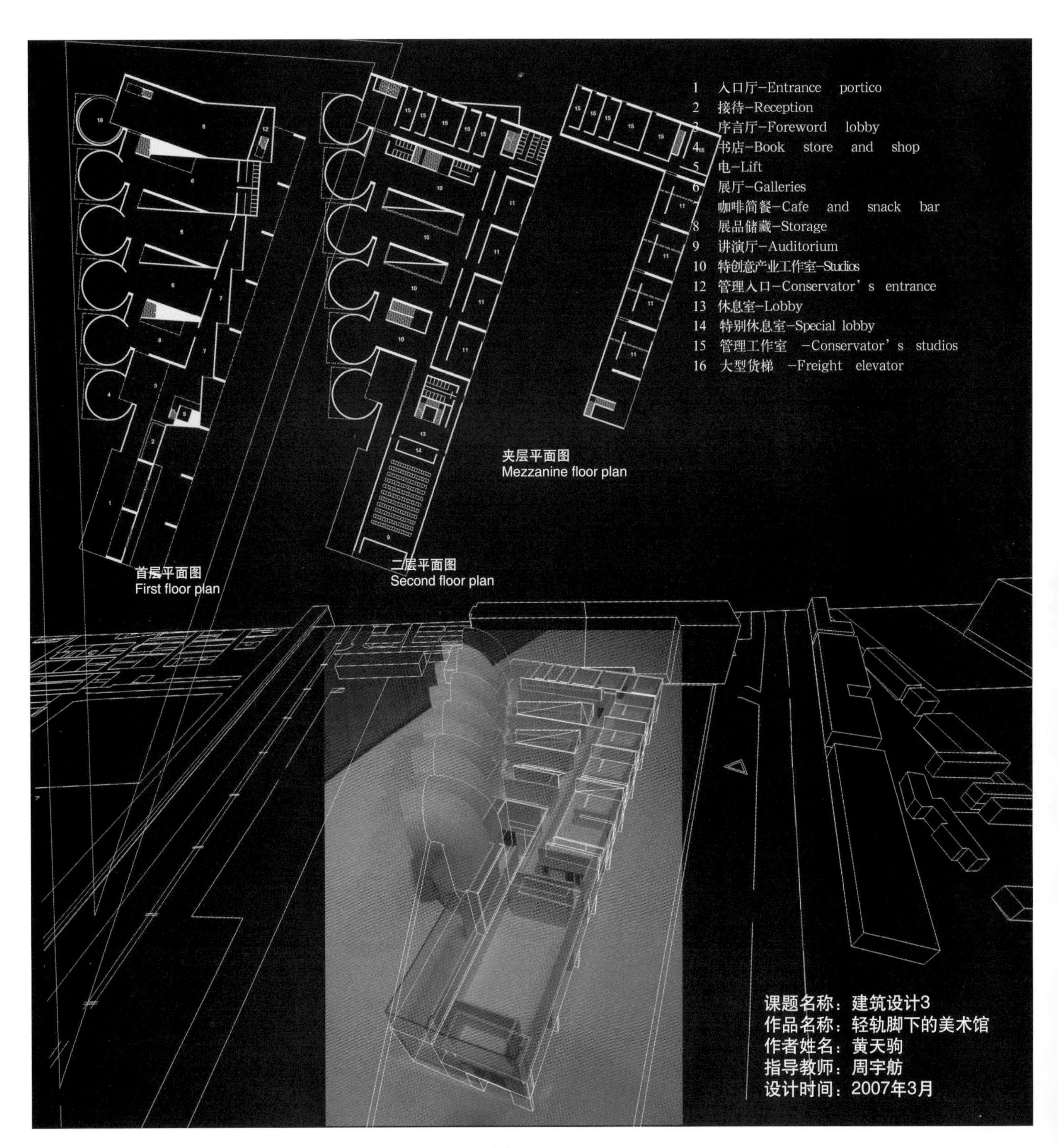
1 入口厅–Entrance portico
2 接待–Reception
3 序言厅–Foreword lobby
4 书店–Book store and shop
5 电–Lift
6 展厅–Galleries
7 咖啡简餐–Cafe and snack bar
8 展品储藏–Storage
9 讲演厅–Auditorium
10 特创意产业工作室–Studios
12 管理入口–Conservator's entrance
13 休息室–Lobby
14 特别休息室–Special lobby
15 管理工作室 –Conservator's studios
16 大型货梯 –Freight elevator
夹层平面图
Mezzanine floor plan
首层平面图
First floor plan
二层平面图
Second floor plan
课题名称：建筑设计3
作品名称：轻轨脚下的美术馆
作者姓名：黄天驹
指导教师：周宇舫
设计时间：2007年3月

课题名称：建筑设计3
作品名称：现代艺术中心
作者姓名：岳宏飞
指导教师：虞大鹏
设计时间：2007年3月

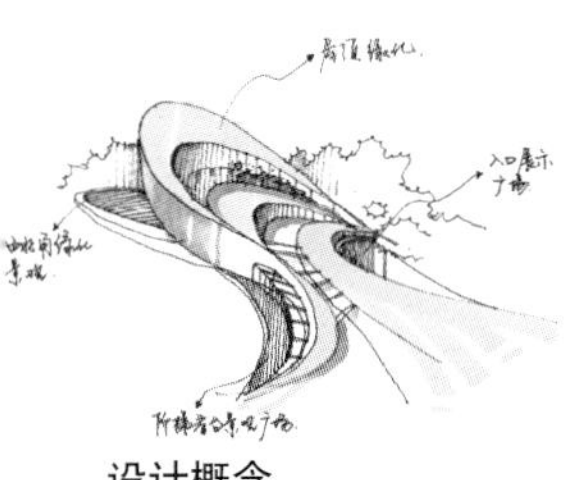

设计概念

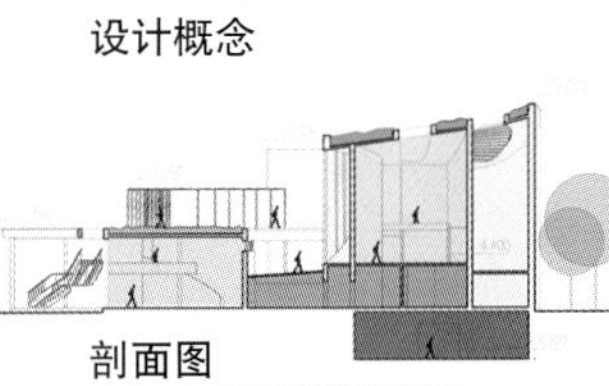
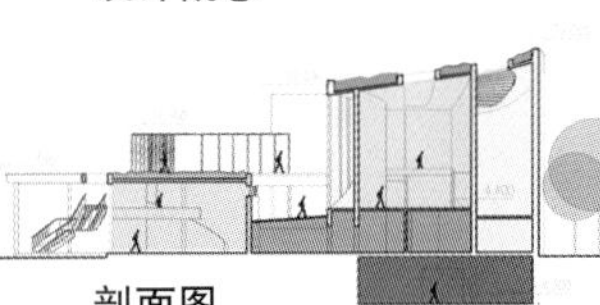

剖面图

透视图

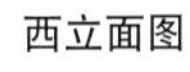

西立面图

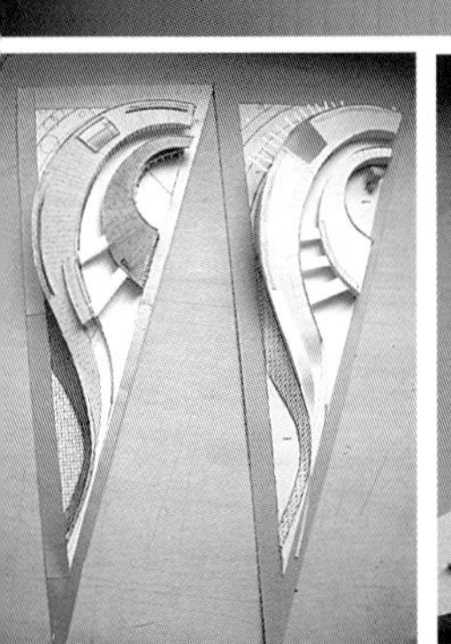
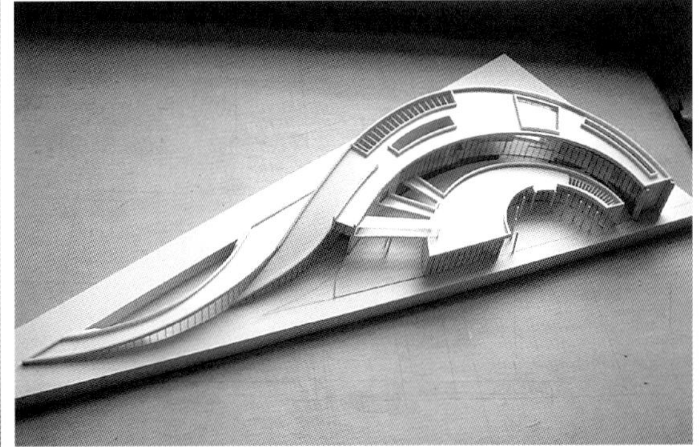

鸟瞰图

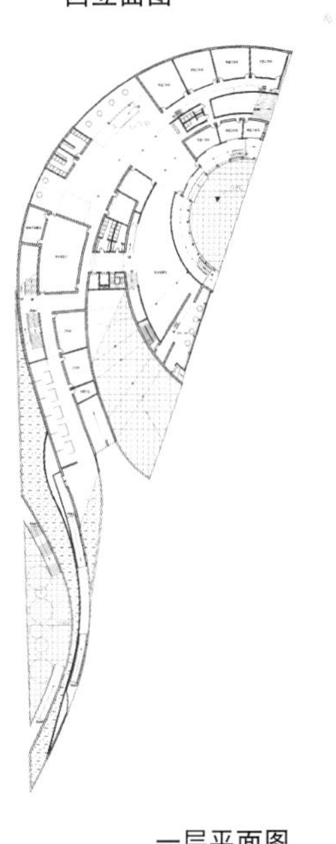

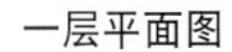

一层平面图

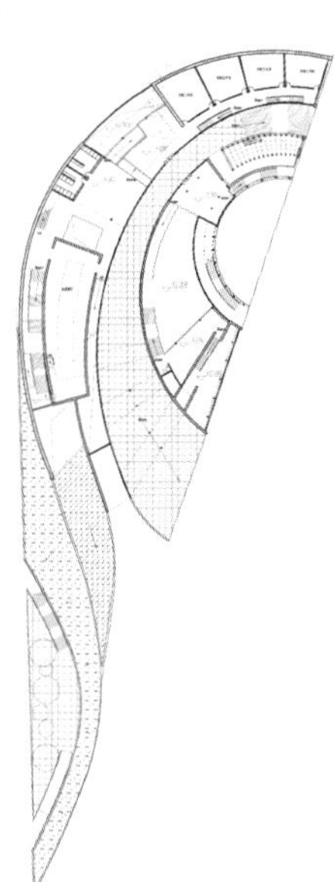

二层平面图

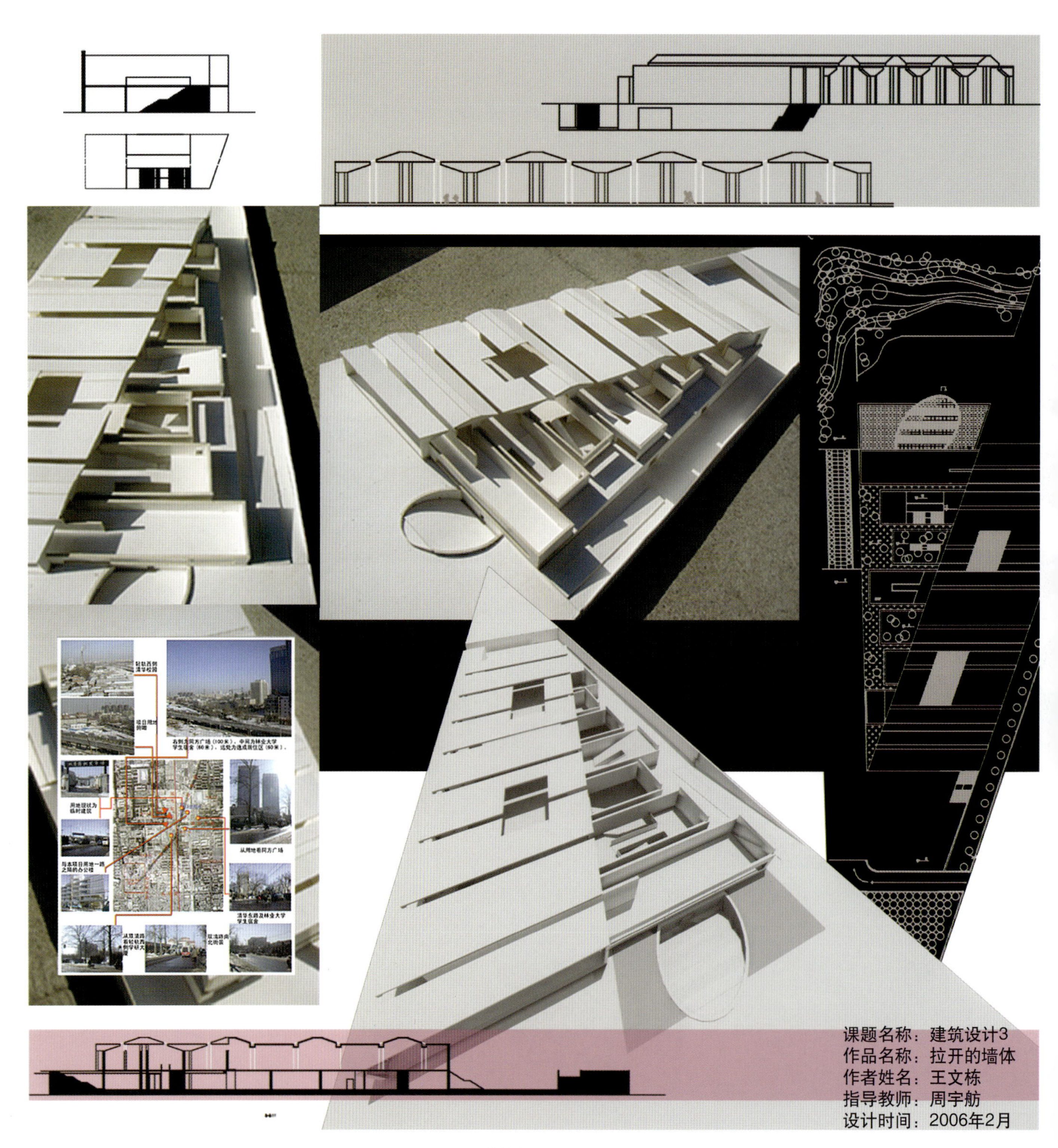
轻轨西侧清华校园
项目用地俯瞰
用地现状为临时建筑
从用地看同方广场
与本项目用地一路之隔的办公楼
清华东路及林业大学学生宿舍
课题名称：建筑设计3
作品名称：拉开的墙体
作者姓名：王文栋
指导教师：周宇舫
设计时间：2006年2月

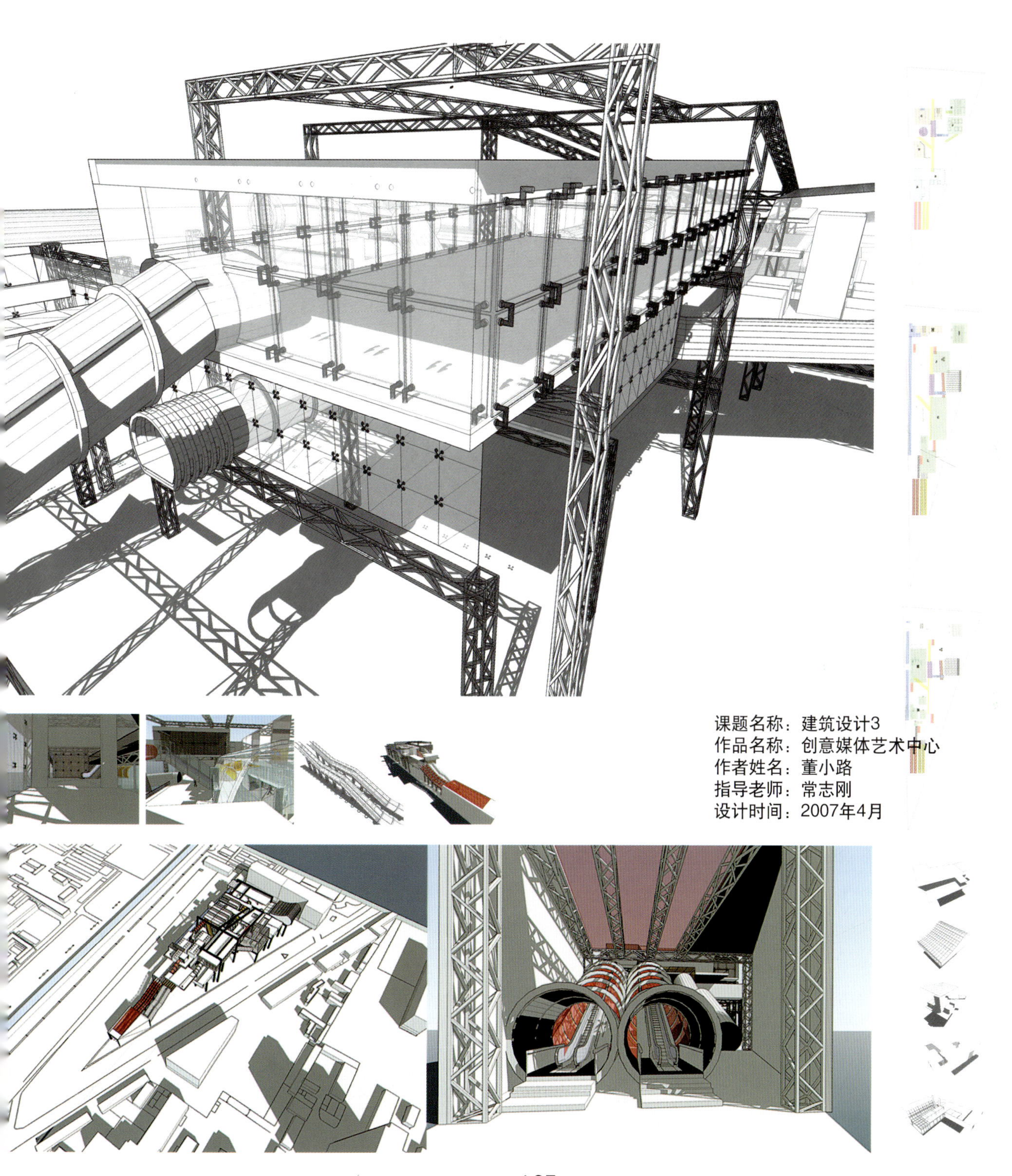

课题名称：建筑设计3
作品名称：创意媒体艺术中心
作者姓名：董小路
指导老师：常志刚
设计时间：2007年4月

课题名称：建筑设计3
作品名称：交汇/融合/分离——当代艺术博物馆设计
作者姓名：张玉婷
指导教师：周宇舫
设计时间：2006年4月

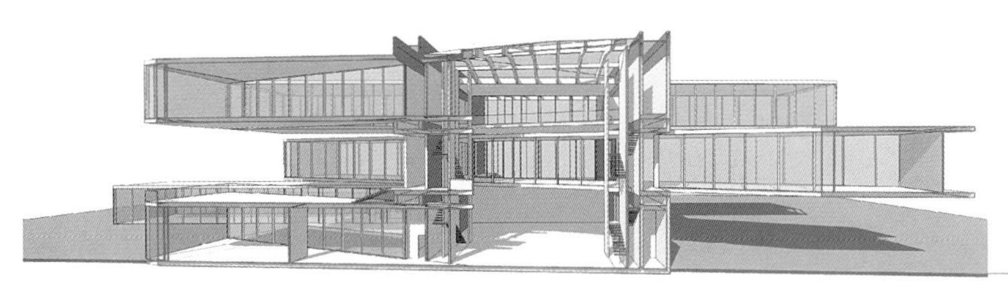

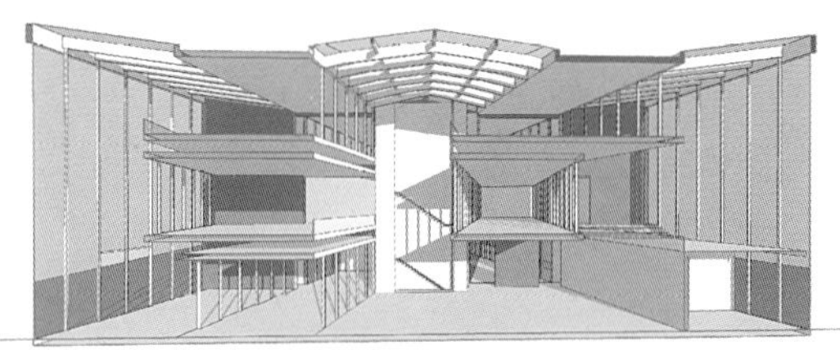

纵向/横向剖透视图

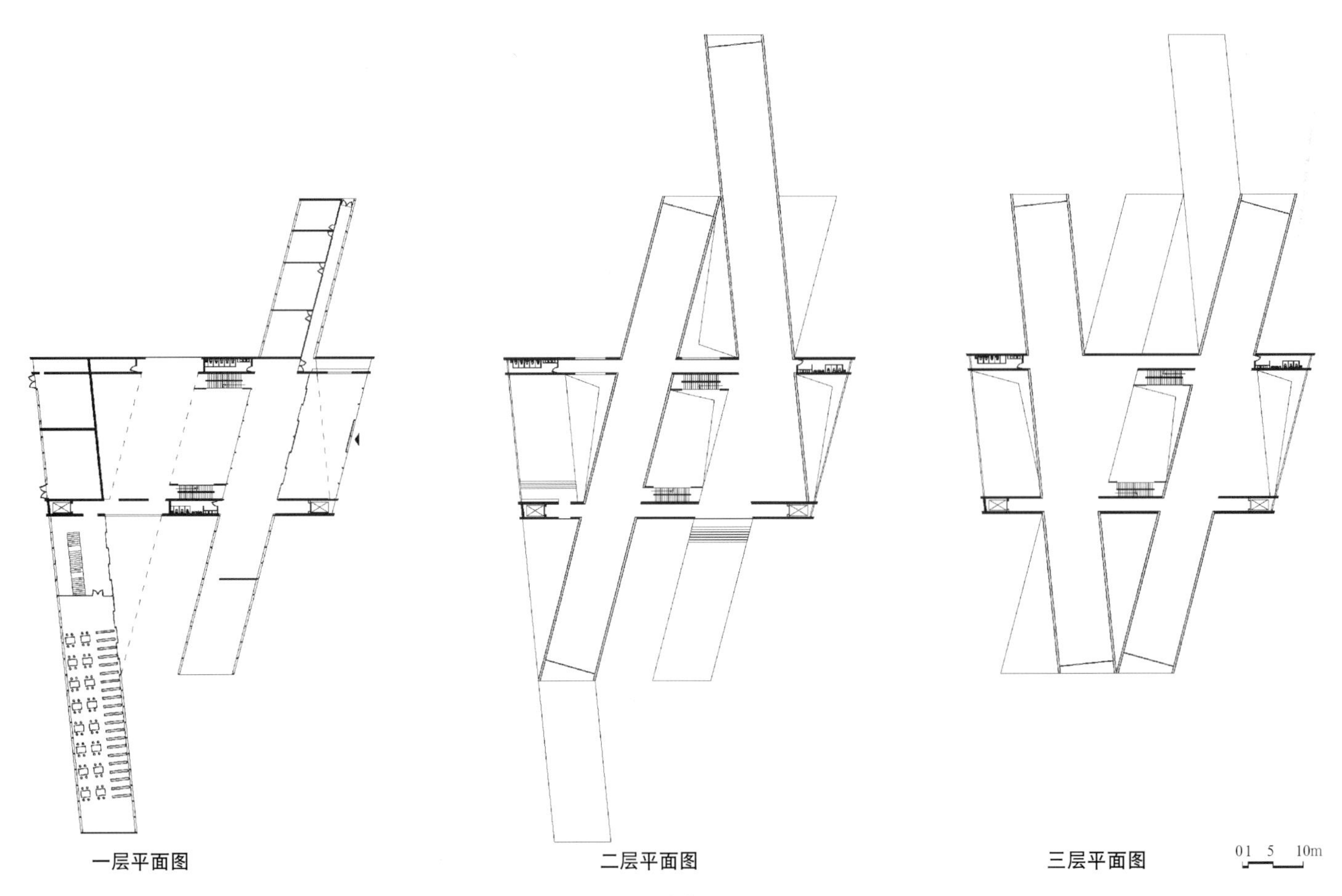

一层平面图　　二层平面图　　三层平面图

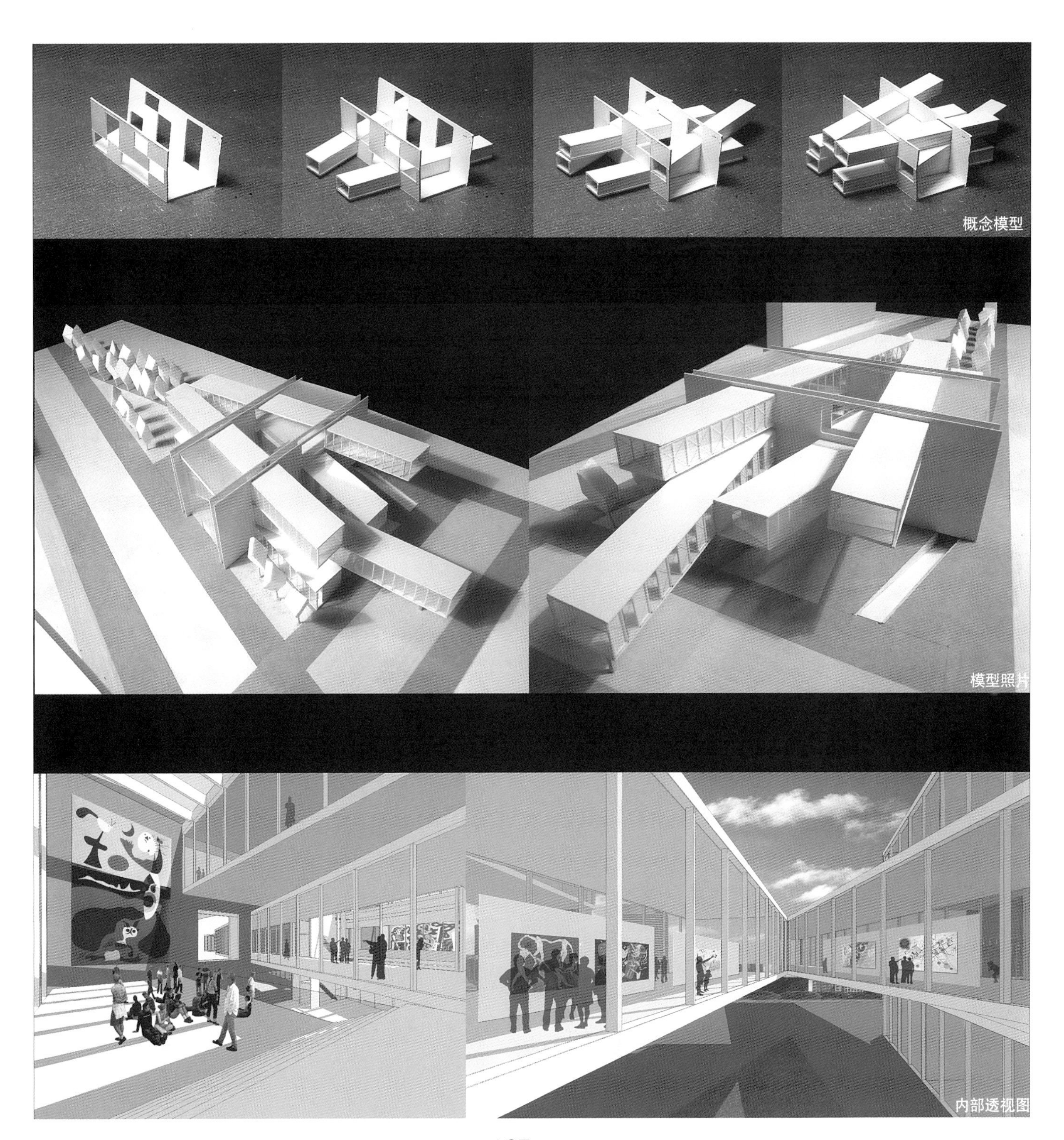
概念模型
模型照片
内部透视图

大尺度建筑设计

主 体 问 题：大尺度建筑中，功能和体验的关系。作为城市生活的一个节点，交通建筑扮演着越来越重要的角色。随着所谓“体验经济”时代的到来，轻轨车站将不只是一个交通的节点，车站的体验将随着车站所具有的功能的丰富而丰富，成为社会行为、商业行为的新舞台。

相关的语境：大尺度建筑，功能形态，结构形态，体验经济，体验设计。建构、表皮、面的连续、折叠……这些时下流行概念也不可回避地成为解读的语境，在这里不多加解释。把体验设计作为一个方向引入到课程设计中，目的是使学生能够对所设计的城市轻轨车站进行具有个性的策划，在功能的策划中把一个城市轻轨车站作为一个提供体验的载体，这样就使一个功能化很强的交通建筑变成了一个很有意义的建筑—体验的建筑。当然这种基于与体验概念的设计，看似容易理解，但并不是很容易在设计中体现出来。这主要是可供参考的实例不多，又没有参观（体验）的可能性。因此，学生们找寻自己的切入点的时候，很难一下就把握住一个体验的建构方式，但随着设计的展开，多数学生提交了不错的设计。这样的学习过程，本身也是一个体验的过程。

课程为10周，80课时。（周宇舫）

Design of Large Scale Buildings

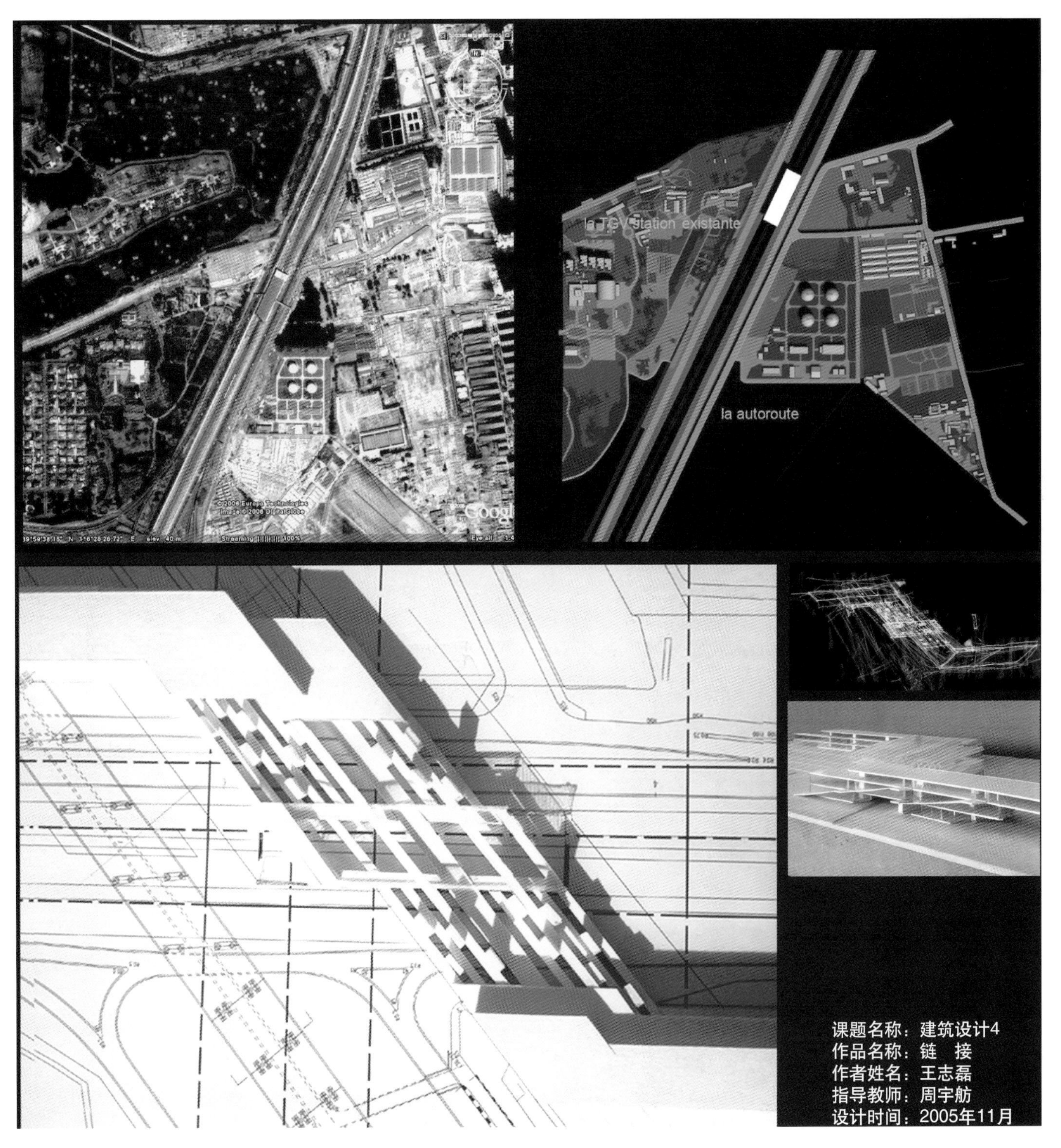
la TGV station existante
la autoroute
课题名称：建筑设计4
作品名称：链　接
作者姓名：王志磊
指导教师：周宇舫
设计时间：2005年11月

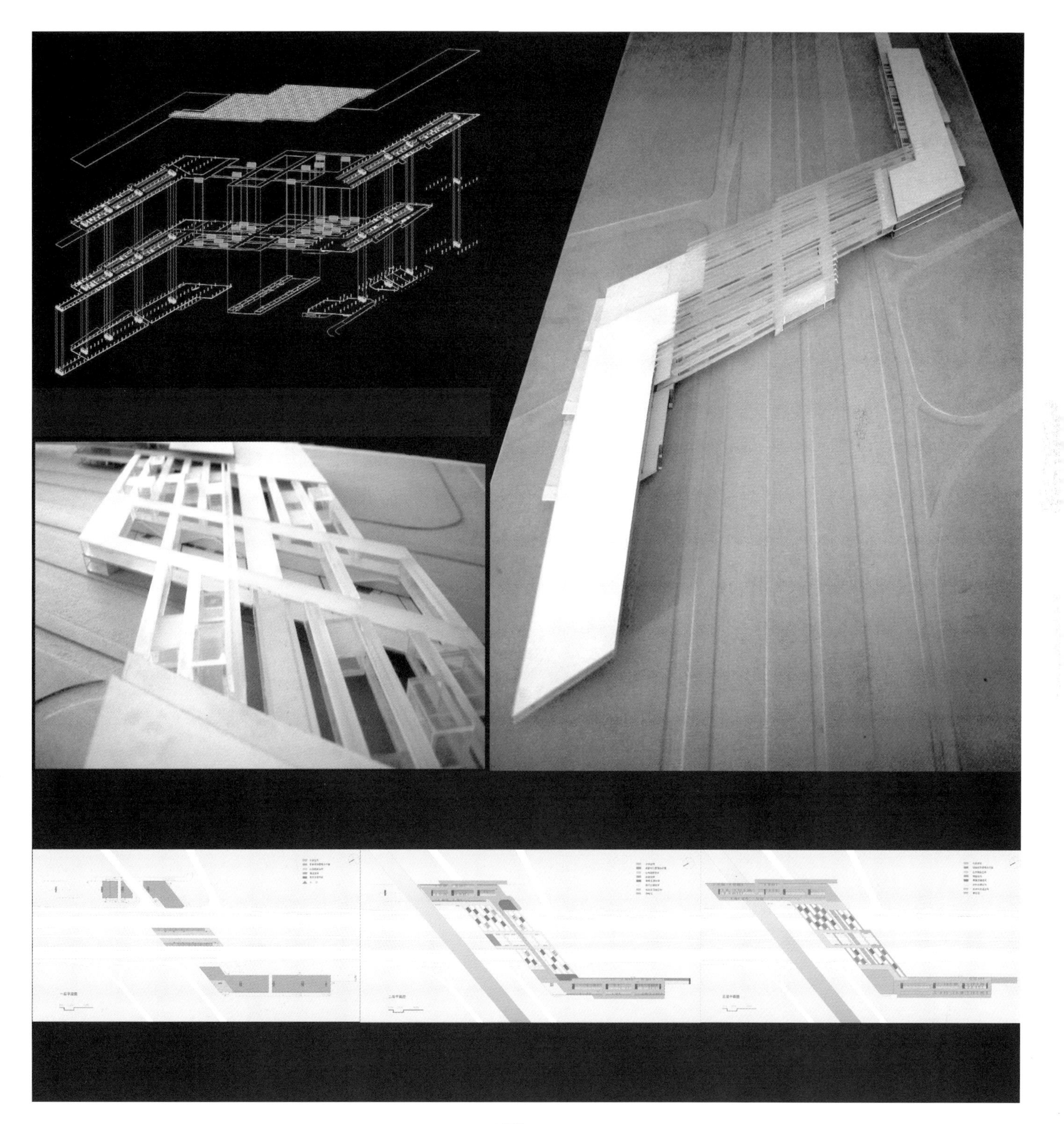

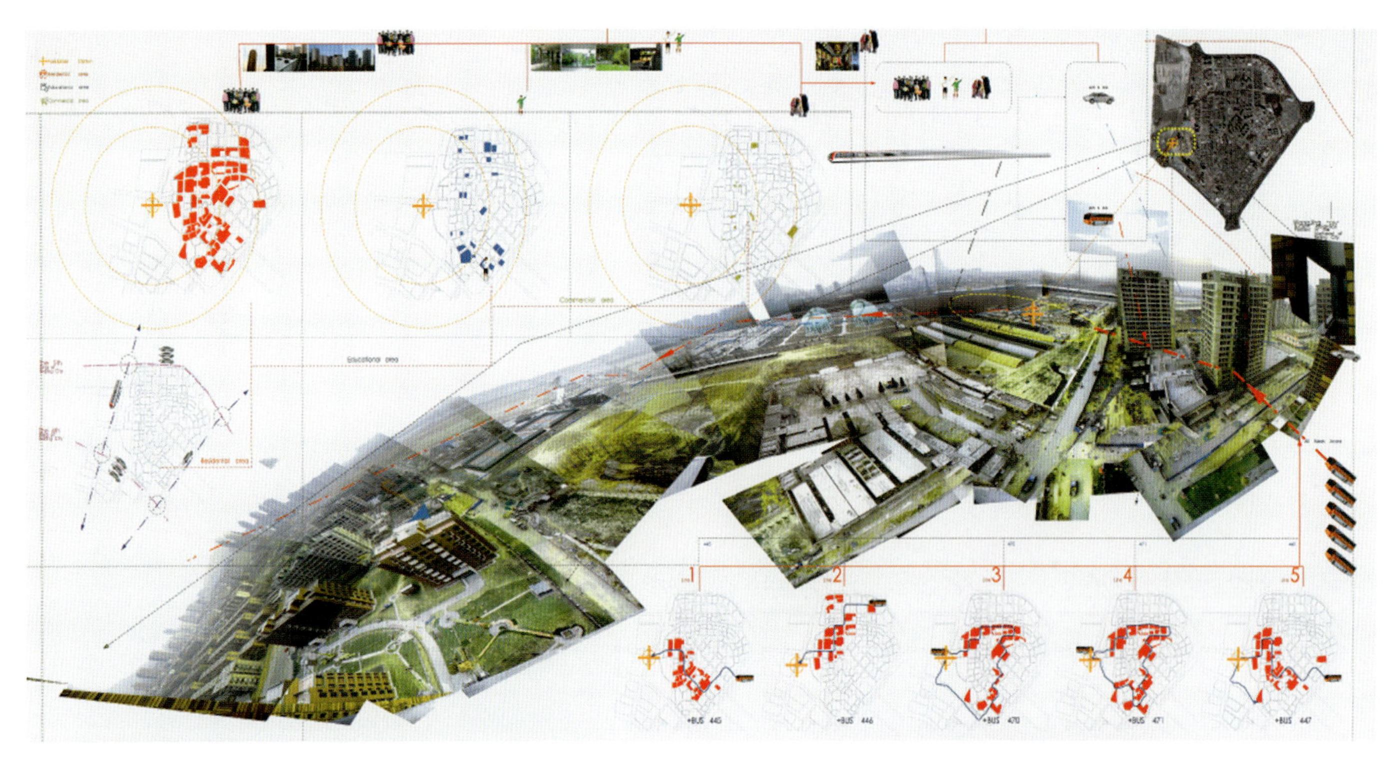

课题名称：建筑设计4
作品名称：大跨度建筑
作者姓名：封帅
指导教师：周宇舫　何崴
设计时间：2006年12月

课题名称：建筑设计4
作品名称：交通综合体
作者姓名：易琴
指导老师：何崴　周宇舫
设计时间：2006年12月

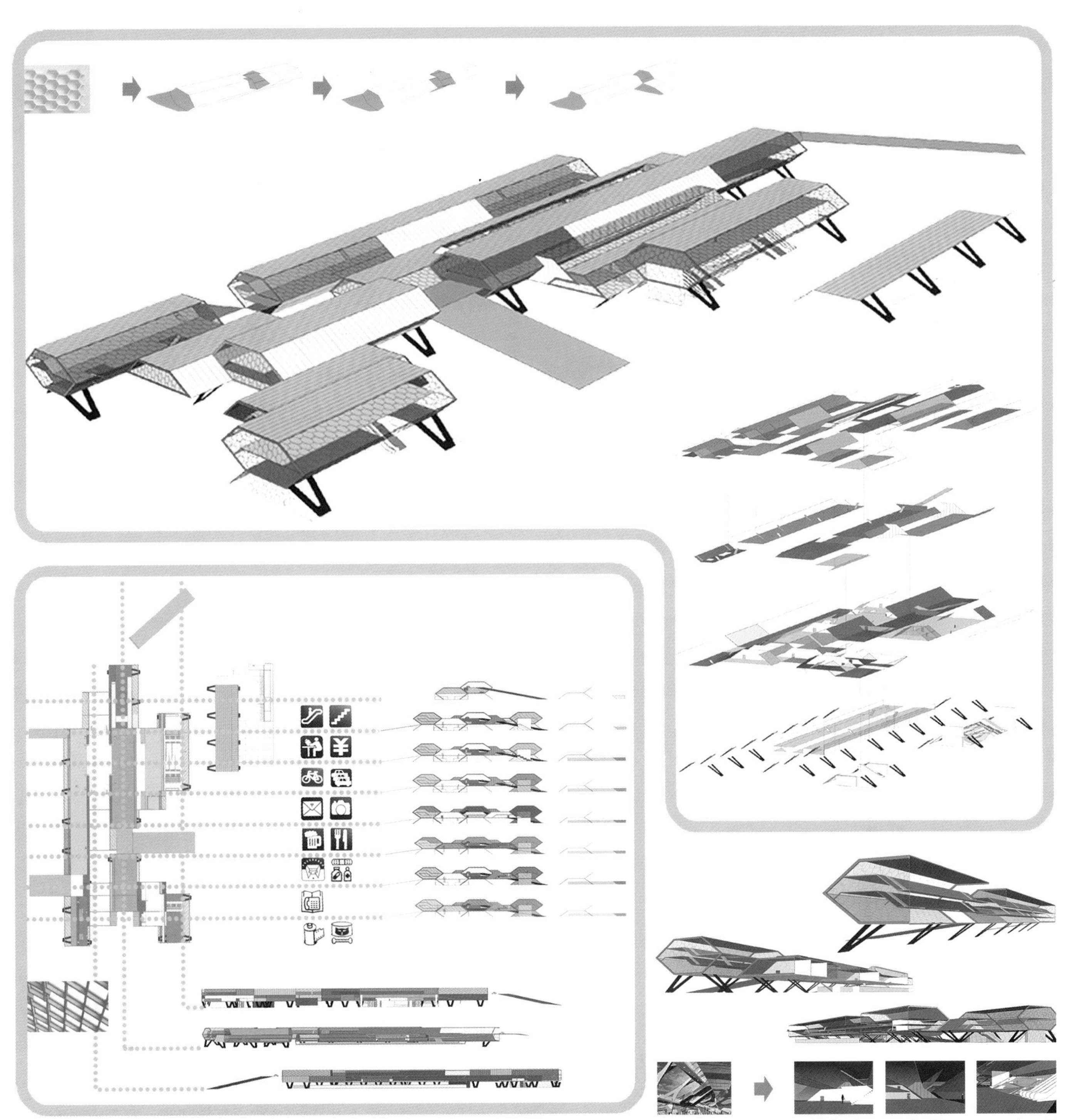

课题名称：建筑设计4　作品名称：Park&Ride（P&R）　作者姓名：时东宁　指导教师：周宇舫 何崴　设计时间：2007年1月

集合住宅设计

作为建筑学专业4年级的主要课程设计题目之一，“集合住宅设计”肩负着教授学生住宅设计的基本知识，引导学生从单体建筑设计向群体建筑，以及城市设计题目过渡的作用。

在本课程设计中，通过教师讲授理论和学生完成课程作业的方式，学生需要了解集合住宅设计的基本原理和方法，初步掌握集合住宅的功能和形态特点，其中的主要知识点包括：住宅平面布置，不同住宅类型之间的衔接与转换，住宅立面设计，集合住宅的基本技术要求等。

在近几个学期的“集合住宅设计”题目中，我们着重研究了北京旧城区内的集合住宅问题。北京拥有悠久的历史，四合院一方面是重要的历史信息携带者和古都风貌的载体，另一方面也给城市的发展和居民生活水平的提高提出了难题。课程希望通过在胡同区内新建集合住宅的方式，探讨在历史地段中的住宅设计问题，如：低层高密度住宅的可能性，中国传统住宅语汇的运用与转换，旧有邻里关系的保护与发展等。

在这个课程中，学生充分发挥了各自的创造力，不仅考虑了住宅自身的问题，同时也尝试着解决建筑和城市的关系。在看似普通的“方盒子”里面，我们能看到虽然略显稚嫩，但充满激情的未来。

课程为8周，64课时。（何崴）

Design of High Density Residential

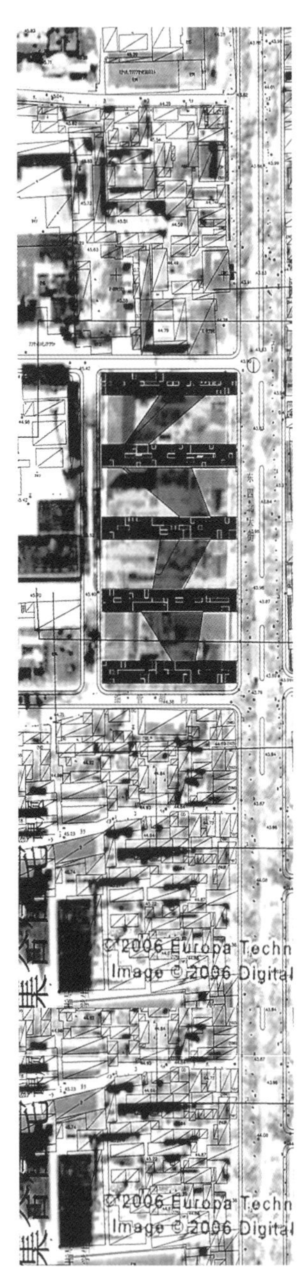

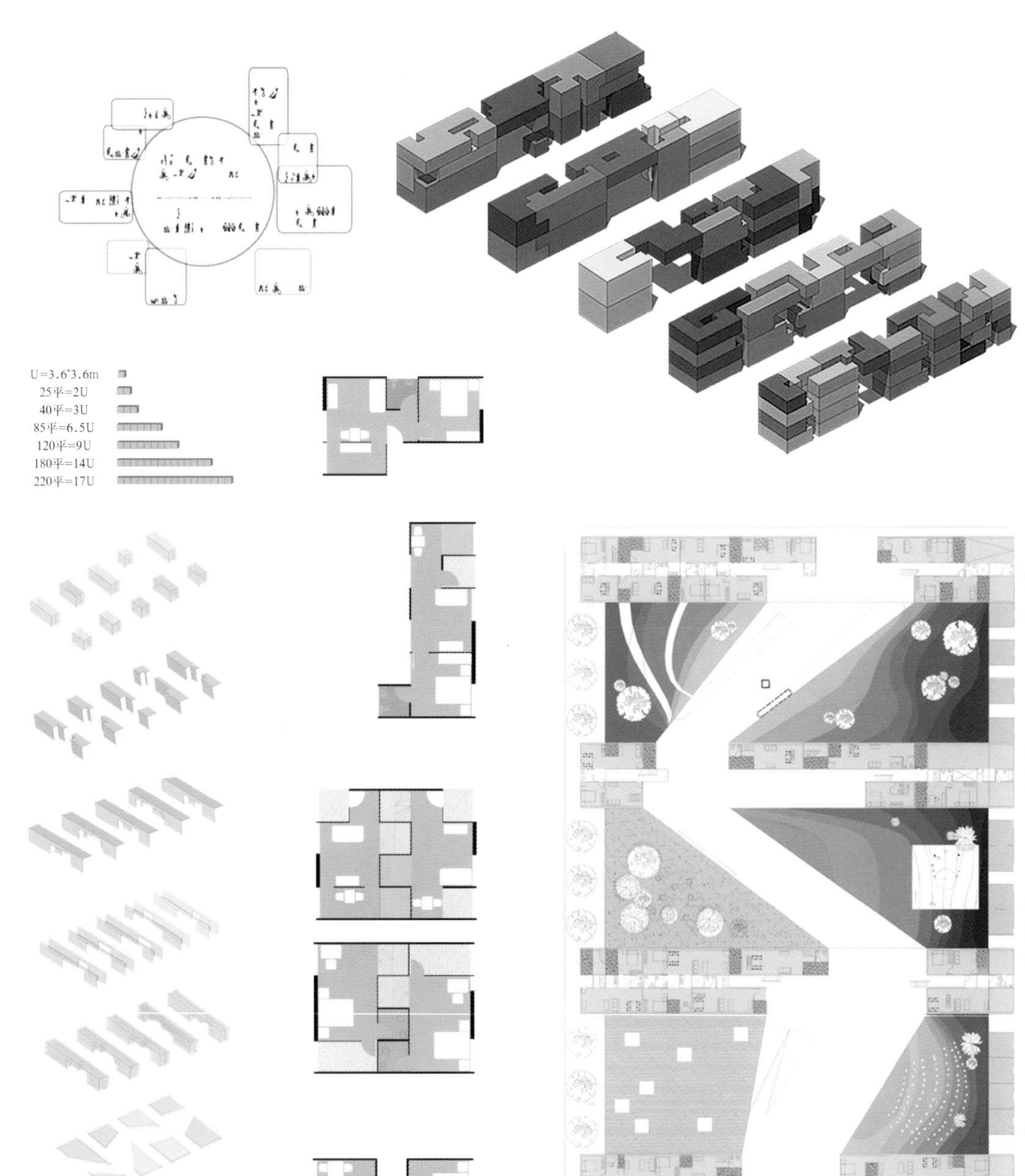

课题名称：建筑设计5
作品名称：集合住宅设计
作者姓名：晏俊杰
指导教师：周宇舫
设计时间：2006年11月

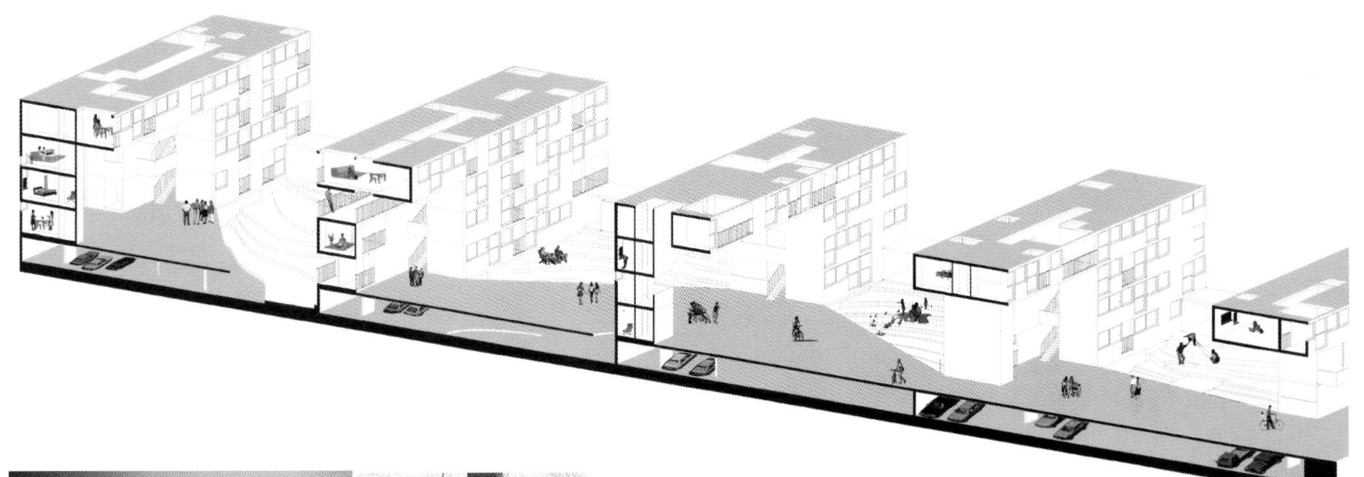

轴测剖面图

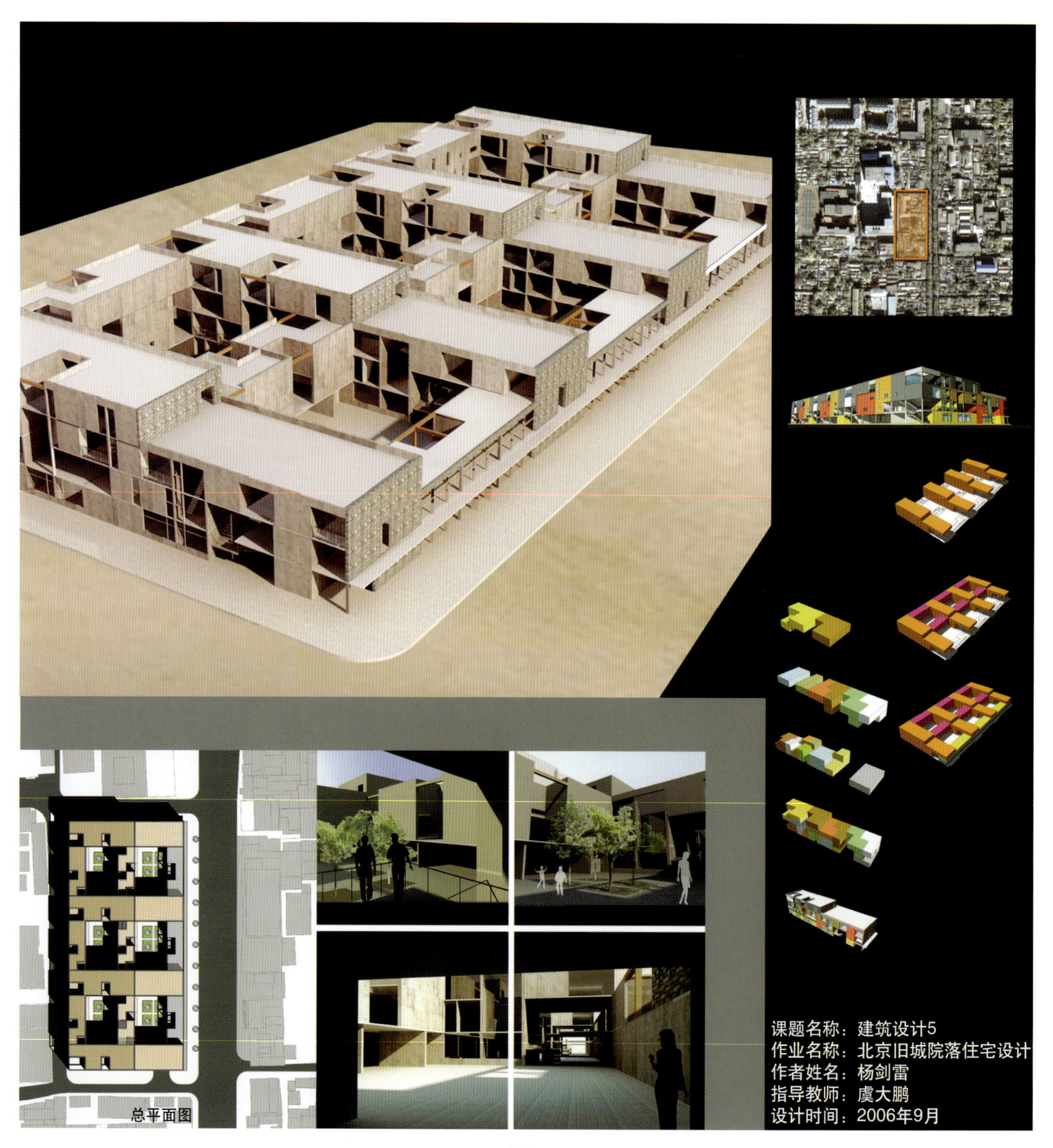
总平面图
课题名称：建筑设计5
作业名称：北京旧城院落住宅设计
作者姓名：杨剑雷
指导教师：虞大鹏
设计时间：2006年9月

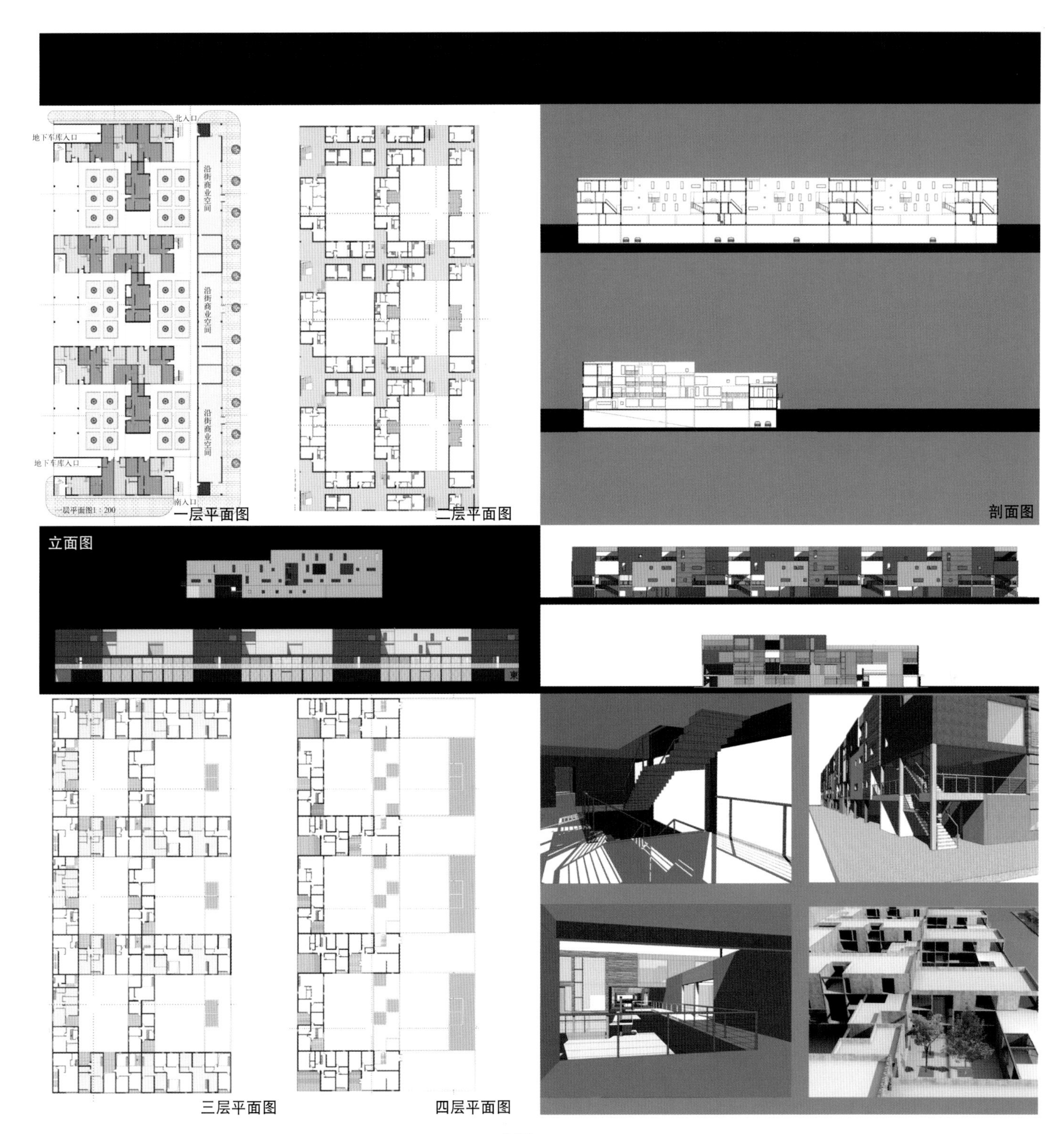
北入口
地下车库入口
沿街商业空间
沿街商业空间
沿街商业空间
地下车库入口
南入口
一层平面图1：200
一层平面图
二层平面图
剖面图
立面图
三层平面图
四层平面图

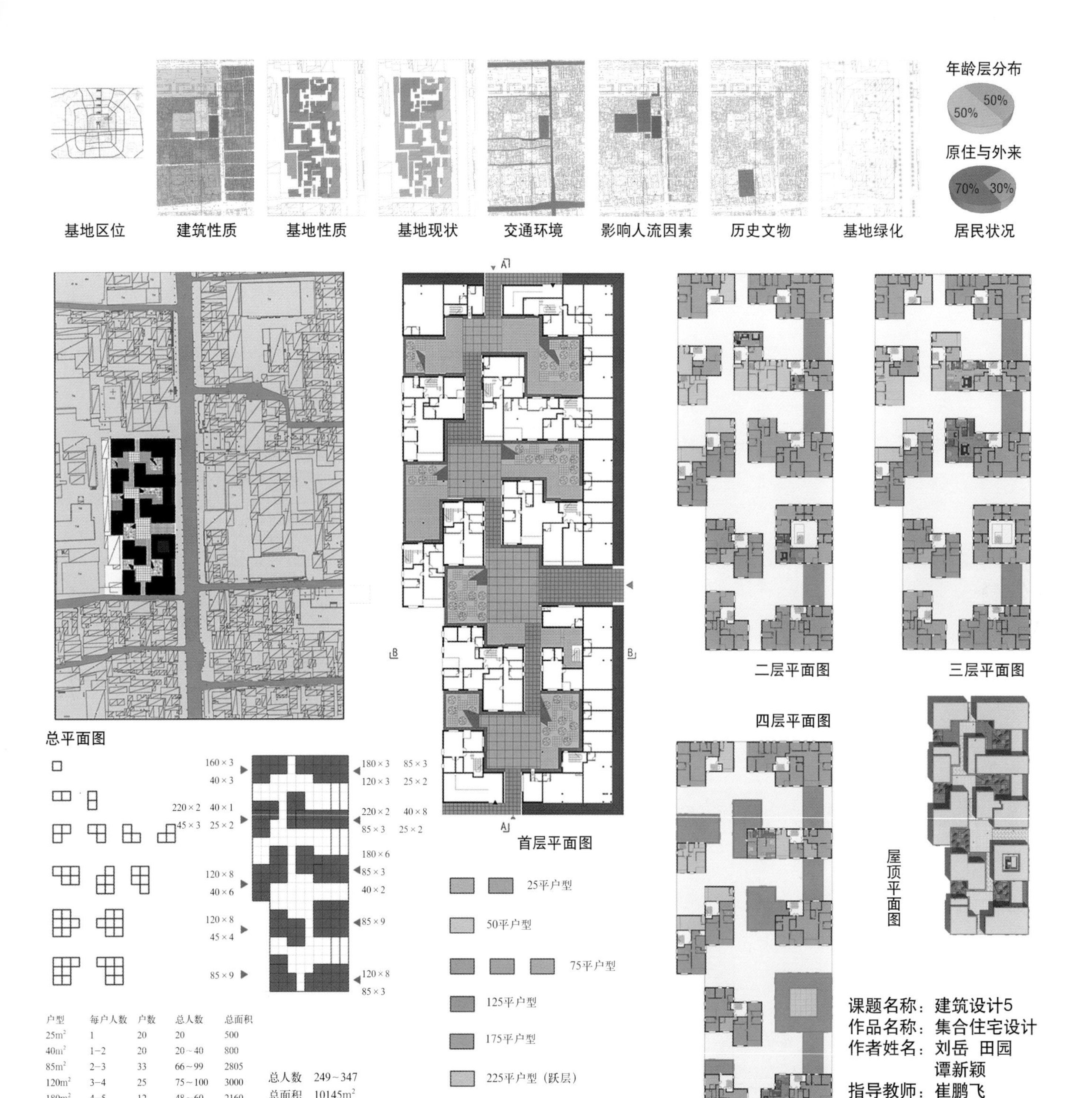

户型	每户人数	户数	总人数	总面积
25m^2	1	20	20	500
40m^2	1−2	20	20～40	800
85m^2	2−3	33	66～99	2805
120m^2	3−4	25	75～100	3000
180m^2	4−5	12	48～60	2160
220m^2	5−7	4	20～28	880

总人数　249～347
总面积　10145m^2
容积率　1.50

课题名称：建筑设计5
作品名称：集合住宅设计
作者姓名：刘岳　田园
　　　　　谭新颖
指导教师：崔鹏飞
设计时间：2006年11月

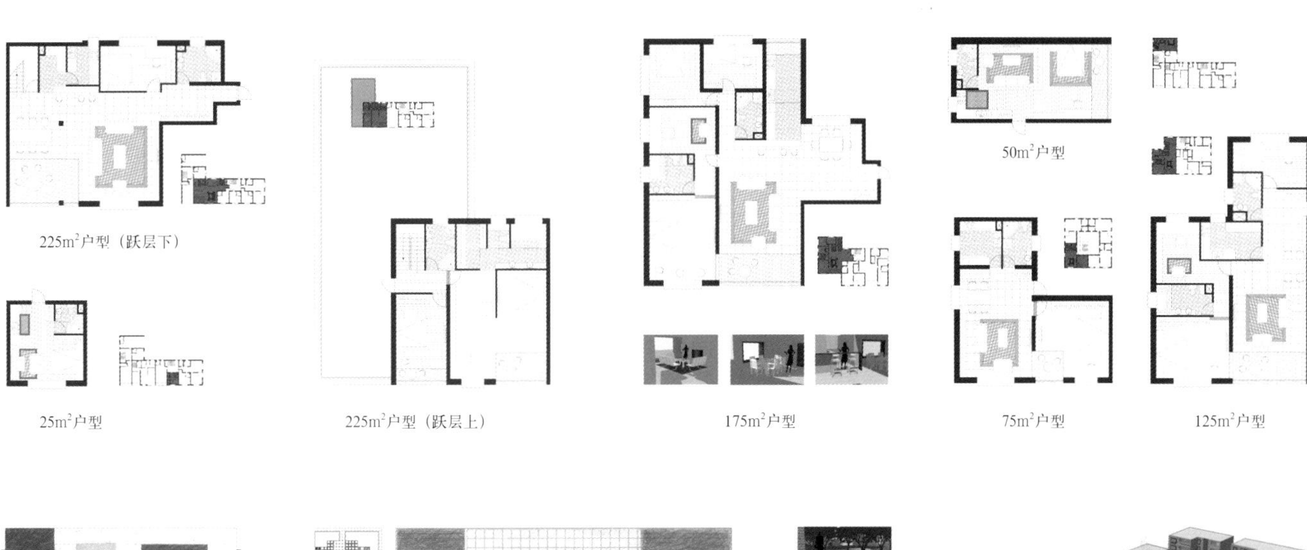

225m²户型（跃层下）
25m²户型
225m²户型（跃层上）
175m²户型
50m²户型
75m²户型
125m²户型

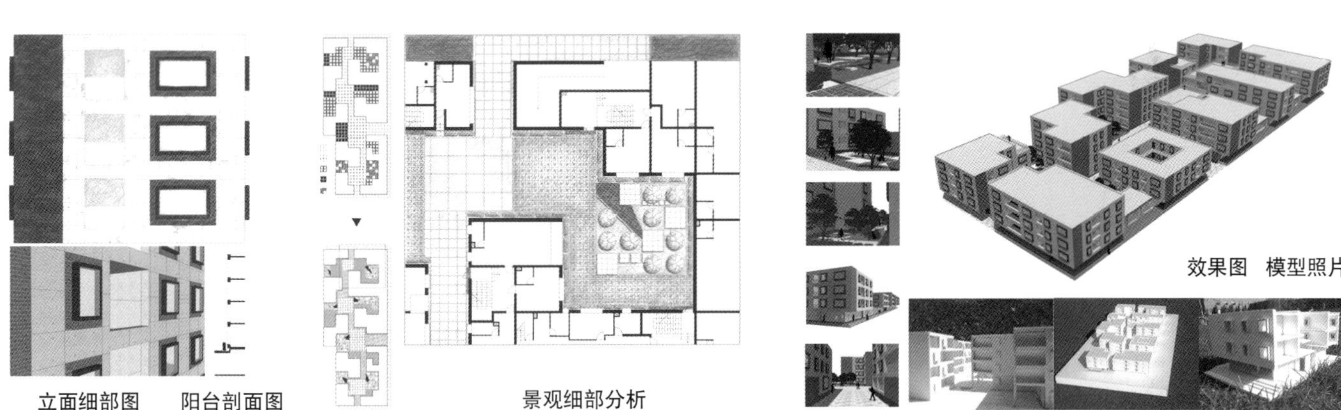

立面细部图　阳台剖面图
景观细部分析
效果图　模型照片

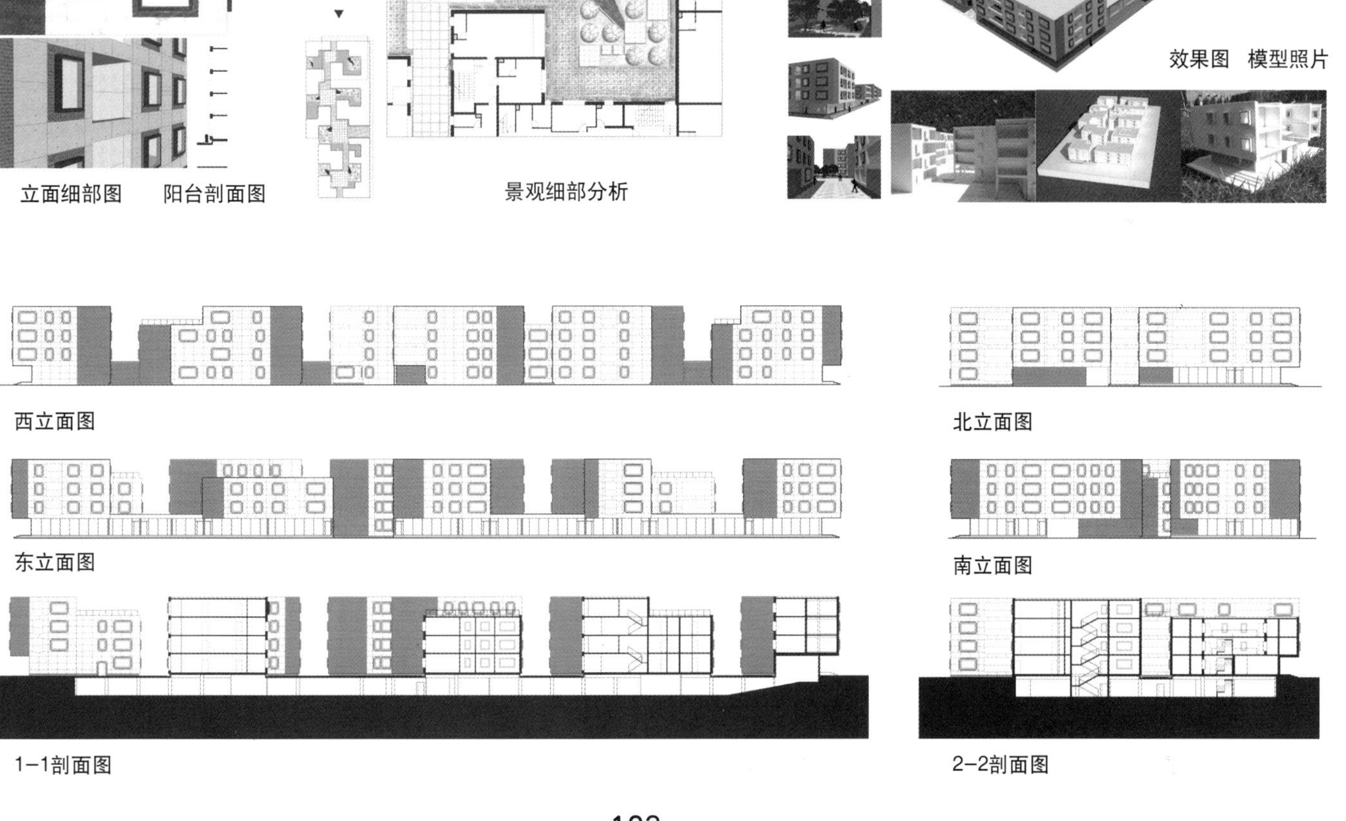

西立面图
北立面图
东立面图
南立面图
1-1剖面图
2-2剖面图

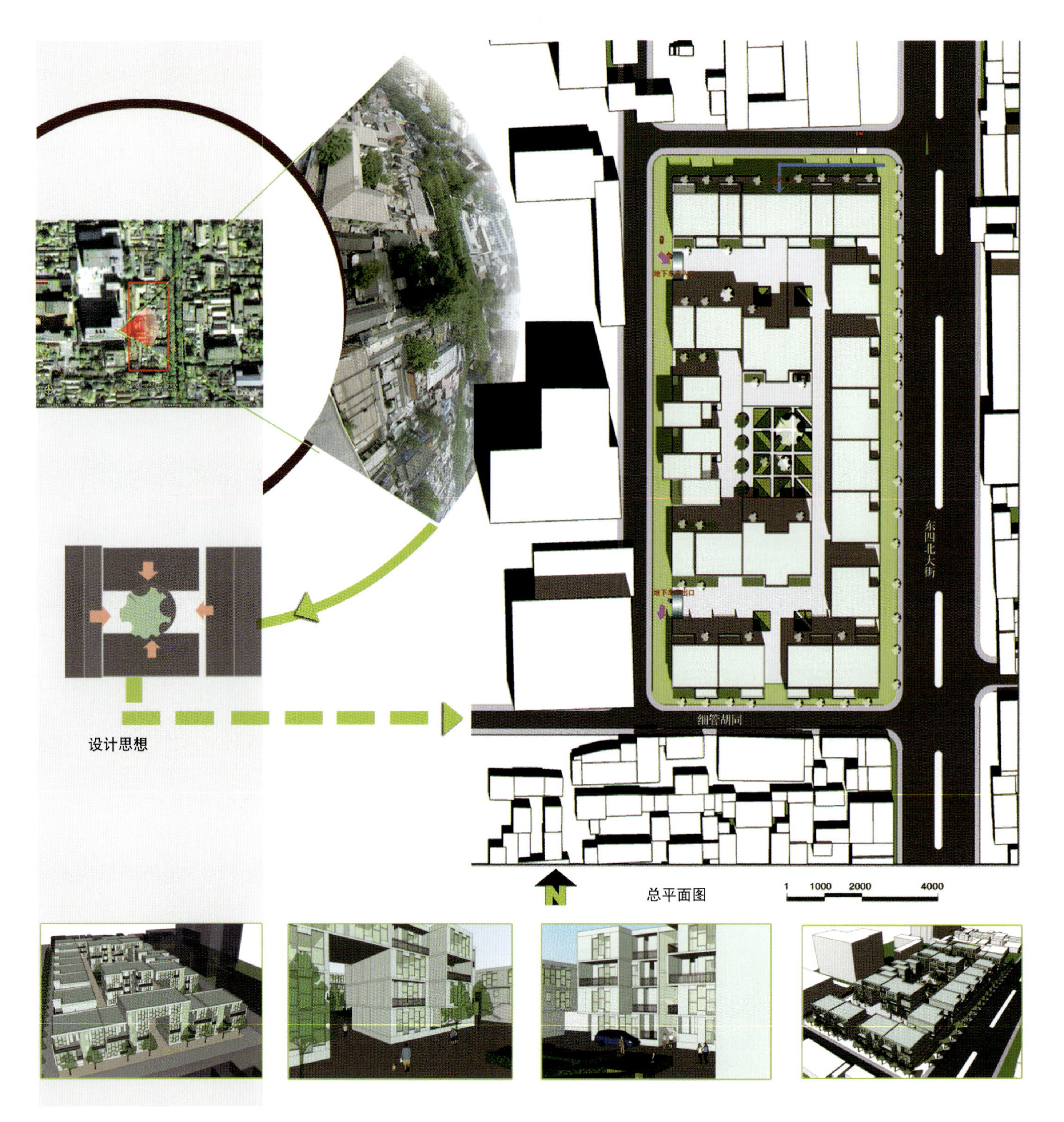
设计思想
细管胡同
东四北大街
N
总平面图
1 1000 2000 4000

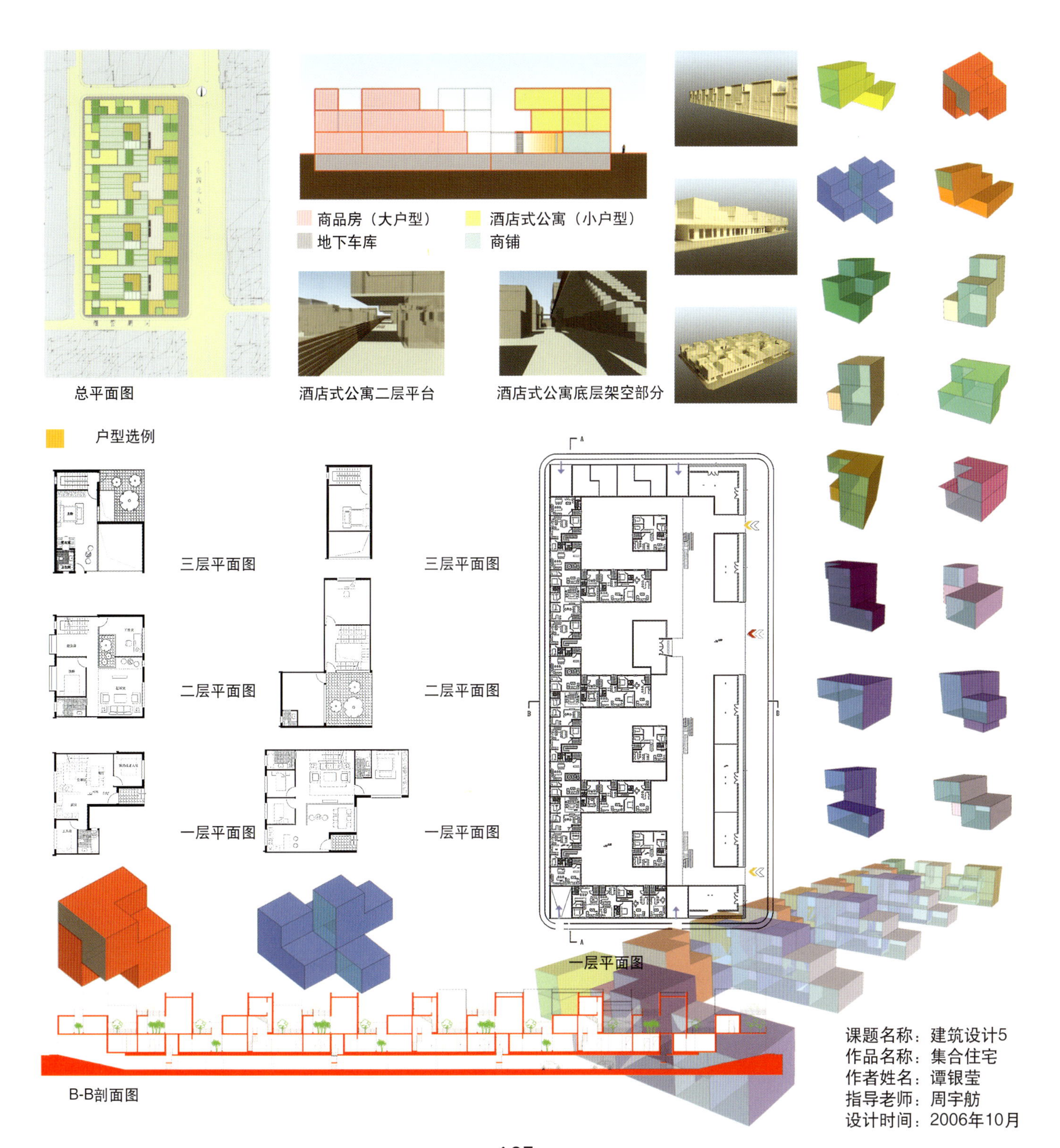

课题名称：建筑设计5
作品名称：集合住宅
作者姓名：谭银莹
指导老师：周宇舫
设计时间：2006年10月

城市设计

作为城市规划体系中的一个组成部分，城市设计正起到越来越重要的作用。随着我国城市建设的急剧发展，旧城区的保护与更新、传统文化的传承与振兴，愈来愈成为亟待解决紧迫问题。如何在满足居民现代生活需要的前提下，和周边环境进行对话，创造能够保留、体现旧城区的传统文化特色、传统空间特色、传统生活特色的空间环境，是旧城区城市设计所要解决的最基本问题。

基于以上背景，为培养学生对城市公共空间敏锐的观察能力、对社会文化空间公平客观的支持态度，并能够运用丰富的专业知识和手段分析城市问题，建立和培养"以人为本"的设计理念和方法。选择北京白塔寺地区面积15～20hm^{2}地块，从能为市民提供共享的城市文化环境角度出发，进行步行街区的城市设计。从社会生态学、文化学与城市学的角度，立足空间规划的专业基础和引导"城市人"的合理行为作为基本手段，观察城市，体验社会，发现问题，提出方案，继而丰富文化，和谐发展。本课程设计鼓励参与者主动观察与分析城市现象，敏锐涉及城市发展动态和前沿课题，发掘城市文化背景，并以全面、系统的专业素质去处理城市问题。

课程为8周，64课时。（虞大鹏）

Urban Design

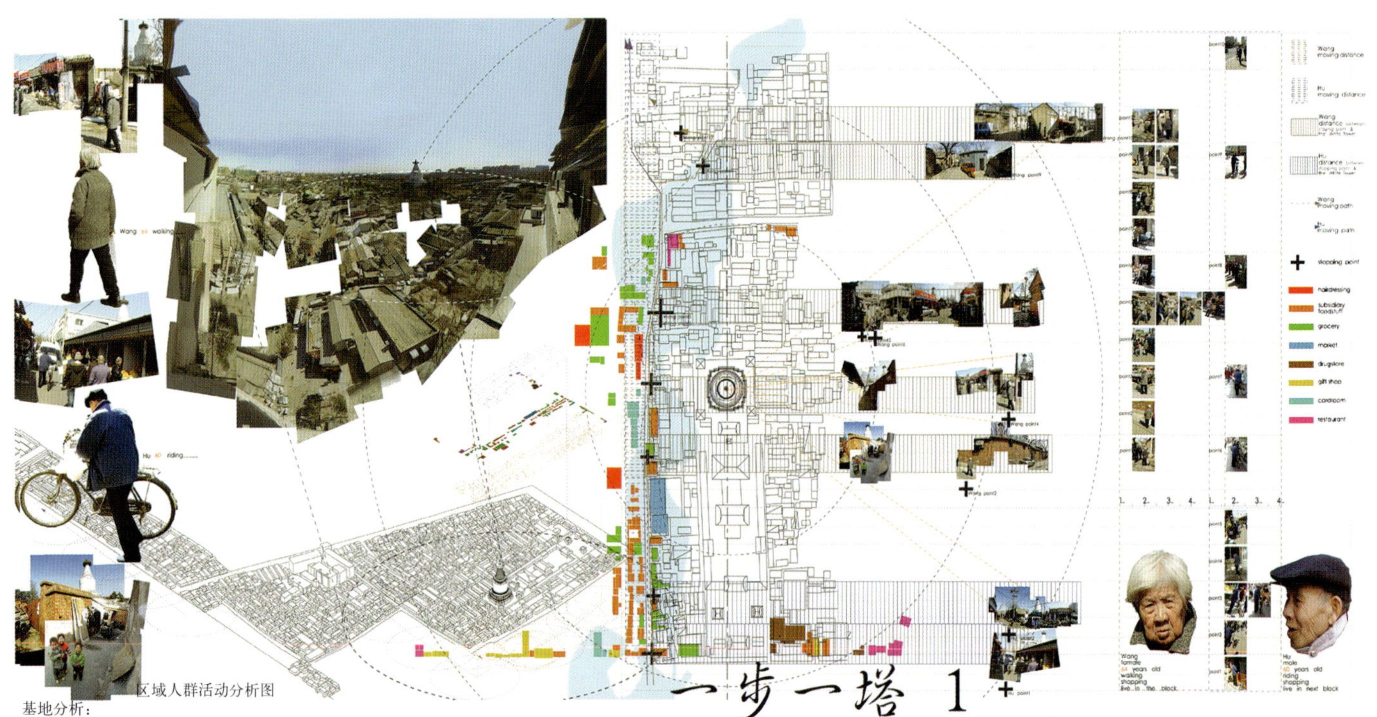

区域人群活动分析图

一步一塔 1

基地分析：

本案选取位置在阜内大街保护区内以白塔寺为中心做辐射性范围划取，东至赵登禹路西到宫门口横胡同；南至阜成门内大街北到平安巷。面积15.47hm²人口约16500人。宫门口东、西岔两条街是这一区域内的主要商业中心，主要经营居民日常生活用品和蔬菜副食。周围居民大都在此处集中并向周围放射。外来人口大都是收款台入较少的租房者或小商贩并不能给区域带来新的经济活力反而使得区域内更加混乱。随着白塔寺自身的服务能力下降，以白塔寺为中的较杂乱区域就成为改造的重点区域，借助白塔的印象和地位必须有新的服务功能 参与进来，使保护区内有持续的外来经济不断注入

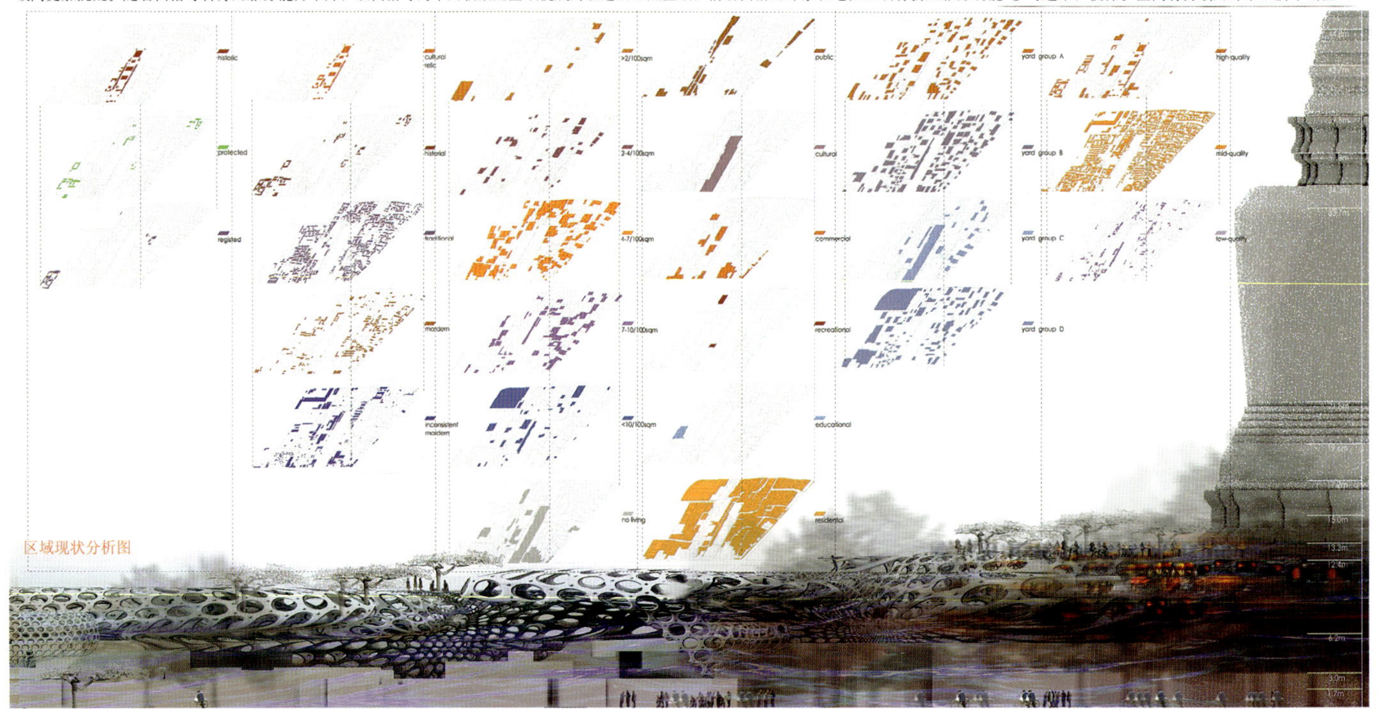

区域现状分析图

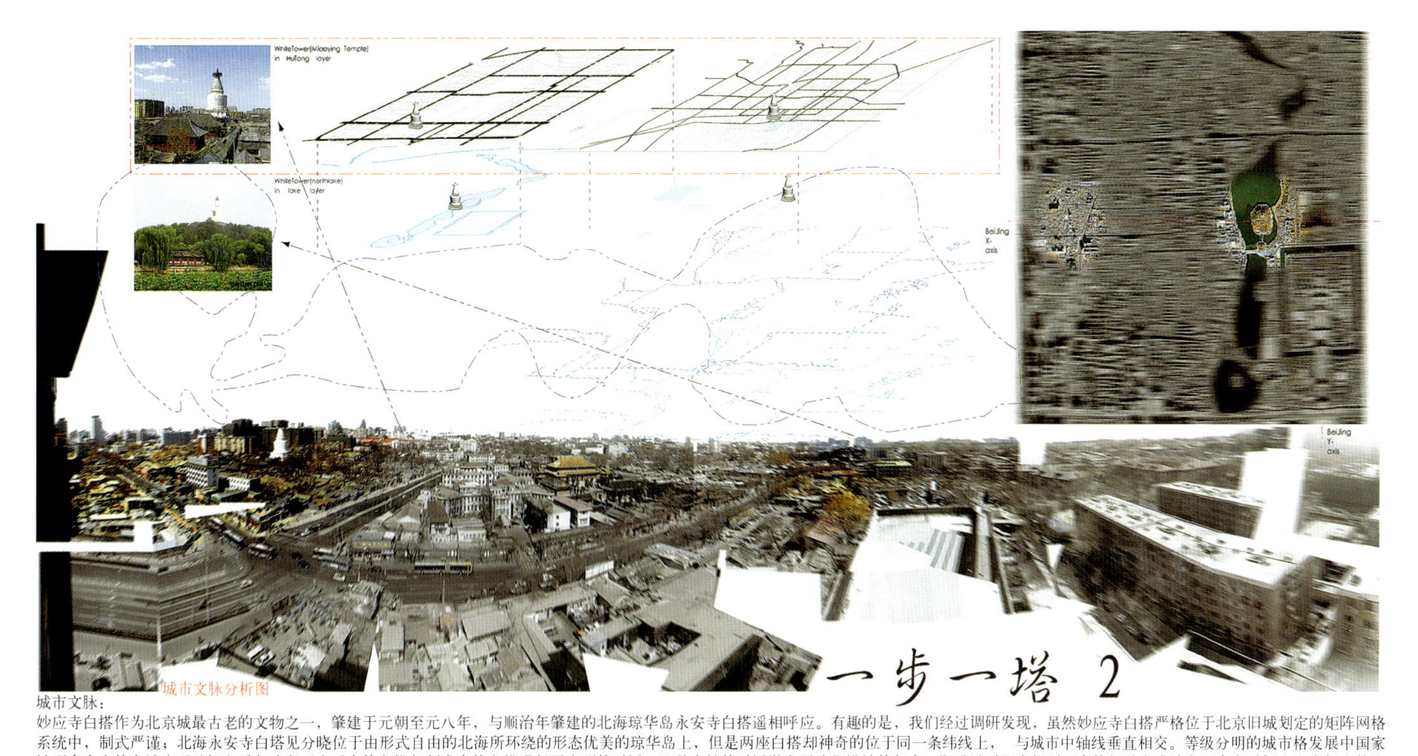

城市文脉：
妙应寺白塔作为北京城最古老的文物之一，肇建于元朝至元八年，与顺治年肇建的北海琼华岛永安寺白塔遥相呼应。有趣的是，我们经过调研发现，虽然妙应寺白塔严格位于北京旧城划定的矩阵网格系统中，制式严谨；北海永安寺白塔见分晓位于由形式自由的北海所环绕的形态优美的琼华岛上，但是两座白塔却神奇的位于同一条纬线上， 与城市中轴线垂直相交。等级分明的城市格发展中国家被形态自由的皇城水系破坏之后却遗留下水系中的白塔与制式中的白塔进行了完形的对话，这种奇妙的对话激发了我们设计的起点，即通过对既有规则形态的打破完成城市形态在时间上和空间上的生命延续。

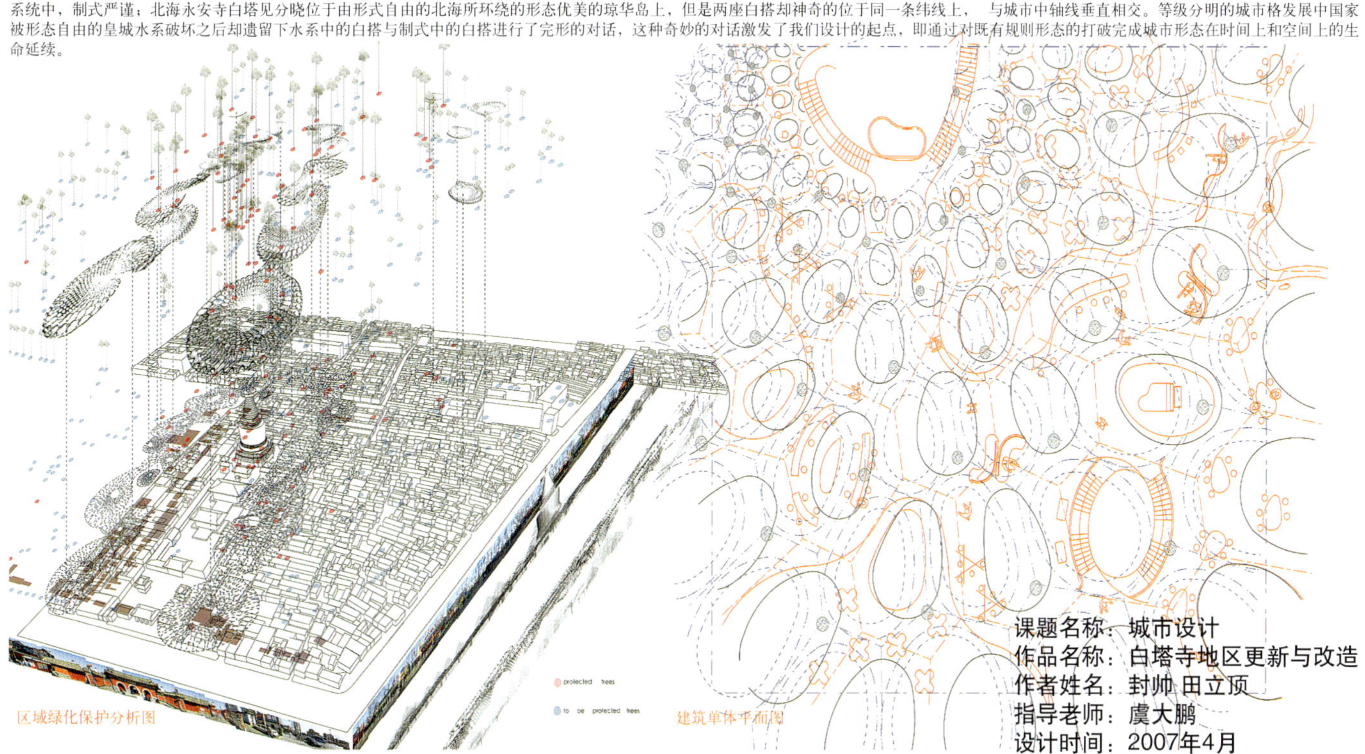

课题名称：城市设计
作品名称：白塔寺地区更新与改造
作者姓名：封帅 田立顶
指导老师：虞大鹏
设计时间：2007年4月

规划鸟瞰图

本次设计的重点是对白搭寺景观辐射范围内的以传统集市为内容并融会多处历史文化建筑的古老街道进行维护及更新，针对杂乱萧条的现状，利用架空的通透型高档商业空间的激活基地的现代活力。营造出“树影班驳“”水纹荡漾“并满足现有居住者休闲会客购物的底层“城市客厅”的空间氛围，凝聚了历史记忆中房前屋后、榆柳荫前不时可见的蓝天白搭的景观碎片，形成了类似昆虫复眼的思维记忆复原过程，挖掘保全了白搭寺地区最吸引人的古老“借景”图景，求得了时间上和空间上的多元文化共生。

设计思路原理示意图

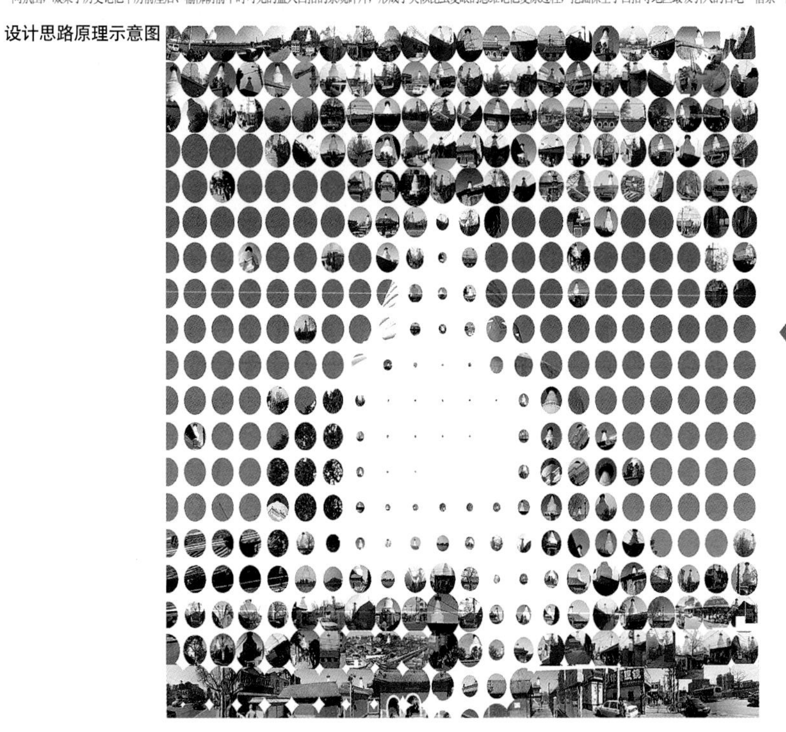

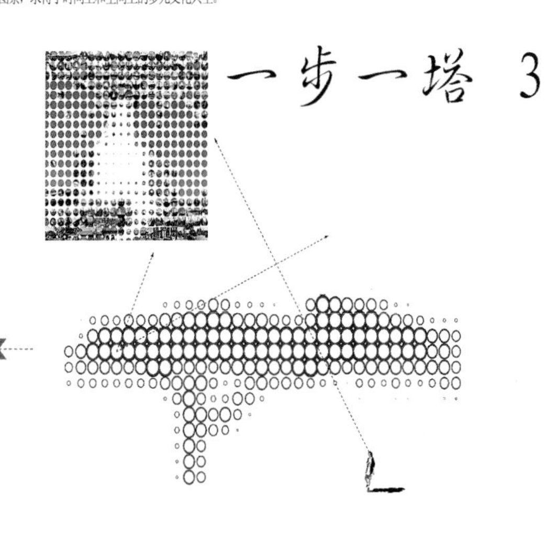

一步一塔 3

课题名称：城市设计
作品名称：白塔寺地区更新与改造
作者姓名：封帅 田立顶
指导老师：虞大鹏
设计时间：2007年4月

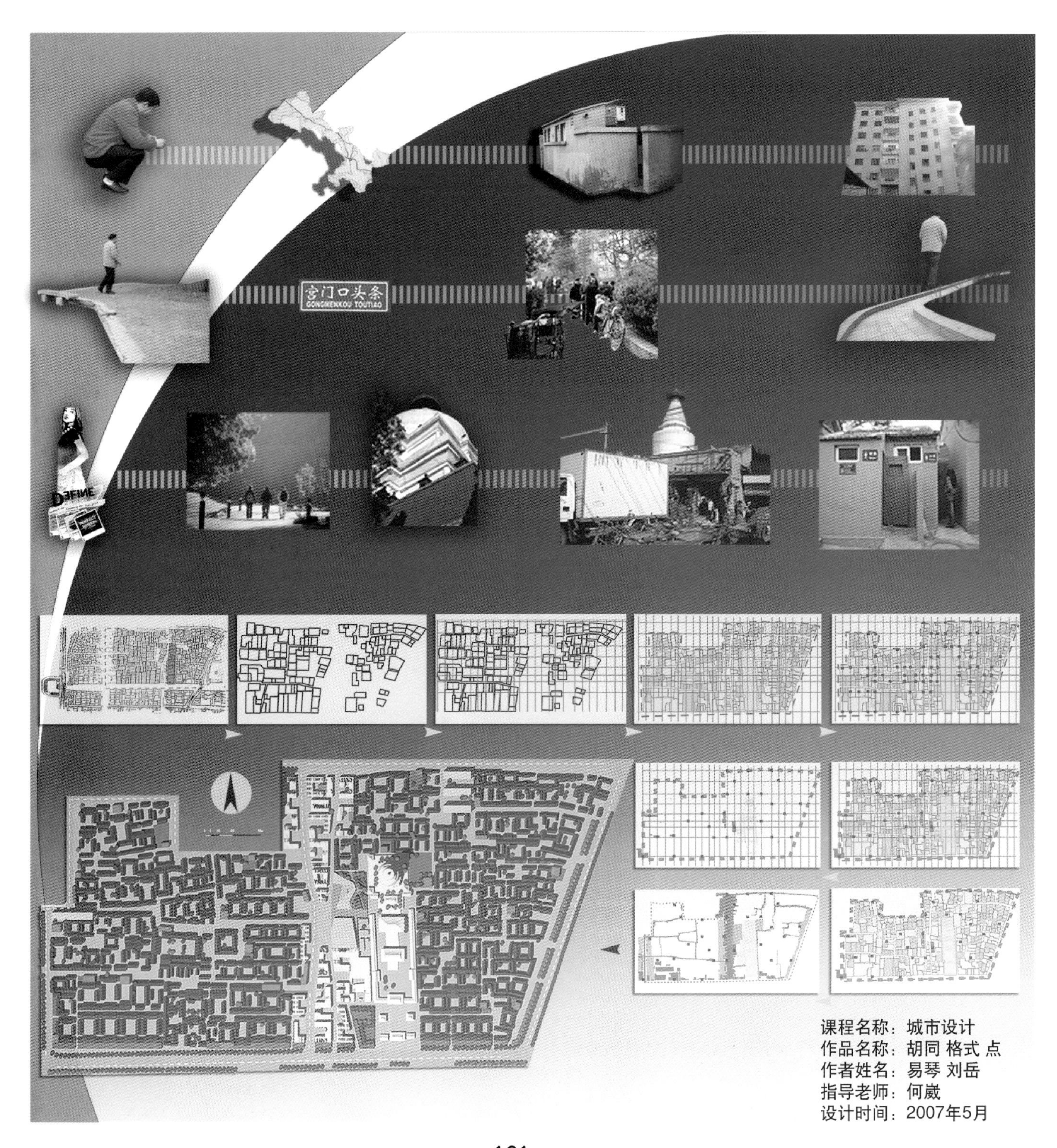
宫门口头条
GONGMENKOU TOUTIAO
DEFINE
课程名称：城市设计
作品名称：胡同 格式 点
作者姓名：易琴 刘岳
指导老师：何崴
设计时间：2007年5月

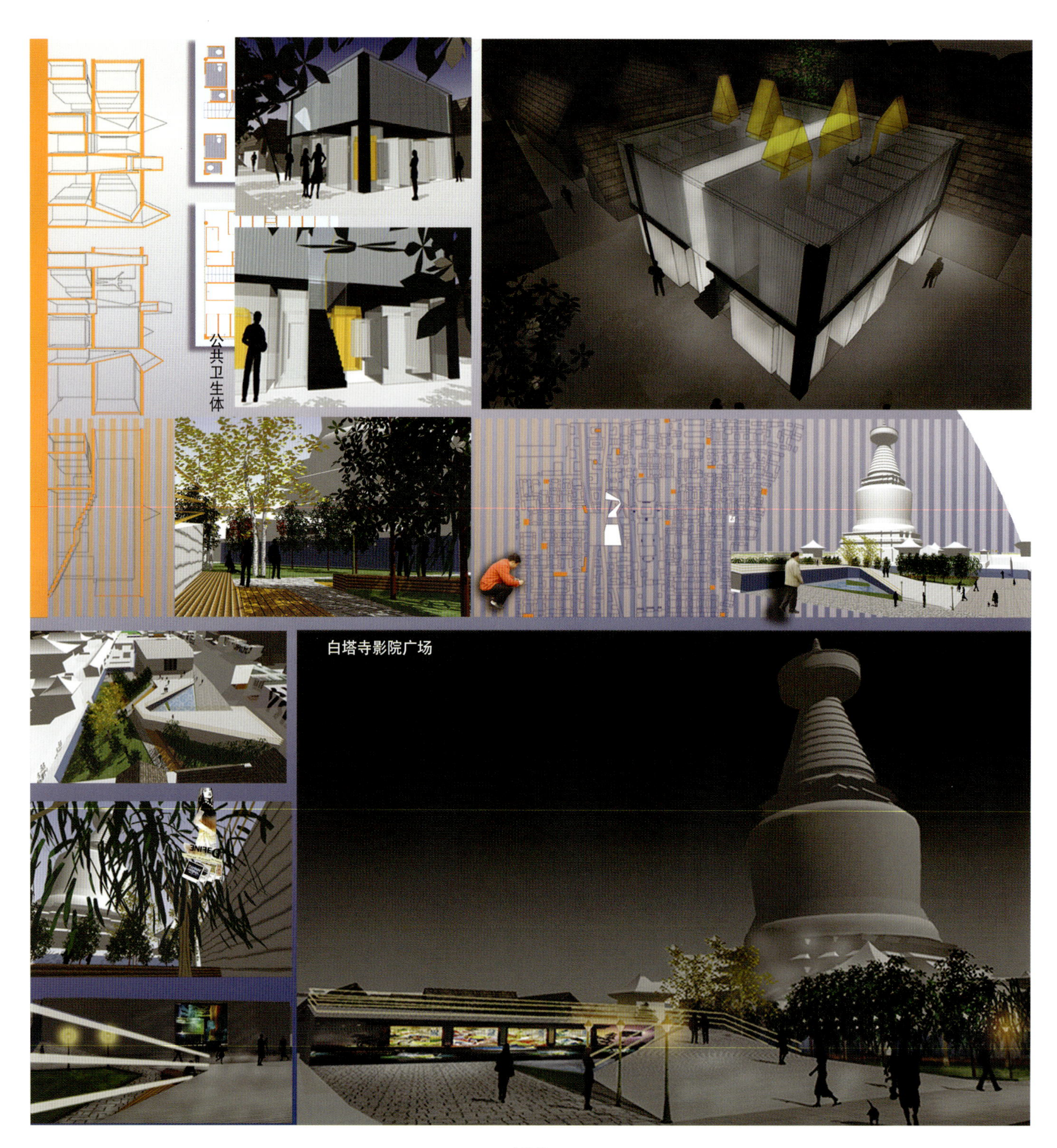
公共卫生体
白塔寺影院广场

ANOTHER WAY

我们还有另一种选择

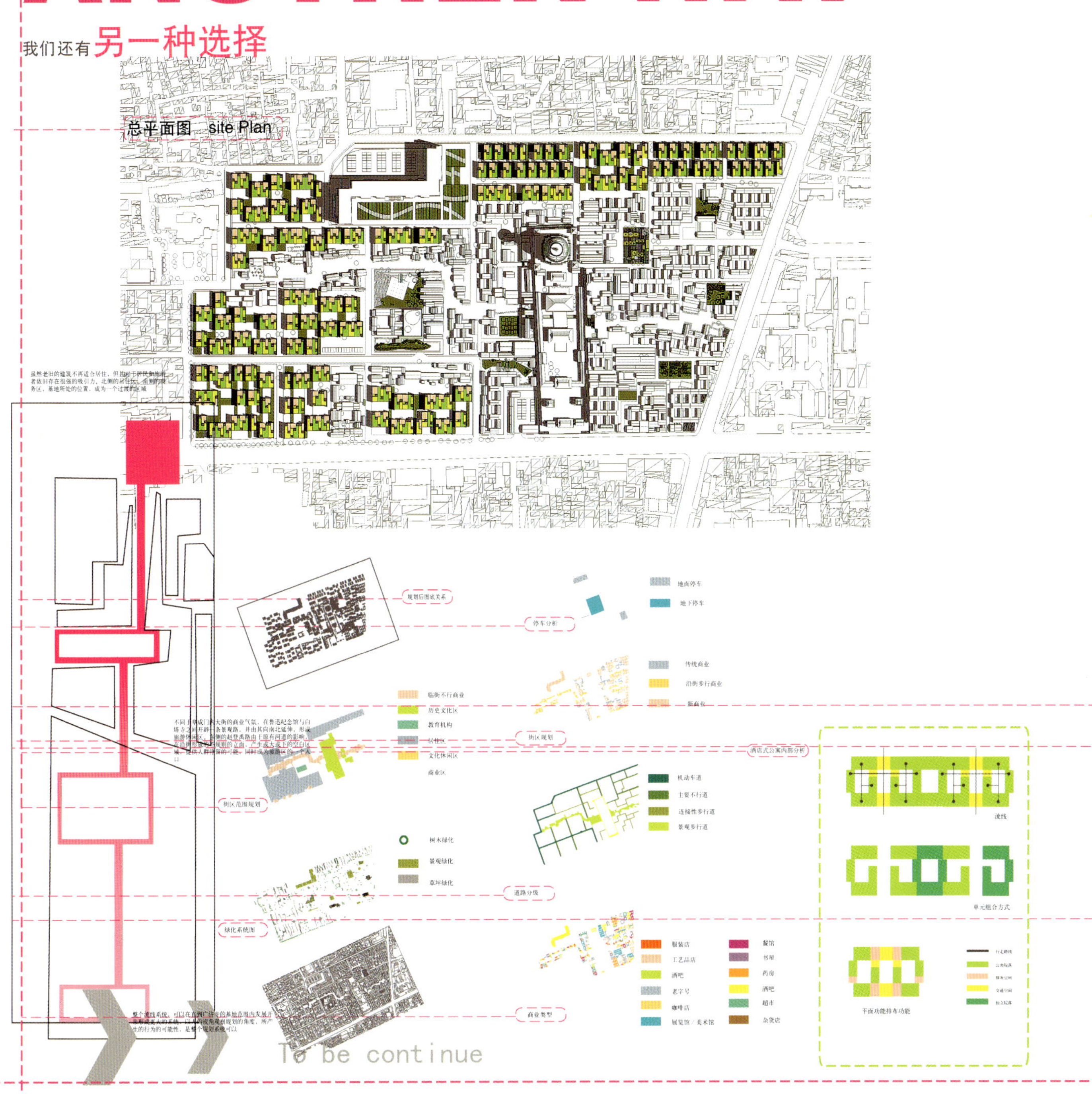

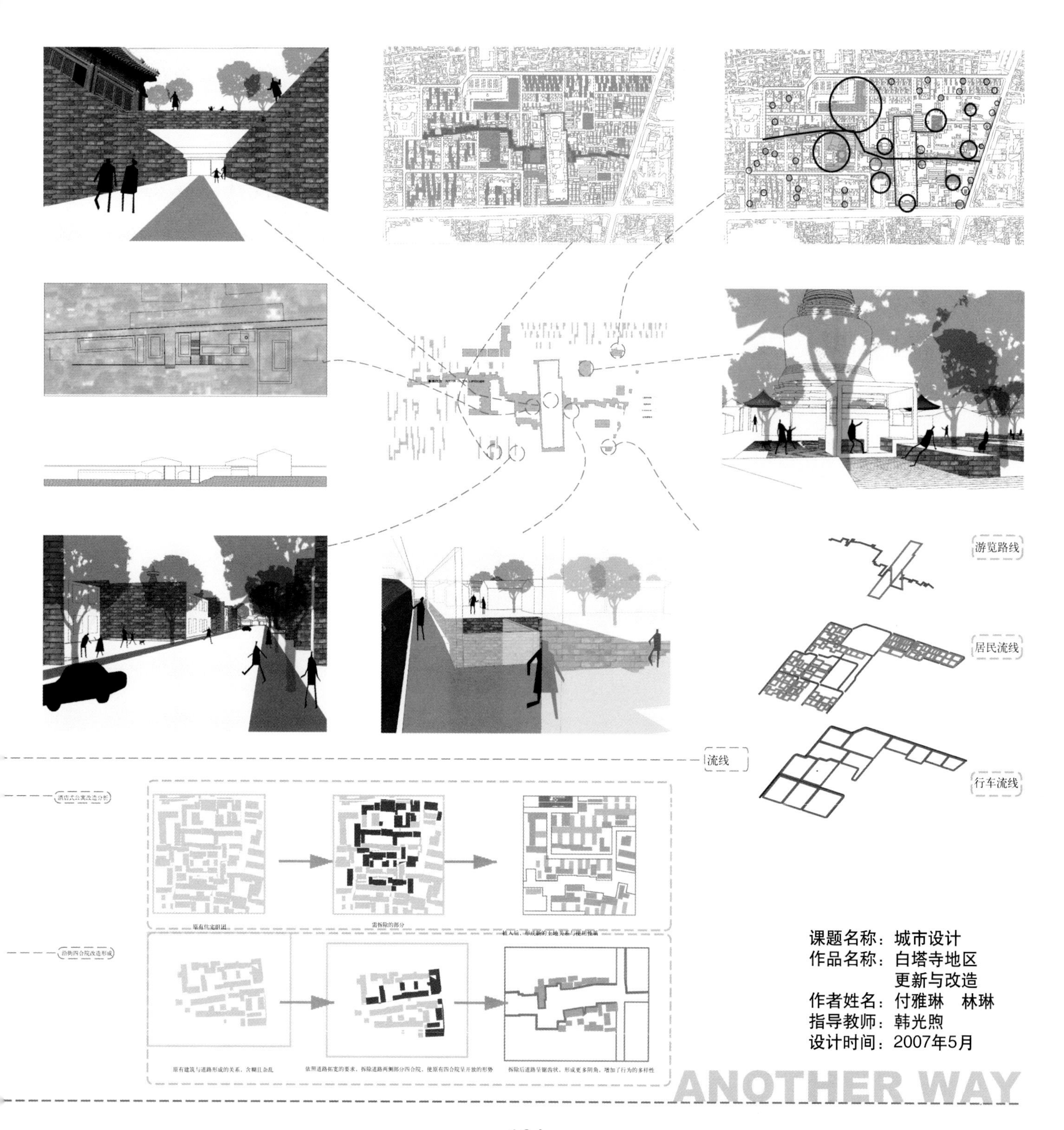
游览路线
居民流线
行车流线
流线
酒店式公寓改造分析
原有住宅组团
需拆除的部分
植入后，形成新的土地关系与使用性质
沿街四合院改造形成
原有建筑与道路形成的关系，含糊且杂乱
依照道路拓宽的要求，拆除道路两侧部分四合院，使原有四合院呈开放的形势
拆除后道路呈锯齿状，形成更多阴角，增加了行为的多样性
课题名称：城市设计
作品名称：白塔寺地区
更新与改造
作者姓名：付雅琳　林琳
指导教师：韩光煦
设计时间：2007年5月
ANOTHER WAY

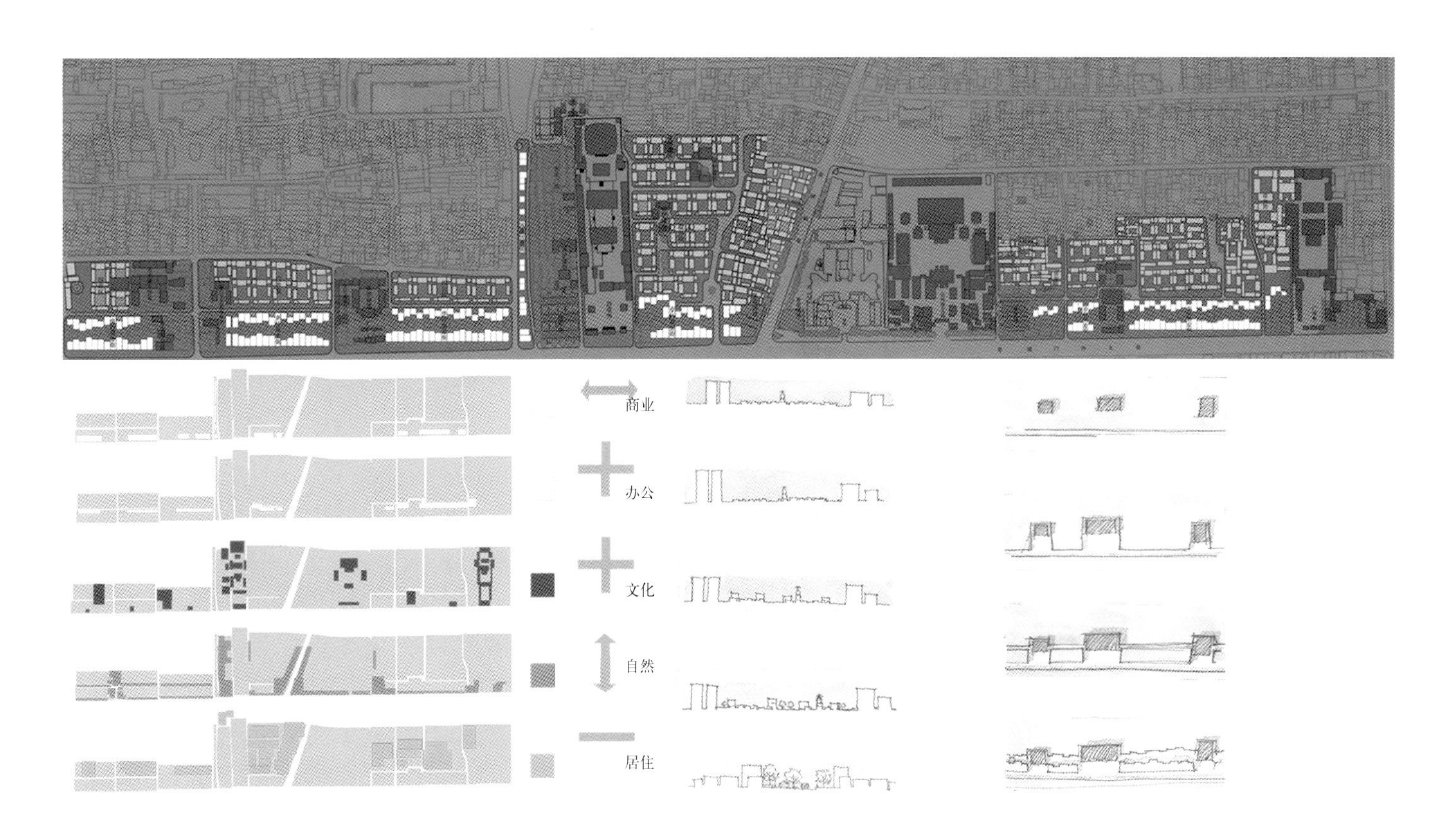

课题名称：商业步行街规划
作品名称：行走·北京
作者姓名：陈苑苑 柯鉴
指导教师：苏勇
设计时间：2007年6月

[步行街内景]

前期调研
方案设计
商业街区
历史文物
公共空间
居住空间
保留四合院
街块划分
交通系统
功能结构
景观绿化
建筑高度
街块划分
课题名称：城市设计
作品名称：白塔寺地区更新与改造
作者姓名：张寒莹　谭新颖
指导教师：戎安
设计时间：2007年5月

方案分析
商业碎片
居住空间碎片
历史文物碎片
公共空间碎片
节点设计
大型公共空间节点
小型公共空间节点
商业节点

室内设计课程

Interior Design

六、室内设计课程

根据中央美院自身的优势与教学特点，室内设计课程体系经过一段时期的实验与调整，调整了各类知识的分配比例，使学生获得全面知识，不会出现偏科与知识盲点，同时增强了学习自主性。这一比较完善的教学体系避免了“重表现，轻设计”和过于重视商业形式目的的设计教学，注重学生长远的设计推广，让学生在完成课程之后，最终能够成为在理论上完善，有较强设计能力，和卓越审美能力与空间控制能力的优秀设计师。

室内专业课程以设计类课程为主，所占时间比例与师资投入最高，课程共有四大部分，排列循序渐进，难度递阶而上，共分为室内设计1（住宅室内设计）、室内设计2（办公空间室内设计）、室内设计3（专卖店室内设计）、室内设计4（餐饮空间、公共空间）。设计辅助类课程，包括室内色彩设计与室内光环境设计课程，这两个课程都是设计课程相关重点、难点的辅助讲解与延伸。设计表达类课程共有两个部分，在完成了基础课程中设计表达1（手绘表现）与设计表达2（cad.sketchup）之后，针对专业特点又设置了设计表达3(3DMAX)与设计表达4（渲染技法），让学生对于表达技法有一个完善的理解与实践机会。另外有技术类课程，包括室内材料材质设计、室内施工图设计与建筑设备课程；理论类课程，包括当代建筑与艺术、公共空间室内设计理论、设计师职业知识等。

VI. Interior Design

According to our advantages and teaching specialties, we have tested and readjusted the interior design courses, modifying the proportion of different types of knowledge so that students can learn more comprehensively. Subject deflection and knowledge blind spots are avoided. Students' independent learning ability is appreciated. This perfect teaching system has avoided "performance oriented" evaluation system that neglects design as well as the commercial oriented teaching. The future developing of students is much appreciated so that students can become excellent designers with a sound theory base, strong design capability, excellent artistic taste and space control abilities after they finish the course.

Interior design courses are mainly design courses, which occupy a higher proportion of time and teaching staff. The courses can be divided into four parts, from easy to difficult, including: 1. (Residential interior design), interior design; 2. (Office interior design), interior design; 3. (Franchise store interior design), interior design; 4. (restaurants and public space Interior design.) Auxiliary courses include interior color design and interior optical environment design, which provide supportive illustration and extensive knowledge of the key points and difficult points of the design courses. Design expression courses are divided into two parts. After students have finished design expression 1 (freehand drawing) and design expression 2 (CAD sketch up) of the basic courses, they shall go on with design expression 3 (3DMAX) and design expression 4 (rendering techniques) so that they can have a chance to perfect the understanding and practice what they have learnt. Besides, we also provide technique courses such as interior material design, indoor shop drawing design and construction equipment. Theory courses such as contemporary architecture and art, indoor design theories of public space, professional knowledge of designers, etc. are also provided.

住宅室内设计

作为学生进入三年级室内设计专业的第一个正式课程，课程对于住宅空间的基本原理，历史发展和现代的发展方向及态势做了完整而细致的讲解。在理论知识讲解的同时，对于设计流程与整个室内设计的专业进行初步的讲解。从方法上，采用以讲解幻灯片与文字性描述和图表为课程主要讲解手段。之后给予学生自学与自修的时间，并给予学生一个真实的楼盘内容，让学生模拟购买人情况，以虚拟的姿态完成这一设计作业内容。最终设计成果基本与实际要求内容相符，希望通过拟真的作业要求，让学生通过这一课程理解室内设计基础范畴、设计流程、成果要求等知识要点。

课程为6周，共计48课时。（崔冬晖）

Residential Lnterior Design

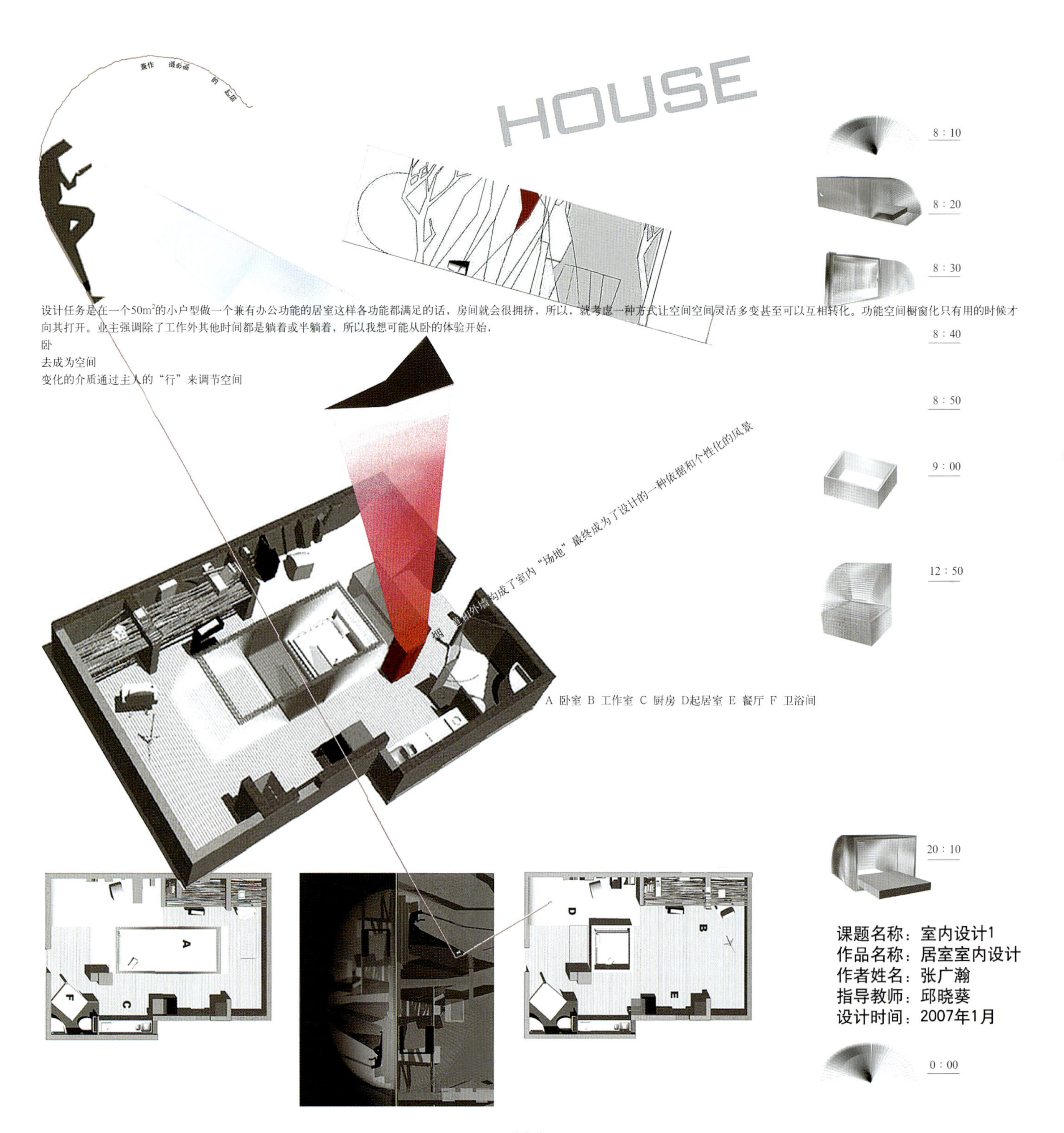

HOUSE
设计任务是在一个50m²的小户型做一个兼有办公功能的居室这样各功能都满足的话，房间就会很拥挤，所以，就考虑一种方式让空间空间灵活多变甚至可以互相转化。功能空间橱窗化只有用的时候才向其打开。业主强调除了工作外其他时间都是躺着或半躺着，所以我想可能从卧的体验开始，
卧
去成为空间
变化的介质通过主人的“行”来调节空间
构成了室内“场地”最终成为了设计的一种依据和个性化的风景
A 卧室 B 工作室 C 厨房 D起居室 E 餐厅 F 卫浴间
8 : 10
8 : 20
8 : 30
8 : 40
8 : 50
9 : 00
12 : 50
20 : 10
0 : 00
A
B
C
D
E
F
课题名称：室内设计1
作品名称：居室室内设计
作者姓名：张广瀚
指导教师：邱晓葵
设计时间：2007年1月

一个可以和朋友分享美食和快乐的小屋，这里没有秘密，没有隔墙，房间连通在一起，大家同吃同玩同住。
一个可以摆满我喜爱的盘盘碗碗的小屋，一个可以铺满我喜爱的碎花棉布的小屋采用加法原则，堆出幸福满屋。

壁炉样的电视墙给人温暖安全的感觉

平面图

摆满各种餐具的储物架

沙发 藤椅
垫子 布毯等
提供了多种坐的可能

课师名称：室内设计1　作品名称：居室室内设计　作者姓名：高星
指导教师：傅袆　设计时间：2007年1月

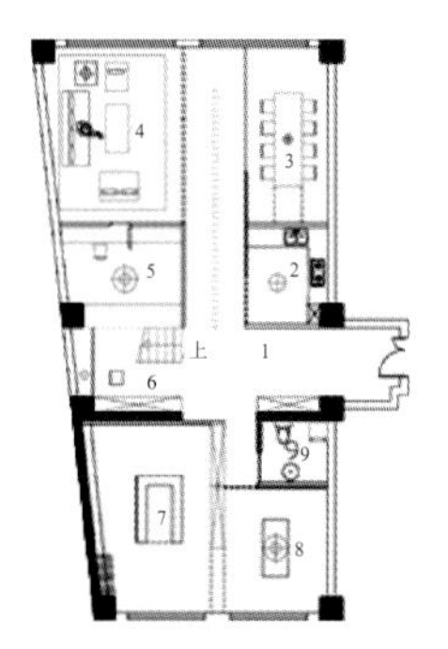

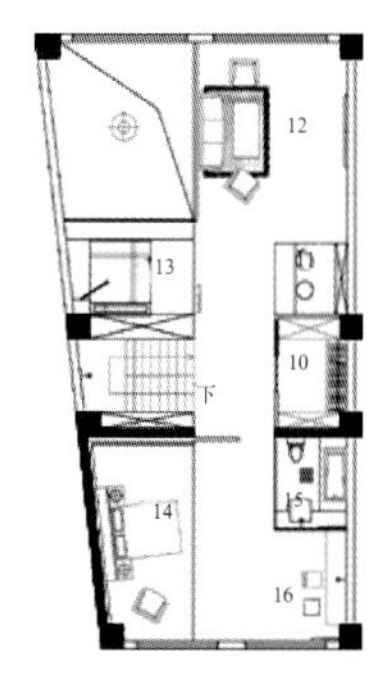

一层平面图
1 入口
2 厨房
3 餐厅
4 起居室
（多媒体室）
5 暗房（展览空间）
6 书房
7 展览空间
8 展览空间
9 洗手间

二层平面图
10 衣帽间
11 酒吧
12 起居室
13 炕
（休息平台）
14 卧室
15 洗手间
16 化妆台
（CD架）

课题名称：室内设计1
作品名称：居室室内设计
作者姓名：秦怡梦
指导教师：崔冬晖
设计时间：2007年7月

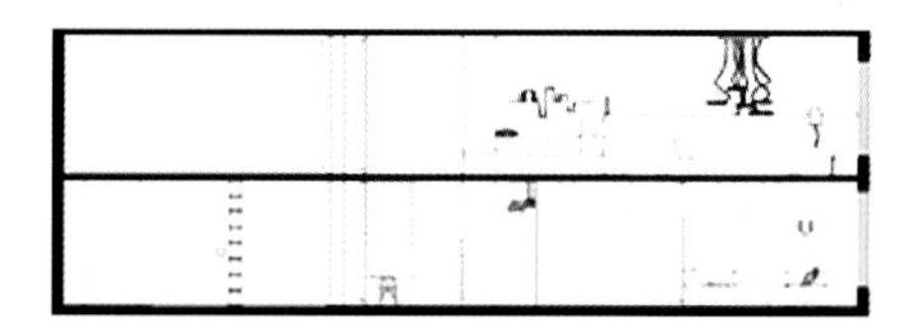

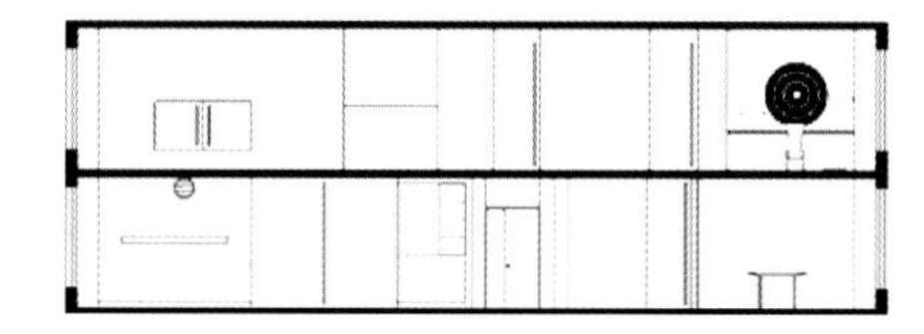

工作
生活

单身
结婚

独处
聚会

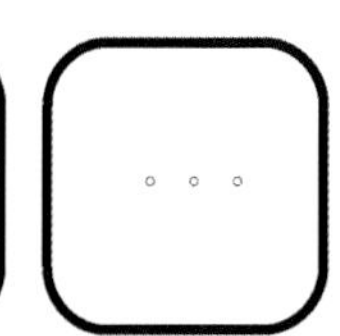

● 餐厅和厨房共享的滑道门（展览板）

● 暗房的门和幻灯幕（展览板）

● 暗房的窗（当一般工作室时可以打开）

课题名称：室内设计1
作品名称：居室室内设计
作者姓名：胡娜
指导教师：崔冬晖
设计时间：2007年1月

可滑动部分功能示意 FUNCTION OF SLIDING PARTS:

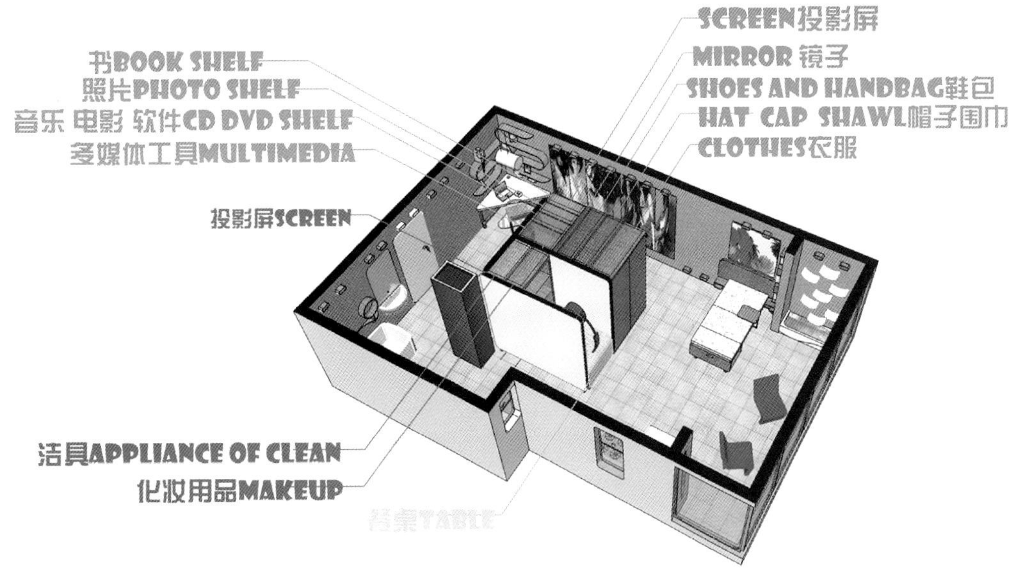

最终平面图 FINAL PLAN

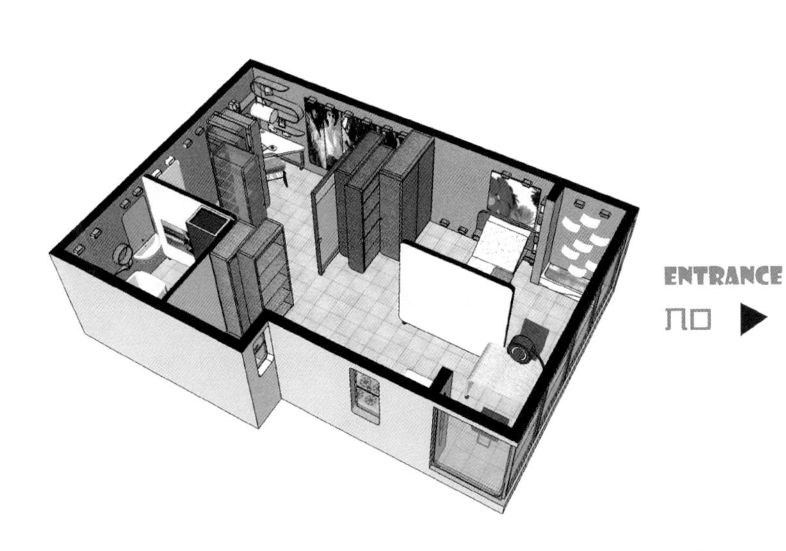

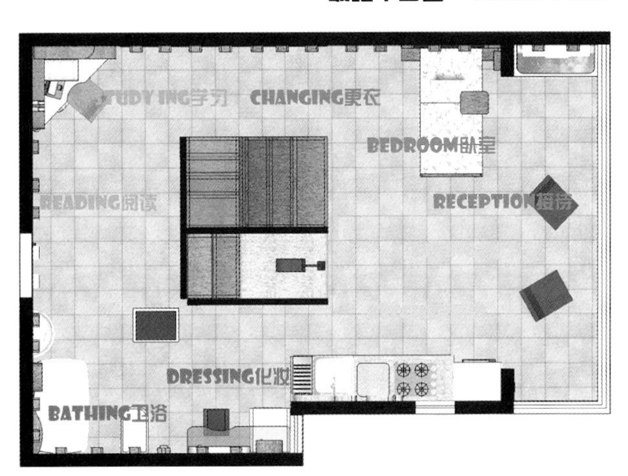

办公空间室内设计

作为一个独立而完整的专业设计项目的训练，深入了解以实用功能为主的小型办公空间的规划与分割，使学生能够把握工作环境中不同功能区域的合理划分，解决各空间围合体之间的相互呼应关系，掌握在办公环境中家具、照明等要素的基本配置以及在色彩、材料选择等方面的特殊要求。

在基础理论讲授的基础上，结合平面方案设计、立体草模等具象的理念表达方式，把握一间小型办公空间的机构性质与功能，并创造有一定机构文化内涵的特色风格。

课程为4周，共计32课时。（杨宇）

Office Interior Design

课题名称：室内设计2
作品名称：办公空间设计
作者姓名：胡娜
指导教师：杨宇
设计时间：2007年5月

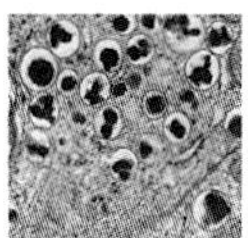
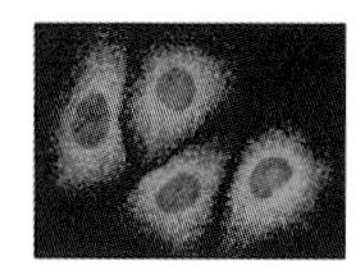
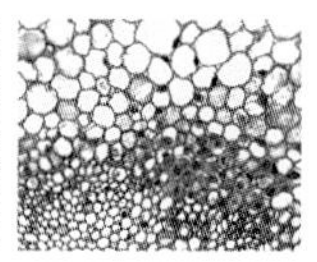
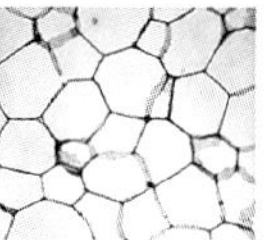

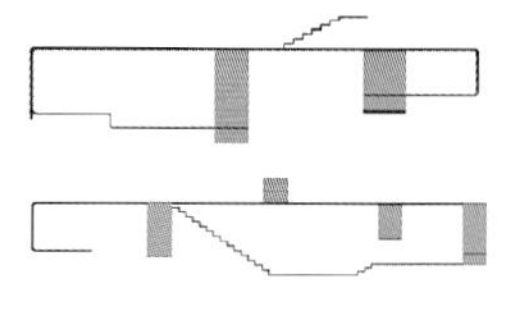
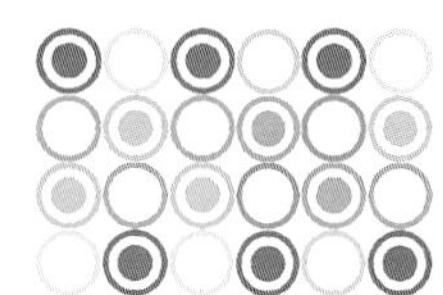

单元 CELL

新陈代谢 METABOLISM

输入输出 PUT IN/PUT OUT

排列重组 REGROUP

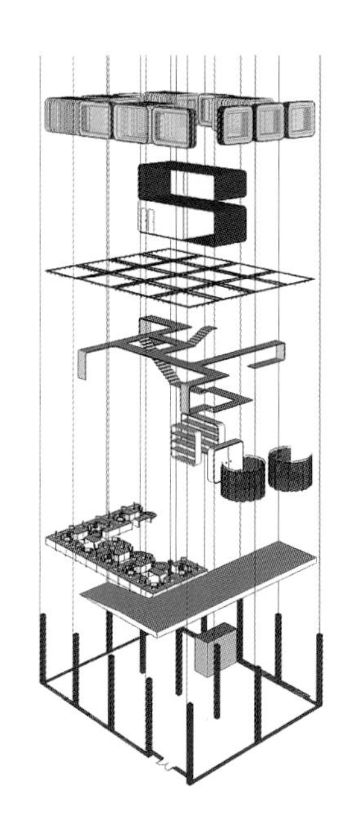

材料讨论台 DISCUSSING TABLE

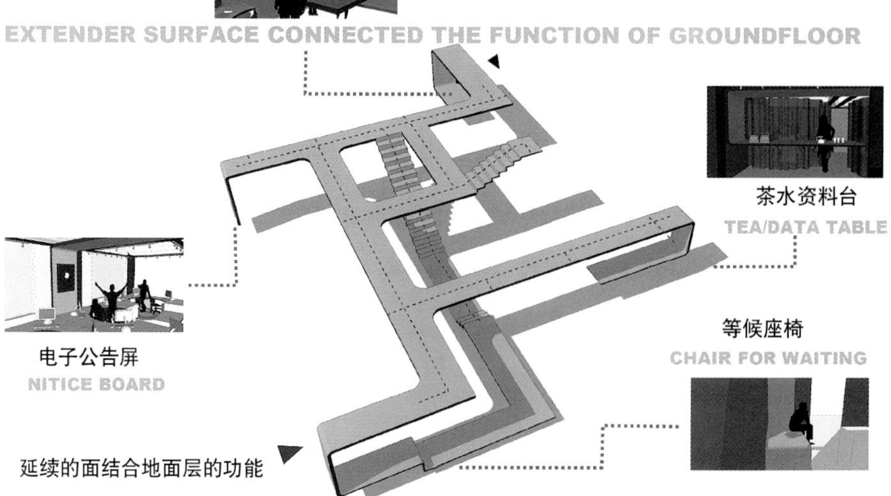

茶水资料台 TEA/DATA TABLE

等候座椅 CHAIR FOR WAITING

电子公告屏 NITICE BOARD

延续的面结合地面层的功能

设计说明：
总面积：2000m²
人员：80人
设计理念：力求空间的通透，开敞，轻松活泼的空间效果和工作环境。

1 总经理办公室
2 财政助理办公室
3 室内设计工作室以及资料研究室
4 景观设计工作室以及资料研究室
5 员工休息以及接待处
6 展厅
7 会议室
8 接待处
9 后勤室
10 仓库杂务室

课题名称：室内设计2
作品名称：办公空间设计
作者姓名：孔祥栋
指导教师：崔冬晖
设计时间：2007年1月

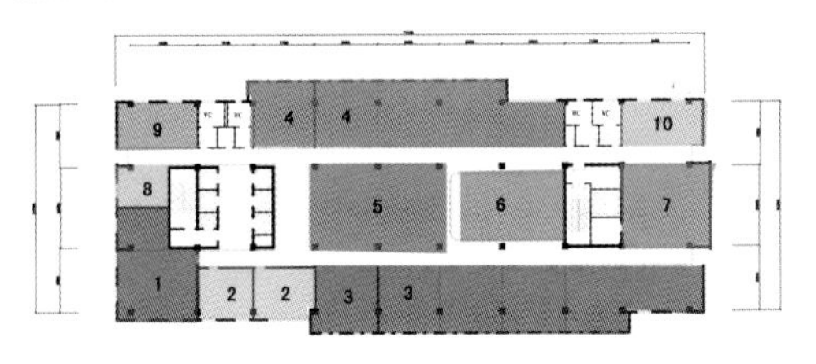
家具安排功能分区图

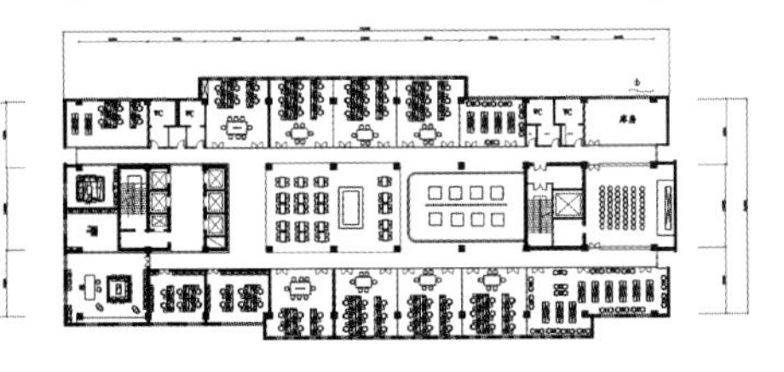
地面铺装分布图

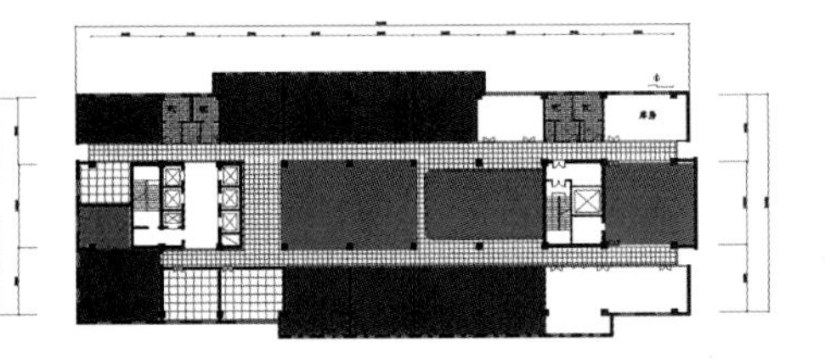
地面铺装分布图

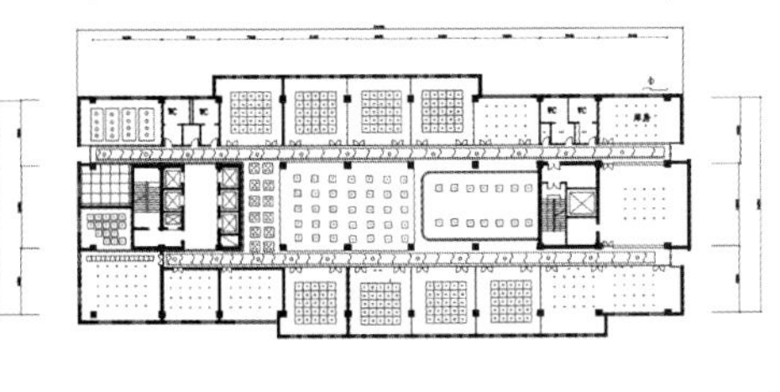
顶棚设计图

休息大厅效果
办公区效果
展厅效果
经理办公

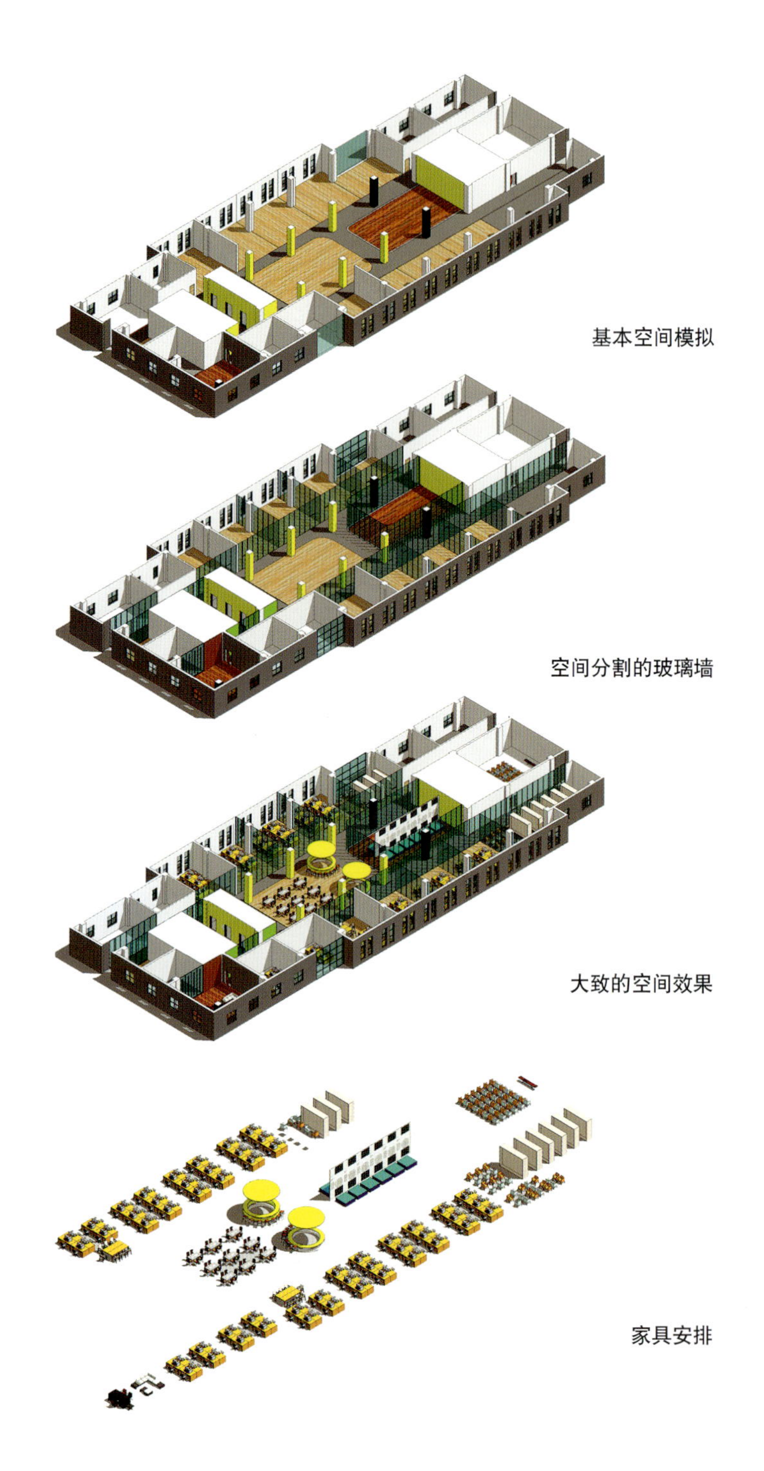
基本空间模拟
空间分割的玻璃墙
大致的空间效果
家具安排

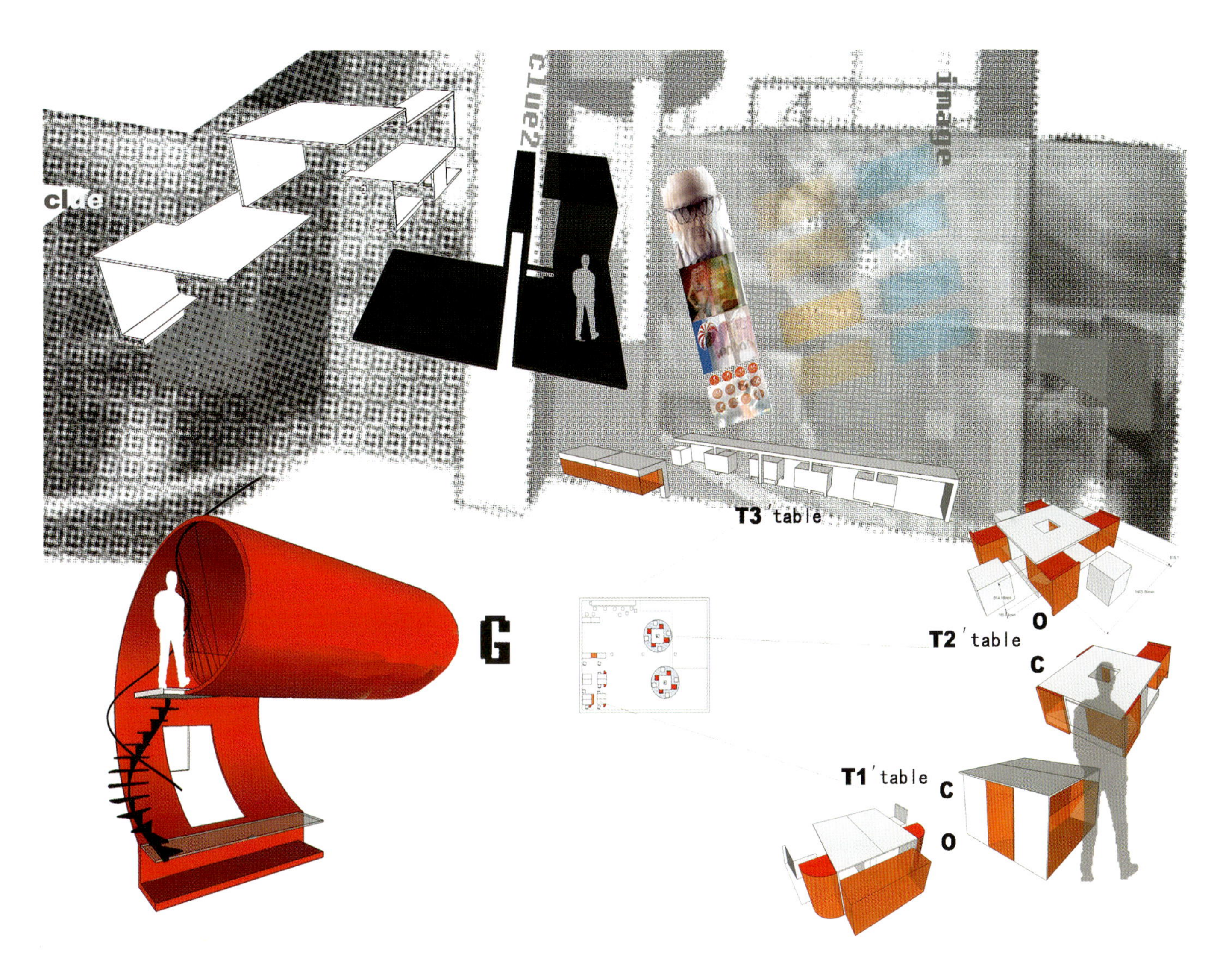

有趣的工作　　戏剧性
有高潮的工作　　G点
有快捷键的工作　　用具

课题名称：室内设计2
作品名称：办公空间设计
作者姓名：张广瀚
指导教师：韩文强
设计时间：2007年6月

专卖店室内设计

专卖店设计课是针对刚刚进入室内设计专业的低年级学生而开设的，其教学内容主要是围绕商业类型室内设计的创作而设置。教学以小型设计作为切入点，全方位地启发学生逐渐认识了解室内设计的领域和对相关专业的把握。充分调动学生的学习主动性，培养学生独立思考，完满的完成空间创作。专卖店的设计不仅仅限定为室内设计，它是个比较综合的设计课题。设计内容包括店面建筑外观改造、店面内部空间设计、商品展示设计、店内展柜设计、店员服饰设计、包装袋设计等。整个专卖店设计教学目的是培养学生对设计项目整体的组织协调能力，是一种全局考虑的本领训练。

专卖店不仅仅是经营、购物之所，而且作为城市文化的窗口，成为城市生活的生动写照；由于它富有吸引力，成为人们公共交往的空间；是汇集商品，体现竞争的环境。所以对于这类的设计就需要有个性化的空间处理与气氛烘托，要求在设计上具有空间的创造力和想像力。由于专卖店不同于其他类型的空间可选用成品，店里的每一样物件都是形成特殊空间氛围的重要元素。

课程为6周，共计48课时。（邱晓葵）

Franchise Store Interior Design

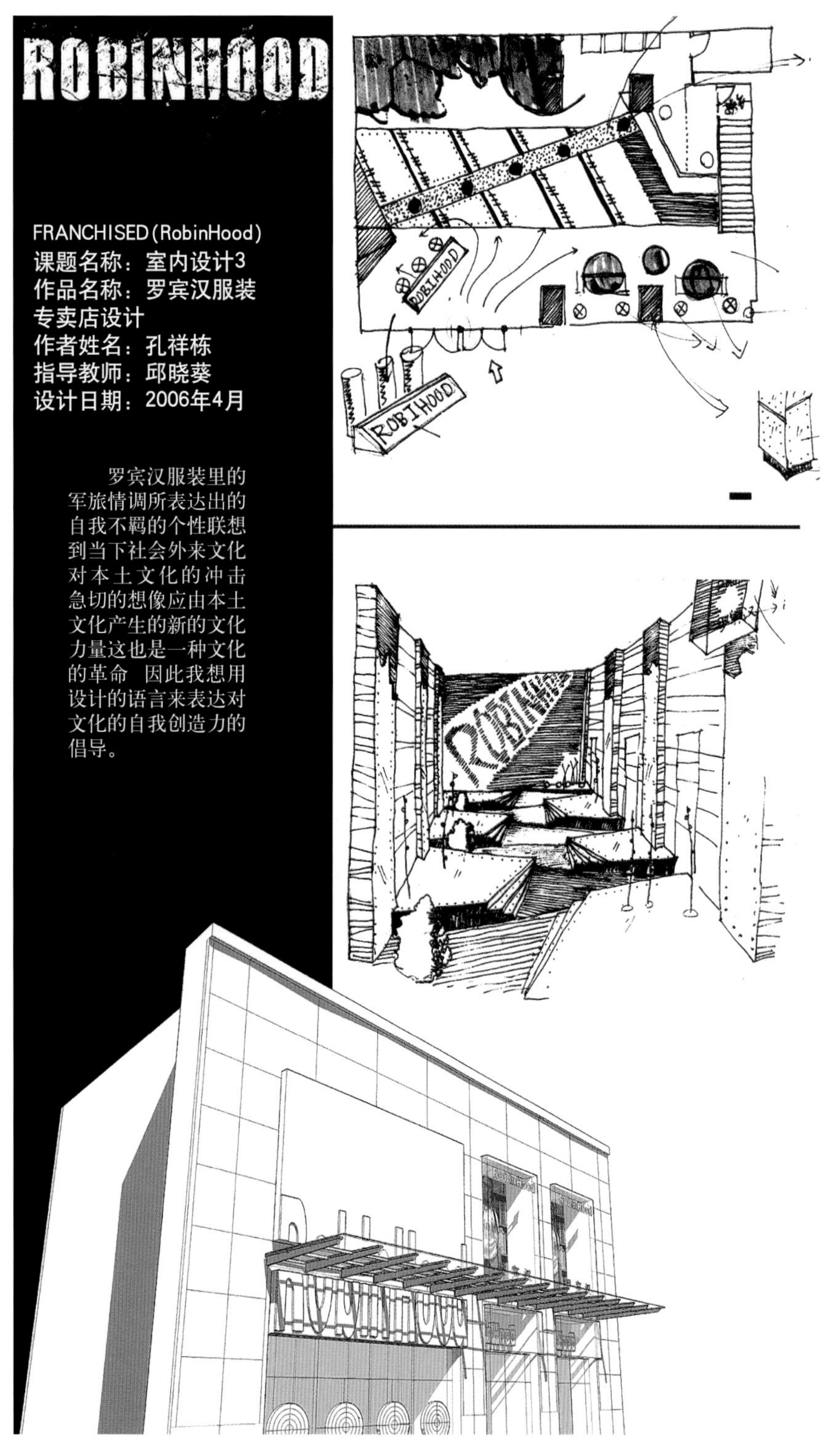

设计概念
Conception

我在设计中运用简洁的分区来表达年轻人做事的风格，同时用几条斜线来表达青年的不屑；并且运用各种元素来表达年轻人的生命的活力，整个风格整体上是对现代的年轻人在各方面的表达。

我从罗宾汉的传奇故事出发，利用其中的元素展开联想。虽然服装里处处显示了军旅风格的整齐与严肃，但开朗乐观的生活态度也是其服装设计的灵魂之一。

设计方案
Project

一层展示是最主要的为了顾客的方便，必要的折去一些宝贵的空间形式是为了更好的展示商品以及出售，选择反光强烈的金属板，表达一定的冷酷的效果。

二层区别于一层，从罗宾汉的传奇故事出发空间的规律与节奏把他们溶解在里面要与周围的空间隔开。

立面：原来的规整很重要，但仍然需要活力。

RobinHood
ROBINHOOD
ROBINHOOD
平面图
Plan

ONLY

专卖店设计

外立面图

效果图

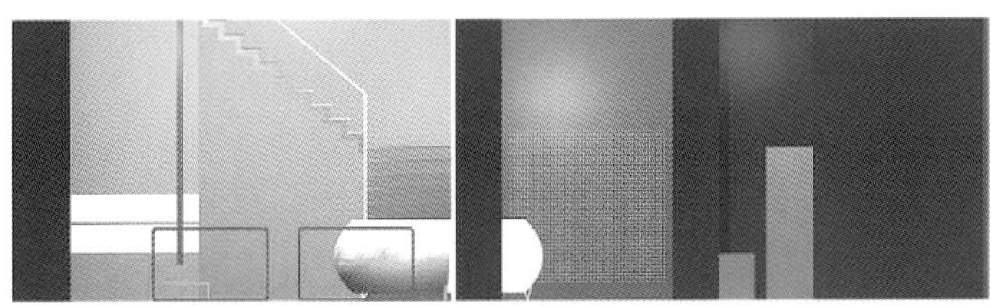

一层立面图

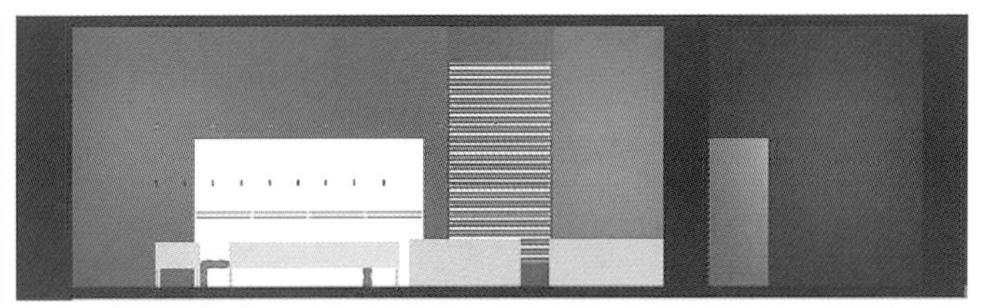

二层立面图

设计说明

only服装的主要客户群是20岁左右的年轻女性，他们追求独立的个性，充满活力。所以采用简洁的几何形作为装饰元素来迎合顾客的心理。only服装的色彩以深色系为主，并添加鲜亮的色彩，对比强烈。服饰上多运用夸张的图案，点缀闪亮的饰品个性鲜明，所以在色彩方面店内主要采用黑色，以张显服装冷酷的个性。同时添加亮粉红色来增添其女性耀眼活跃的特点。

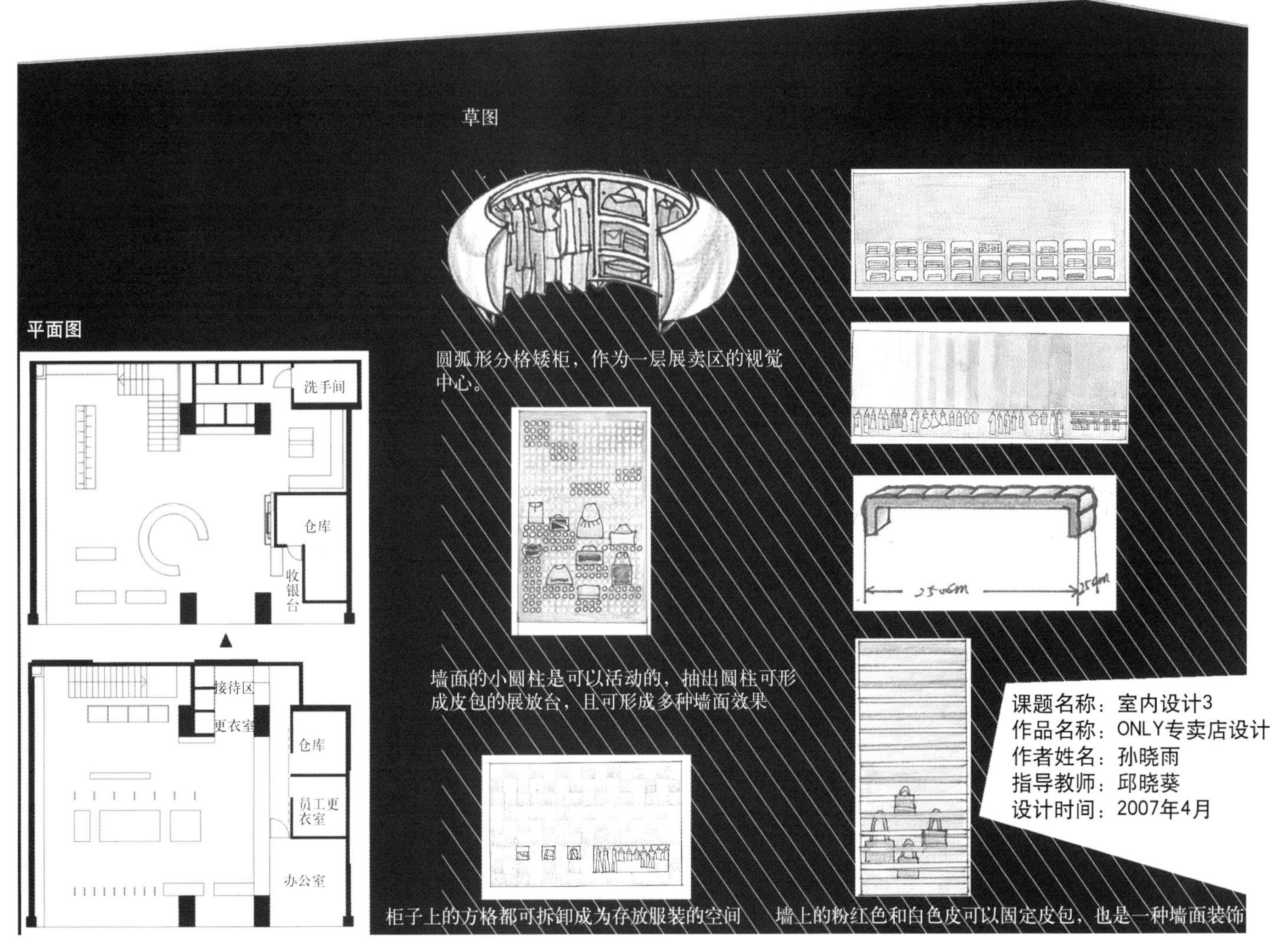

餐饮空间设计

餐饮空间设计课是室内设计专业高年级课程，教学主要是针对室内空间造型进行重点训练，使学生达到对室内设计风格灵活把握，能创作出风格迥异的餐饮环境作品。课题要求有更多的限定，所设计的位置和条件是真实的，要根据环境需要来确定餐饮的定位。通过对周边环境的调研，了解消费人群的构成。深入分析餐厅的特征，针对所得、职业属性、年龄层、消费意识等因素来设定消费对象，进而根据其生活形态的特征，去设计他们所需求的空间环境。设计需要合理安排各功能空间的位置，解决交通流线、功能分区等问题，包括厨房操作间位置、客用卫生间等，使设计方案具体化。

教学借助图像这一有形元素进行餐厅整体设计定位，反映出要表达的视觉整体形象，通过这种限定，使学生打开设计思路，创造出有个性特征的并且丰富多样的室内空间，要挖掘不同餐饮文化特征，定位准确，有明显的风格取向。

课程为8周，共计64课时。（邱晓葵）

Restaurants Interior Design

功能分区

一层	二层	地下层	
主要就餐空间	影视就餐空间	厨房	员工更衣室
吧台	包间	储藏室	员工卫生间
错层卫生间	卫生间	洗碗间	清洁间

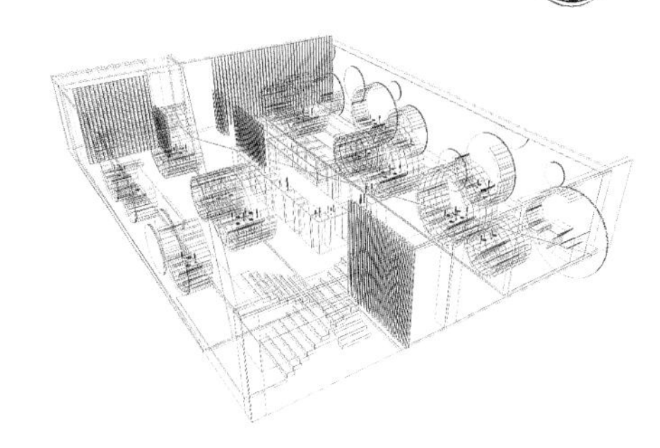

外立面的形式来源于邮戳明信片形式在此基础上加工变形大面积沿用室内主导色黑色使得店面在外观上也有耳目一新的效果

设有客用楼梯内部使用楼梯

地下层与一层之间设置一个错层作为卫生间减轻空间压力

楼梯的台阶上刻有邮戳变形的雕刻纹样为单调的楼梯空间增加视线集中点

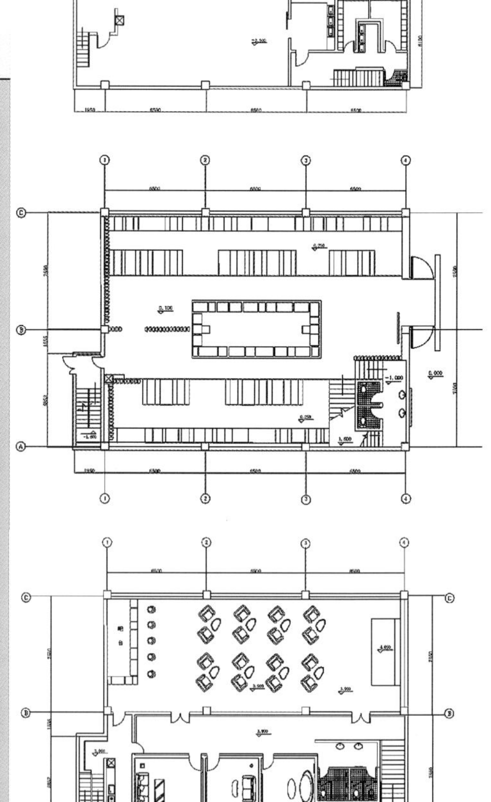

课题名称：室内设计4　作品名称：影视餐饮空间设计　作者姓名：李智敏　指导教师：邱晓葵　设计时间：2006年1月

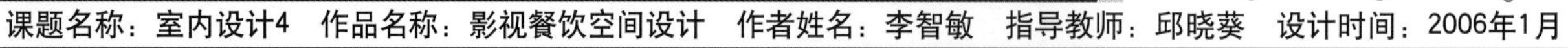

一层就餐大厅

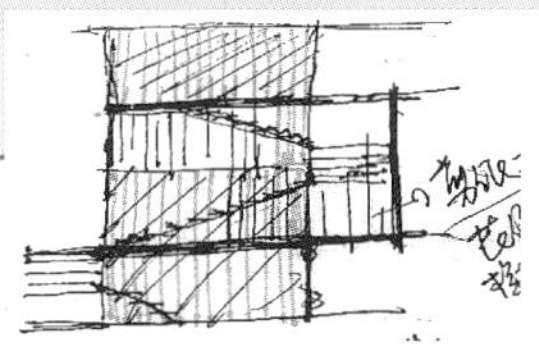

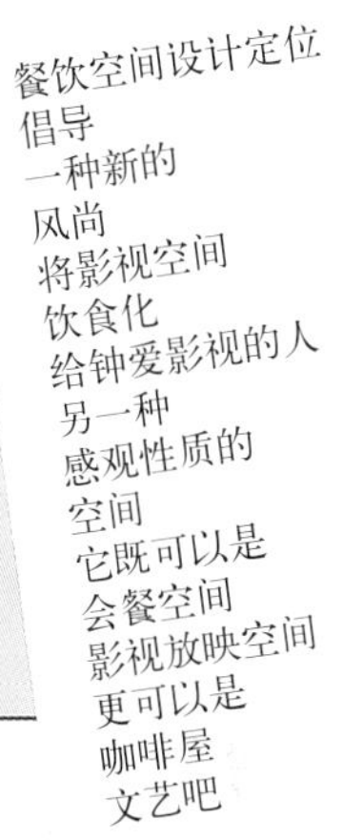

餐饮空间设计定位
倡导
一种新的
风尚
将影视空间
饮食化
给钟爱影视的人
另一种
感观性质的
空间
它既可以是
会餐空间
影视放映空间
更可以是
咖啡屋
文艺吧

一层大厅
主要餐饮空间
采用主体色黑白红
吧台设在中心位置
便于服务
餐桌设有四人座
双人座
双人单排座
单人座
便于各种客人的
不同需要
而且每个餐桌
都形成一个隐形的
包围空间
让客人在大厅
开场就餐空间中
又有一个安静的
心理围合空间
配合中心照明
局部照明的节奏
整个大厅的气氛
平和在
整体氛围中

设计构思来源

一层吧台

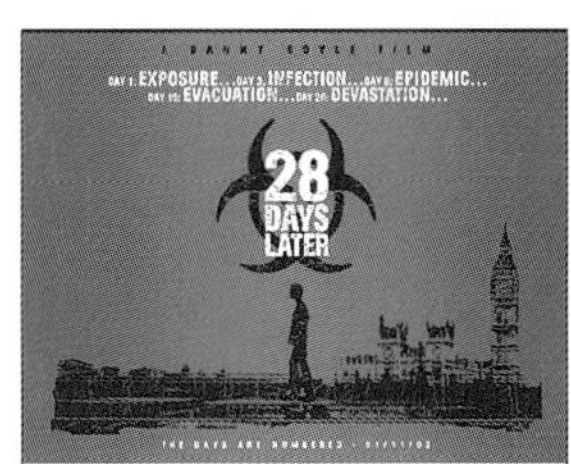

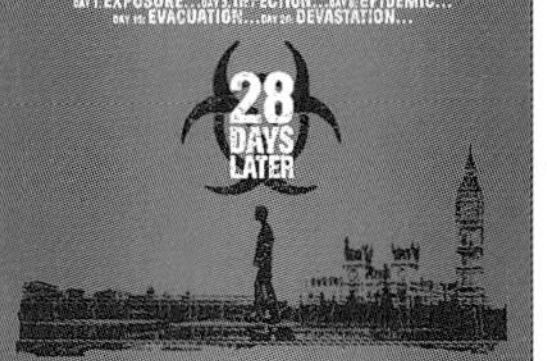

风格定位图片

一、基本情况

北京刚记原名北京钓虾王，位于北京市丰台区菜户营桥西侧，交通便利，环境优美。餐馆的平面类似“凸”字，餐饮区坐西朝东，正冲车道，其位置获得了很好的客源。

原建筑的平面外形很不规则，并且柱网结构极其不清晰，经过整理后，明确了设计范围的结构形态，建筑分上下两层，面积约2000m^2。

餐饮空间设计

课题名称：室内设计4
作品名称：餐饮空间设计
作者姓名：陶家乐
指导教师：崔冬晖
设计时间：2006年7月

二、平面布局

一层平面中以“水”为元素把整个空间贯穿起来，以此使各功能区之间自然相接。桌椅的摆放充分利用现有的面积，各功能区安排也比较合理。

二层平面图以“桥”为元素把二层空间沟通起来，楼板也不再会阻拦顾客的视线，通过桥的连接，人们在行走和吃饭的同时，也可以欣赏一层恬静优美的水景。

三、设计定位

1. 空间艺术化

通过打开厚重的楼板之后，一层与二层之间，以及每层各自的空间之间都变得通透起来，人们视觉不会因为空间的阻隔而停顿下来。

2. 介面艺术化

隔断的墙面上也不再是简单的粘贴瓷砖或是壁纸以掩盖粗糙的表面，而是用图案的方式与介面结合在一起，用来分割空间的墙面变成了可观赏的艺术品。

3. 材料艺术化

空间中的主要立面材料选用了陶粒组成的条状波形纹样，在触觉上和视觉上都有很好的肌理感。

4. 灯光艺术化

灯具的造型全部采用简约的几何形体，但经过装饰和处理后，都显得格外的高雅。

5. 自然艺术化

把假山、碎石、枯树等自然生活中的元素提取出来，经过艺术化的组合，运用到餐馆设计当中，也别有一番风味。

在整个设计当中，通过艺术化的处理，让往来的顾客们在用餐的时候能够深深地感受到一种惬意的、有情趣的、高雅的、舒适的状态和感受。

二层

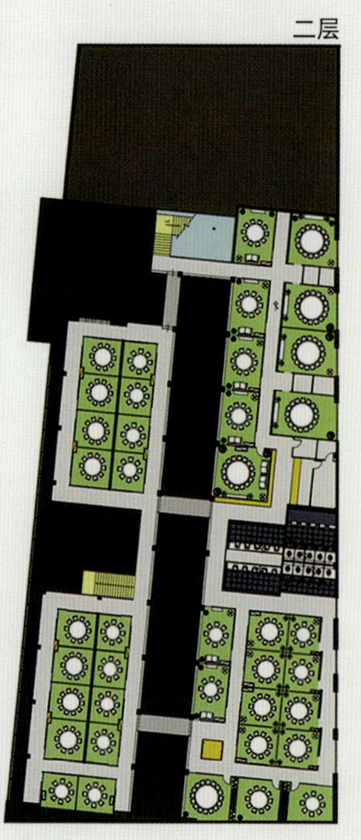

一层

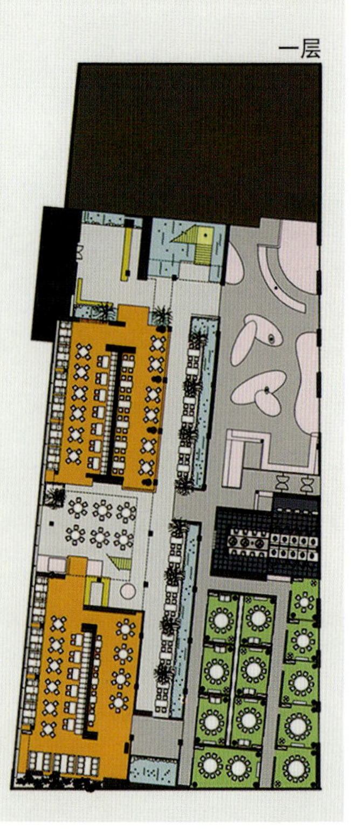

Alice's 西餐厅设计

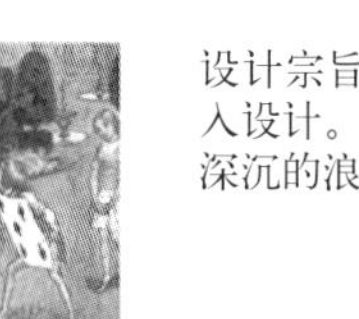

设计宗旨是文字的视觉化，将鲜活的爱丽丝带入设计。
深沉的浪漫是此设计希望达到的效果。

店面效果

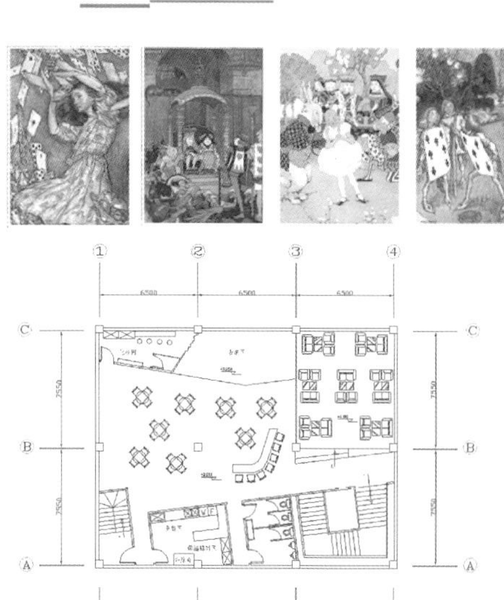

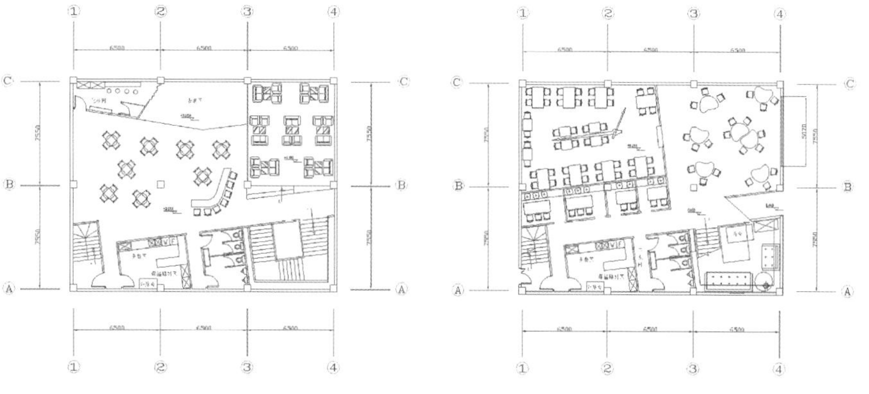

平面图

二层餐区效果
餐厅二楼包裹在静谧的森林中。顶棚和墙面的材质是打的钢板。

二层休息区效果
二楼主餐区的上下镜像是设计的亮点所在，亦真亦幻的上下倒置让人进入镜中世界。休息区选用高靠背的沙发让整个区域在不围合的情况下也能私密安定。

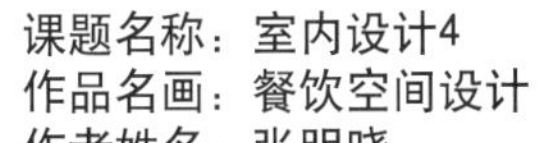

课题名称：室内设计4
作品名画：餐饮空间设计
作者姓名：张明晓
指导教师：邱晓葵
设计时间：2006年1月

Alice's 西餐厅设计

入口效果
通过入口斜坡的引导，来到餐厅的前台。楼梯间设置大尺度家具，作为展示和气氛的渲染。陈设的非正常大尺度让人感到自己被施了魔法缩小成望远镜里的小人。

早餐/午茶区效果
外墙的窗花投影到室内，让人产生没入草丛的错觉。

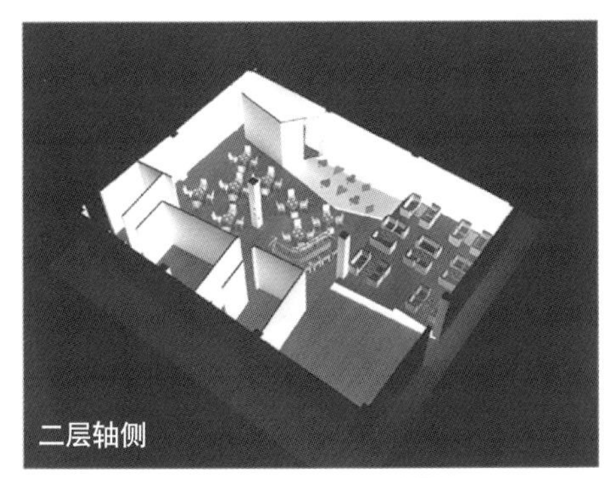

二层轴侧

一层正餐区效果
整个石材方形钟面包裹主餐区，形成一体。
帽子匠和时间吵了架，因此他的时间永远停在四点钟。

都市IO SAP水疗馆空间设计

主题：莲设计元素：圆形　椭圆形

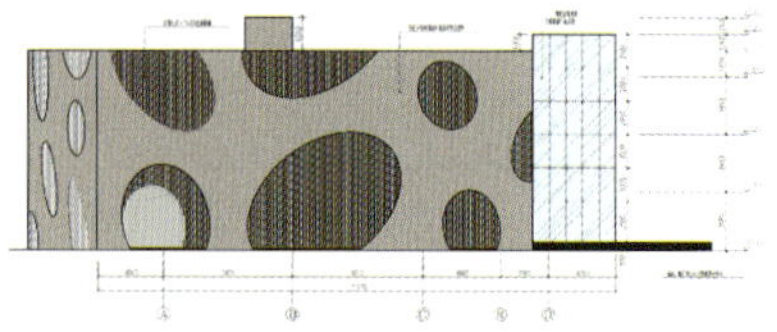

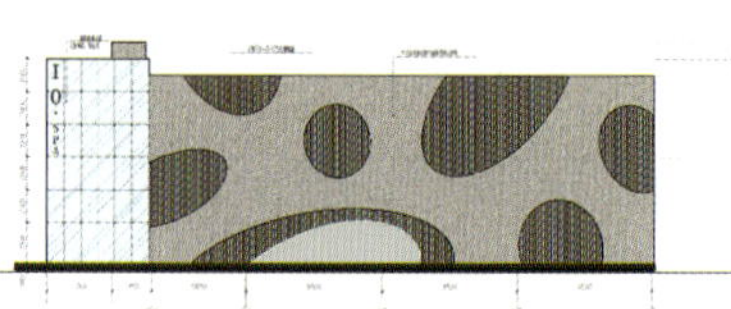

设计说明

运用中国传统—清净无为，人与宇宙浑为一体，人与自然和谐统一，悠然出世远离世间的浮华的思想。正如陶渊明所说："出淤泥而不染，濯清涟而不妖，可远观而不可亵玩焉。"自古以来，中国人便喜爱莲这种植物，认为它是洁身自好、不同流合污的高尚品德的象征，因此诗人也有"莲生淤泥中，不与泥同调"之赞。周敦颐还在《爱莲说》中把莲和各种类型的人物联系起来，"菊，花之隐逸者也；牡丹，花之富贵者也；莲，花之君子者也。"没有别的植物可以像莲那样把亚洲各种不同的文化和谐而完美地融在一起。"以莲为主题，立意为人们在快节奏城市里远离尘世的喧嚣，心灵向自然回归，消除工作压力，恢复平和心态，不但解除疲劳，同时给人以精神上的抚慰，让纷扰的思绪在温柔的笑靥与沁人心脾的荷香中沉淀流逝。使人感到这里不但是身体休闲场所，也是精神的家园和港湾。在拥挤喧嚣的城市中，巧妙地在有限的城市空间，开辟了一个大隐于市的世外桃源。以中国传统文化为背景，运用现代的设计手法和抽象图形来表达。抽取莲花与莲藕的形态为元素，以素雅色调来表达莲的高傲的气节，同时不失高雅的环境气氛，用莲的美丽纯洁营造一个寂静、凝练的时空，给人以一种安定静谧感。

课题名称：10 SPA 空间设计
作者姓名：郭立明
指导教师：张绮曼
设计时间：2007年6月

室内色彩设计

色彩学是室内空间设计中一门重要的学科，随着近年来室内设计学科的快速发展和相关门类的完善，色彩学也得到了长足的进步。在室内空间中，色彩除了人们正常理解意义的导引与装饰的作用外，还起到了调整心理压力，完善室内设计功能等诸多方面的能力。尤其是在大型的公共室内空间里，色彩对于整个人流的导引和室内功能的完善起到的作用是极其重要的。鉴于色彩学是一个极其庞杂的学科，在本课程中我们将讲述的是经过整合与修编的色彩学中与室内空间设计有关的知识点，以希望通过课程让学生在专业知识方面更加巩固，同时引领学生向专业的细化知识迈进。

通过部分色彩学的原理知识，让学生理解色彩对于人的重要性。另一方面，也让学生理解室内中色彩的运用是怎样的重要。在前期课程中，通过对于自然界中简单自然物体的颜色模仿（追色）试验，让学生理解色彩的丰富性与复杂性，再通过图表与图片，讲述色彩学的相关内容，之后引入色彩学对于室内设计的影响，最后，通过对应的色彩专门设计，透彻理解这一知识点。

课程为4周，共计32课时。（崔冬晖）

Interior Color Design

课题名称：室内色彩设计
作者姓名：胡娜
指导教师：崔冬晖
设计时间：2007年1月

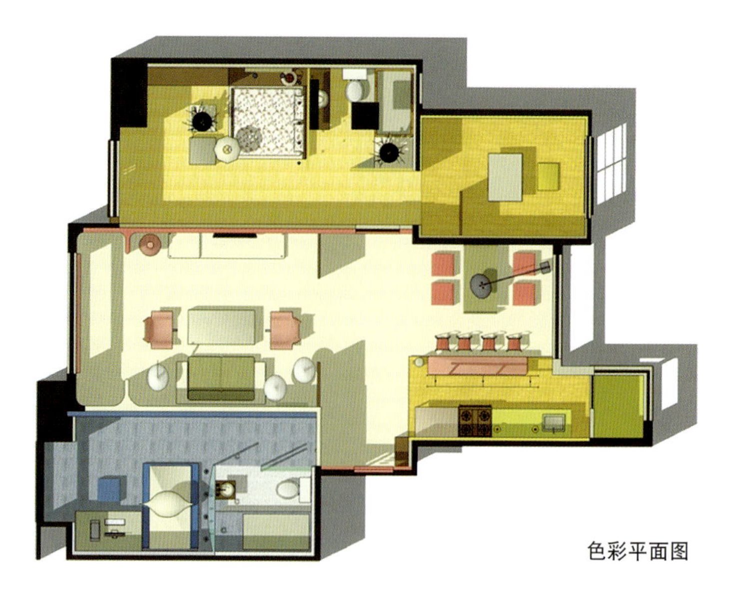

色彩平面图

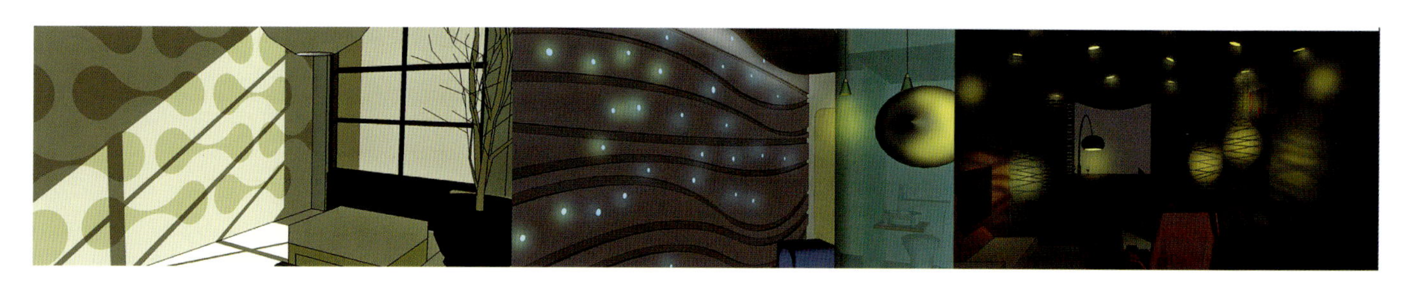

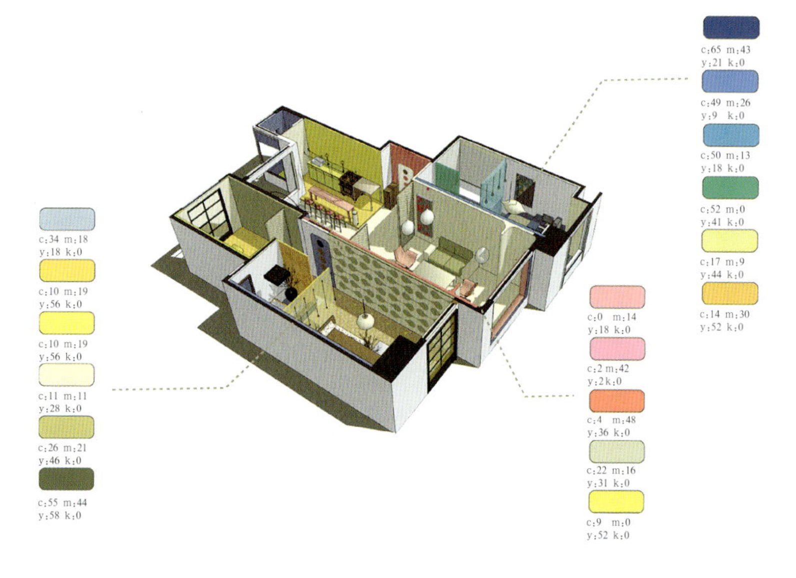

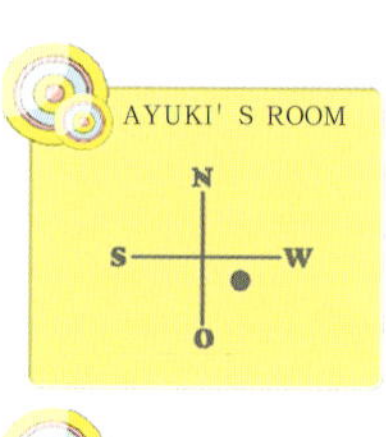

N：new 新生长
O：old 旧消亡
S：strong 强激烈
W：weak 弱温和

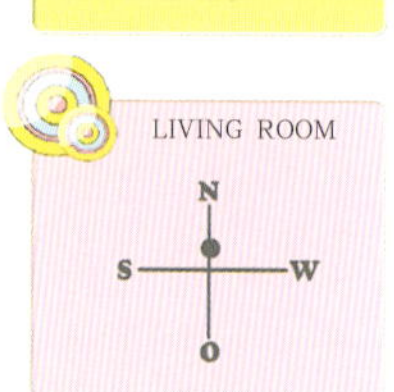

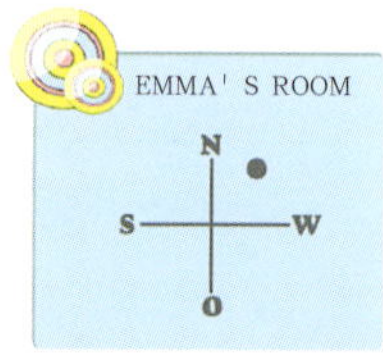

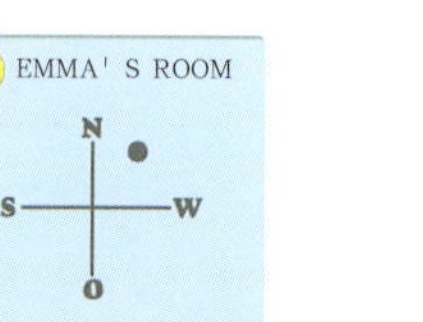

色彩形象

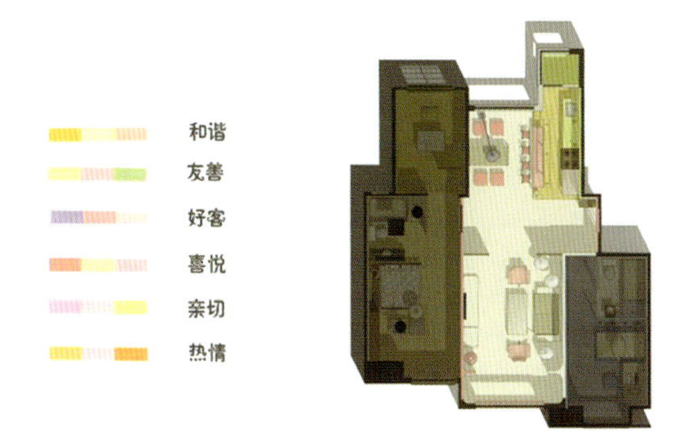

绯红 山茶红 鲑鱼粉 淡黄 浅泥 暖灰 浅橙 白色

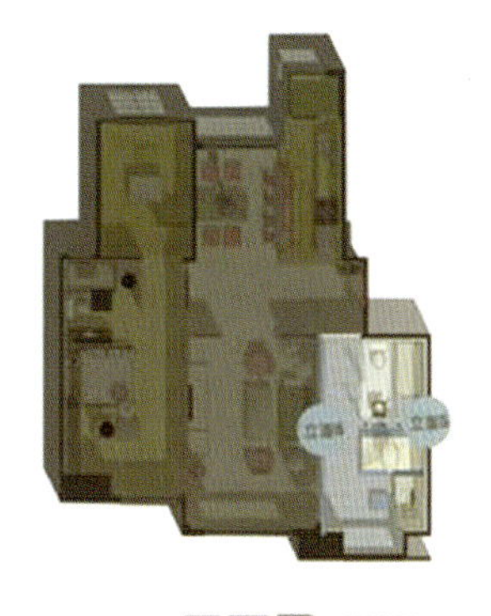

平面图 PLAN

室内装饰材料设计

装饰材料设计课程的教学是在充分了解现有材料的基础上，创作新的材料材质肌理效果；在了解材料性能和材料应用的基础上，创作并制作出能应用于工程的室内装饰材料样板。鼓励对廉价的建筑材料进行加工处理，表面处理可凿毛、磨光、分割、重组等加工成各种肌理效果，丰富材料的表现力。根据所选材料也可综合运用焊接、电镀、雕刻、铆接、螺栓等技术，使每一种技术都能发挥独特的作用。并通过学习和培养基本的材料操作技能，达到巩固和加深对所学理论知识的理解。通过熟悉常用室内装饰材料的名称、性能、规格、质量和用途，了解室内装饰新材料及发展趋势，达到正确的选择与合理的使用。

教学强调理论联系工程实际，将整体教学分为材料认识、材料市场调查、材料肌理加工、新材料试验加工四个层次学习。

课程为4周，共计32课时。（邱晓葵）

Interior Material Design

被风吹过的夏天——装饰材料材质设计

一、材料肌理

原材料：海绵砖、强力胶、乳胶。
成本：5元。
感受：在对海绵砖切、凿的实验过程中发现这种材料质地松脆，极易塑型，所以选择了用它表达肌理效果。另外，它在清洗过后露出丰富细腻的孔洞，像沙滩退潮后的样子，显得很朴素、柔和，也是我所喜欢的。

制作方法：整块的海绵砖买来是30×50×10的，我先用切和锯的方法，化整为零，再将一个个方体切成半弧形，之后是一遍遍打磨，然后清洗晾干，以纵横交错状粘贴，最后填缝，清理。

前景展望：虽然小块实验用砖需要手工制作比较费时，但实际工程运用时直接就可以按照一定模数批量生产，现场粘贴程序也不复杂，所以说这种随手可得的材料发展变化的潜力是很大的。

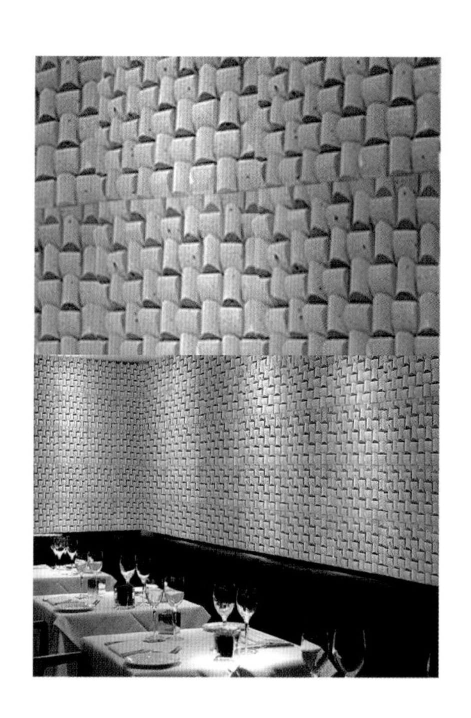

二、实用材料设计

课题名称：装饰材料设计
指导教师：邱晓葵 韩文强
作者姓名：张洋洋
设计时间：2006年12月

原材料：铁丝、镜子。
成本：26元。
感受：选择铁丝与镜子的组合是出于使用功能的考虑，首先工业产品是易清洗、易打理的，这能减少日后养护的费用；其次他们都有大批量生产和预制的可能性，可以说随手可得。后来，当我尝试用金属丝模仿织物平滑的质感时，它呈现出半透明的状态，遮挡住镜子的一部分反射，层次丰富。我又尝试着用它和金属板以及磨砂玻璃相结合，产生了半透明、半反射等等多种可能性，给人似曾相识又完全陌生的感觉。

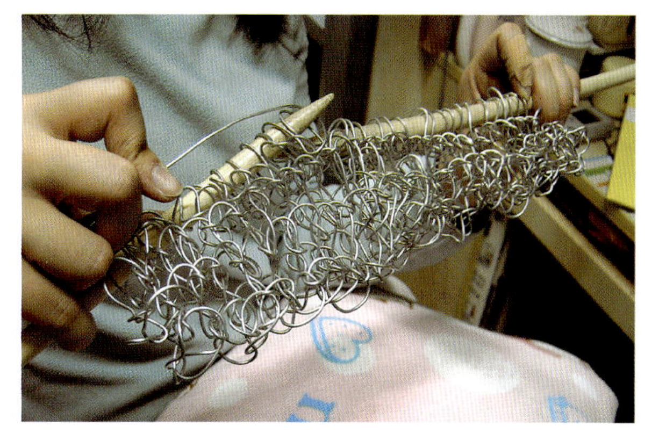

制作方法：用粗毛衣针平针编织9号钢丝，用力均匀，保持表面的平整，然后用细钢丝将之捆绑到镜子表面，同时控制钢丝网各部分张力平衡，将钢丝网与镜子基本结合为一体。

前景展望：手工编织钢丝如果在实际使用肯定不合理，但是用机器加工类似弹簧床垫一样的形态应该很容易，适合批量生产，结构造型精准，工业感、现代感强。

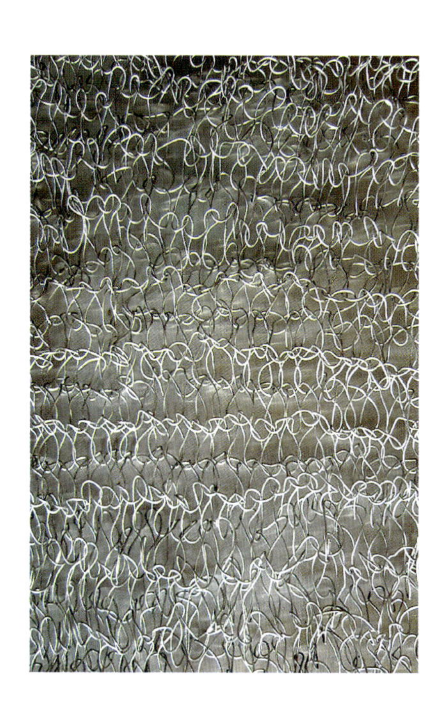

课题名称：装饰材料研究
指导老师：邱晓葵 韩文强
作者姓名：孙敏
设计时间：2006年12月

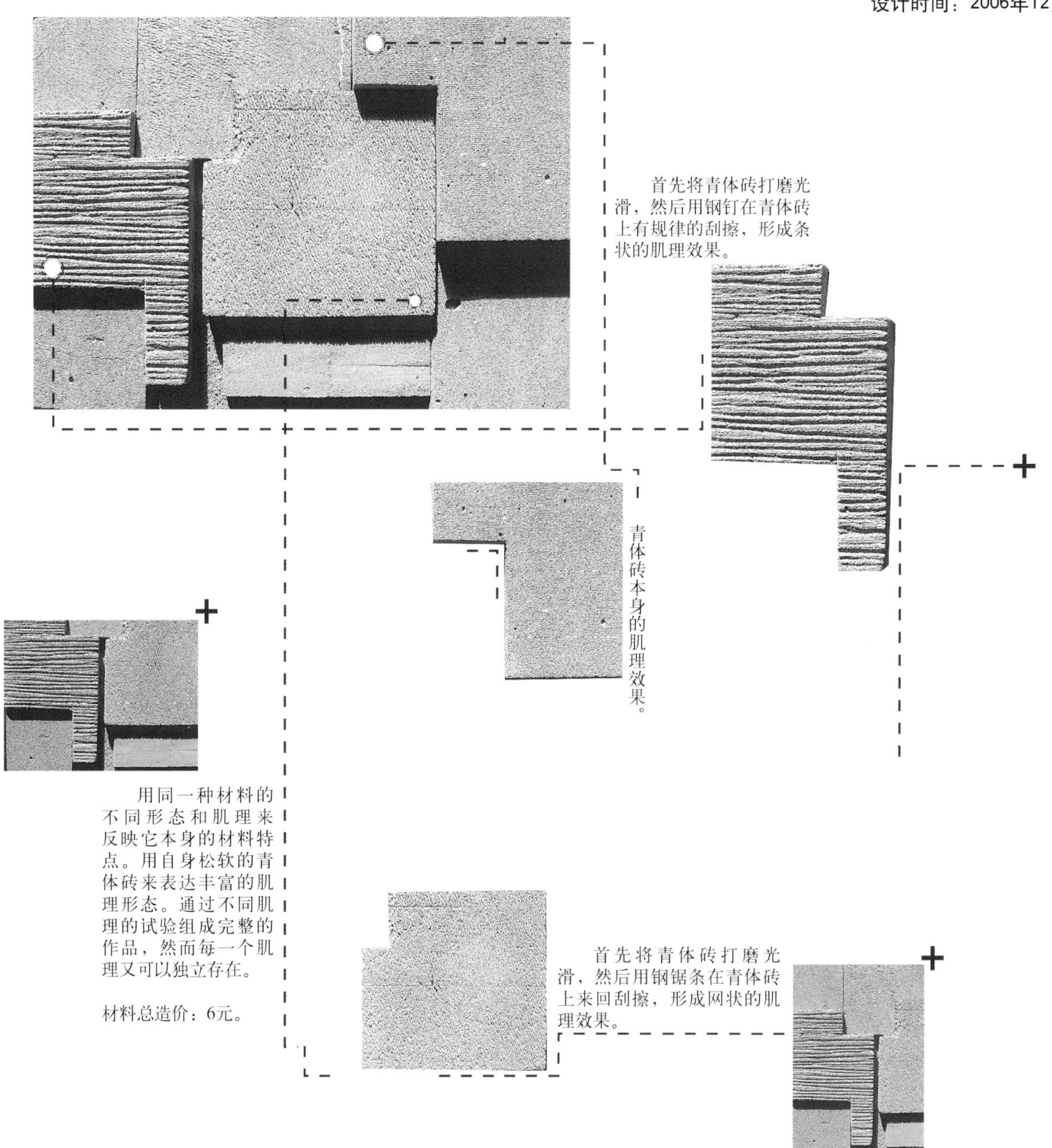

首先将青体砖打磨光滑，然后用钢钉在青体砖上有规律的刮擦，形成条状的肌理效果。

青体砖本身的肌理效果。

用同一种材料的不同形态和肌理来反映它本身的材料特点。用自身松软的青体砖来表达丰富的肌理形态。通过不同肌理的试验组成完整的作品，然而每一个肌理又可以独立存在。

材料总造价：6元。

首先将青体砖打磨光滑，然后用钢锯条在青体砖上来回刮擦，形成网状的肌理效果。

装饰材料材质设计

材料肌理、实用材料设计

课题名称：装饰材料研究
指导老师：邱晓葵 韩文强
作者姓名：赵囡囡
设计时间：2006年12月

通过我们去市场上的材料调研，比较全面地了解了大部分的装饰材料，有了很直观的认识。对我们这个专业来说，材料是很重要的一部分。这个课程的开设使我们增加了很多素材，不再闭门造车，更加专业化了。在设计课程里肯定会有所反映。

亲手制作材料也使我们受益匪浅，掌握了一些材料的性质，但我觉得更大的作用在于思想的解放，不再固守陈规，不再守株待兔。更加主动地去创造，甚至材料的创意能影响和带动整个创意思路。

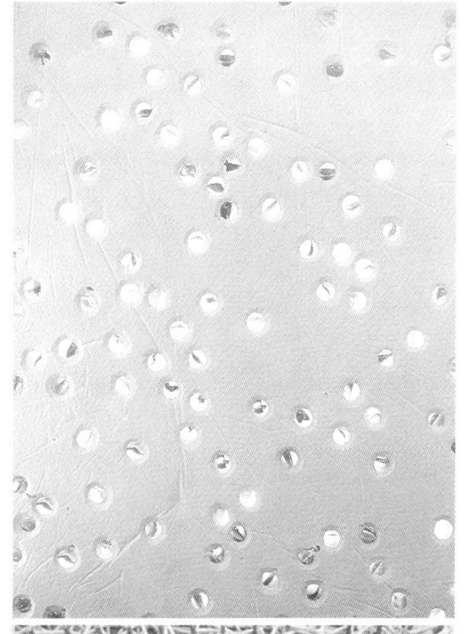

原材料：石膏、玻璃球。
制作方法：把玻璃球放在模子里，并摆出想要的形式，再把和好的石膏倒入模子，晾干，然后把玻璃球刻出。
成本：10元。

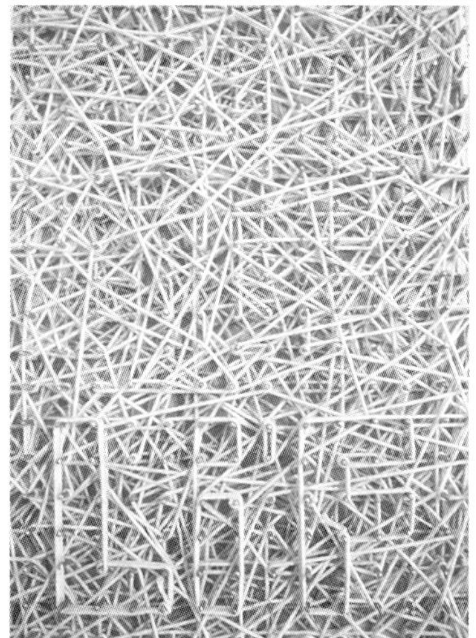

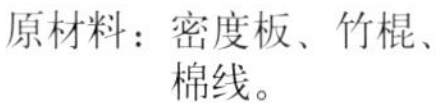

原材料：密度板、竹棍、棉线。
制作方法：密度板上打上阵列的孔，在孔中插入竹棍，然后用白色棉绳在竹棍上任意穿插和缠绕。
成本：5元。

原材料：刨花、密度板。
制作方法：选取具有美感的木刨花，把木刨花用乳胶粘贴到密度板上。
成本：估价2元钱。
造型很优雅，古典，具有美感； 成本便宜。

其他课程设计

本课程根据学生的专业背景和特点，选择度假旅游作为中型公共建筑的设计课题。其主要原因是度假旅馆功能贴近生活、易于理解；度假旅馆的综合性较强，能够对住宿、娱乐、商业、办公等各类公共建筑的设计特点都有所接触；度假旅馆自然环境条件优越，其选型灵活多变，有利于发挥学生的创造力。

在本次课程中，将接触到功能分析、平面布置、空间布局、流线组织等中型建筑设计须解决的典型问题，还将涉及到建筑与外环境，重复单元与总体建筑造型、建筑尺度与材料等方面的问题。本课程强调由最初设计概念到最终成果这一设计流程的连续性，在此过程之中引导学生探讨人、建筑、环境三者之间的有机关系。（韩文强）

Other Studios

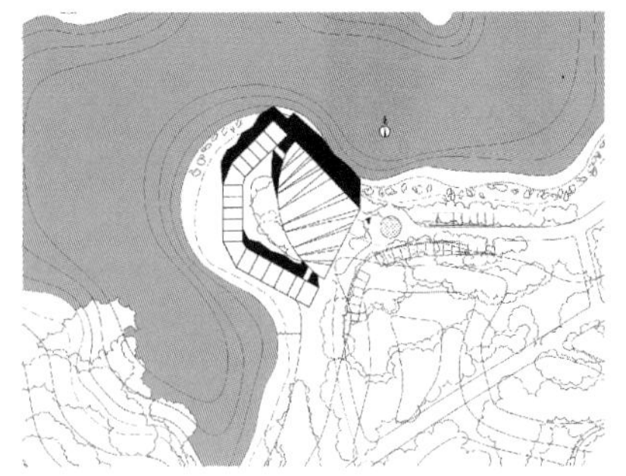

总平面图

课题名称：中型建筑设计
作品名称：小旅馆设计
作者姓名：胡娜
指导教师：韩文强
设计时间：2006年11月

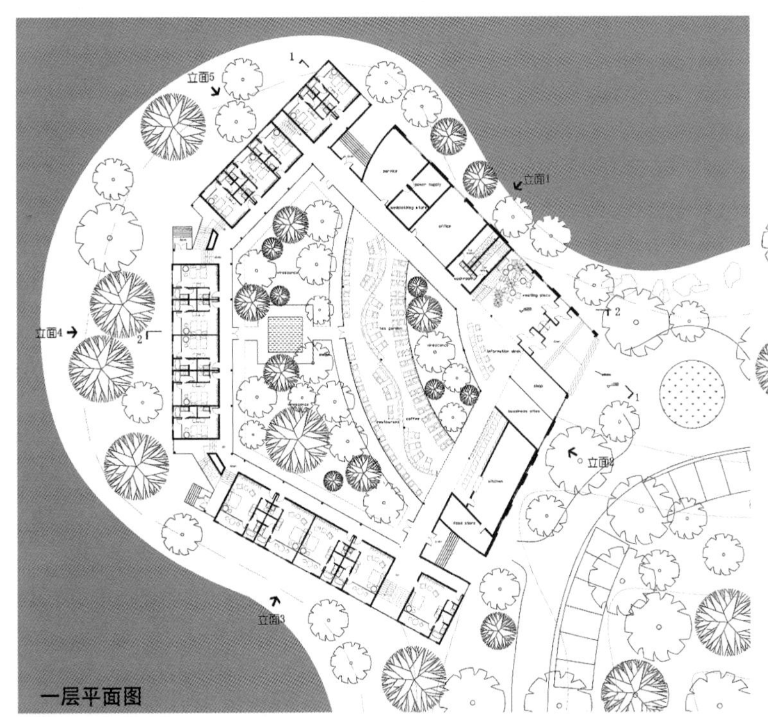

一层平面图

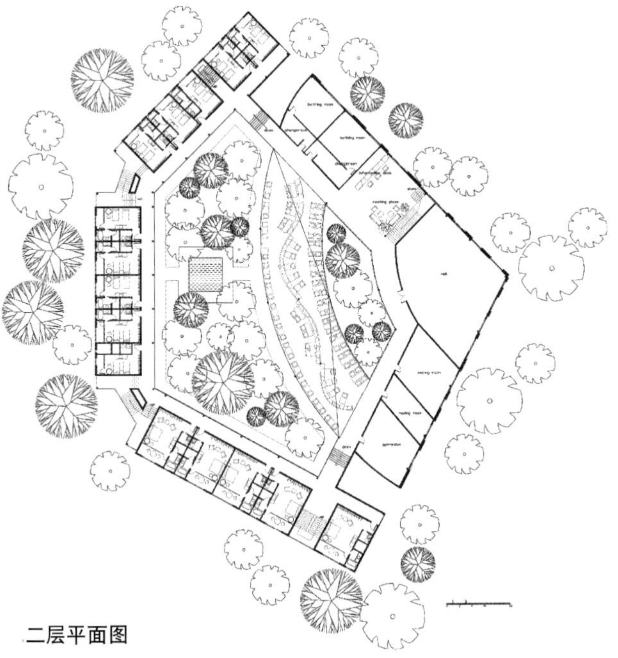

二层平面图

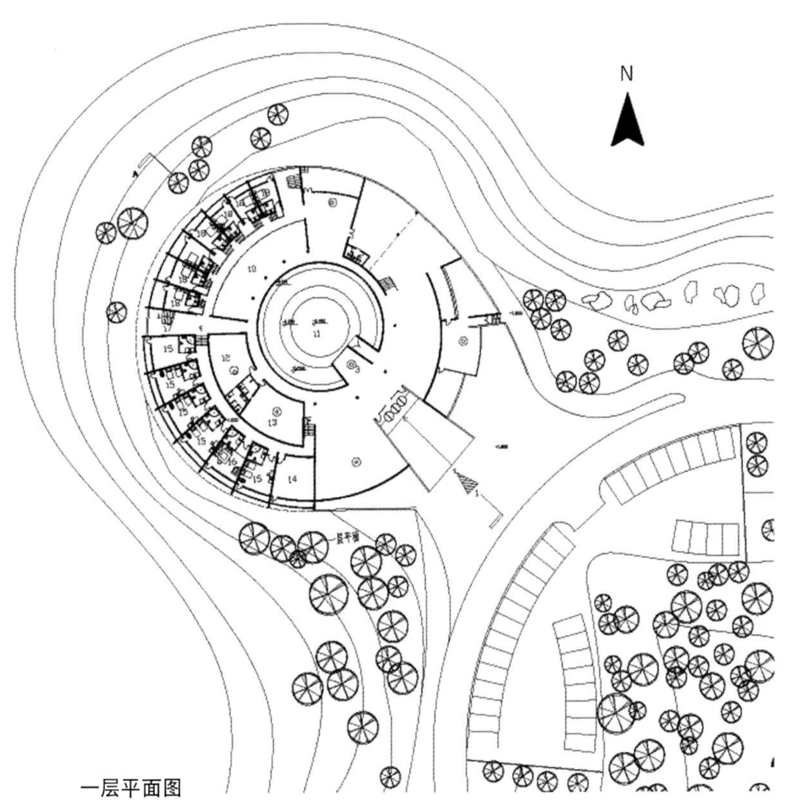

一层平面图

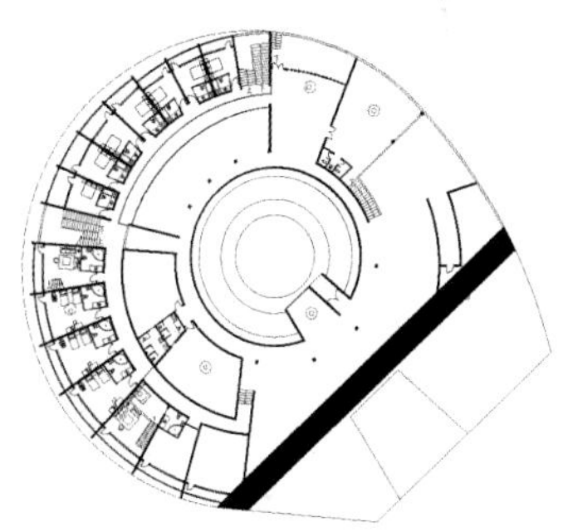

二层平面图

1 主入口
2 休息大厅
3 门厅
4 餐厅
5 配餐室
6 厨房
7 储藏室
8 休闲大厅
9 阳台
10 开放式咖啡厅
11 室外水塘
12 会议室1
13 会议室2
14 备用房
15 a型客房（小客房）

课题名称：度假旅馆设计
作品名称：景观与观景
作者姓名：秦怡梦
指导教师：韩文强
设计时间：2006年11月

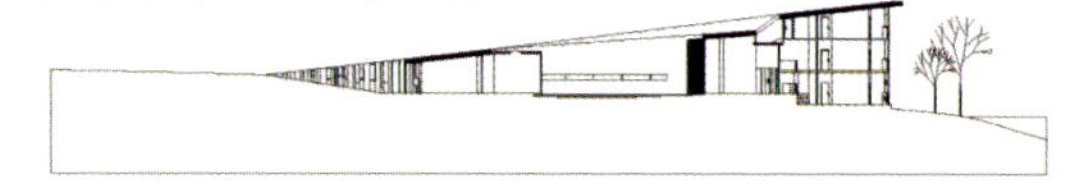

剖面图

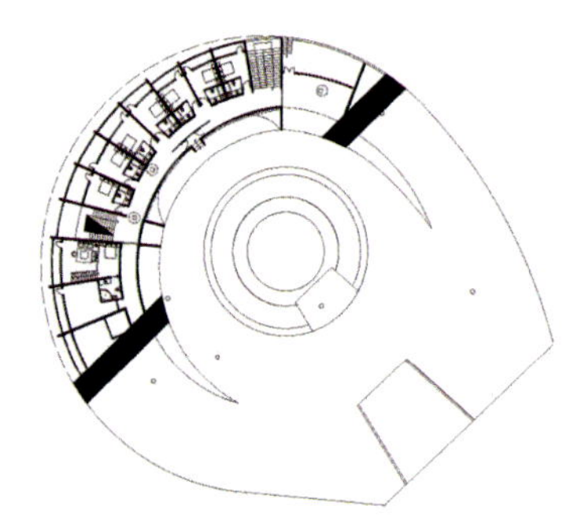

三层平面图

生土住宅　靠崖式窑洞生态民居改造设计

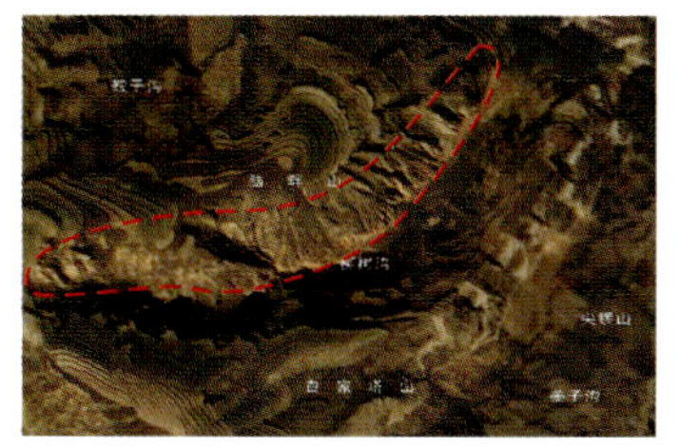

通过对中国西部农民生土窑洞的大量实地考察，揭示出了当今原生态生土建筑所面临的现实问题。在保留其原来不破坏生态环境，人文环境和节约能源的基础上，运用现代设计手段及设计方法，为生土窑洞民居设计了新的建筑环境方案，在设计中解决及改进了空间组合、采光、通风、上下水等问题。改善了当地居民的生活水平以及居住的舒适实用程度。使这一古老的原生态民居能够卫生、现代、实用、宜居，并对未来建筑的可持续性发展提出了新的思考方向。

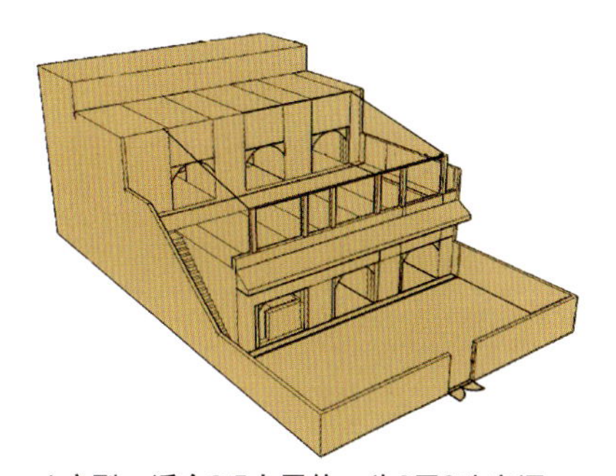

A户型　适合3~5人居住　为2层6孔窑洞

休憩坐椅

可折叠遮阳雨篷

攀爬植物花池

庭院设计部分

杂物间

浴室

厨房

卫生间

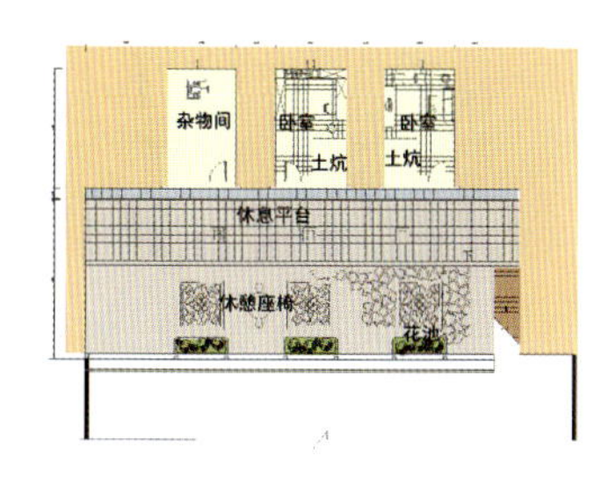

课题名称：陕北生土住宅生态改造及环境设计
作者姓名：李清
指导教师：张绮曼
完成时间：2007年6月

花架

树池休憩木椅

庭院休憩坐椅

窑洞门脸

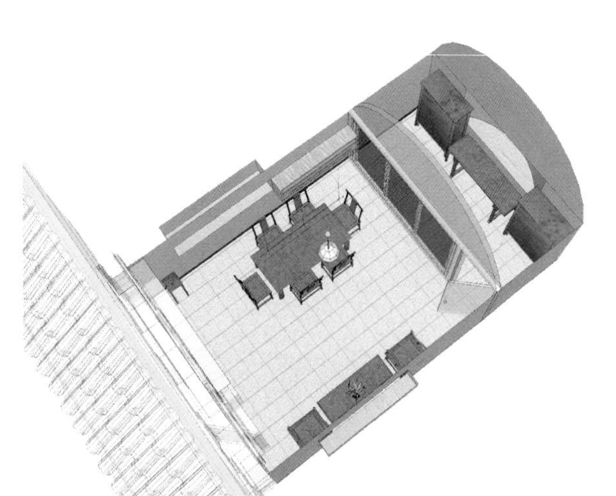

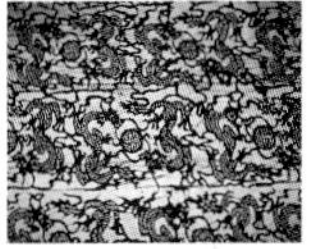

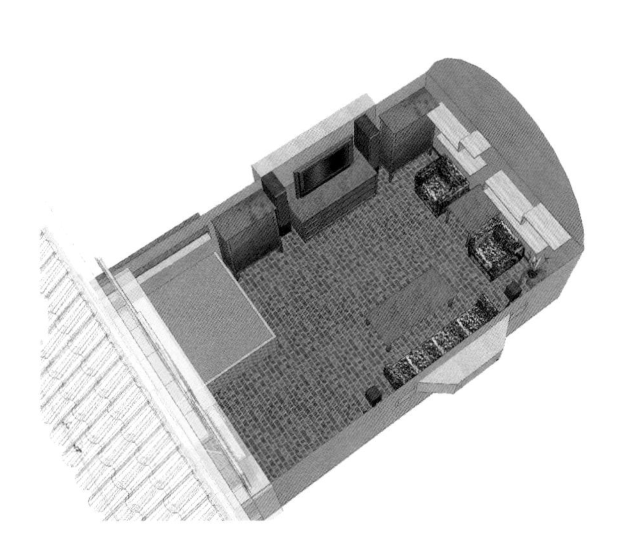

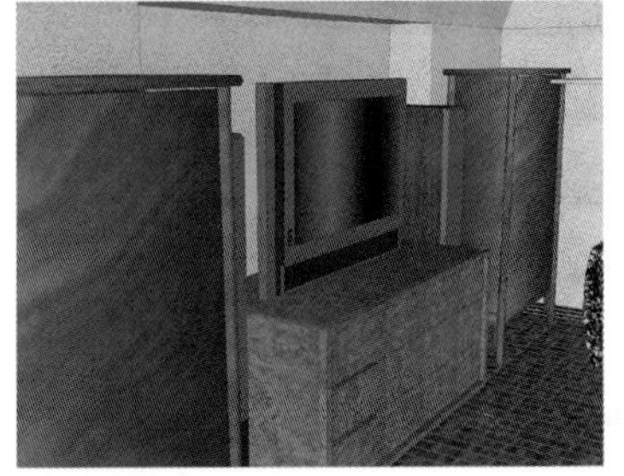

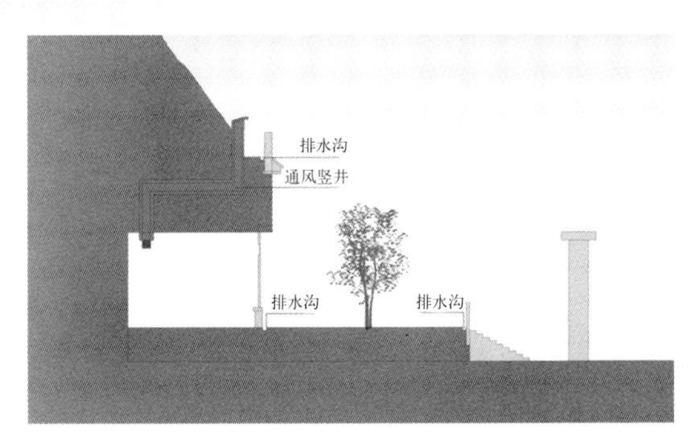

本设计是对陕西省米脂县高渠乡高庙山村柳树沟一带的冲沟村落进行详细的实地考察，对当地人的生活方式、院落和建筑形态进行调查，从其所处的地理地貌、生态环境、人文环境等自然要素出发，发现中国西部农民所居住的生土住宅所存在的现实问题，并且提出自己的理性思考和解决方法。在此基础上，为生土窑洞民居设计新的住宅方案，在保留其原来不破坏地貌环境、人文环境和节约能源的基础上，提出一个详细的设计方案，其中包括改进空间组合、采光、通风、上下水等问题，并且对宅院环境、室内环境进行再设计，使这一古老的原生态民居不仅能够更加现代、卫生、实用和宜居，目的是通过此设计方案，对当地居民的生活方式进行合理的引导，彻底改变他们贫穷落后的生活状态

覆土式窑洞可以在土中建造通风竖井

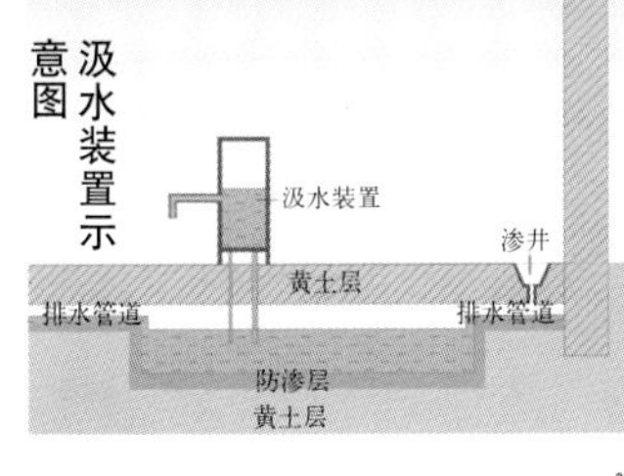

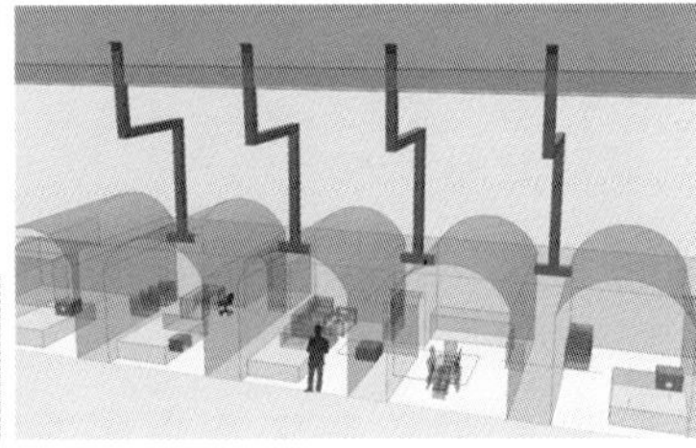

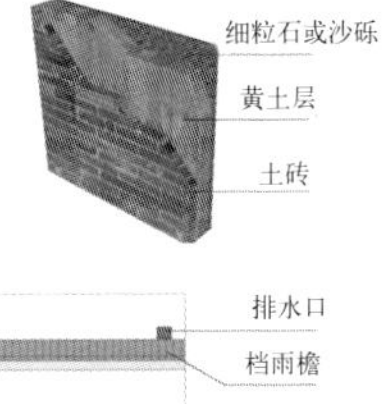

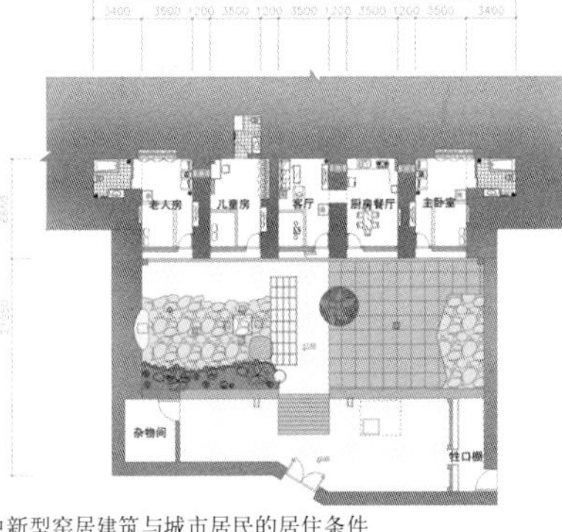

地面做排水沟和渗井，雨水通过渗井渗入地下水窖，被收集起来过滤煮沸进行回收利用。为此我特别设计了一套收集回收雨水的装置。

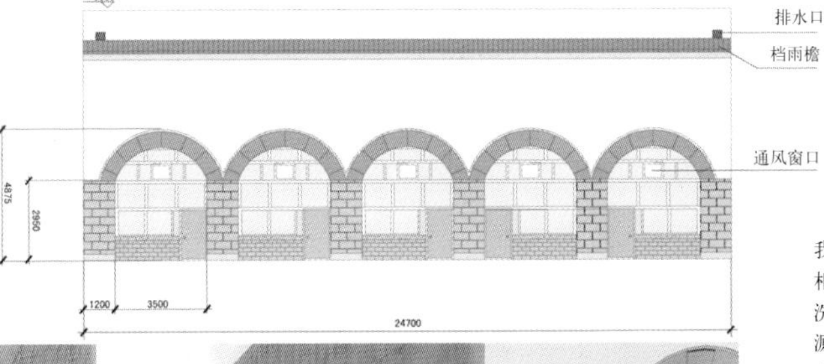

我的方案中新型窑居建筑与城市居民的居住条件相似，设有卧室、客厅、餐厅、厨房、储藏室、洗浴室等，以生土为基本建材，减少了制砖的能源消耗和环境污染，采用大玻璃窗，改善了室内采光条件，窑顶增加了太阳能热水器，设计了采用地热系统，洗澡、取暖均不用电力。在窑顶增加了通风竖井，改善了窑内通风条件。其中一个院落方案还将延续了几千年的一层窑洞设计成二层结构形式，不仅节约了土地，而且通风、采光条件更臻完善。

课题名称：陕北生土住宅生态改造及环境设计
作者姓名：孙肇晨
指导教师：张绮曼
完成时间：2007年6月

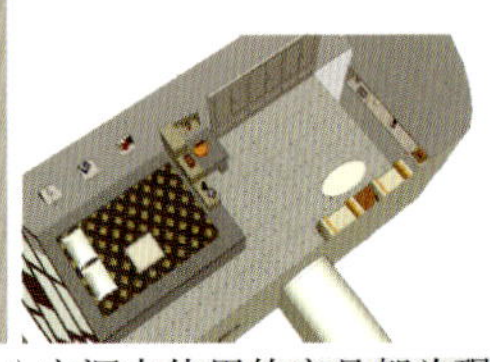

经过我们调研发现现在绝大部分窑洞内使用的家具都为现代家具，高大笨重的家具与窑内的空间形态极不和谐，并且浪费了过多的空间，所以在我的方案里，家具是直接利用生土挖掘或夯砌而成，节约了空间，并且可以随时填埋改造，体现了生态设计的理念

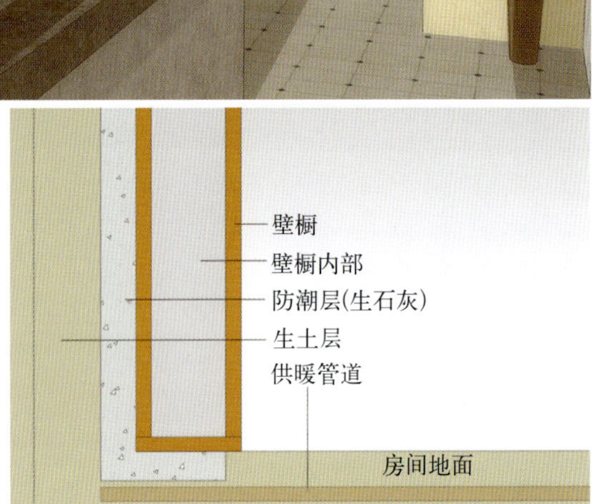

室内家具防潮方案

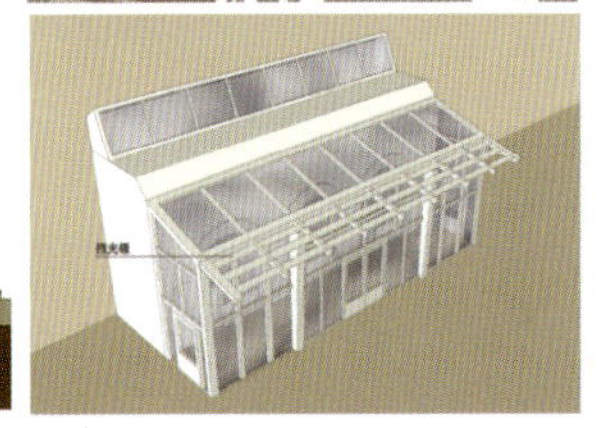

室内取暖方案：

在经济条件允许的情况下，在窑洞南立面外建造阳光廊，也就是用玻璃等材料围合成一定的空间，阳光透过大面积透光外罩，加热阳光廊内的空气，并射到地面、墙面使其吸收和储存一定的热能；一部分阳光可直接进入房间，这样由于阳光廊内空气与窑洞内空气产生温差，靠热压经过上下风口与室内空气对流，使室内温度上升。另外，当夏天不需要供暖的时候，阳光廊的玻璃窗均能打开，而且在阳光廊上方架设了可调节方向的挡光板

景观设计课程
Landscape Design

七、景观设计课程

景观设计学是关于土地和户外空间的科学和艺术，是一门建立在广泛的自然科学和人文艺术学科基础上的应用学科。它通过科学理性的分析、规划布局、设计改造、管理、保护和恢复的方法，核心是协调人与自然的关系。本专业教学充分发挥中央美术学院雄厚的人文艺术和美术造型的特点，侧重于城市文化和城市生态景观的规划设计。

景观专业课程以设计类课程为主线，理论类和技术类课程为设计类课程提供科学理性的依据和思维方法，拓展学生的景观设计语言。而社会实践类课程又帮助学生掌握包括结构、构造和材料方面的感性认识，提高设计的社会责任感。其中，一、二学年为基础教学，加强基础理论知识、技术知识和设计能力的学习。三年级开始进入专业课程学习，包括：1）设计类：景观设计1—景观设计初步、景观设计 2—城市公共空间景观设计、景观设计 3—城市生态环境规划设计、景观设计 4—居住区景观规划设计、景观设计 5—工作室课题设计；以及快题设计、限定条件设计和毕业设计创作；2）理论类：景观设计概论、景观规划设计原理、城市规划设计原理、城市设计原理、西方近现代景观设计史、景观设计风格与流派、当代建筑思潮与艺术、环境心理学等；3）设计表达类：手绘表现、计算机表现；4）社会实践类：古建测绘、设计现场、施工现场实习；5）技术类：施工图设计编制、植物认知与造景设计；6）其他相关课程类：艺术史与艺术原理、美学等。

Ⅶ. Landscape Design

Landscape design is a science and art about land and outdoor space. It is an application subject established on extensive natural sciences, humanities and arts. The core aim of landscape design is to coordinate the relationship between man and nature with scientific and rational analysis, planning and outlaying, design and reform, management, protection and renovation. This major can fully demonstrate the strong humane arts and fine arts advantages of China Central Academy of Fine Arts. It is focused on the planning of city culture and municipal ecological landscape.

The main theme of landscape design courses is design courses. Theory and technique courses provide scientific basis and thinking methods of design courses and expand students' landscape design languages, while social practice courses help students develop sensible knowledge of structure, formation and materials and improve their sense of social responsibility. The first and second years shall focus on basic teaching, emphasizing basic theories, techniques and design capabilities. Major courses shall start from the third year, including: a) design courses: landscape design 1-preliminary landscape design, landscape design; 2-landscape design for public urban space, landscape design; 3-planning of municipal ecological environment, landscape design; 4-residential landscape planning, landscape design; 5- studio task design; as well as rapid theme design, restricted design and graduation thesis. b) Theory courses: landscape design general, landscape design styles and genres, contemporary architecture thoughts and art, environmental psychology, etc. c) design expression courses: freehand drawing expression, CAD expression. d) Social practice courses: ancient building survey, design and construction on-site practice. e) Technique courses: basic construction blueprint making, plant recognition and landscape design. f) Other courses: history and principles of art, aesthetics, etc.

景观设计初步

课程目的：景观设计初步是景观专业方向的入门课程，需要了解景观设计的基本内容和设计范围，特别是要考虑如何解读现有场地的基本特征（包括主要景观特征和次要景观特征），以及通过分析找出解决问题的设计方法。

课程内容：景观设计并不仅仅是考虑视觉美感，而更多的是要考虑与人的活动发生和环境心理，要着重考虑协调人与环境之间的关系。课程分为两个部分，第一部分主要是通过个案分析，讲述设计过程和方法，着重讲解人的基本活动方式和对场所的要求、材料特质、光色影响、视觉导向的问题；第二部分是通过一个小规模课题来尝试景观设计，通过教师的讲解和指导，完善设计方案。

课题要求：在两条城市街道的交汇处，至少具备3个城市功能的场所的景观设计。街道可以是城市主干道，也可以是支路。城市功能可以是诸如展示、休息、运动、小商业等，根据场地的实际情况加以分析后确定。设计场地面积500～1000m^2，可以是规则的也可以是不规则的。根据上述要求，学生可以自由选择设计场地，并说明选择理由。在得到指导教师认同后展开设计。需要完成总平面图、分析图、相关构筑物等的平面、立面、剖面图、效果图及设计说明。力求信息饱满，构图清晰，表达准确。

课程为8周，64课时。（丁圆）

Preliminary Landscape Design

课题名称：景观初步
作品名称：五道口街道广场改造
作者姓名：伍晓雯
指导教师：丁圆　康睿
设计时间：2007年5月

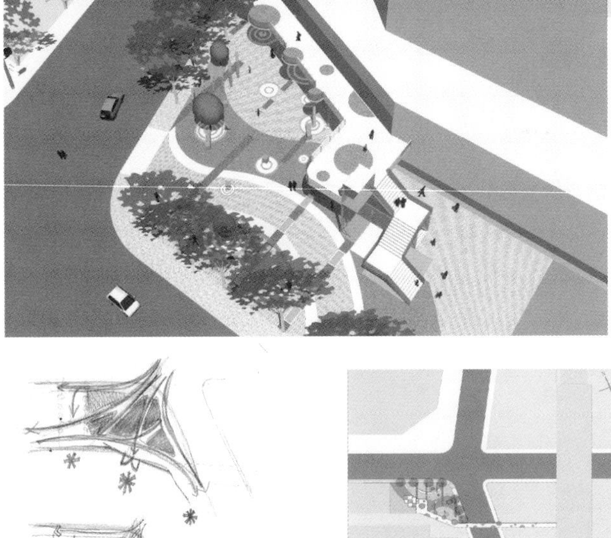

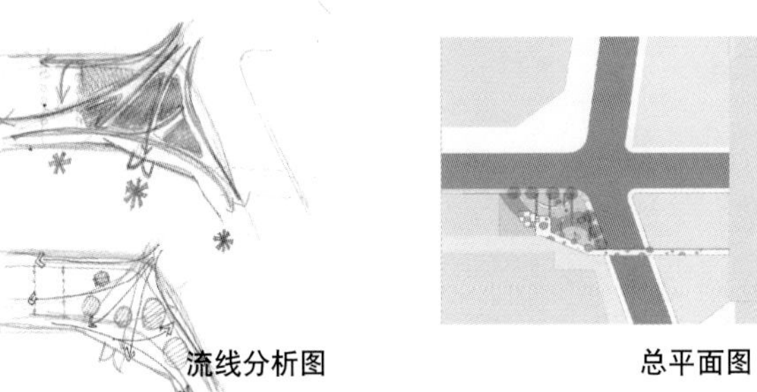

流线分析图

总平面图

一层平面图

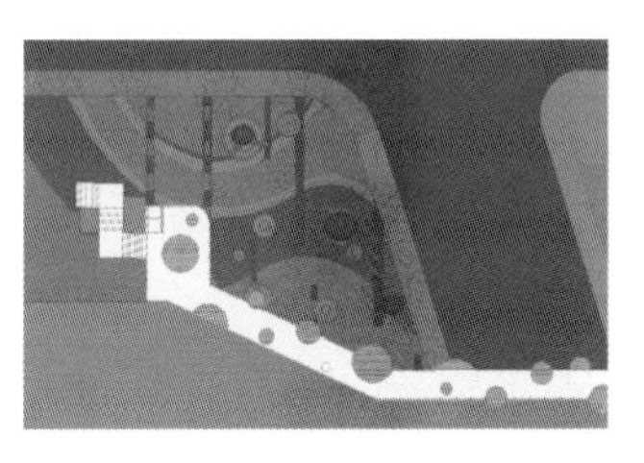

二层平面图

（图一）

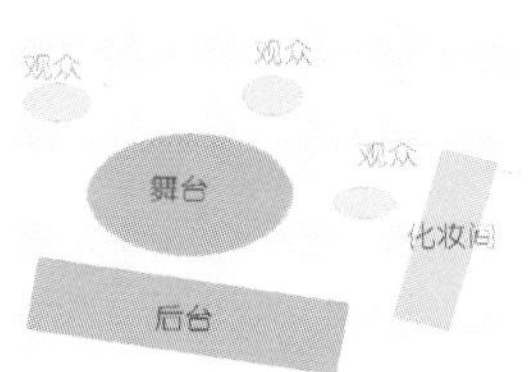

（图二）

本设计主要解决该十字路口的人流交错混乱的现状，把不同目的人流去向从同一平面的空间分割变成三维交通网络（图一），从而减轻拥堵情况。天桥–广场–地下道。

十字路口是街道的重要识别分流平台，在广场空间划分中，以舞台为主要故事线展开（图二）。

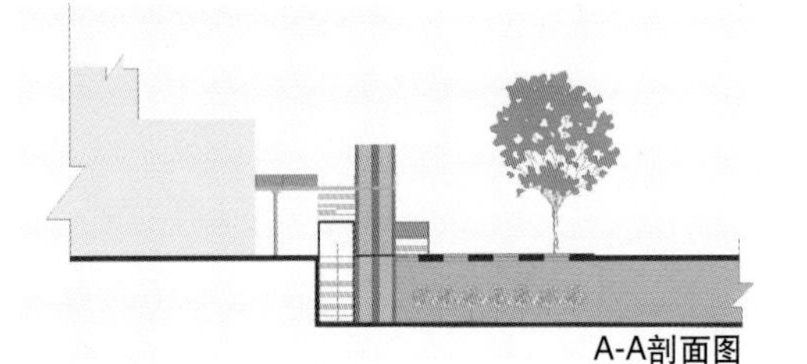

A-A剖面图

立面图

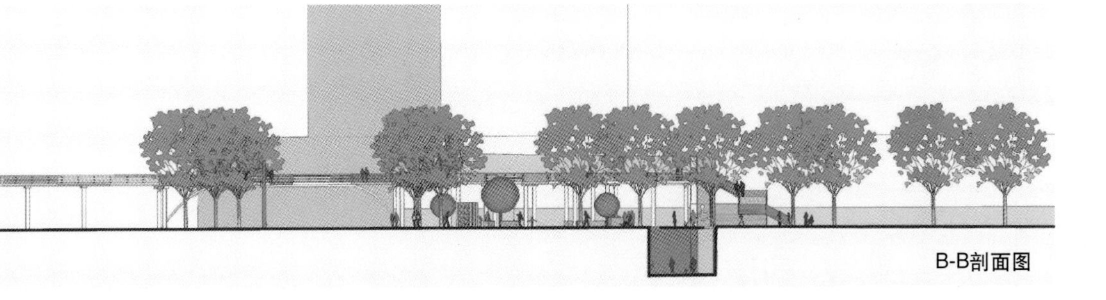

B-B剖面图

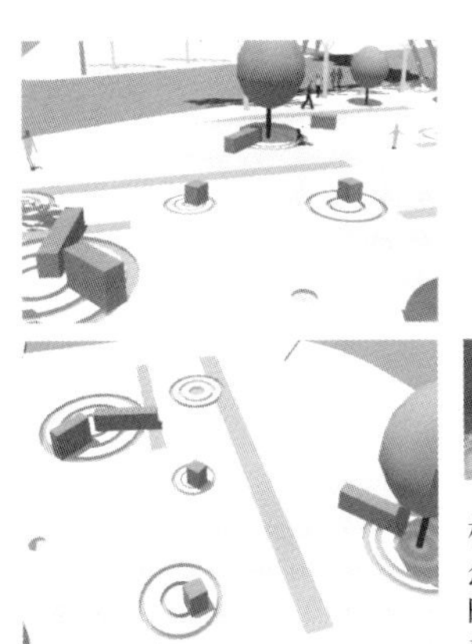

观众——椅子

椅子的摆放形式以人与雕塑的使用状态为概念，当人与人之间的状态变成了看与被看的时候，人在使用椅子的同时，也像扮演看雕塑的被“观赏”的作用。

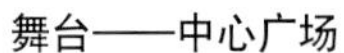

舞台——中心广场

以水滴的形态作为广场的灯光设计，天桥的设计除了缓解交通外，还为二层的商业环境创造了独特的景观视线，从而连接了上下两部分空间，天桥的设计中，在主要的行走中轴线上增加观景阳台来增加行走过程中的趣味。

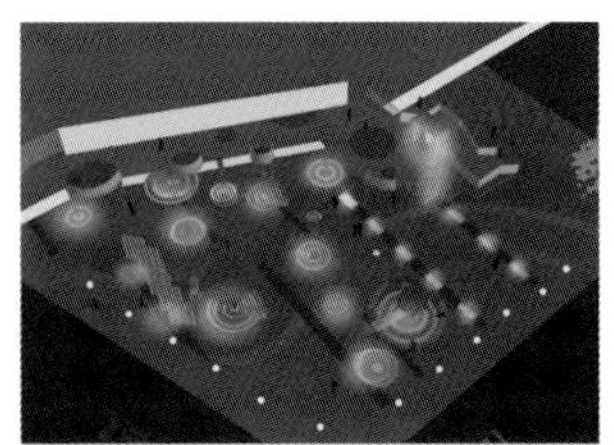

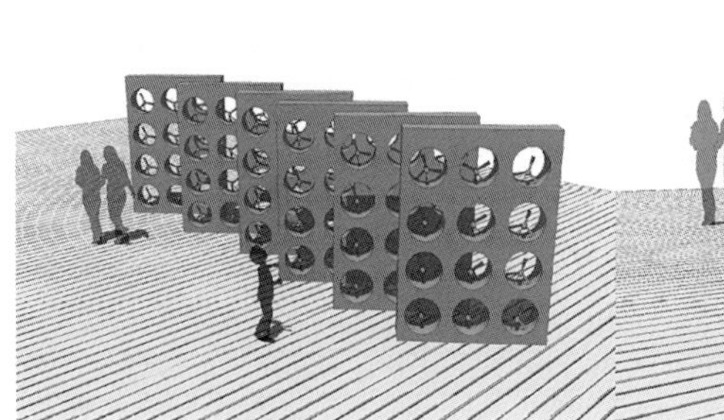

化妆间——街道与广场的界线

风车墙使用风车的转动形成独特的视觉效果，在空间形态中扮演着广场的过渡空间，也为该十字路口增强了可识别性。

TRICORN SOUARE

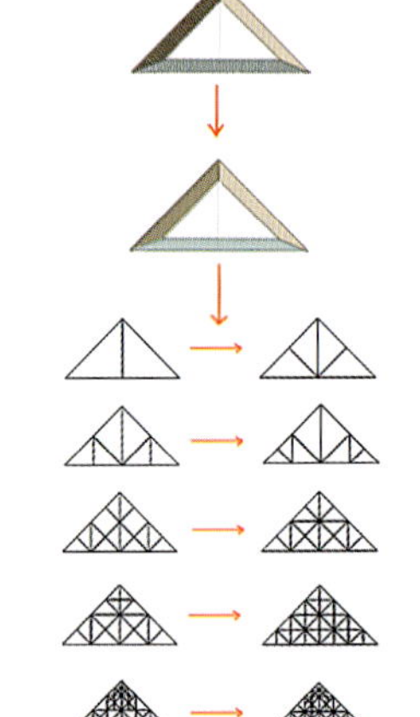

本设计基地位于北京市朝阳区望京花家地街与望花路交叉路口，现状杂乱，交通拥挤。作者旨在营造一个适合于大众的空间。由三角形基地联想到三角形形式，逐步进行分割，来满足功能的需求。

课题名称：景观初步1
作品名称：街角绿地设计
作者姓名：王晓珊
指导老师：丁　圆
设计时间：2007年4月

本设计旨在创造一种公用性的公共空间，追求功能的合理性，以最通用的设计来满足行人和居民的需求。在临街三个方向上，都分别作了精心得处理，使其尽可能满足场地环境和人们的需求。富于理性的几何造型同时兼顾了美观。

课题名称：景观初步1
作品名称：街角绿地设计
作者姓名：王晓珊
设计时间：2007年4月
指导老师：丁　圆

城市公共空间景观规划设计

课程目的：城市形象和景观特征首先体现在城市公共开放空间上，是人们认识一个城市和市民公共生活的基础。综合已掌握的专业理论和基本技能，深化城市公共空间环境景观设计课题，掌握城市公共空间景观环境设计的原理。课程设计强调构思过程及方案设计的综合分析能力和专业设计表达。

课程内容：针对城市滨水环境、街道空间、城市园林、公共绿地、公共环境艺术、公共服务设施等城市公共开放空间体系的不同方面，分析探讨公众生活与自然环境和人工环境之间关系。

课题要求：总平面图（明确建筑与周围环境、景区内道路的关系）动线等分析图、铺装、绿化配置、小品、主要景观的立面图、剖面图（反映主要空间关系）及主要景观透视效果图、鸟瞰图等。

分 课 题：城市街道景观设计

设计对象选择在北京周边的新建望京社区，针对目前街道定位不明确、空间形态的混杂与雷同、缺乏景观特征的现状等问题，通过学生们实地调查分析，从使用者的角度出发，探寻解决街道空间形态和景观特征建构的方法。

分 课 题：城市商业空间景观设计

城市商业步行街是重要的生活节点，特别是在传统地区又涉及保护与更新再生的问题。课题选择在北京市大栅栏传统地区，结合城市传统建筑文化（形式、尺度、材料、色彩）和生活方式，通过环境改造，建构充满活力的城市生活氛围。

分 课 题：城市滨水空间景观设计

城市滨水空间环境（河流、湖泊、海洋）是自然环境与人工环境的结合体，是城市生态的重要组成部分。水是生命的基础，特别是在北方自然水体显得尤其珍贵。保护自然水体，同时将人们的生活与滨水环境相结合，合理、有效地创造舒适宜人的城市环境。

课程为18周，144课时。（丁圆）

Landscape Design for Public Urban Space

课题名称：城市公共空间景观规划设计
作品名称：街区公共活动中心周边环境设计
作者姓名：陈文昌
指导教师：丁　圆
设计时间：2007年10月

设计说明：针对广顺南北大街的主要矛盾——快速通行的车与横穿道路的行人，道路呈"S"形，道路节点间车辆进入半地下，并可从通道进入CBD地下停车场，地面留给行人足够的公共空间使用，在节点回到地面可转向。

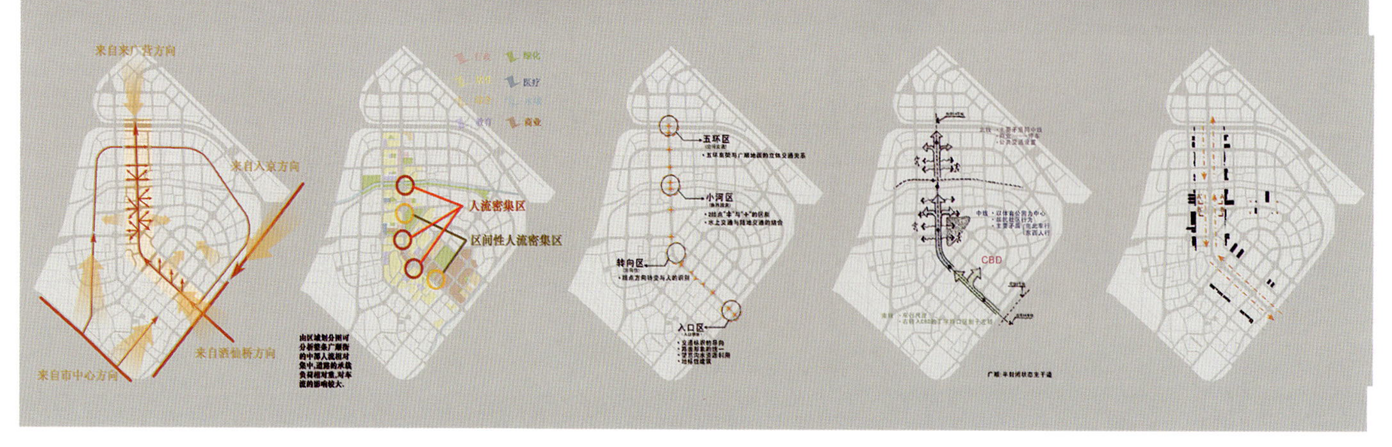

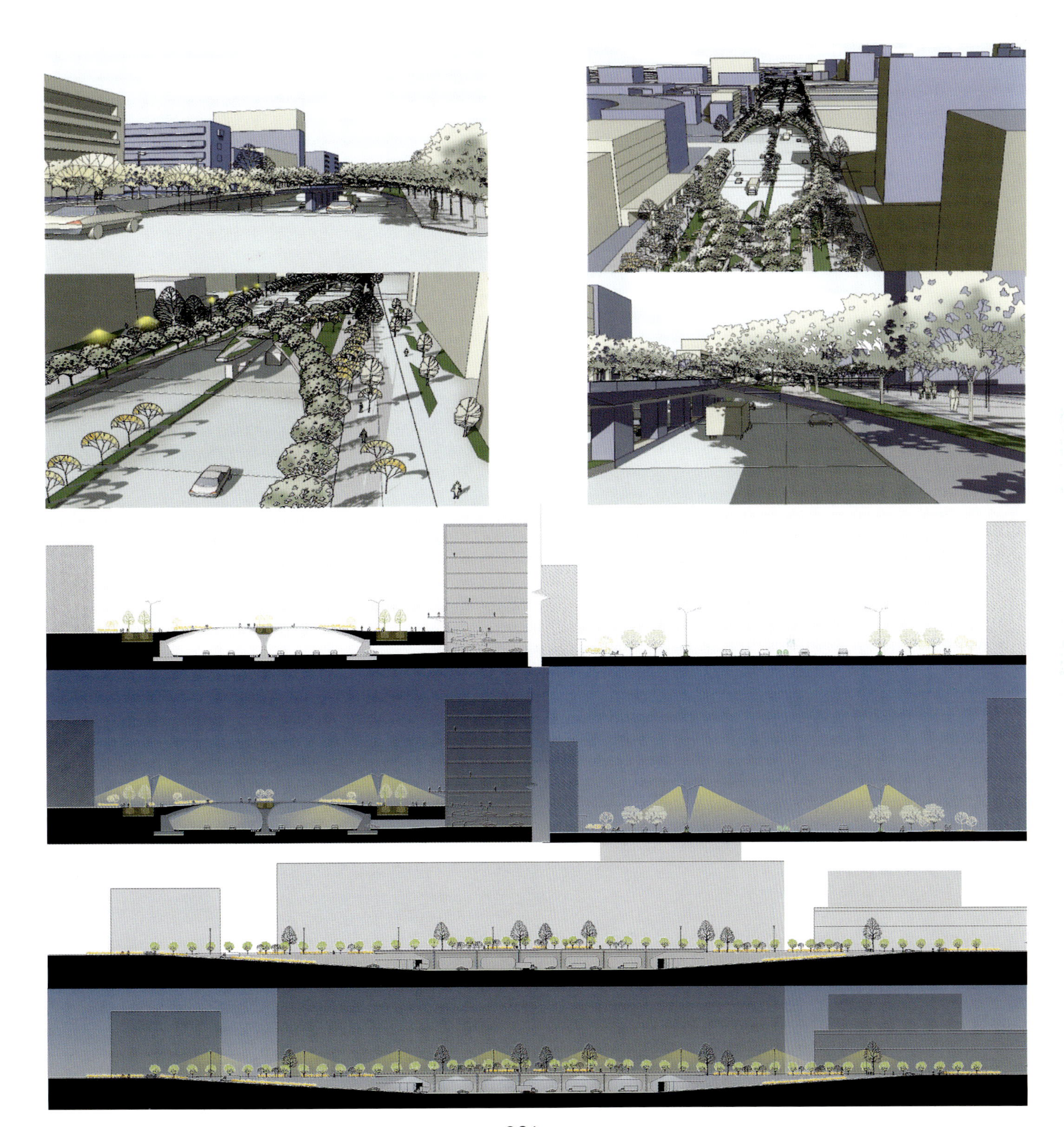

望京地区南湖南北路道路规划

我的思考……

建筑、汽车占据了大量的城市公共空间，人寄居在建筑、汽车夹缝中。建筑与汽车抢走了本该属于人的娱乐休闲的空间场地，也同时抢夺了人们的步行权力和时间。更使人们失去了与邻里情感交流的机会。

不合理的人行尺度，交通优先的规划理念，使过多的汽车占据有限的城市公共空间，人们不再爱出门，即使邻里之间也变得陌生，互不相识。

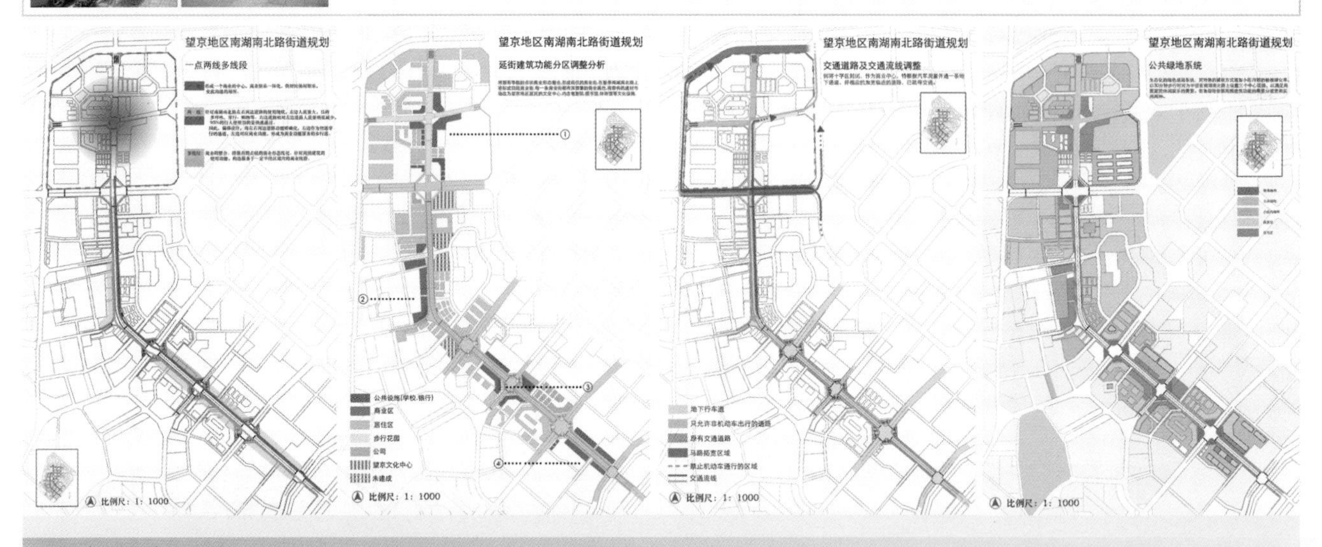

方案分析图

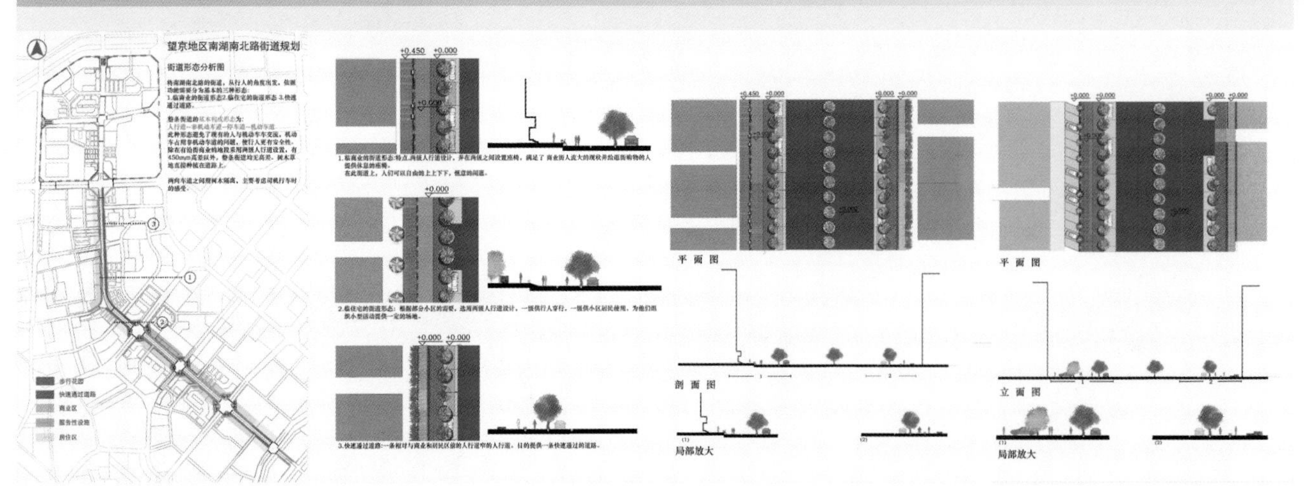

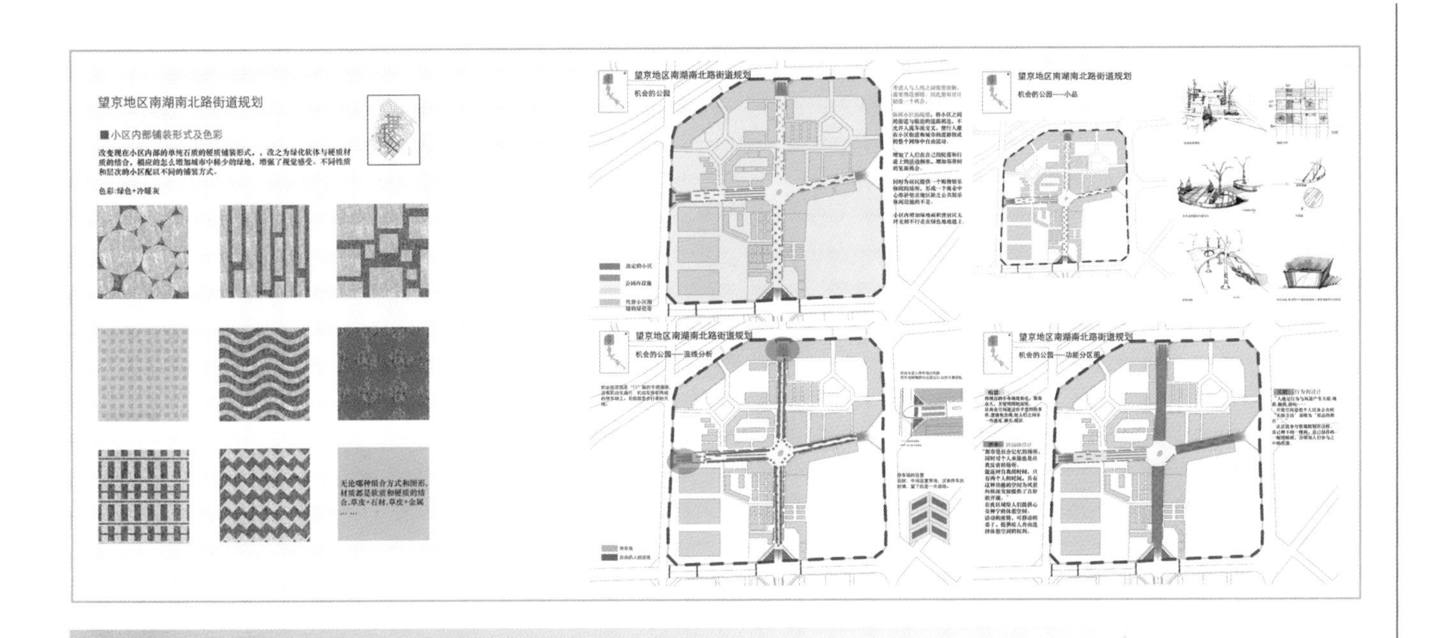

规划目的：
主要是想通过一种手段提供适合人行尺度的公共共建，使人与人的关系不再陌生，减少步行的距离，功能的合理布局，商业结构的合理，减少居民的购物距离，加长步行的时间，使人们从封闭的环境中走出来，恢复步行的本能，让人们增加见面频率，提高邻里的感情系数。

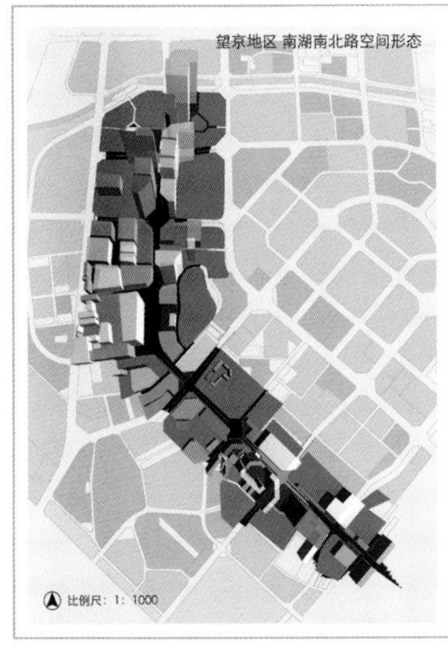

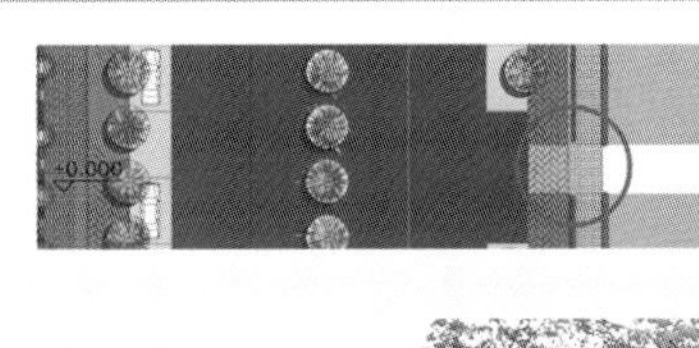

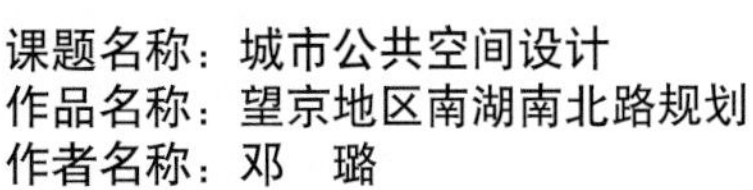

课题名称：城市公共空间设计
作品名称：望京地区南湖南北路规划
作者名称：邓　璐
指导教师：丁　圆
设计时间：2005年11月

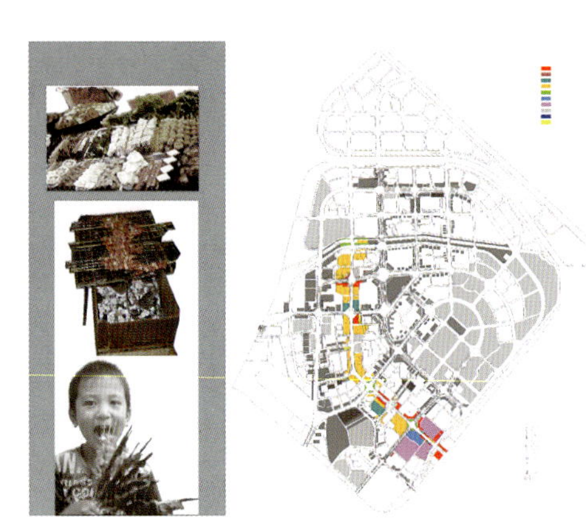

场地现状：
南湖南路、南湖北路是望京地区的主要生活轴线，两旁以住宅、工地、学校和商业建筑为主。

1.人流的瞬间聚集，宜建设大量休息停留空间。
2.绿色休闲空间应多，关注年轻人与小朋友。
3.除大型超市、健身中心外应加建图书馆等文化设施。

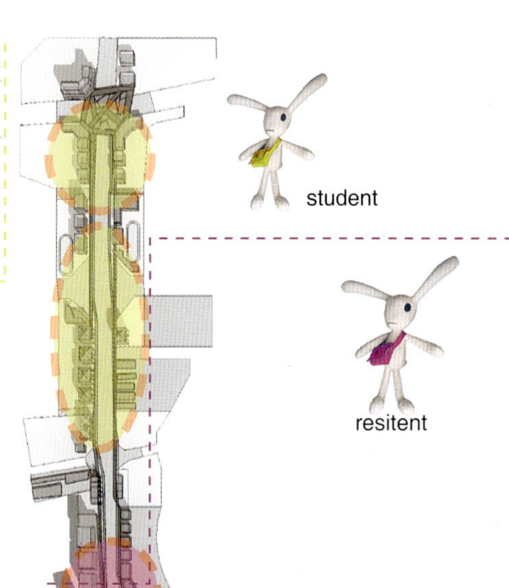

student

课题名称：城市公共空间规划设计
作品名称：景观在运动
作者姓名：黎少君
指导教师：丁圆
设计时间：2005年12月

resitent

1.居住人群是场所的主要使用者，应有相应的休闲设施，故场所只需要提供完整的自然景观，供其散步休闲、交流等功能。
2.独特的饮食文化，增加绿地面积，以及在餐饮空间增加竖向空间。

office lady

QUIET DAY
JUYFUL NIGHT

QUIET DAY
JUYFUL NIGHT

QUIET WEEKDAY
JUYFUL WEEKEND

1.节奏快的人群，其对场所的需求主要为观赏性要求，根据区域设置高档消费场所。
2.晚上沿河气氛恐怖，适宜建设水边酒吧等，活跃附近office lady&man和外国居民的气氛。

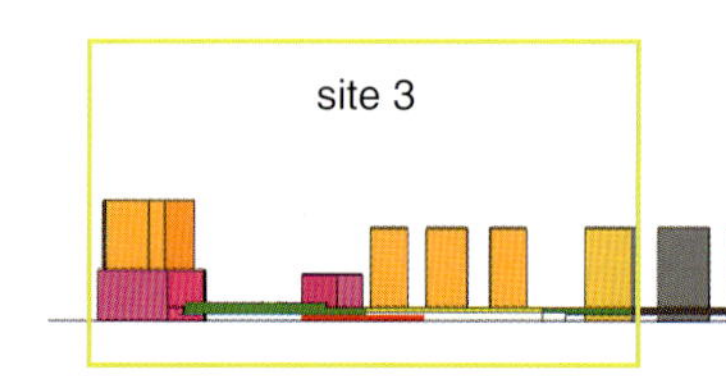

地点一：佳境天城附近沿河一带

白天白领享受着午后的阳光，入夜后白领来到了放松的天堂，看着河岸的景致，尽情释放，偶然可以碰上一段艳遇，异国之恋也说不定哦！景观在运动！

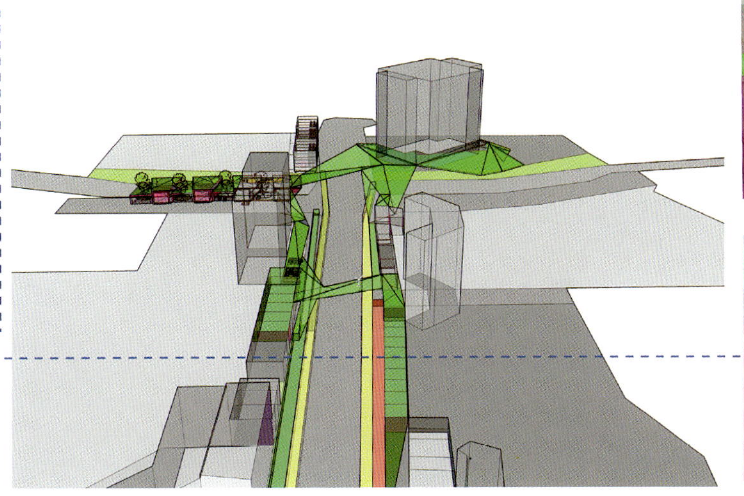

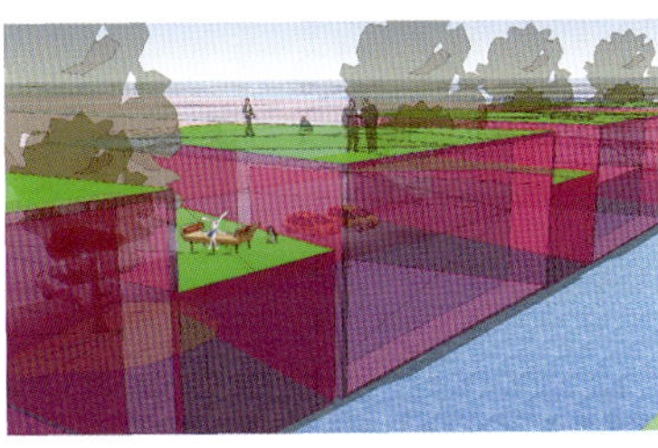

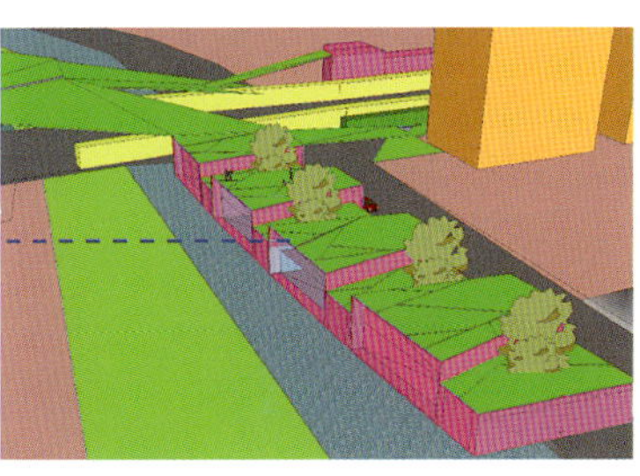

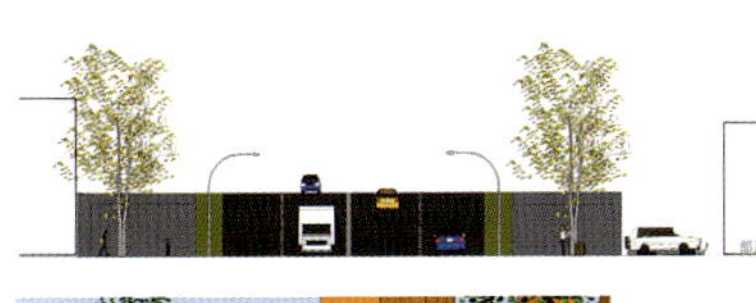

地点二：邮局一带到综合市场

充满诱惑的食物幻化出变化的景象。白天处于室内空间。到了华灯初上时，坐在高处俯瞰城市，奔跑的汽车从脚下飞奔而过，并享受地道美食。空间的利用率从而大大增加，生活的单一力求打破。景观又在运动！

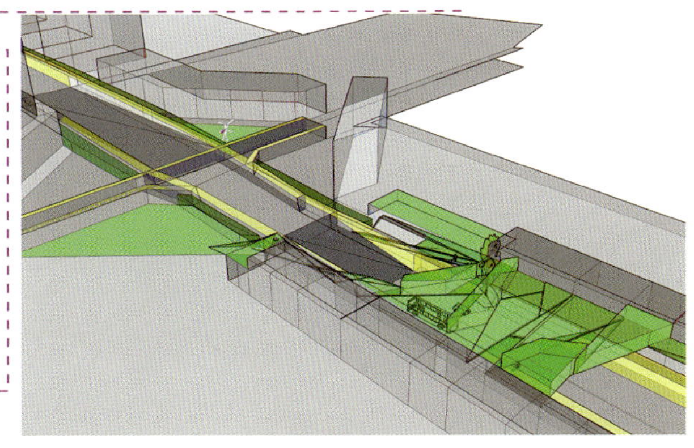

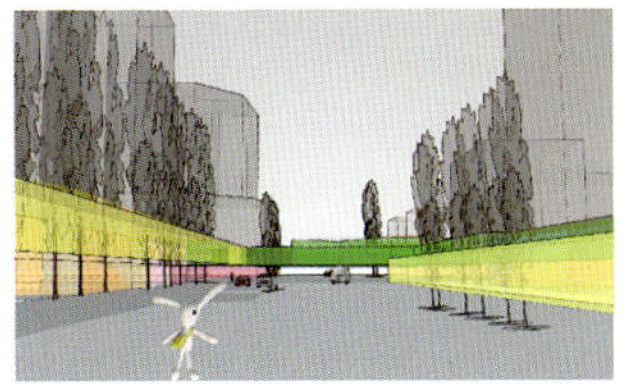

地点三：京客隆一带商业区

平时有暖洋洋的阳光，空中的休闲区域。
在周末疯狂购物后，在这里一泄疲惫。
景观仍在运动！

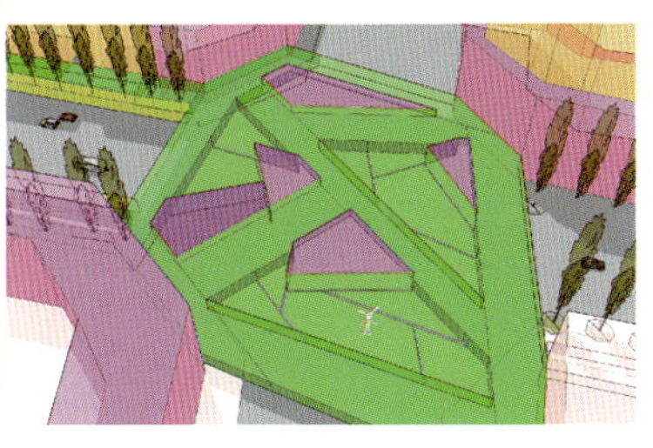

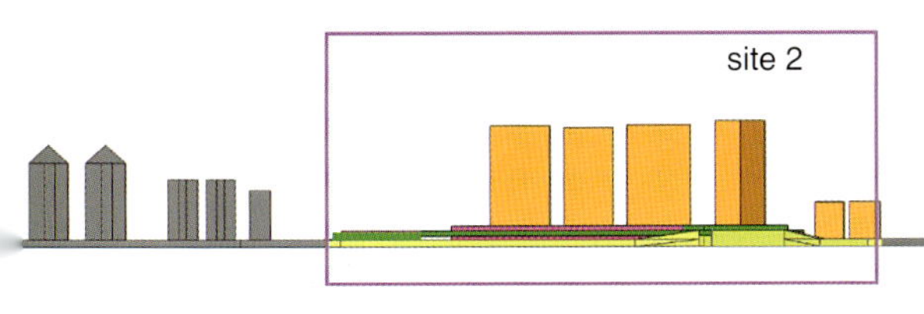

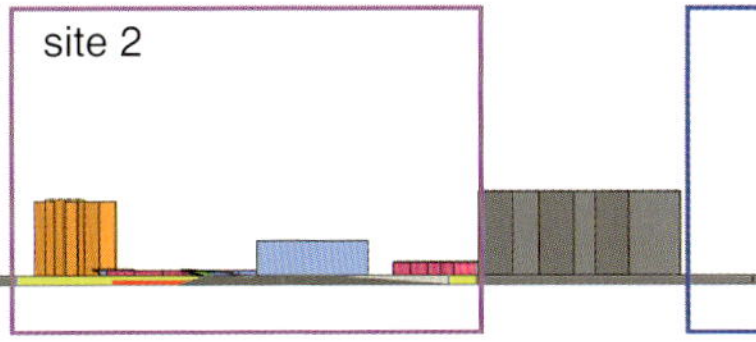

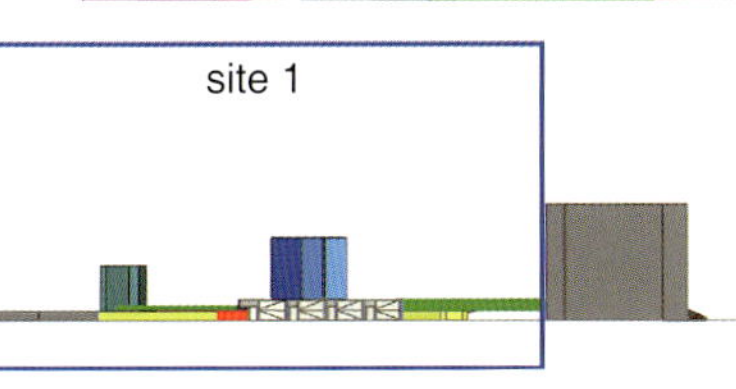

都市森林≠都市中的森林——望京北小河景观规划与设计

Metropolitan Forest≠Forest in the Metropolis(Landscape Design of Riverside)

课题名称：城市公共空间景观设计
作品名称：望京北小河景观规划设计
作者姓名：史洋
指导教师：丁 圆
设计时间：2005年10月

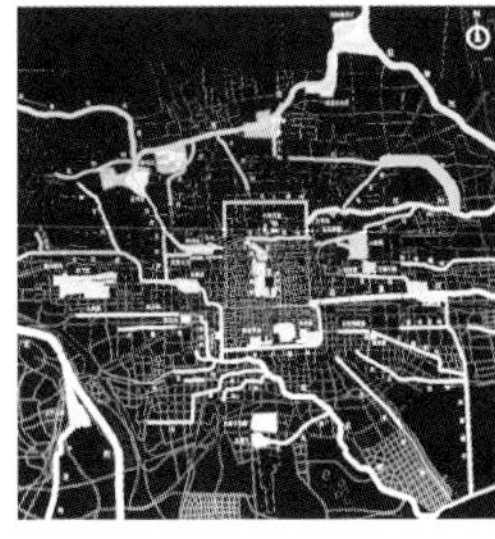

北小河概述：位于北京市东北郊，坝河最大支流。起自朝阳区安定门外小关，向东流经朝阳区北部，在三岔河村西入坝河。河道全长16.6km，流域面积66km^2。原是条曲折窄浅的季节性河流。是朝阳区北部、亚运村特别是奥运村建设地区的重要排水通道。

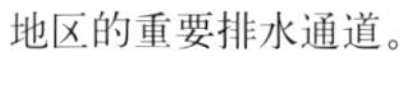

紧张高效的现代都市生活往往会使人们感到机械生活下的疲劳与乏味，钢筋混凝土森林充斥着我们的日常生活，现代都市人无不向往自然的绿色田园般生活。本设计的目的即在高密度的高楼社区与静静流淌的北小河之间寻找一种平衡，将北小河的水、北小河的文化“流入”到高密度住宅区的夹缝之中，为城市里人们营造一处体味自然的安静之地，一块“诗意栖居”的养生之所。

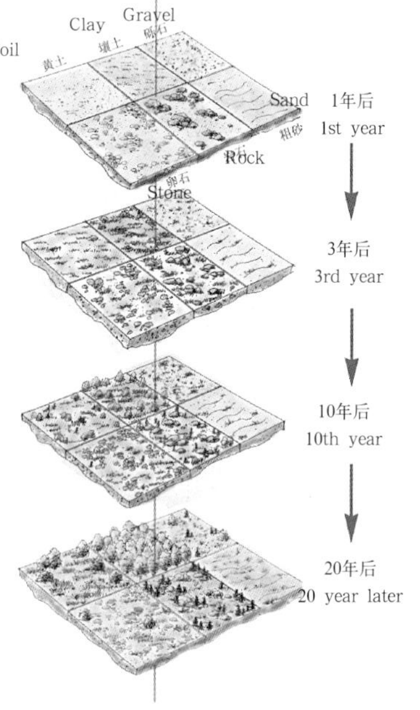

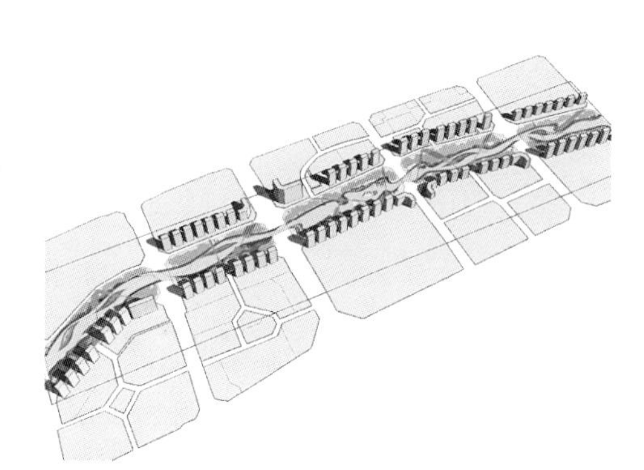

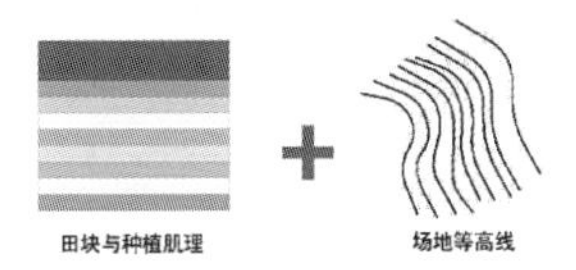

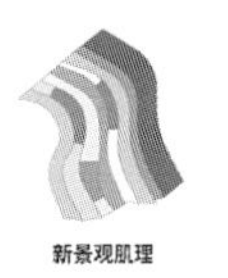

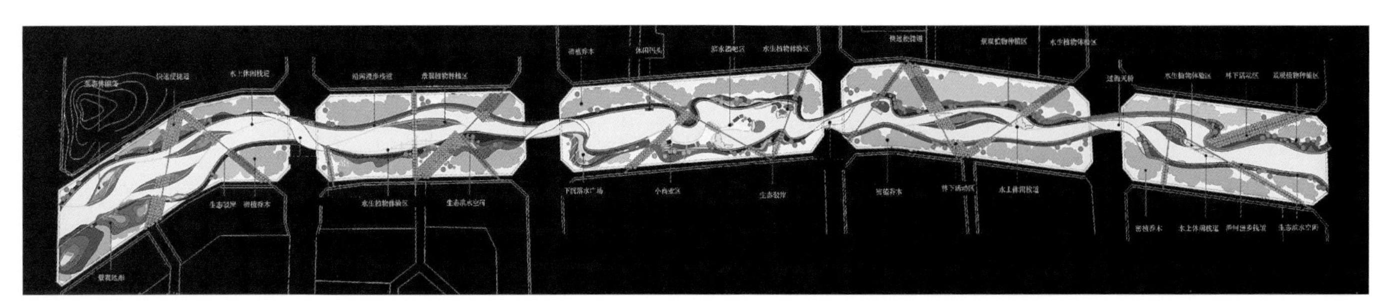

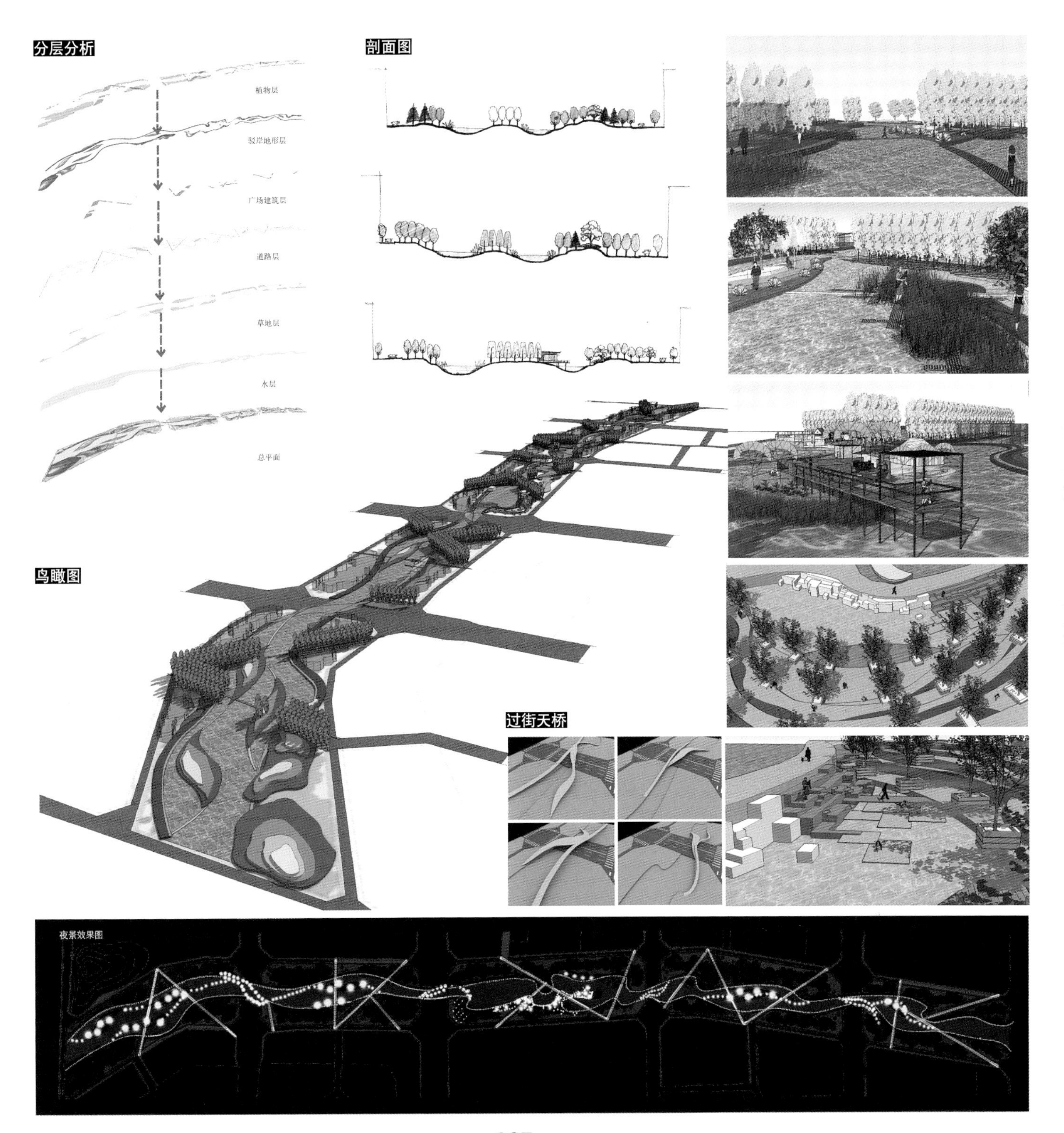
分层分析
植物层
驳岸地形层
广场建筑层
道路层
草地层
水层
总平面
剖面图
鸟瞰图
过街天桥
夜景效果图

钟摆城市——移动中的四合院
Pendulum City

道路体系多变

老北京大栅栏历史区域具有走向不规律的道路系统，道路尺度不一定明显区分主要及次要街道。道路体系多以前门为中心呈发散形结构，为了适应防御的需求，多数街道线形曲折多变。

课题名称：城市公共空间景观设计
作品名称：大栅栏商业区景观设计
钟摆城市-移动四合院
作者姓名：陈 崇
指导老师：丁 圆
设计时间：2006年4月

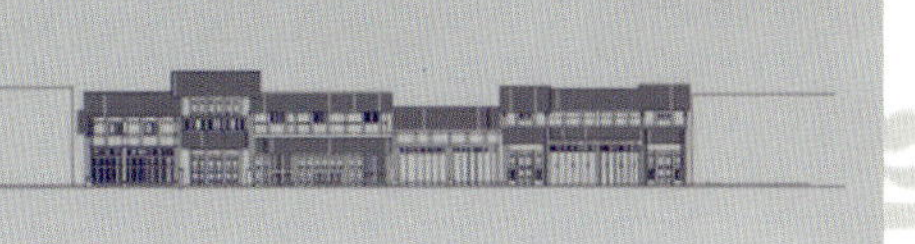

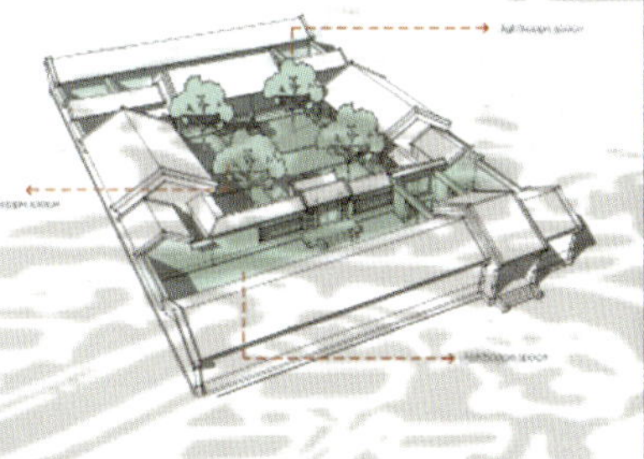

广场空间

城区中通常有一处或多处可供聚集或交往的城市广场。城市公共区结构复杂，所有权力中心均比邻布局,所有的建筑均以它们的外墙直接面对城市街道，从而界定城市广场和街道空间。城市的中心地带不仅功能复杂而且形态突出。

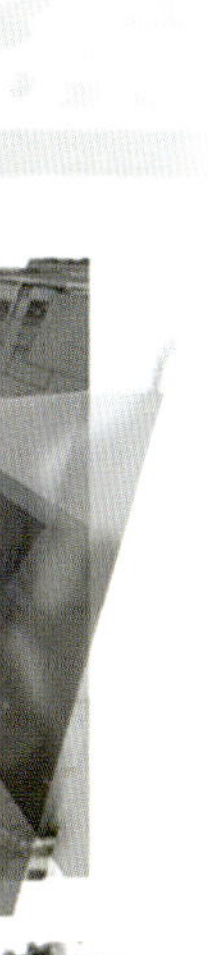

   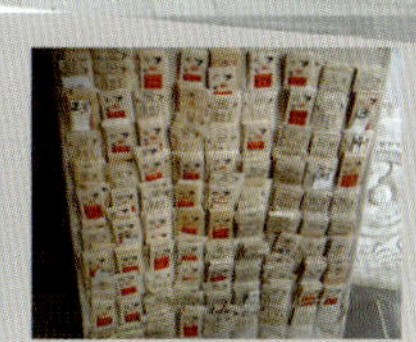 

大栅栏

历史风貌保护区探索性规划设计

选题缘由：一些人在毁城灭迹，并令一座城市都成了受伤的城市，让我们今天找不到五千年灿烂文明存活的完整证据。面对在人们脑中日益消失的城市可持续记忆、城市的魂，我们或许应该多些思考……

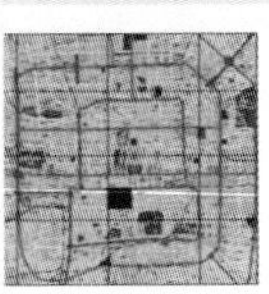

区域规划设计

历史性：过去，现在和将来的共生。 共同性：不同文化的共生。
文化性：文化的认同性，可识别性。 生态性：植被小气候。

3： 3： 3
50，100，200
h/d=1-2

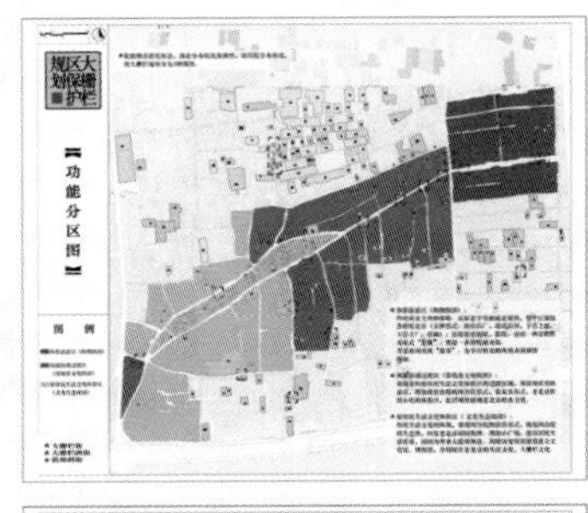

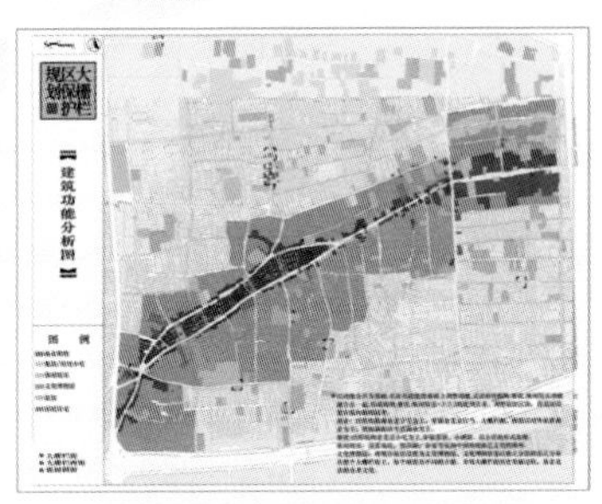

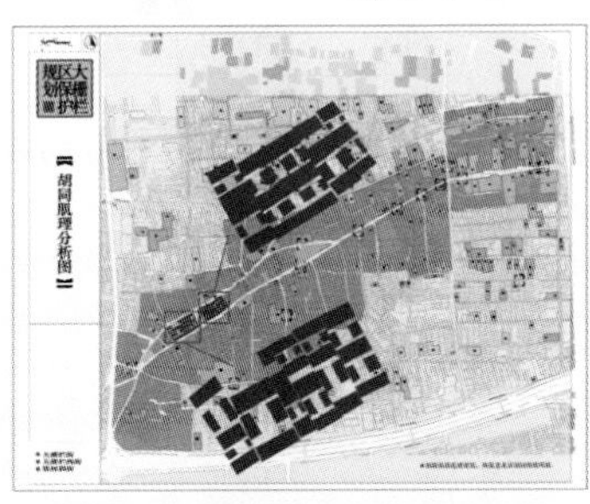

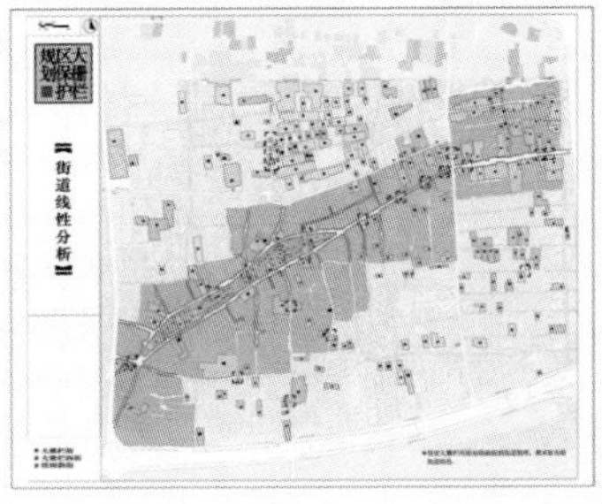

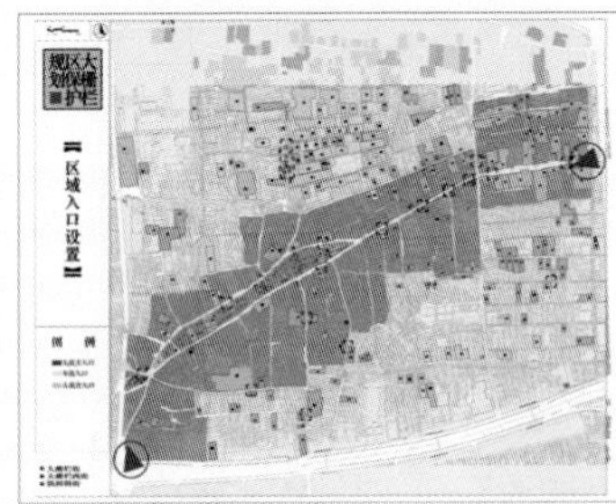

解析四合院————单体设计入手的城市设计

step 1.拆 分 解 析
step 2.重 构 组 合

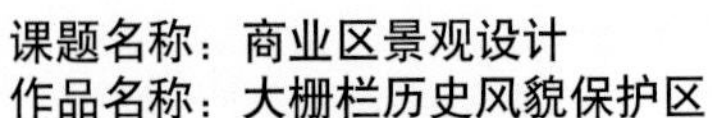

课题名称：商业区景观设计
作品名称：大栅栏历史风貌保护区探索性规划设计
作者姓名：邓 璐
指导教师：丁 圆
设计时间：2006年4月

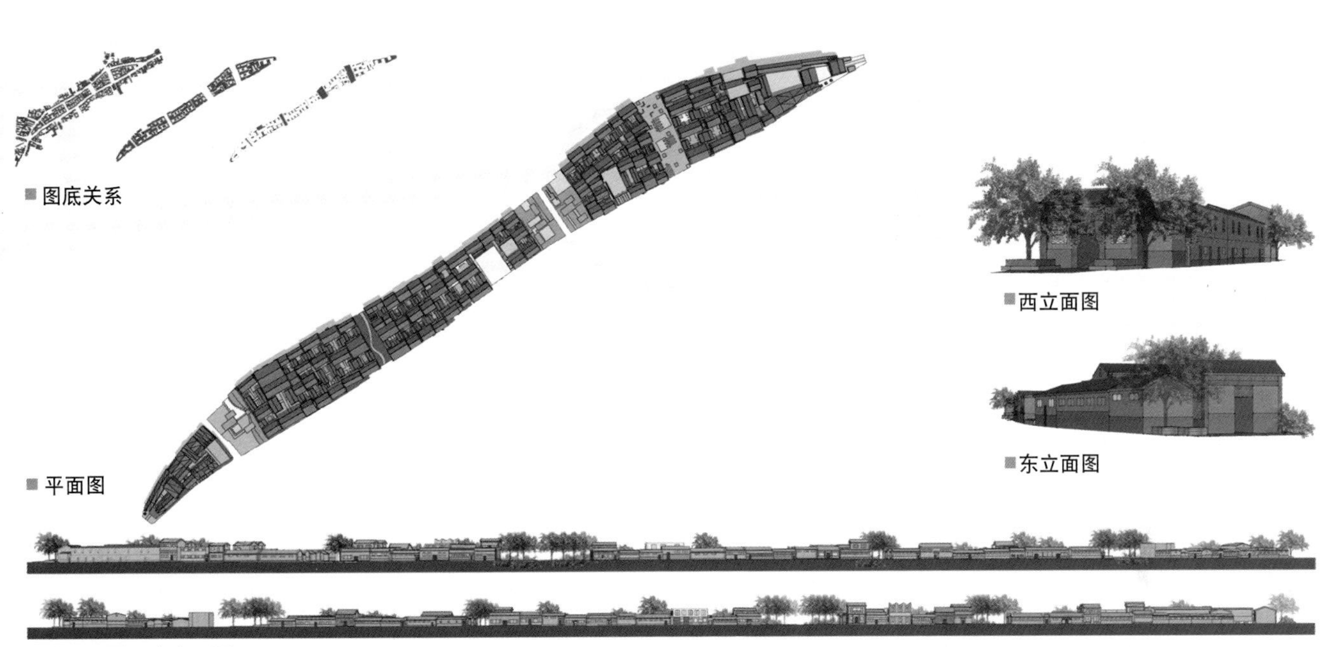

景观建筑细部&效果图

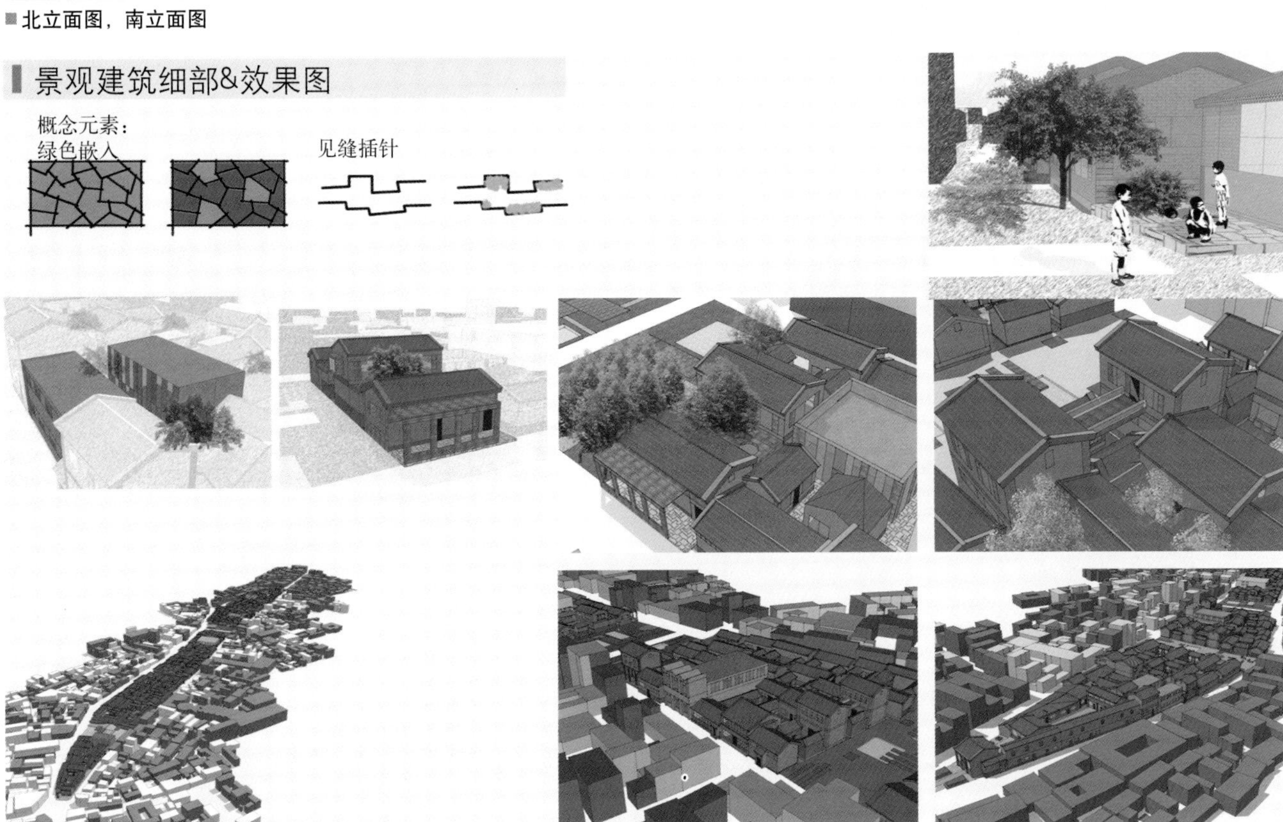

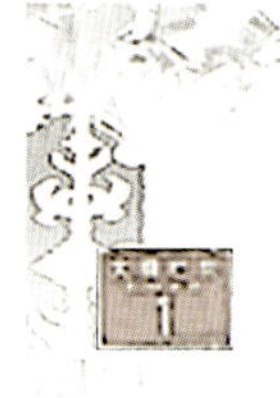

课题名称：大栅栏地区改造设计
作品名称：记忆与变迁
作者姓名：厉 玮
指导教师：丁 圆
设计时间：2006年12月

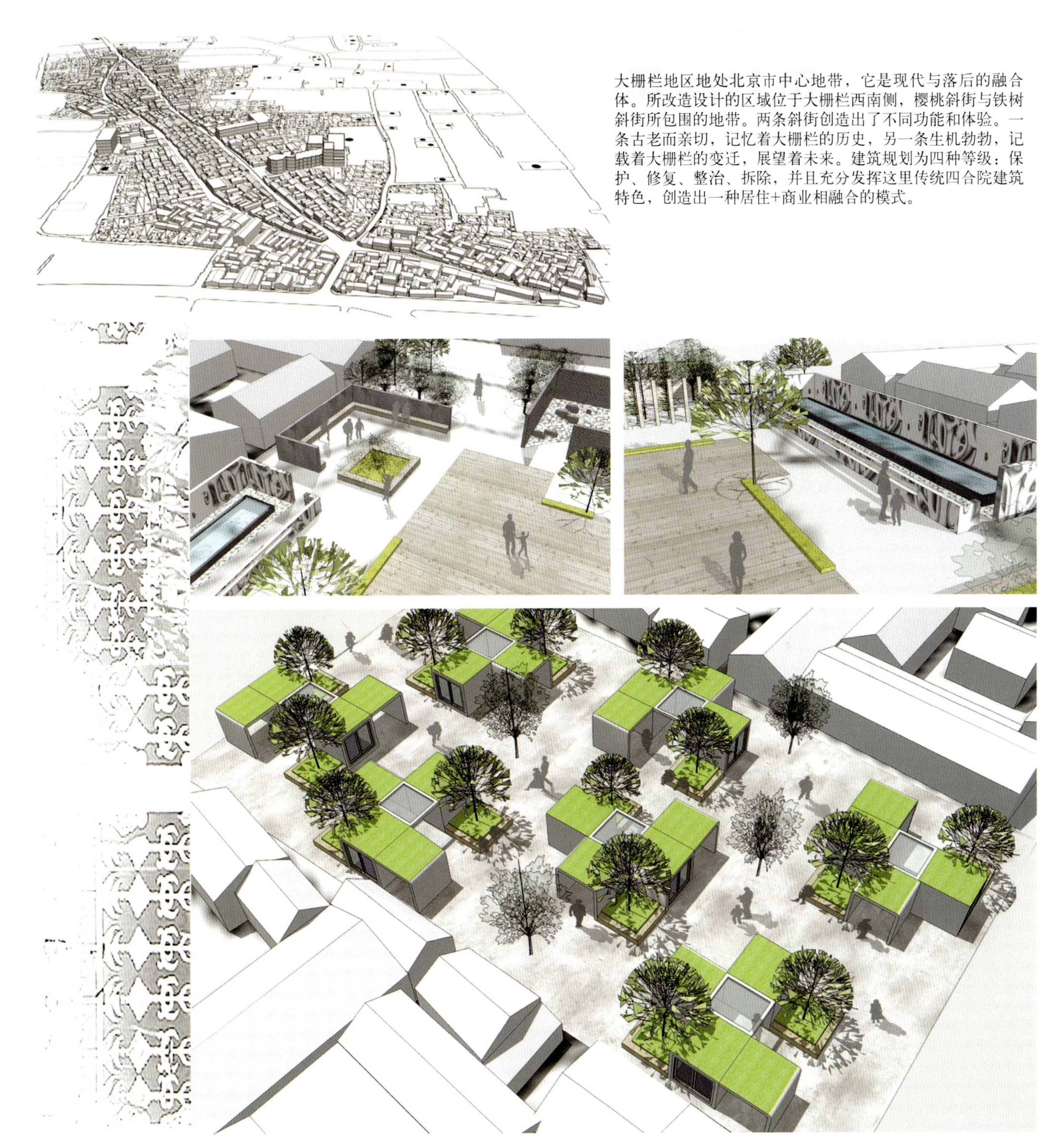

大栅栏地区地处北京市中心地带，它是现代与落后的融合体。所改造设计的区域位于大栅栏西南侧，樱桃斜街与铁树斜街所包围的地带。两条斜街创造出了不同功能和体验。一条古老而亲切，记忆着大栅栏的历史，另一条生机勃勃，记载着大栅栏的变迁，展望着未来。建筑规划为四种等级：保护、修复、整治、拆除，并且充分发挥这里传统四合院建筑特色，创造出一种居住+商业相融合的模式。

居住区景观规划

课程目的：居住区景观设计是景观专业方向的高年级课程，在经历了前期多个景观设计专业课题设计以后，已经对景观设计所涉及的内容、范围、过程和方法有所了解。关注居住区景观规划、建筑与文化、艺术、经济等相关领域之间的关系，平衡设计者与使用者的多重关系，了解居住区景观规划设计的本质。在掌握人居空间环境设计原理的基础上，提高对居住区景观规划设计的认识。其次是综合已掌握的专业基础理论和基本技能，进行居住区景观规划设计，强化构思过程及方案设计和专业表达的基本技能。

课程内容：从社会需求出发，分析规划控制范围内的用地与周边环境的联系、探索多种选择；功能分区及流线设计系统、可识别性与使用者的引导关系；如何获得更高的使用空间，多样性成为值得思考的特性；不同使用功能空间的相互作用、场地内的使用功能、绿化设计、照明环境设计。

课题要求：总平面图（明确建筑与周围环境、景区内道路的关系）动线等分析图、铺装、绿化配置、小品、主要景观的立面图、剖面图（反映主要空间关系）及居住区景观主要透视效果图、鸟瞰图等。

课程为8周，64课时。（丁圆）

Residential Landscape Planning

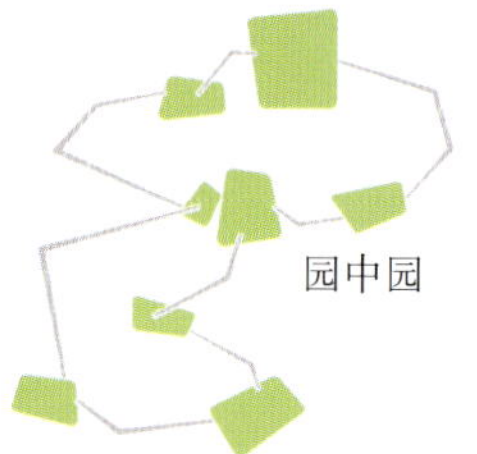

课题名称：居住区景观设计
作品名称：园中园
作者姓名：厉　玮
指导教师：丁　圆
设计时间：2007年5月

一邦有一邦之仰，一邑有一邑之瞻。园中园融合历史文化与现代生活，营造一个适宜居住的城市园中园。

中国园林最早的出现源于实用主义，在大片的林区、猎区等地设有供人休息的节点，后来发展为古典园林的“园中园”。

居住区即为大“园”，设计将人们的生活片断穿插于各个小园中，形成一个惬意和谐的居住空间。曲径通幽，各园区由折径连接，在满足交通功能的前提下形成了穿插于“园”中美妙的景观道路。

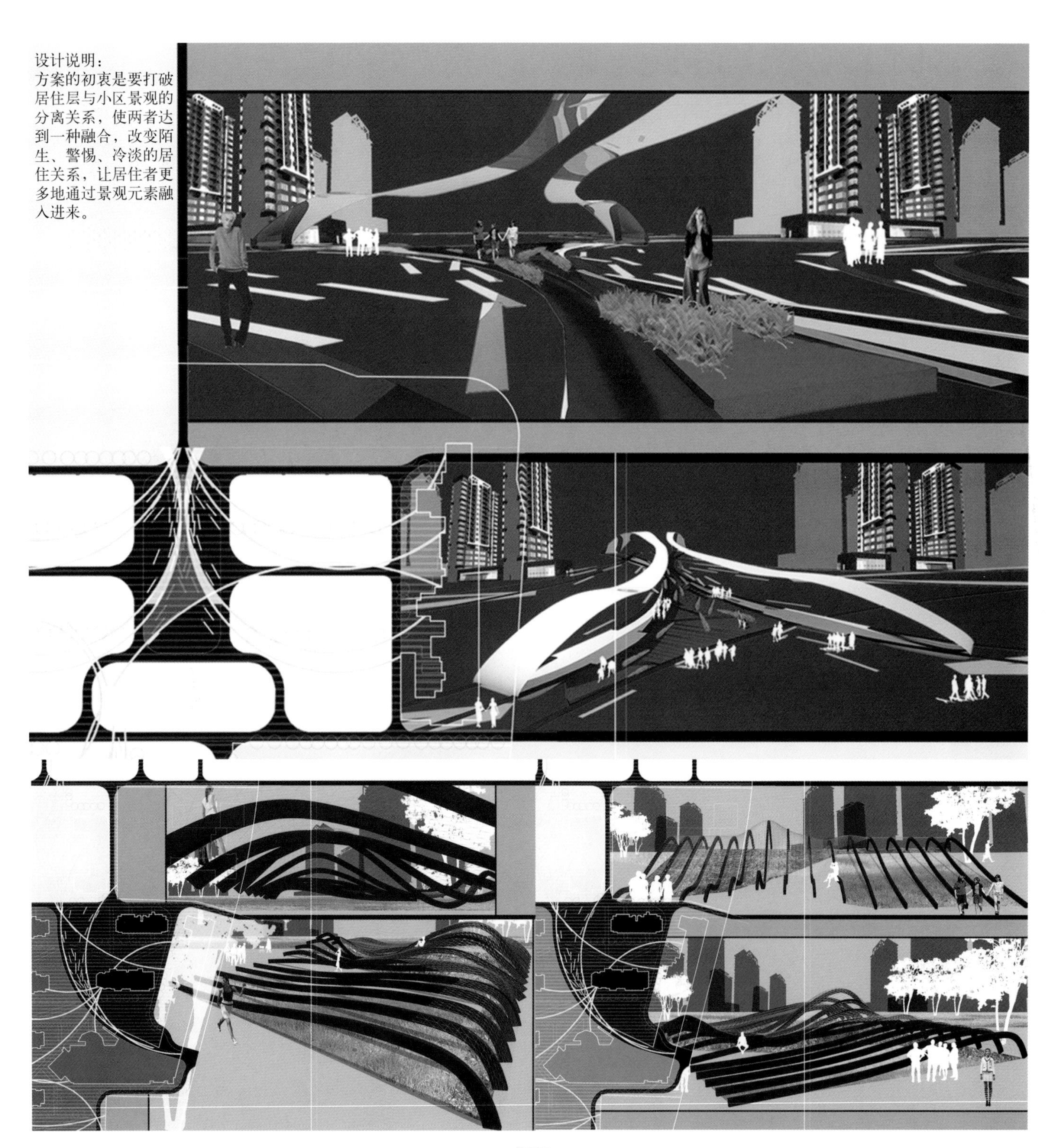
设计说明：
方案的初衷是要打破居住层与小区景观的分离关系，使两者达到一种融合，改变陌生、警惕、冷淡的居住关系，让居住者更多地通过景观元素融入进来。

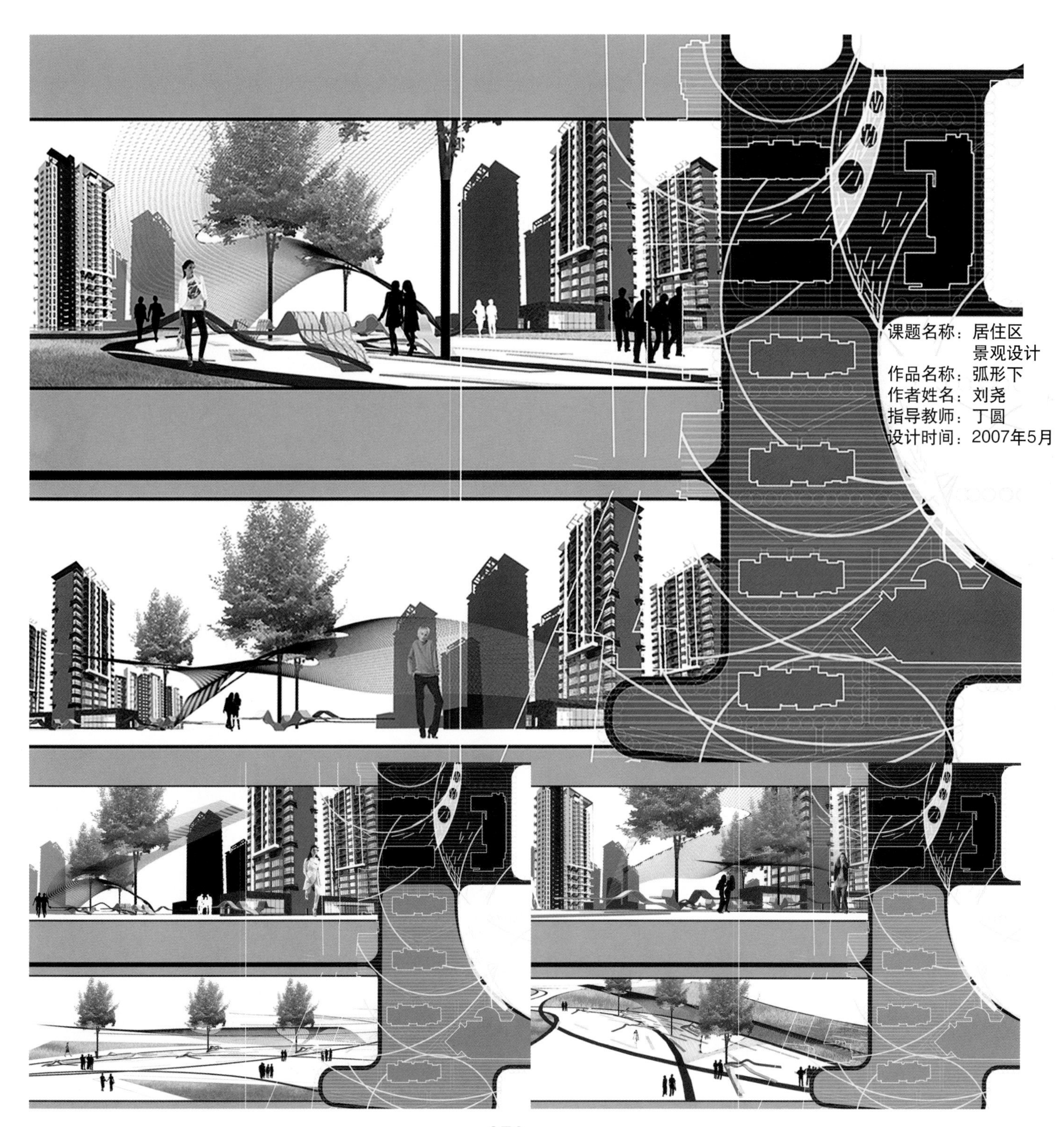
课题名称：居住区
景观设计
作品名称：弧形下
作者姓名：刘尧
指导教师：丁圆
设计时间：2007年5月

课题名称：居住区景观规划设计
作品名称：自然韵律
作者姓名：王斌
指导教师：王铁 钟山风
设计时间：2007年5月

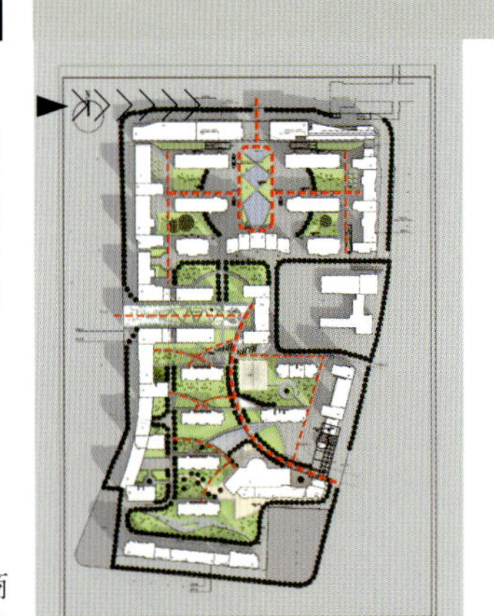

总述

此小区共有三个入口。每个入口都有其相应的建筑功能特点。北侧直接进入居住区，西侧为商业区，东南侧入口处有会所。所以设计的时候，我是分别围绕着这几个板块展开的。

商业区

商业区的设计主要考虑到两侧的商家和人流的走向，通过中心景观小品的分割，自然地将两侧的商家联系到一起，有意识地将人流引向商家；与此同时，中心景观设置了大量的休息区域，可以一定程度地缓客人的疲劳。水元素的应用，更活跃了商业区的气氛，小品内部有静止的水，配合景观小品，和一些水上植物，从视觉、听觉、嗅觉三方面营造出与众不同的空间感受。在景观构筑物的端头，圆形的水池和不同种类的喷泉，会将人们的兴致带到极点。

居住区

居住区中，我重点设计了一个内部篮球场和一个儿童娱乐场地。

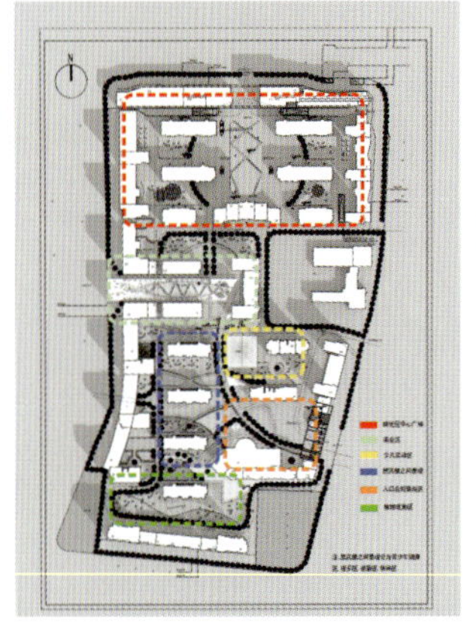

会所中心

一个小区的会所，是一个小区的形象代表，也是小区居民参与休闲活动的主要场所。我全部采用木栈道贯穿会所周围，并设置泳池。冬天的时候，泳池可以将水位降低，换作溜冰场用，保证设备的最大限度使用。

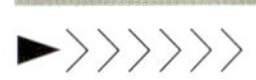

景观快题设计

课程目的：快题设计是综合设计能力的体现，本次课程的快题设计课程主要是针对五年级学生进行的实战性基础训练，其目的是强调学生在4～8小时的短时间内，迅速的理解设计意图，并针对题目要求分析问题，提出解决问题的设计方案。

课程内容：采取课内课外练习相结合的方法。课内结合不同的课题内容，分别设置4小时和8小时两种不同的课题。4小时的内容相对简单，如公共厕所及周边环境设计；8小时的人流、功能、要求相对复杂，如文化站环境设计、售楼处周边环境设计。课外主要在手绘设计表达上，分为配景（树、草、人、车等）、场景练习（街景、小广场等）、大场景综合表现（鸟瞰等）。

课题要求：根据不同的内容和版面要求，要求手绘表达，力求信息饱满、构图明确、表现清晰。练习分为A2版和A1版，设计标题、标注尺寸、文字说明等要求规范。总平面图、平面图、立面图、剖面图、效果图（各至少一张）及100字左右的设计说明。其他图纸可根据设计内容自定。

课程为2周，40课时。（丁圆）

Landscape Design-Charrette

课题名称：快题设计
作品名称：小区儿童游艺休闲活动区
作者姓名：陈艳
指导教师：丁圆
设计时间：2006年10月

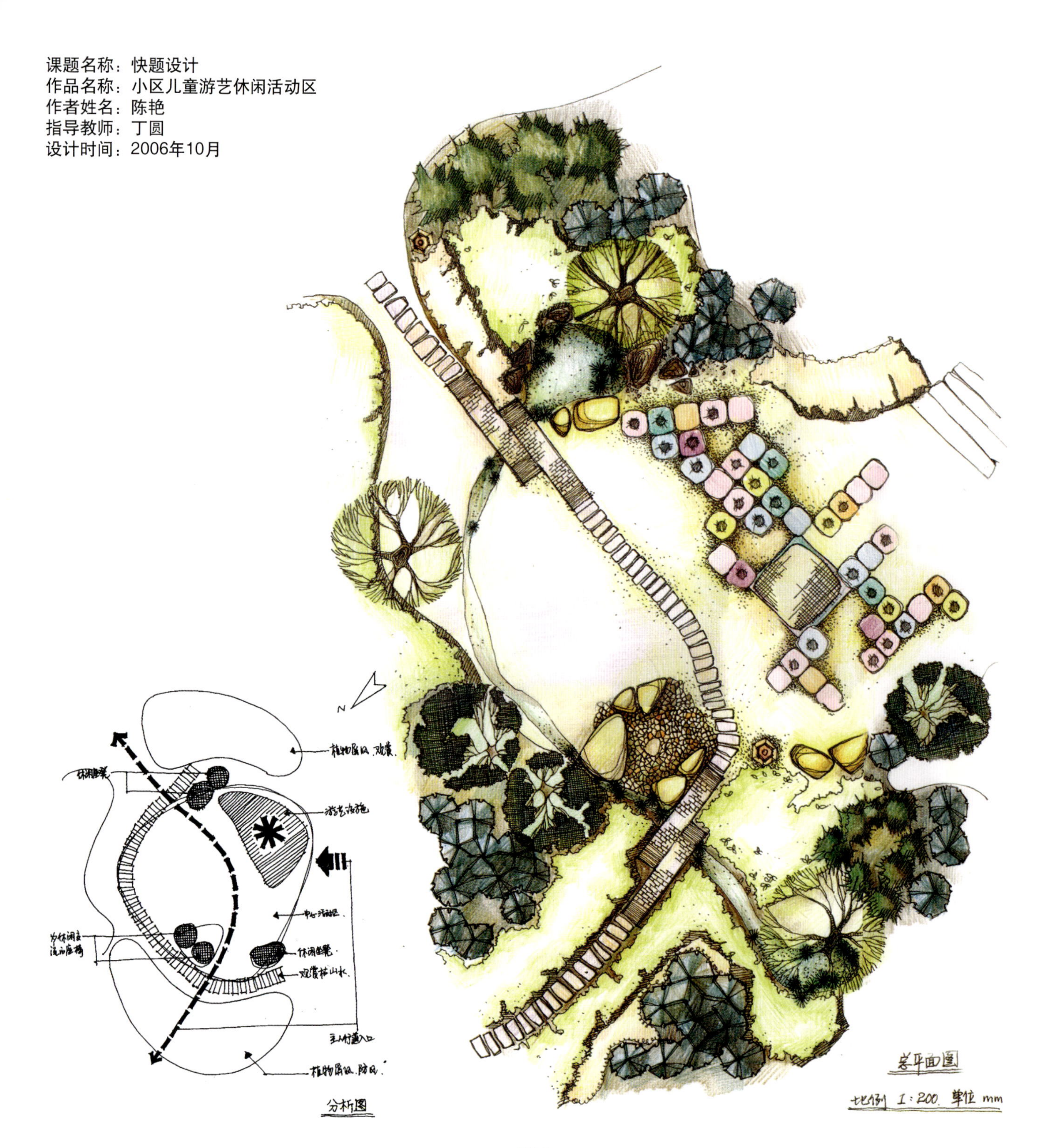

游具单体立面图
内部钢性结构
A-A剖面图
比例 1:50 单位mm
1800
1800
1400
200
A

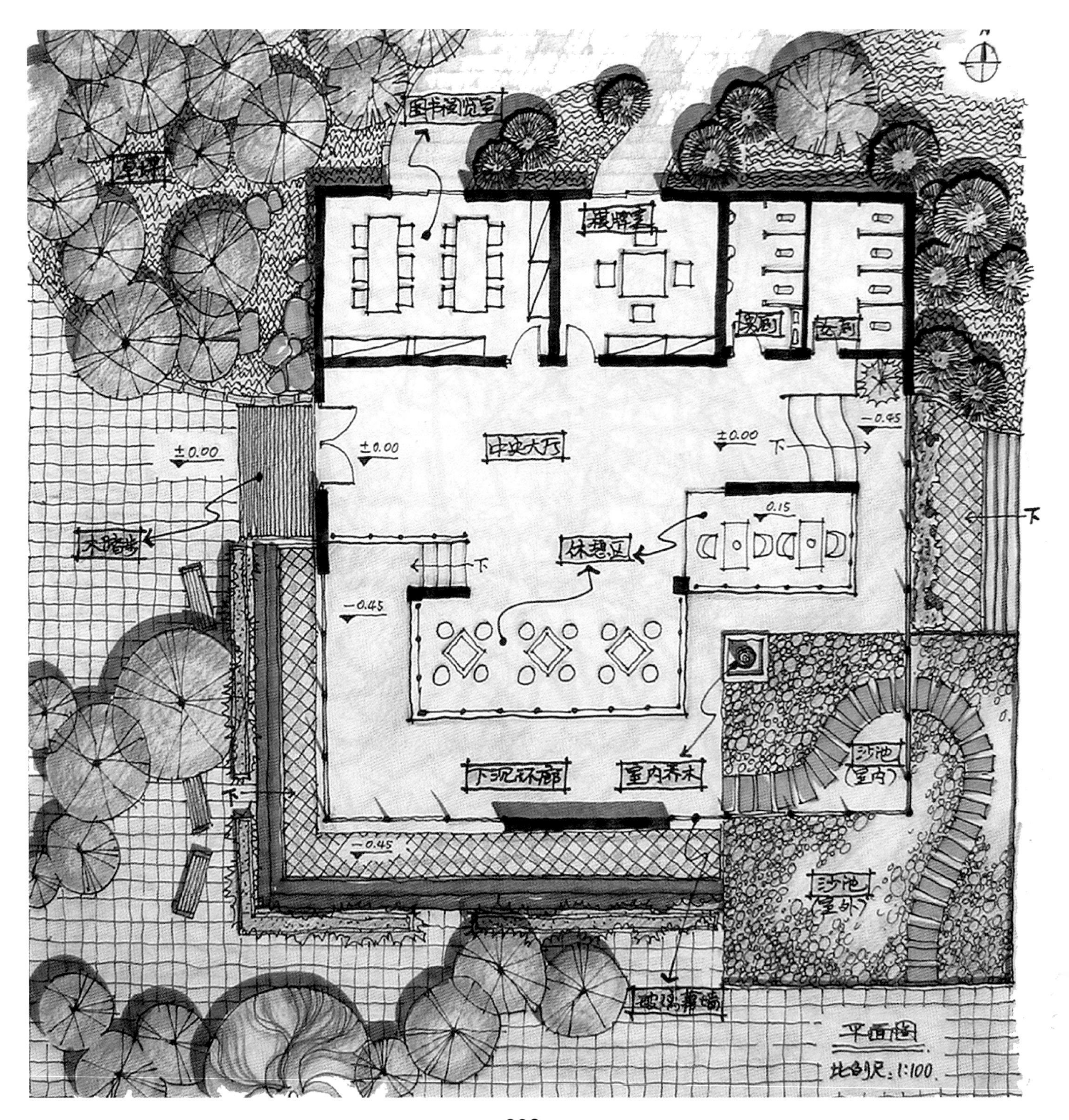

图书阅览室
草坪
展牌室
男厕
女厕
±0.00
±0.00
中央大厅
±0.00
下
−0.45
0.15
下
木踏步
休憩区
下
−0.45
下沉环廊
室内乔木
沙池
(室内)
下
−0.45
沙池
(室外)
玻璃幕墙
平面图
比例尺：1:100

课题名称：快题设计
作品名称：街区公共活动中心及周边环境设计
作者名称：陈文昌
指导教师：丁　圆
设计时间：2007年10月

设计说明：活动中心建筑位于社区公园中，钢架玻璃结构，表面覆盖攀爬植物，一棵古树生长于建筑中，树冠在屋顶上方，在室内形成树荫。
活动中心通过室内与室外的围和与通透，营造了多样性的滞留空间，为人们休憩提供了更多的可能性

三小时景观快题设计

课题名称：快题设计
作品名称：售楼处周边景观设计
作者姓名：李　鹤
指导教师：丁　圆
设计时间：2006年9月

售楼处快题设计

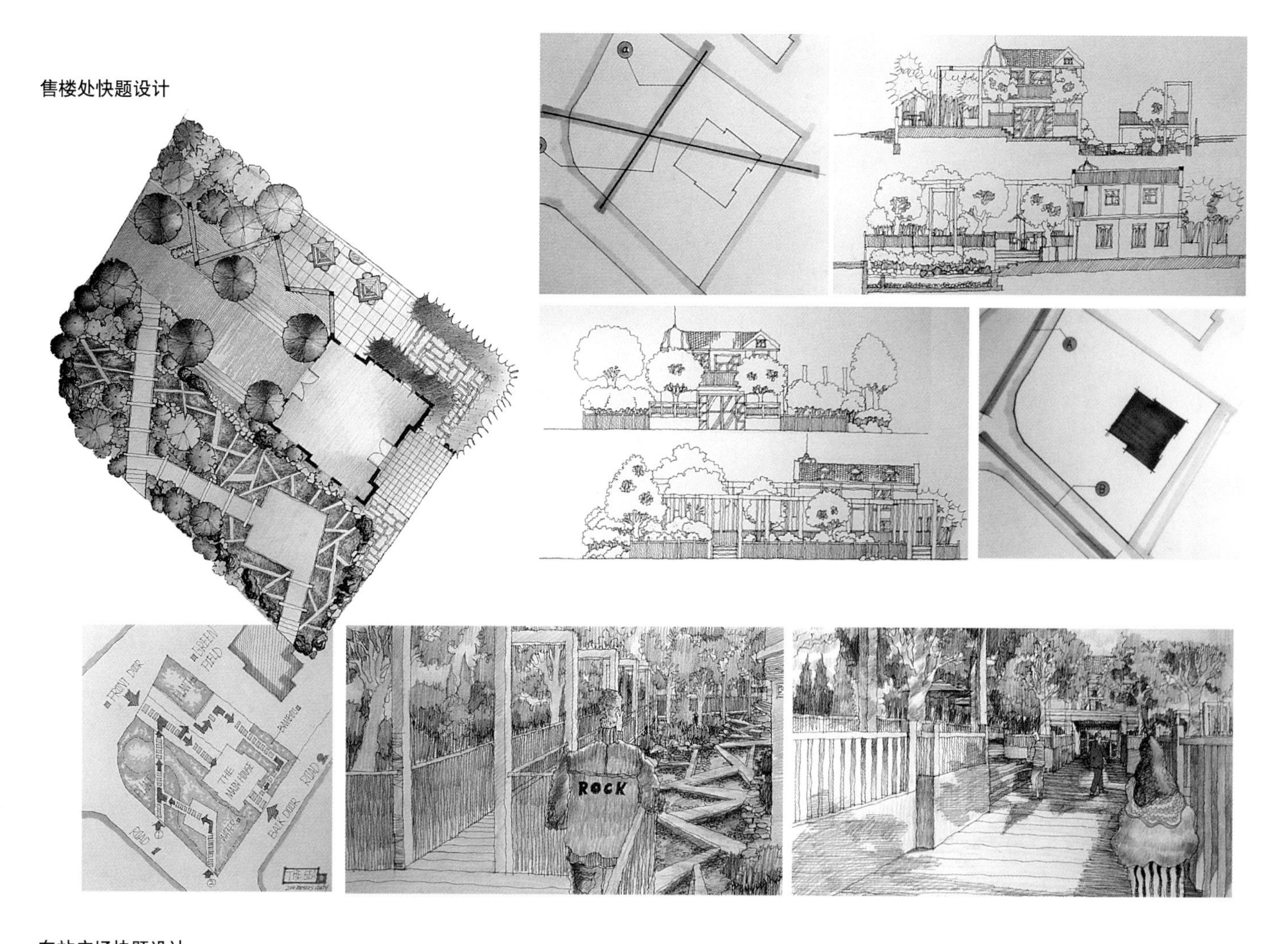

车站广场快题设计

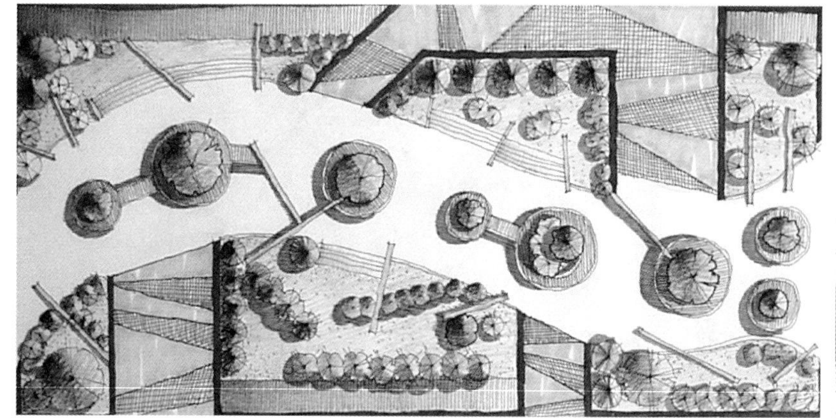

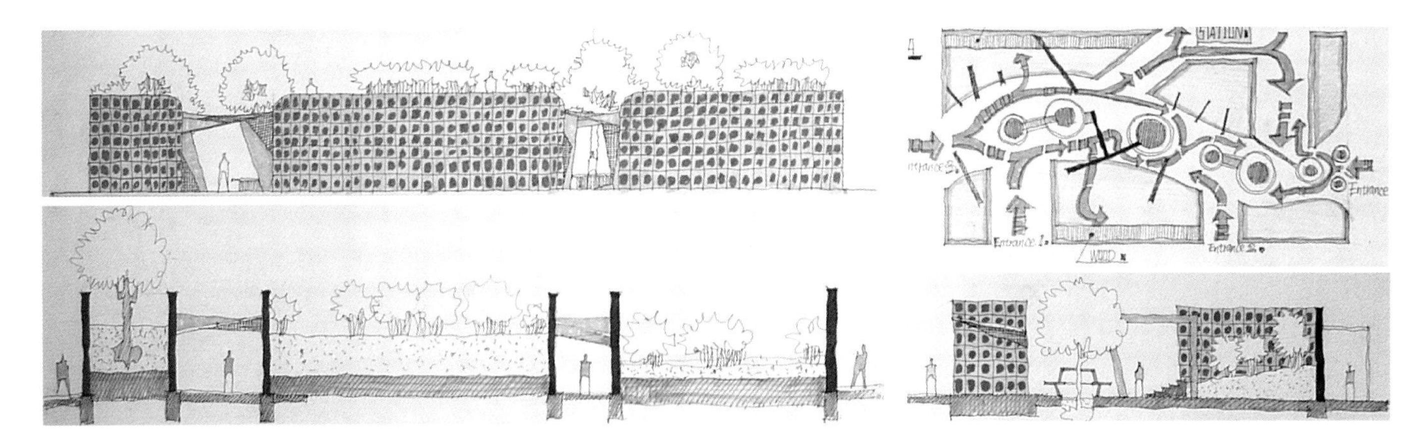

社区会所快题设计

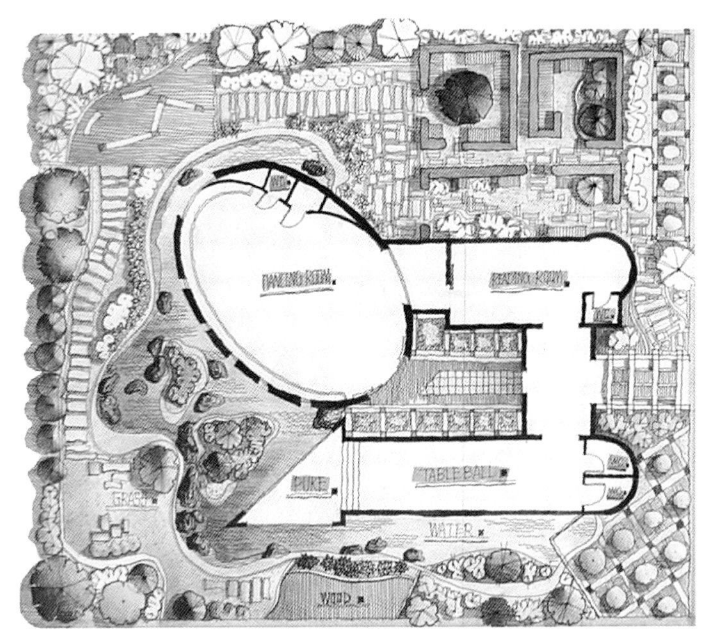

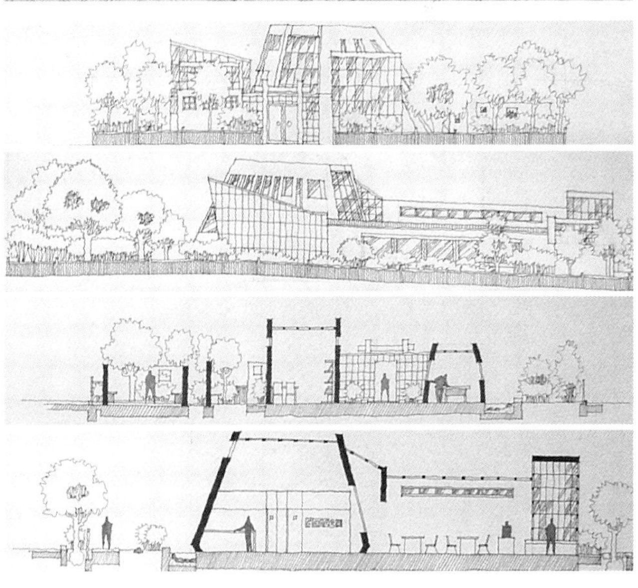

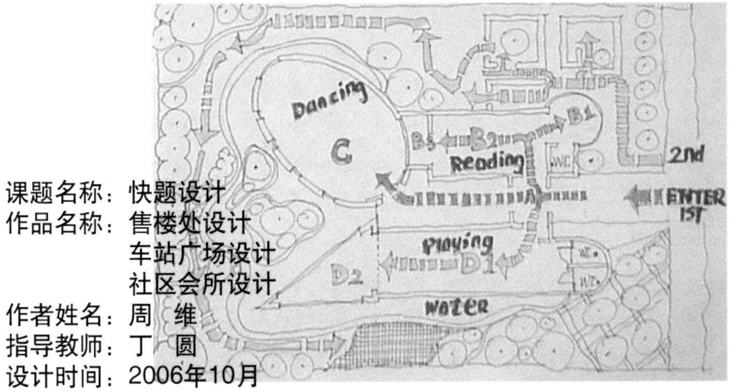

课题名称：快题设计
作品名称：售楼处设计
车站广场设计
社区会所设计
作者姓名：周　维
指导教师：丁　圆
设计时间：2006年10月

其他课程设计

课程目的：　在原有的课程体系上，针对现有课题的不足，通过国内外合作、联合课题、集体设计创作、集体调研等短期小课题的方式，开拓视野，培养学生的集体分工合作精神、领导能力和社会责任感。

课程内容：　课题内容具有针对性，重点解决现实存在的某一个问题，如限制性课题设计、设计竞赛等。

课　　题1：2008北京奥运会环境设施国际竞赛

在教师的指导下，采取集体分工合作的方式，共同完成市政设施、公共服务设施、交通设施三大项、21小项的全部课题设计。提供完整的概念说明、分析、平面、立面、剖面和效果图等。

课　　题2：中外合作设计课题

课题是请日本早稻田大学教授古谷诚章讲授，课题要求在交通复杂的城市干道一角，集合多种功能，满足不同环境特征下人们对环境使用的要求。课题要求提出明确的设计目标和概念说明。（丁圆）

Other Studios

“和”的创作概念

● 筑意

每天，世界都在改变，中国也在改变。如今，国际化和全球化的进展，使得地域传统文化的边际早已荡然无存。
但是，传统文化精神依旧是一种民族尊严，一种民族荣耀，甚至因与国家与民族的命运结合，而成就一种坚实，一种力量。
“和”是五千年中国传统文化的精髓，她体现了我们这个历史渊源的古老民族的精神核心。
儒家的推崇的“致中和”的哲学思想，不偏不变的中庸之道，自然万物的统一与和谐。“天、地、人、和”这才是生命之根本，世界之源泉。
奥林匹克，一个诞生在地中海之滨、自由浪漫国度的神话，进而演变成现代社会文明的一大奇迹，她是我们人类共同的财富。
抛开国度、种族、语言、宗教信仰的不同，人们凝集在一起，相互交往，增进了解，进而促进世界的团结、和平与进步。
“和”体现在奥林匹克的精神世界里，是人类得以繁衍生息、繁荣昌盛的重要品质，是人类最伟大、最可称颂的内在力量。
“和”是中华民族的精神凝集所在，亦是奥林匹克的真正意义。
我们，以“和”为主题，真实的体现“人文奥运、世界和谐”之精神。

● 塑形

2008奥林匹克盛会，在这里，在古都北京。
过去，人们附着于私心和利欲；现在，我们聚集在此感受“和平、和谐、和爱”。深刻的寓意、人性的关怀和自由愉悦的环境叠加而成就了奥运环境设施设计的基本要素，充分体现“绿色奥运、科技奥运、人文奥运”三大理念的精神内涵。
“和”与“合”的寓意引申，合作、融合、合心、开合、结合、和睦、和谐；合则成体，环而成合，离则复合，合则复离，是设计造型与艺术创造的关键词。

● 营造

“泛在”，是一种弥漫而无处不在的状态。
传统文化和艺术表现的“泛在”，是营造奥运环境设施和环境的重要手段，也是其物化的精髓。
人文关怀充溢于环境设施和环境的每个角落，构成独特的人性场所。
这是，人与物的多元并存而和谐互动的有机体。
传统文化元素和符号、奥运色彩、使用方式和组合，构筑自由、平等、融洽的盛会场所，促进世界各民族的交流和体现中华民族的热情，有效地将整个区域环境提升为“文化人文”，生气勃勃的力量与蓬勃向上的发展势态。
绿色生态与时尚潮流，是动态的呈现，而非静态的人为记录。
开放的视觉环境和空间享受，是在自然环境中艺术的结合体。

“和”的设计理念

设计中利用统一的“和”概念，在吸收中国传统文化元素的同时又从字面意义和引申含义中显示出自身的多元文化特色、运用拆合（和）的状态将的设计同公众取得情感上的共鸣和心灵上的沟通。

● 市政设施
室外照明灯具、垃圾箱、座椅、环境标识、花钵、井盖、休息廊架、旗杆广场、地面铺装设计、出地面的附属设施

有合则合，有分则分，能合能分，似合若合是市政设施设计的特点，在各功能设计中建立一种有序的关联点，且设计的色彩统一运用奥运标准色中的玉脂白，长城灰，琉璃瓦黄、中国红、过槐绿、青花兰及五环为基本色彩，赋予奥林匹克公园环境设施和谐统一的亲切宜人的艺术感召性，使用性，体验性和连续性。
在设计中充分体现出对历史文脉、对人和对场地及自然的重视，利用立体造型的基本原素，按照构成的规律和法则，从美学和应用的角度出发，将“和”的构成知识融入到设计的形态中，将设计物品的功能及造型重新设想，构成不同的理想的形态。运用简洁、大胆、求新的设计手法，创造适应当代人类美感要求的形式，使奥林匹克公园环境设施与奥林匹克公园整体规划环境更加和谐，更富于中国特色。
从设计的材料上主要以注重节能、节材，注重合理使用资源上入手，提倡朴实简约，并尽可能采用新技术、新材料、新设备，达到优良的设计造型与性价比的和谐统一。
设计也从不同年龄阶层及残疾人的使用上为突破口，力图达到不同人群不同的需求空间。

● 服务设施
多功能景观柱、信息亭、售货亭、报刊亭、电话亭、饮水装置、邮筒

环境设施设计无论处于何种目的，其最终目的都是为使用者而服务的。作为使用者的“人”对设计的需求是多样的。
设计力图满足“人”的生理需求和“人”的精神需求，它并非仅仅是表面的装饰，而是从造型的语意上，功能的可实施性上，以及不同人群的使用需求上、人体高度的需求上传达现代技术所要表达的用途。

● 交通设施
候车亭、自行车存放架、路障、护栏

在交通设施设计上以人为本，创造人性的精神空间，达到人工美与艺术美的统一，并要落实交通、交流、休憩等使用功能，并从人的心理需求出发，强调设计的功能性、安全性、便利性、美观实用性、可循环性和可持续性。

★ 中国北京奥林匹克公园环境设施概念设计

旗杆广场设计概念

广场的总平面像一枚中国古钱币—圆形方孔币，暗合天圆地方、天地人和的中国古代哲学思想。中心以四方形北京城的现状地图为图案，边界是代表中国传统元素的汉代画像砖。周围一圈圆形环绕着所有奥运参赛国家以及地区的国旗区旗。寓意全世界的朋友们相聚在北京。

★ 指示系统设计概念

摆动的"龙"—整体环境标识设计中，紧扣主题"和"，色调统一，从"和"的图腾中获取灵感，但始终保持简洁大方。整套的指引系统和标志性系统均用现代的手法设计，功能明了，色彩单纯，造型简洁。单纯的颜色区分和具有明显指示意味的造型更突出各个系统强大的功能性。

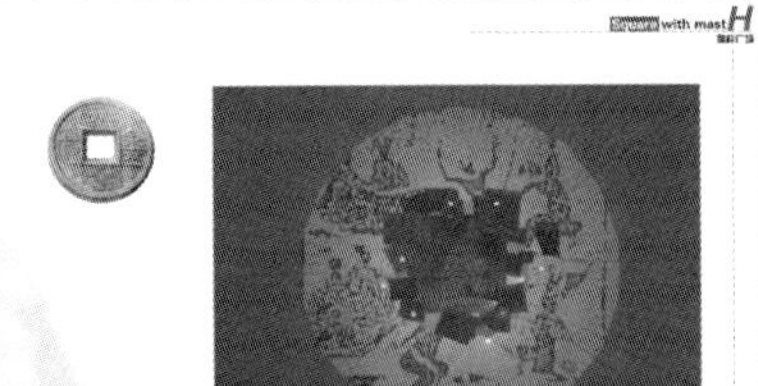

旗杆广场设计

广场直径为80.0m，圆心恰巧是故宫太和殿的位置。万国旗组成的圆环直径66.0m，每两个旗杆间距2.0m。广场中心的北京地图下沉0.80m，表面为灰色花岗石，凹凸高差0.03m，人们可以在地图上行走，可以更直观的了解北京。

广场的地砖设置不同历史时期的北京地图，用多国文字注释，让国际友人通过北京城的面貌变化感受北京的历史，从而触摸中国博大精深的文化。

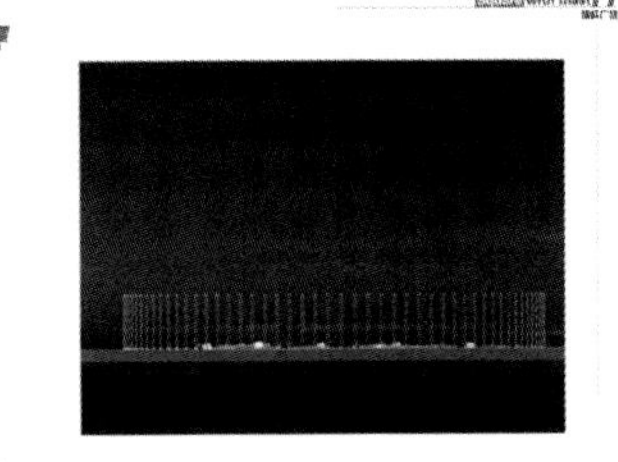

旗杆的杆头运用中国传统的玉龙形象，旗杆高18m，身子部分的色彩用传统的中国红．金属材质．基座用灰色花岗石，雕刻出像门枕石一样瑞兽形象．

广场位于中轴线的明族大道上，濒临主体体育场"鸟巢"，广场的周边配置相关的夜间照明设施，交错的灯光与密集的旗杆交相辉映制造出一个良好的庆典气氛，赛时可庆典广场并作为马拉松项目的起点．

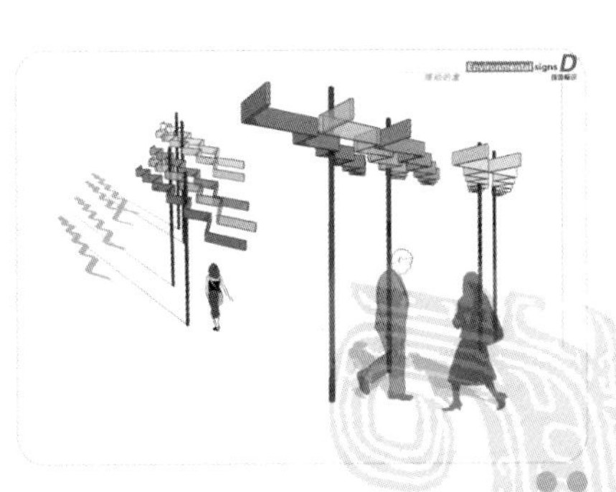

指示系统设计

1、摆动的"龙"——整套的指引系统和标志性系统均用现代的手法设计，功能明了，色彩单纯，造型简洁。单纯的颜色区分和具有明显指示意味的造型更突出各个系统强大的功能性。

2、入口广场的总体指引系统造型中国传统圣兽—龙为原形抽象而成，形象本身有其深刻的内涵，同时也反映出中华民族几千年文明古国的深厚底蕴。

3、标志旗杆用红绿黄三种颜色区分不同位置。具有标志性和地域性。区分各个地区，同时简洁易懂。

4、指示性标识用红黄蓝绿四种颜色和三种不同形式的造型，强调自身功能性，并且整个设计手法干净利落。

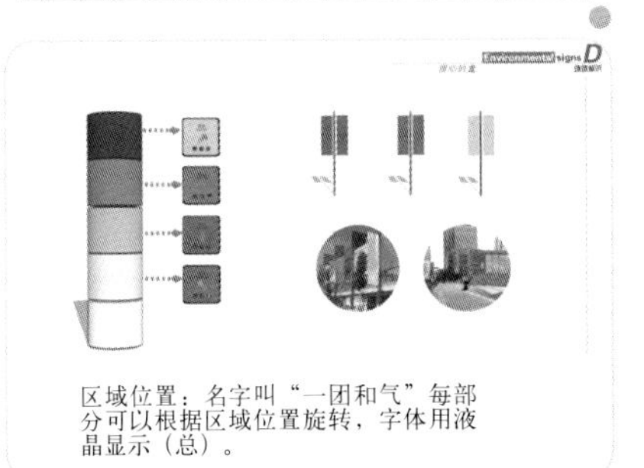

区域位置：名字叫"一团和气"每部分可以根据区域位置旋转，字体用液晶显示（总）。

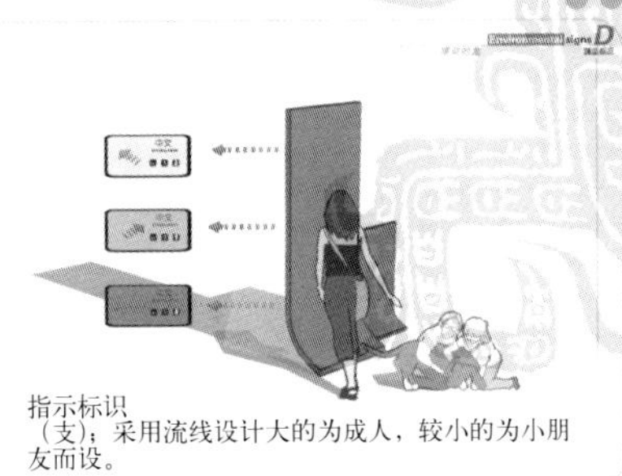

指示标识（支）：采用流线设计大的为成人，较小的为小朋友而设。

中国北京奥林匹克公园环境设施概念设计

出地面附属设施设计
休息廊架设计

★ 中国北京奥林匹克公园环境设施概念设计

出地面的附属设施——出入口设计概念

采用结构简单的矩形为元素，以斜插入地下的方式作为造型的基础，整个地上设施体量达到纯粹而简洁，在设施的顶部吸收具有中国传统图案和纹样(龙凤纹样，祥云图案等)的概念进行艺术加工处理，使其即具有装饰性又不失实用功能，设施顶部后半部分同时加入了绿化的成分，使整个设施在功能完善的同时意义上也达到含蓄与简约并存。

★ “和”——“盒”休息廊架设计概念

整个休息廊架的设计过程中，紧紧围绕“和”的主题概念。在整体造型方面，将“和”的概念深化具体到具有北京特色的“盒”的形式加以深化设计。将一种图案的廊架取其正负形，分成两个，并组成一组。这样一组廊架中，既有一个较封闭的，又有一个开敞的。这样的设计，在功能上满足了一天中，不同气温与日照对人们的影响。在概念上，一阴一阳、一正一负的形式，也符合整体“和”的含义。

地铁出入口正面部分以一个石头柱来区分进与出，石头柱即作为一个承重柱的同时，也具有质感与装饰感。拱顶的部分采取的图案镂空的作法使其白天既能满足采光需要，夜间其中的照明装置也能烘托出本土化味道，将“和”的概念导入其中，在外表明快简约的总体特点上又具有含蓄包容的内涵，在色彩上采用中国红的色彩从外部引入内部并且吸引游人的关注，易辨别。

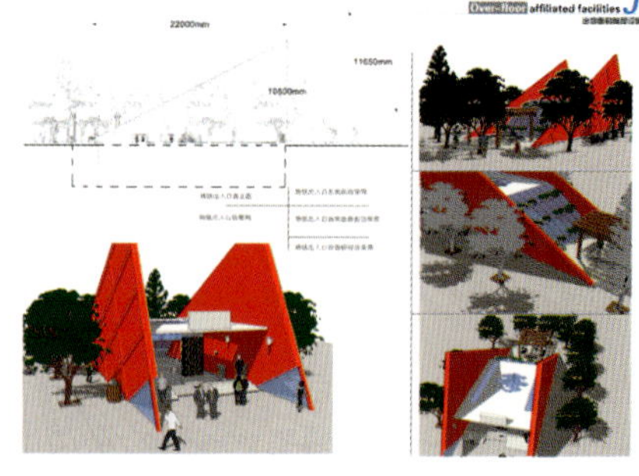

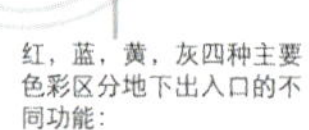

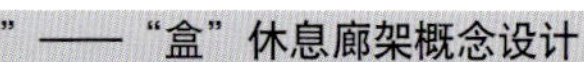

红，蓝，黄，灰四种主要色彩区分地下出入口的不同功能：

城墙红引入地铁内部即醒目又直观因此用红色作为出入口的主要识别色；

蓝色和白色的结合来代表地下商业出入口，以蓝色为主体结构的装饰性框架采用白色清新而明快的感觉；

黄色和黑色结合交通设施的警示色很明确的给驾车者以提示，因此作为地下停车空间的出入口，具有导向性；

地下环廊的风亭及出入口都可采用既隐蔽又不与周边的环境相矛盾的设计理念。

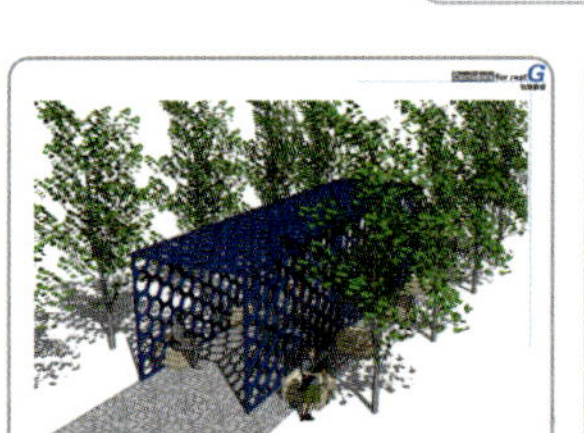

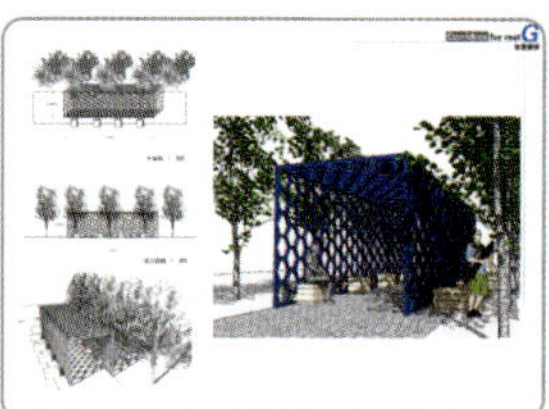

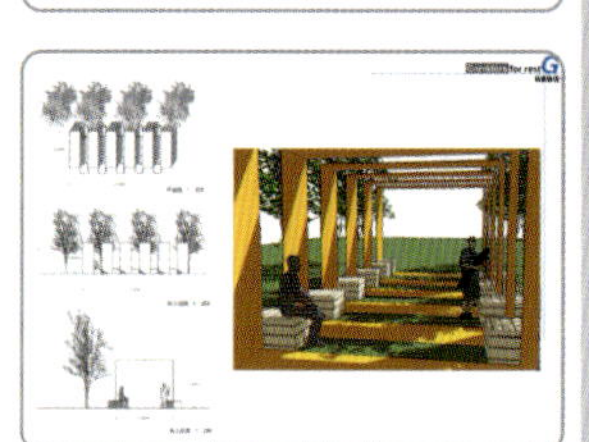

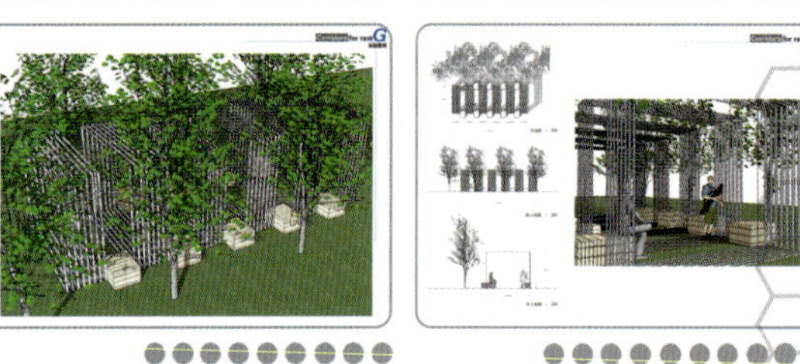

“和”——“盒”休息廊架概念设计

整个休息廊架的设计过程中，紧紧环绕“和”的主题概念。在整体造型方面，将“和”的概念深化具体到具有北京特色的“盒”的形式。即在整个奥运公园设置多个盒状廊道，一方面用做人们休憩，停滞的场所，另一方面作为奥运公园场地中的一处环境雕塑。在具体的分类设计中，将一种图案的廊架取其正负形，分成两个，并组成一组。这样彝族廊架中，既有一个较封闭的，又有一个开敞的。这样的设计，在功能上满足了一天中，不同气温与日照对人们的影响。在概念上，一阴一阳、一正一负的形式，也符合整体“和”的含义。

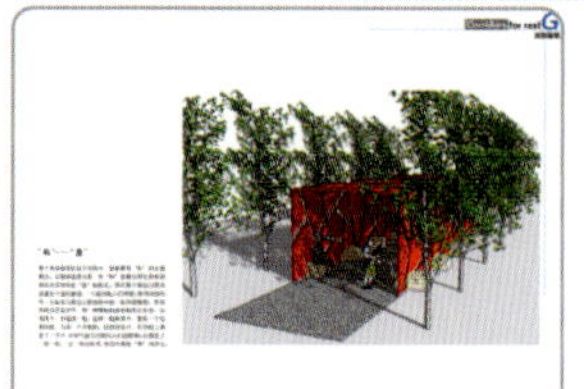

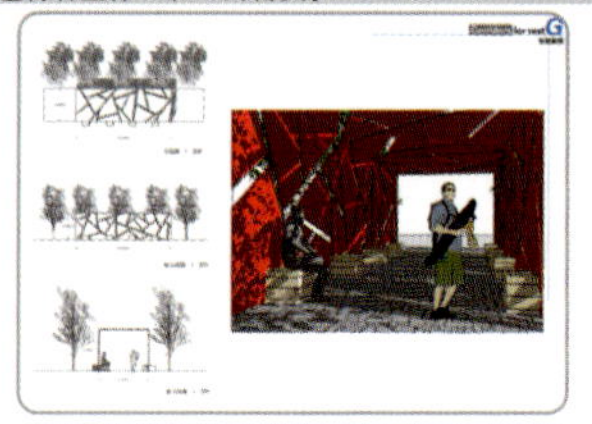

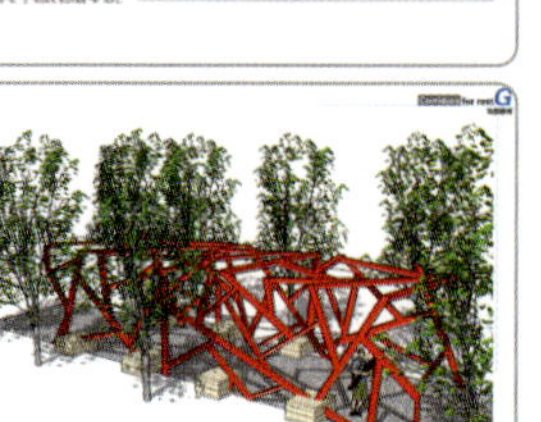

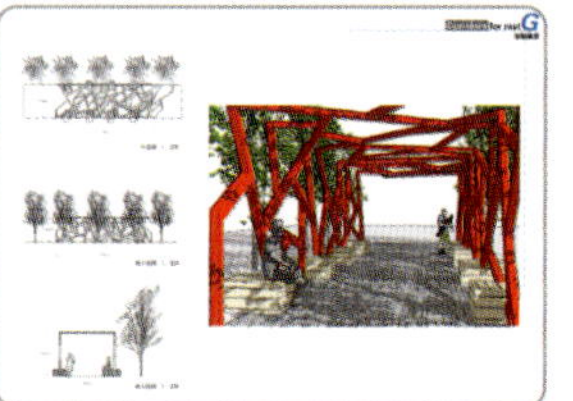

中国北京奥林匹克公园环境设施概念设计 ——座椅设计

“一”字椅设计概念:

设计以汉字“一”的形象，把奥运文化、中国文化、坐椅文化和为一体．“一”字椅，暗示了，人与环境的和谐，体现了“天人合一”的思想。

简洁　益于成批的工业生产，多种组合可延伸出丰富的变化。简洁的外形又允许人的不同的坐姿，体现人性化。

和谐　坐椅是协调人与环境的一大要素.在符合人座的同时，“一”字椅同时也是环境里的一道景观。

指向性　不同色彩系列的“一”字椅，排列起来如奥运场馆的一条彩带，不觉中引导了人流，是最好的路标。

“一”字椅——奥运坐椅内涵

设计以汉字“一”的形象，最简单，却包含中文书写最基本特征。

北京2008年奥运会主题口号“同一个世界 同一个梦想”.而“一”与“椅”为同音。以 **“一”字椅**来暗合“同一个世界 同一个梦想”。

老子在《道德经》中就说到：“道生一，一生二，二生三，三生万物。万物负阴而抱阳，冲气以为和。”

“一”字的含义反映了老子阴阳思想内涵，表达世界万物对立统一的辩证关系。一也者,万物之本也。

中国北京奥林区克公园环境设施概念设计 ——景观柱设计

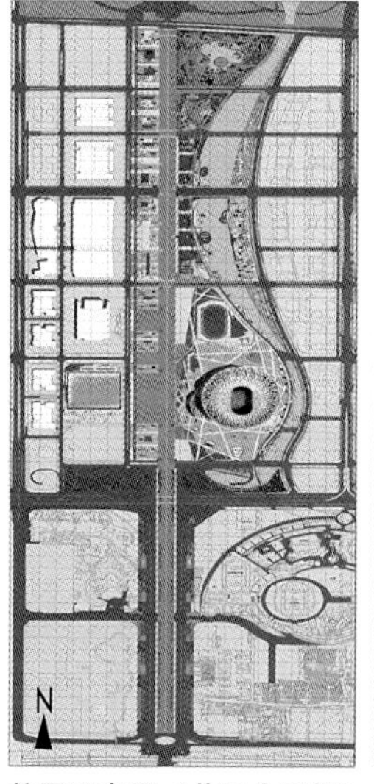

总平面布置（共三十三根）

主题分区

绿色主题区

人文主题区

科技主题区

(共十一根)

此区域包括大面积的园林休闲绿地和树阵，
给人轻松自然的感觉。
在景观柱的布置上讲究对称性和次序化，
在自由中体现
有序和整体的感觉，
并相互衬托
突出景观道的中轴性。

(共十根)

该区域有下沉的广场，右边有大面积水域和休闲绿地，视野开阔，
在布置上强调景观的视觉中心和发散关系，突出人文主题。

(共十二根)

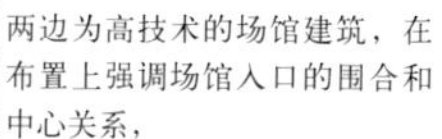

两边为高技术的场馆建筑，在布置上强调场馆入口的围合和中心关系，
并与周边建筑相协调，
尽量避免对主体建筑观赏角度的遮挡，
起到衬托的作用。

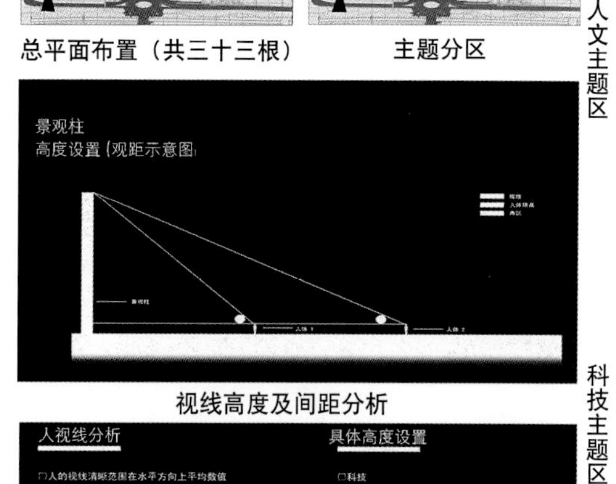

视线高度及间距分析

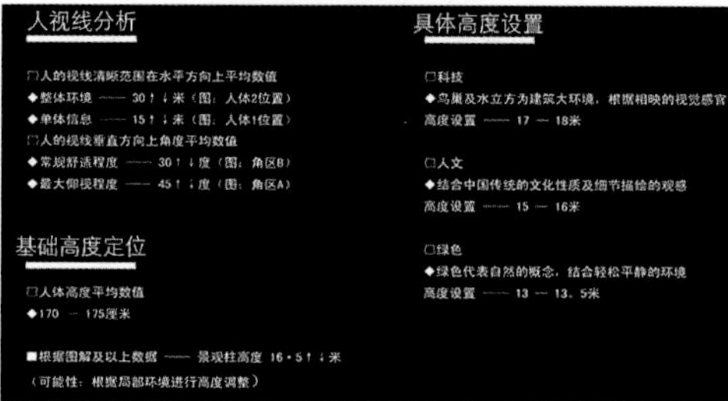

人视线分析

□人的视线清晰范围在水平方向上平均数值
◆整体环境 —— 30↑↓米（图：人体2位置）
◆单体信息 —— 15↑↓米（图：人体1位置）
□人的视线垂直方向上角度平均数值
◆常规舒适程度 —— 30↑↓度（图：角区B）
◆最大仰视程度 —— 45↑↓度（图：角区A）

基础高度定位

□人体高度平均数值
◆170 — 175厘米

■根据图解及以上数据 —— 景观柱高度 16・5↑↓米
（可能性：根据局部环境进行高度调整）

具体高度设置

□科技
◆鸟巢及水立方为建筑大环境，根据相映的视觉感官
高度设置 —— 17 — 18米

□人文
◆结合中国传统的文化性质及细节描绘的观感
高度设置 —— 15 — 16米

□绿色
◆绿色代表自然的概念，结合轻松平静的环境
高度设置 —— 13 — 13．5米

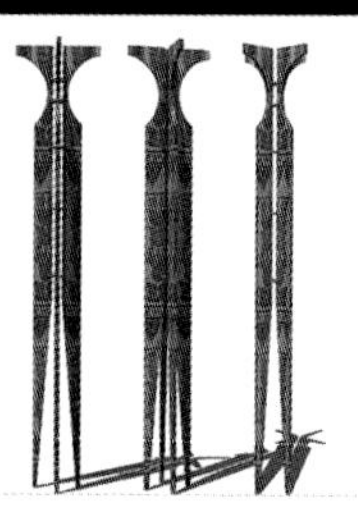

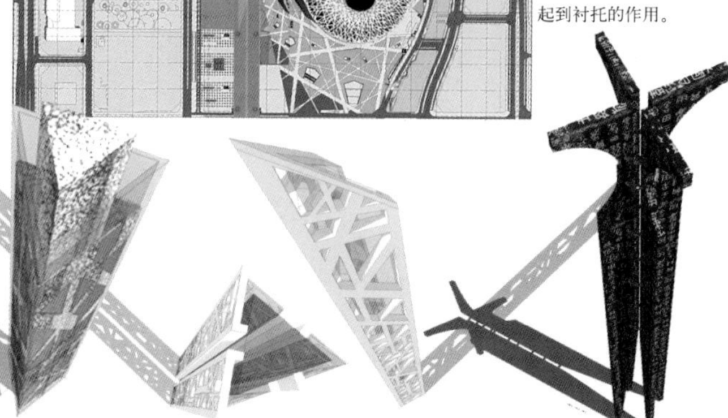

饮水 水滴 涟漪

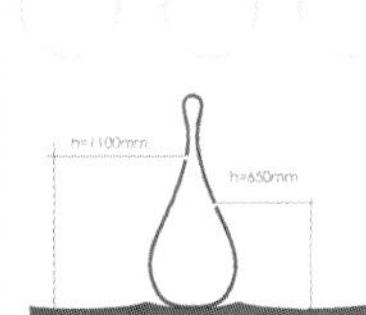

此饮水装置创意来源于水自身的形态,以水滴为基本形,进行多种变化而得来,可任意组合,配合水滴的形式,将此处的地面处理成高低起伏,形似涟漪,既是动人的小景观,又能明确其功能性,一目了然。

采取轻盈的圆弧造型以及光洁的材质,让人体会到饮水装置的洁净与亲切,陶瓷碎片拼贴作为铺地,具有浓浓的中国意味粗糙的质感与水滴形成对比,突出主体。

人性化设计
每个单位不论造型如何变化,出水口都有两种高度,
分别为成人、儿童、残障人士提供服务自然的流线型,使水刚好沿着外壁流下

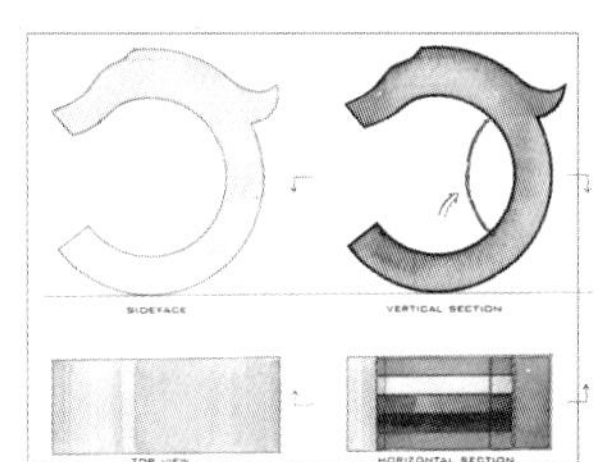

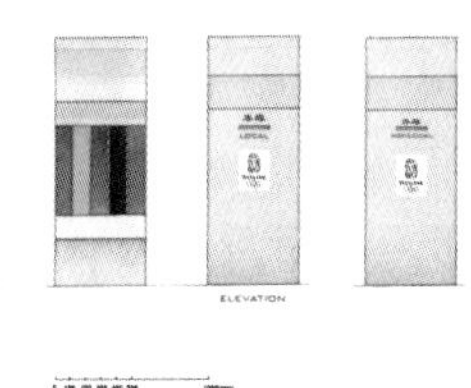

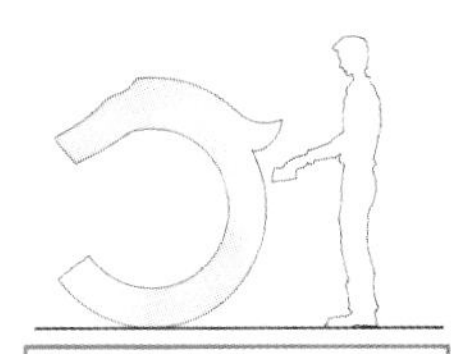

YULONG MAILBOX 玉龙 邮筒

玉龙邮筒是一个将表现力与应用的灵活性相结合的邮筒,被设计放在中国奥林匹克公园里。其设计应用了中国商朝时期的玉龙这种器物,形象生动,体现了中华民族的悠久的文化传统。而内侧的五条色带则引用了奥运会标志上的五种颜色,分别代表了五大洲。

此邮筒采用了可靠的材料,即铸铝,提高了美观性和实用性。表现力和功能上的选择是这个方案的中心,圆环状的表面能使雨水滑落,侧面的轮廓设计强调了外形,玉龙邮筒的颜色主要以绿色(中国邮筒的统一颜色)为主。两个邮筒作为一个整体,分为本埠和外埠,并列摆放。

饮水装置 Watering places F G 邮筒 Mailboxes

Newspaper 报刊亭 D E 电话亭 Telephone

报刊亭

滚轴:带动玻璃里面的报纸、杂志、新闻,随报亭背部曲线上下滚动,方便观者整张观看也方便不同主度的人群自由观看,又具有参与性和新闻高效传播。

灯箱:可加五种不同色彩
(蓝黄黑绿红,五环色)夜间突出(报刊书物的卷曲形)。

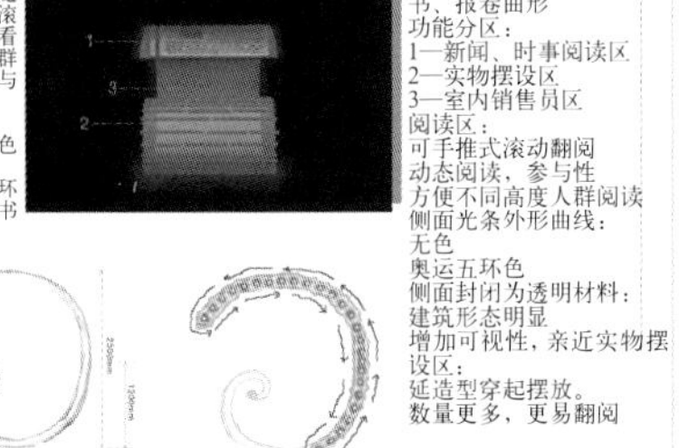

整体形态:
书、报卷曲形
功能分区:
1—新闻、时事阅读区
2—实物摆设区
3—室内销售员区
阅读区:
可手推式滚动翻阅
动态阅读,参与性
方便不同高度人群阅读
侧面光条外形曲线:
无色
奥运五环色
侧面封闭为透明材料:
建筑形态明显
增加可视性,亲近实物摆设区:
延造型穿起摆放,
数量更多,更易翻阅

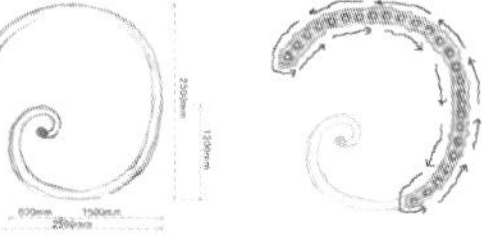

报刊亭侧面灯光颜色及蕴含含义

侧面封闭为透明材料
建筑形态明显
增加可视性

侧面演示报刊被滚轴带动,在报刊亭背部灯箱中的循环滚动

阅读区:
可手推式滚动翻阅动态阅读,参与性方便不同高度人群阅读

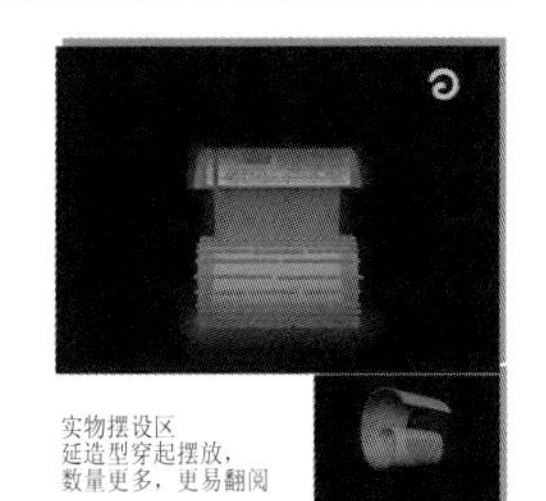

实物摆设区
延造型穿起摆放,
数量更多,更易翻阅

和一荷 智能型多功能电话亭

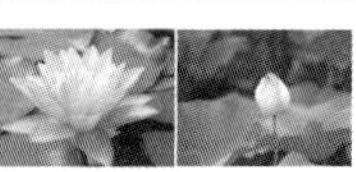

设计说明:
取荷花花瓣之形作为电话亭的外型。表达了中国式的友好,热爱和平之情。奥运会又正值夏日进行,我们美好的希望2008年的北京奥运会会像夏日绽放的荷花一样热烈的散发光华,完满的画上句点。
此智能型多功能电话亭具有声音、影音通讯功能,有连接Internet装置和通用形电源接口,能够提供笔记本电脑上网及笔记本电脑即时充电。方便国际友人的使用,也给媒体技术人员提供便利。

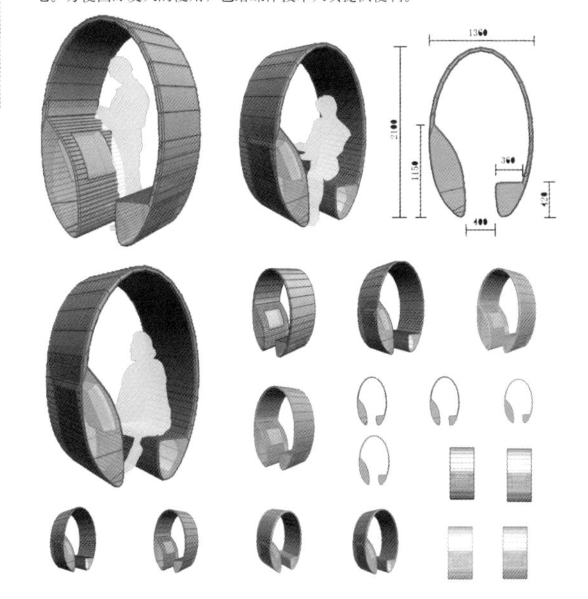

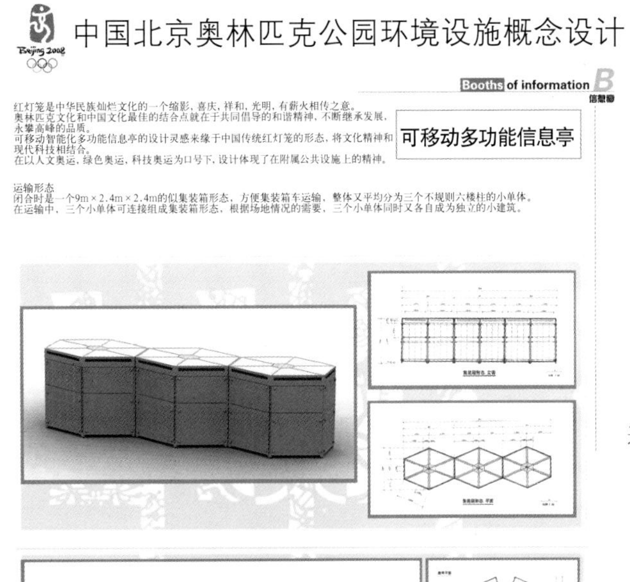

可移动多功能信息亭

红灯笼是中华民族灿烂文化的一个缩影，喜庆，祥和，光明，有薪火相传之意。
奥林匹克文化和中国文化最佳的结合点就在于共同倡导的和谐精神，不断继承发展，永攀高峰的品质。
可移动智能化多功能信息亭的设计灵感来缘于中国传统红灯笼的形态，将文化精神和现代科技相结合。
在以人文奥运，绿色奥运，科技奥运为口号下，设计体现了在附属公共设施上的精神。

运输形态
闭合时是一个9m×2.4m×2.4m的似集装箱形态，方便集装箱车运输，整体又平均分为三个不规则六棱柱的小单体。
在运输中，三个小单体可连接组成集装箱形态，根据场地情况的需要，三个小单体同时又各自成为独立的小建筑。

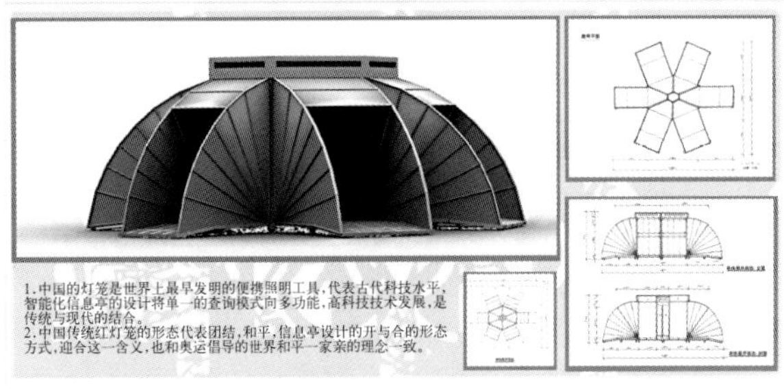

1.中国的灯笼是世界上最早发明的便携照明工具，代表古代科技水平，智能化信息亭的设计将单一的查询模式向多功能，高科技技术发展，是传统与现代的结合。
2.中国传统红灯笼的形态代表团结，和平，信息亭设计的开与合的形态方式，迎合这一含义，也和奥运倡导的世界和平一家亲的理念一致。

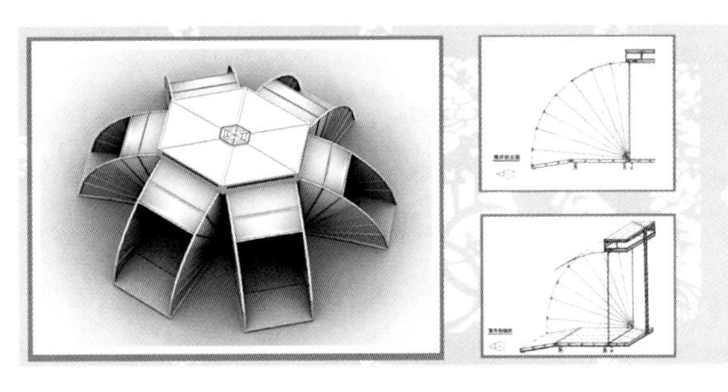

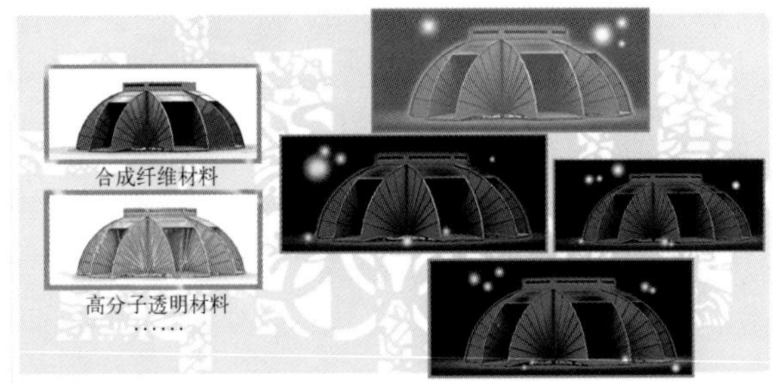

售货亭

此设计为综合性售货亭初步概念，尺寸为长4.0m×宽2.5m×高3.5m。构思从中国传统婚庆中“花轿”的概念出发：男婚女嫁、阴阳结合，此乃人类生生不息繁衍的基本，从这个具有浓郁中国特色，采用我国特色场合的物件出发，加以改良，从造型、材质上融入现代元素，使之与奥运理念和奥运场馆相协调。亭顶富有浓厚的中国民族特色，采用我国古代织锦上的长寿纹加以变化，在传承我国丰富的历史文化内涵基础上，寓意奥运精神生生不息，代代相传，充分体现了“人文奥运”的理念，塑造首都文化。亭体外部形态采用“花轿”特征，轿杆部分结合售货亭的功能改良成休息座椅，提供暂时依靠，整个售货亭采用钢架结构，结合中国红半透明聚乙烯材质，使景观前后能贯通融合为一体，同时更好的使这个具有典型民族特色的售货亭融入大的场地环境。

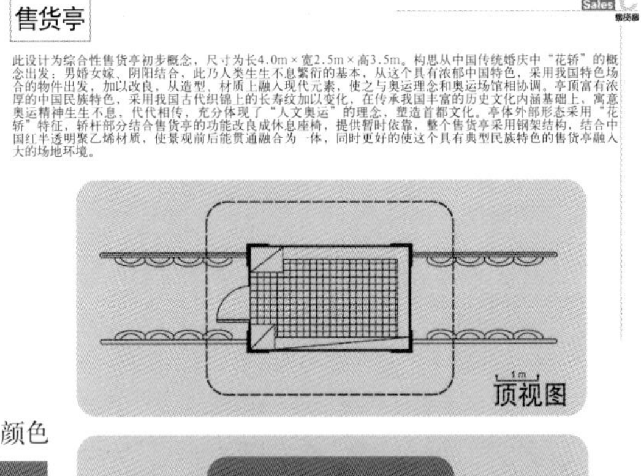

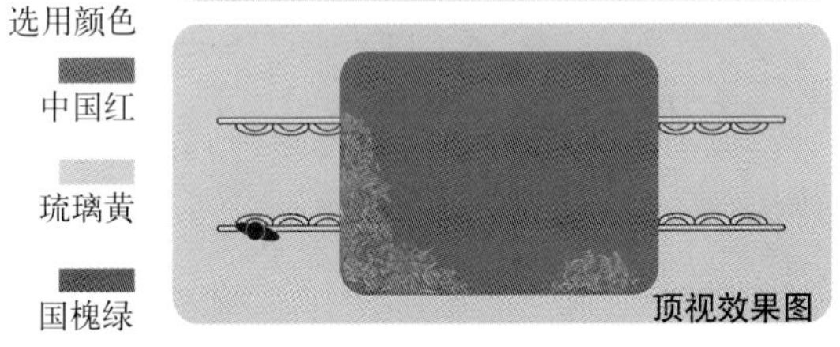

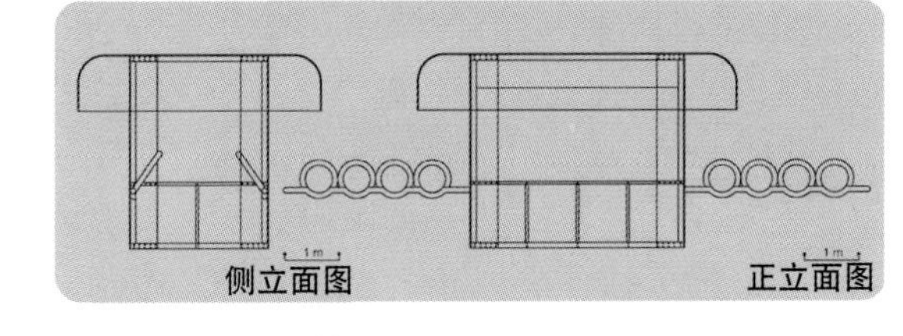

MOVING BOX ,FLOWING SPACE 移动的盒子，流动的空间

课题名称：shuffled space 混杂空间

作品名称：MOVING BOX,FLOWING SPACE
移动的盒子,流动的空间

作者姓名：李志强

指导教师：丁　圆

设计时间：2006年6月

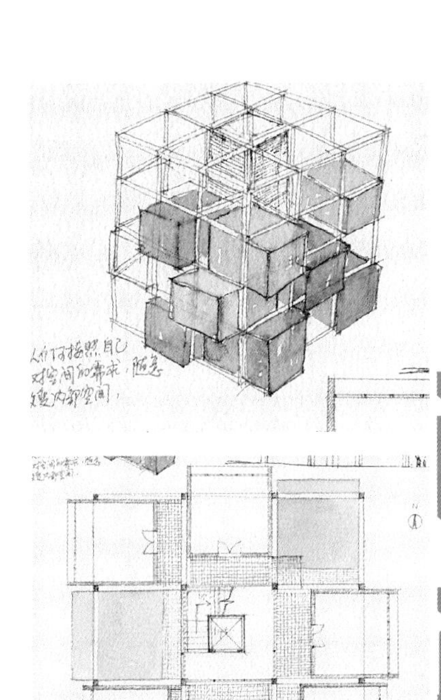

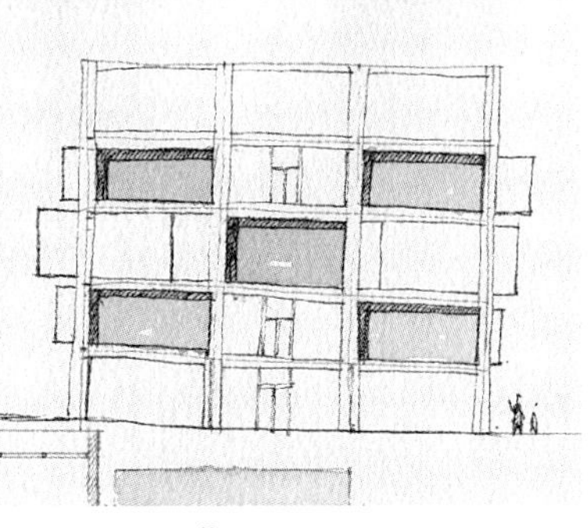

草图 sketches

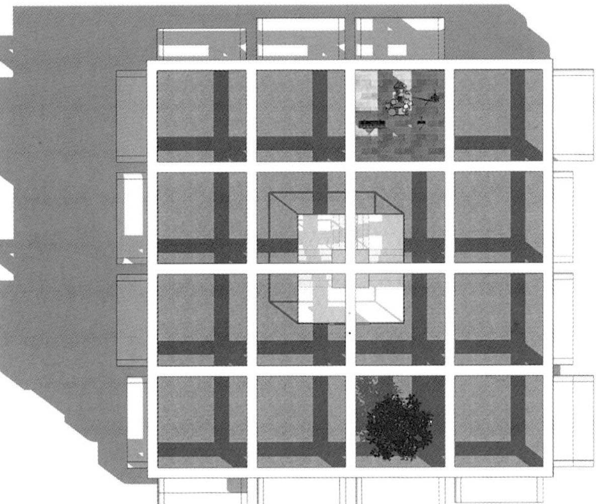

顶视图 top view

设计说明：

一、地理位置

位于广东省广州市某一繁华十字路口西南角处,周围建筑主要是商业写字楼和住宅楼。道路主要是双行道。

二、体量

20×20×17

三、功能

（1）　可改变的城市景观构筑物。

（2）箱体房功能不定，可用作居住（单人）、商业、出租等。

（3）箱体房单元移动形成的灰空间可作为交流空间。

四、材料

钢材、木材、玻璃、石材。

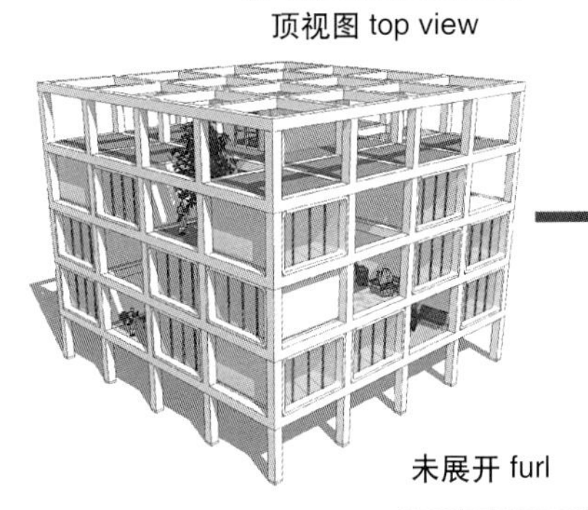

未展开 furl

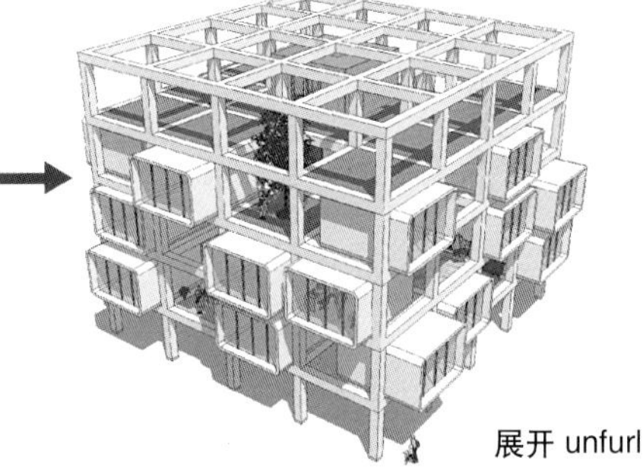

展开 unfurl

东立面图 east elevation

南立面图 south elevation

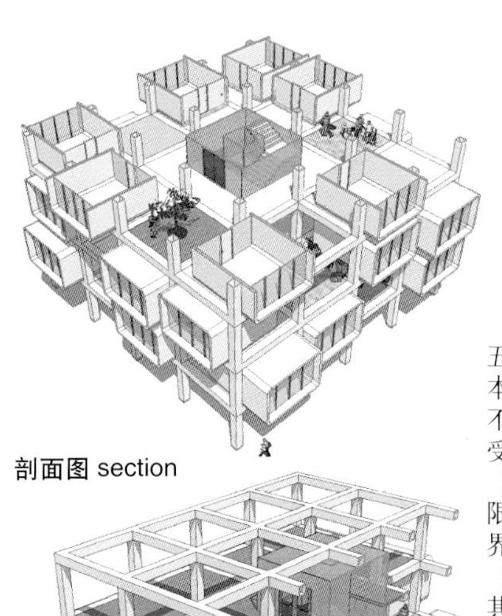

剖面图 section

抽屉单元体 drawer units

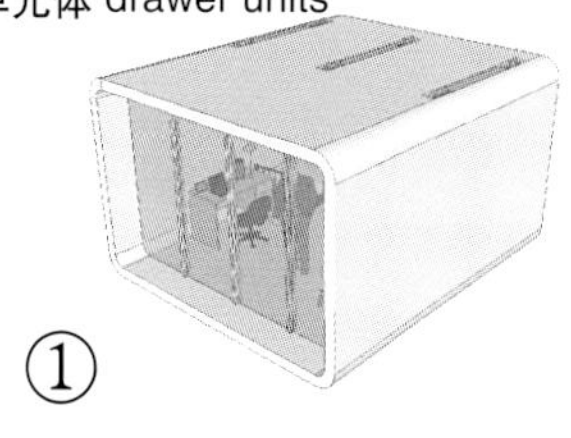

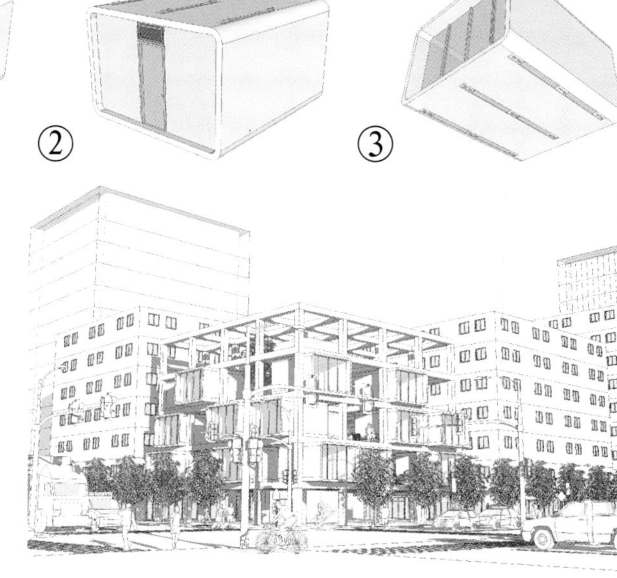

五、对混杂空间的理解

本人理解的“混杂空间”为空间界定不确定性，使用功能多义性，空间感受含蓄性。

（1）空间界定的不确定性，界面是限制建筑空间的物质实体，空间随着界面的变化而具有流动性。

（2）内部实用功能多义性，不限制其使用功能，由使用者去确定。功能的复杂性意味着他们之间联系的多样性，彼此之间并非完全独立，体现了空间的广泛适应性，使空间更具有人情味。

（3）前两点决定了空间能承载大量的、复杂的信息，人们对于这一空间的感受并不能明确描述，相对应的表现出来的是一种模糊的特征。

剖面图 section

效果图 perspective

效果图 perspective

西立面图 west elevation

北立面图 north elevation

毕业设计课程
Graduation Design

八、毕业设计课程

毕业设计既是专业设计的深入训练，又是全面综合五年来所学的基础理论、基本技能及基础技术知识在毕业设计中综合应用的总结性设计。全面综合所学知识，解决设计中的实际问题，设计概念与实际解决问题相结合，训练大型综合性项目的全面整体设计能力，在可能条件下，对一些新问题进行研究性探索。毕业设计报告针对每个学生的毕业设计，内容要求包括选题调研报告、理论文献综述及设计说明。毕业设计为时4个月。

中央美术学院建筑学院的毕业设计选题呈现了多样性和专业兼容并蓄的特点，以2007年为例，建筑设计专业方向的课题涵盖有798北区城市设计与建筑单体设计、成都地区某野生动物园更新策划设计、北京传统街区保护与住宅设计、博物馆美术馆设计、高层建筑设计、住宅设计等课题；室内设计专业方向的课题涵盖有陕西窑洞地区生土建筑酒店与民宅建筑与室内设计、联体别墅建筑与室内设计、大型酒店建筑改造与室内设计、青年旅社、画廊、餐厅、医院、幼儿园等不同建筑类型的室内设计；景观设计专业方向的课题涵盖有城市滨水地区环境设计、传统街区保护与再生环境设计、工业地区与设施环境改造设计、主题公园设计、高速公路周边环境设计等课题。学生们的毕业设计成果在保持造型独特、设计原创特点基础上，设计深度和设计质量逐年提升。

Ⅷ.Graduation Design

Graduation design is a deeper training of professional design. It is also a summing-up of the comprehensive application of the basic theories, basic techniques and basic knowledge. It requires students to combine what they have learnt to solve practical problems in the design. The concept of design should be combined with solution of practical problems. It also involves training of the overall design ability of large comprehensive projects and, under possible conditions, explorative studies on some new issues. The graduation design report varies according to the graduation design of each student, including thesis topic selection survey report, theoretical bibliography summarization and design description. Graduate Thesis last for 4 months.

The thesis topic selection of graduation design of China Central Academy of Fine Arts demonstrates versatility and compatibility. Take year 2007 as an example, topics on the major of architecture design include: urban design and single building design of 798 northern districts, renovation planning for a safari world in Chengdu area, conservation of historical streets and residential design in Beijing, art gallery design, high-rise design, residence design, etc. Topics on the major of interior design include: adobe building hotels and residence and interior design of the cave-dwelling areas in Shanxi, townhouse construction and interior design, large hotel renovation and interior design, youth hotels, art galleries, restaurants, hospitals, kindergartens and other different types of buildings. Topics on the major of landscape design include water front urban landscape design, conservation of traditional streets and environmental regeneration, environmental reconstruction of industrial zones, theme park design, environmental design for expressways, etc. The research depth and quality of students' graduation design have been improving year by year while maintaining the unique and originality.

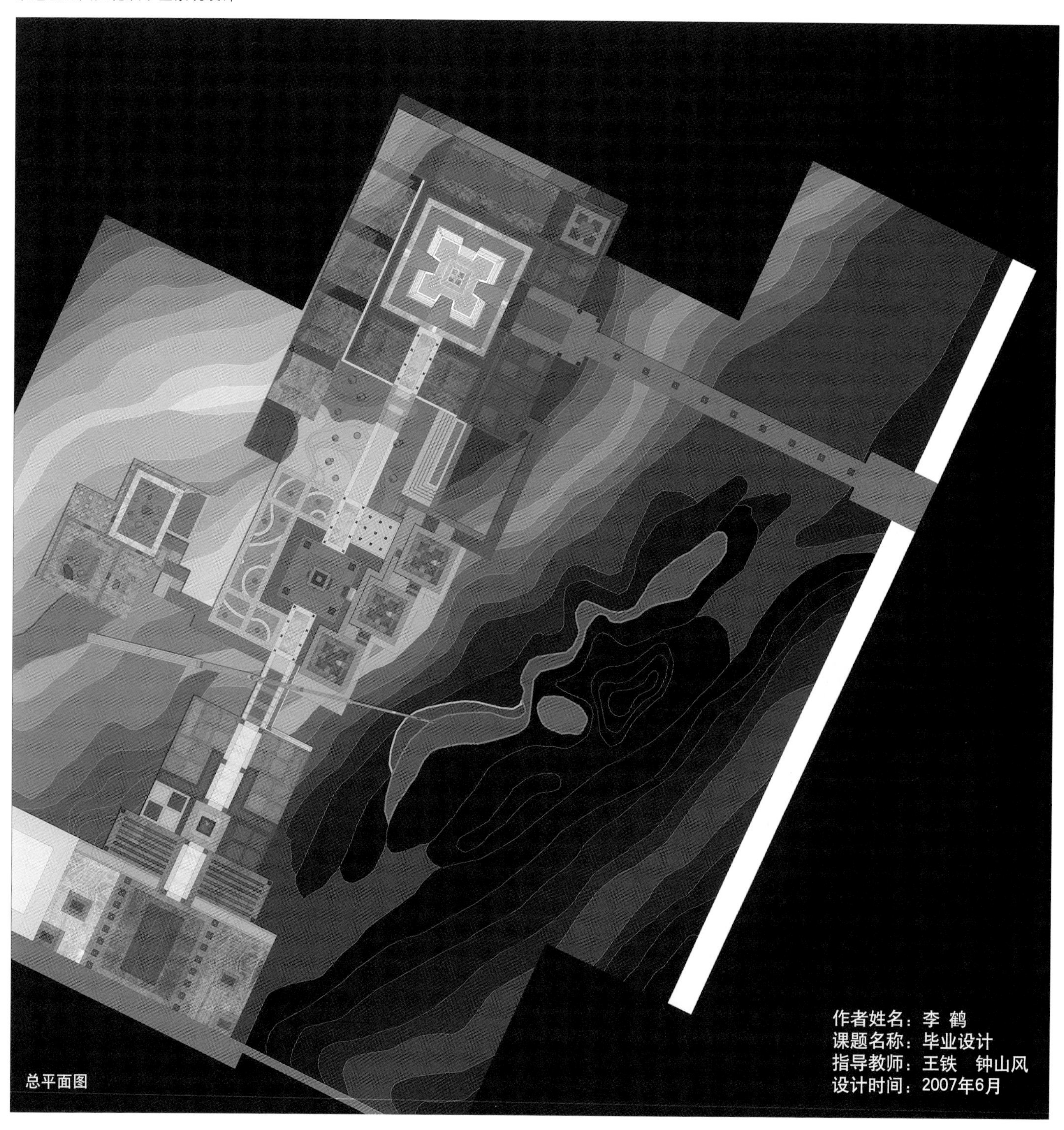
作者姓名：李 鹤
课题名称：毕业设计
指导教师：王铁　钟山风
设计时间：2007年6月
总平面图

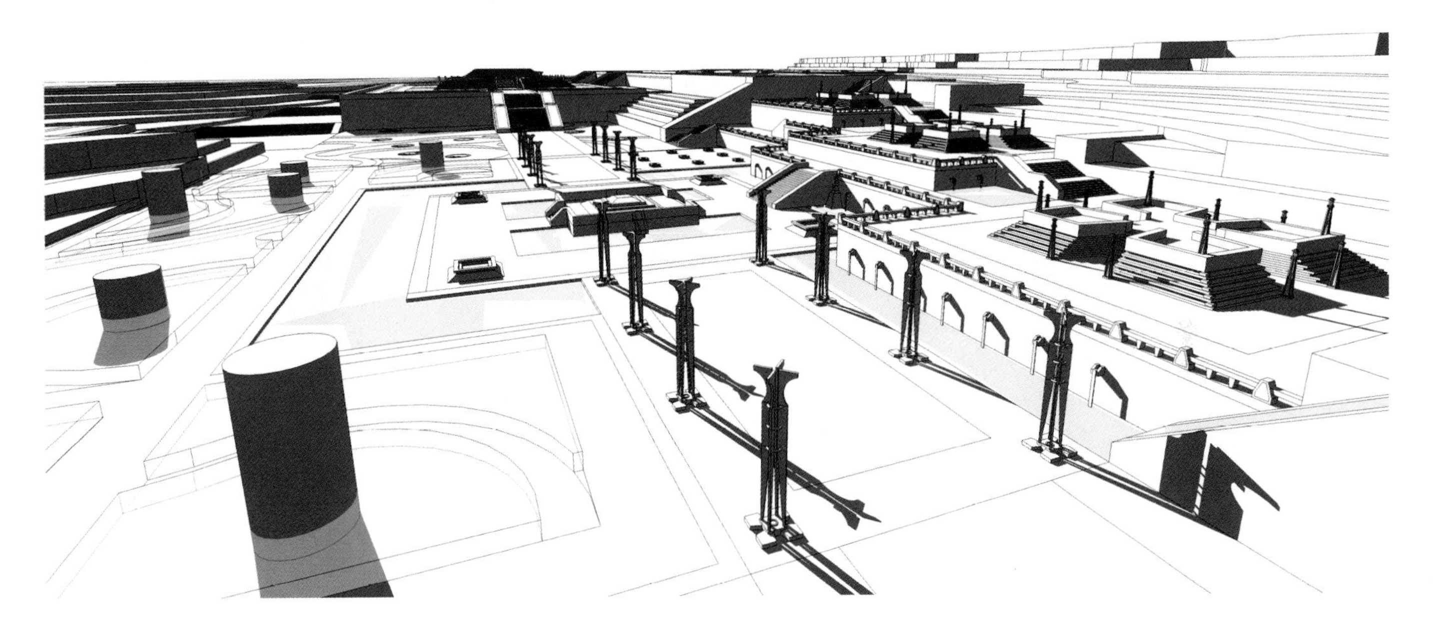

室外广场空间

室内效果图

室外效果图

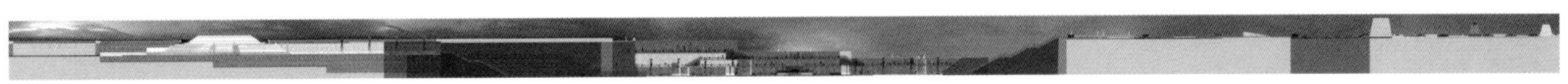

西立面图

室内效果图

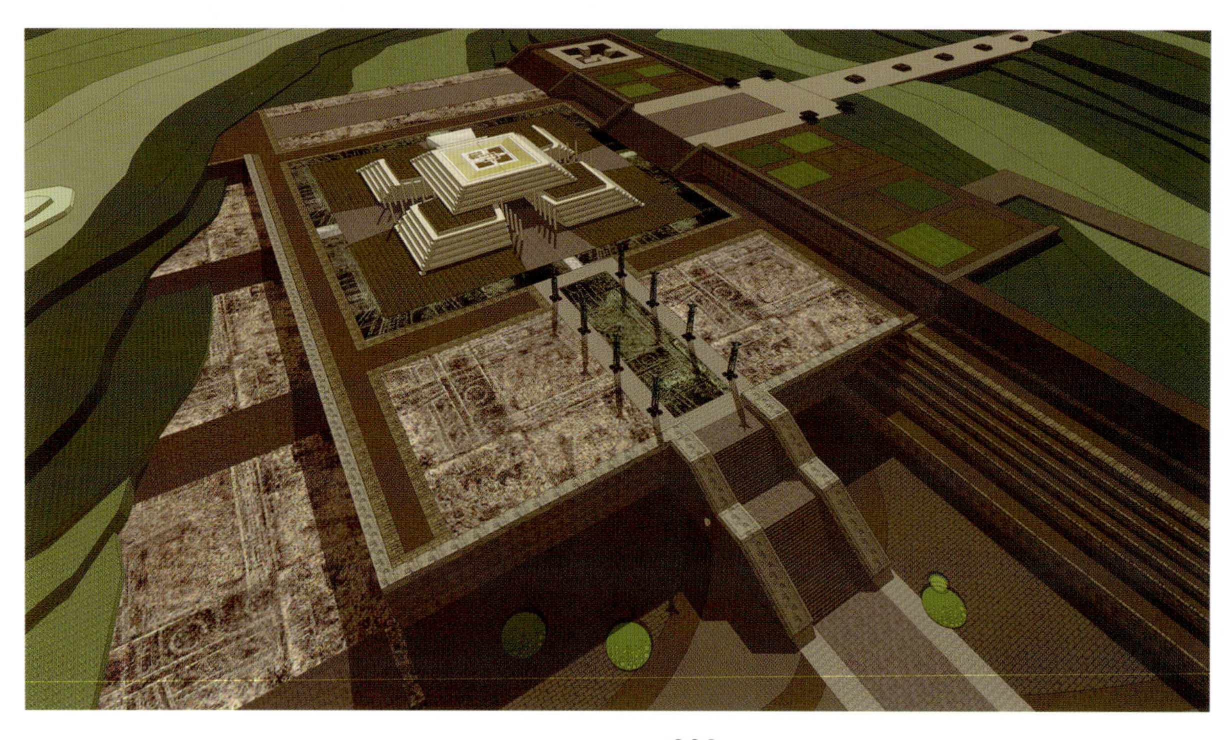

室外效果图

俯视图

展馆效果

落水

高架水渠

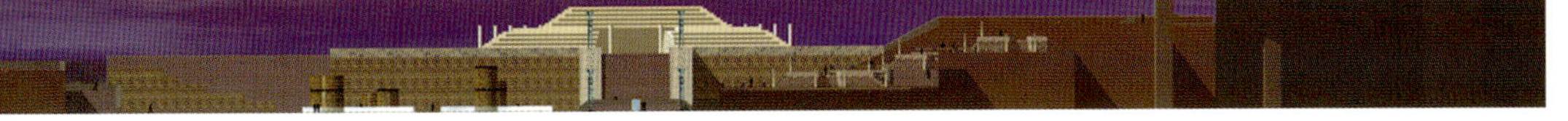

南立面图

室外效果图

作者姓名：杨熠
课题名称：毕业设计
指导教师：张绮曼
设计时间：2007年6月

室内效果图

室内效果图

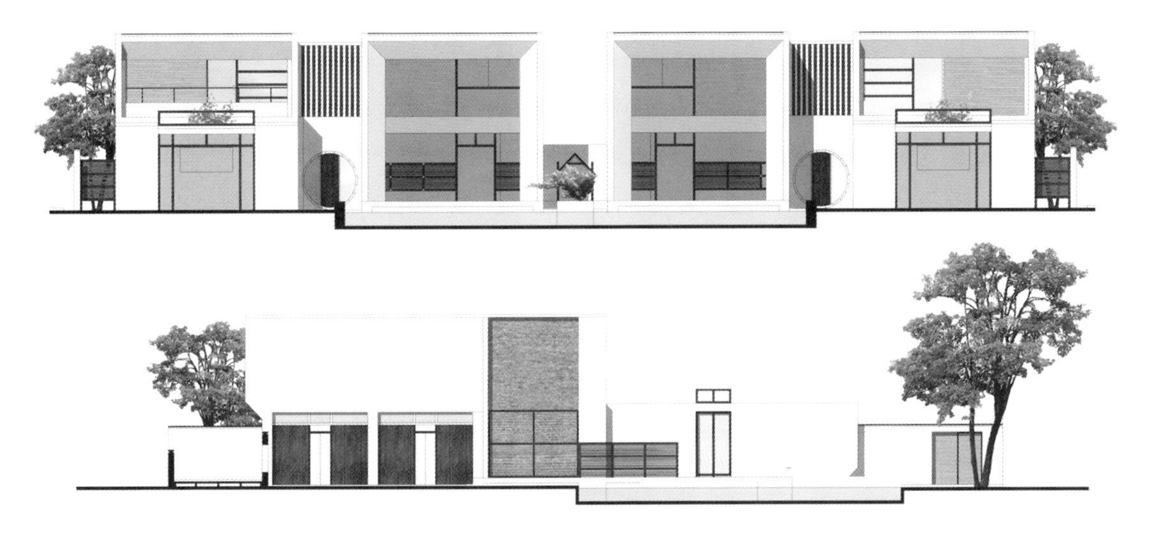

立面图

室外效果图

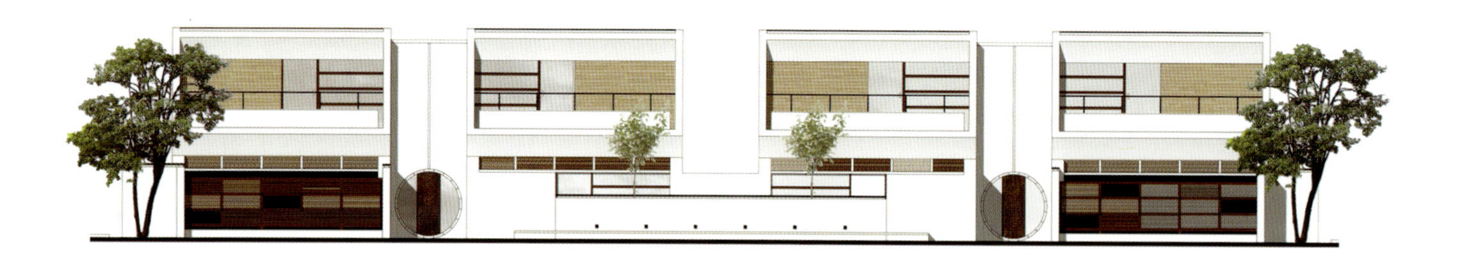

户型北立面图

户型东立面图

室外效果图

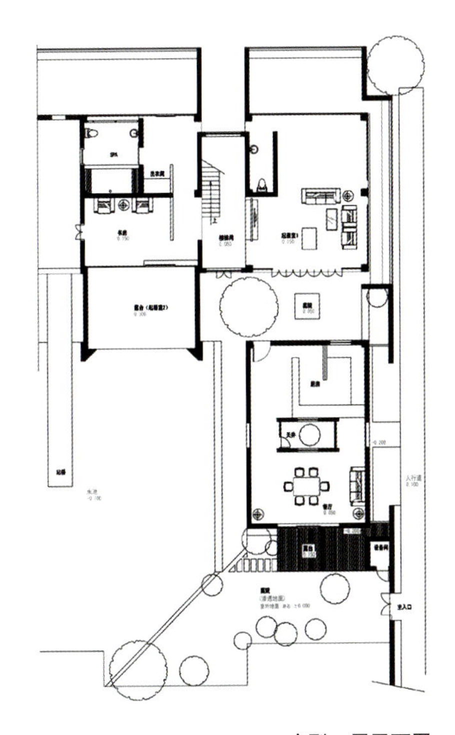

户型一层平面图

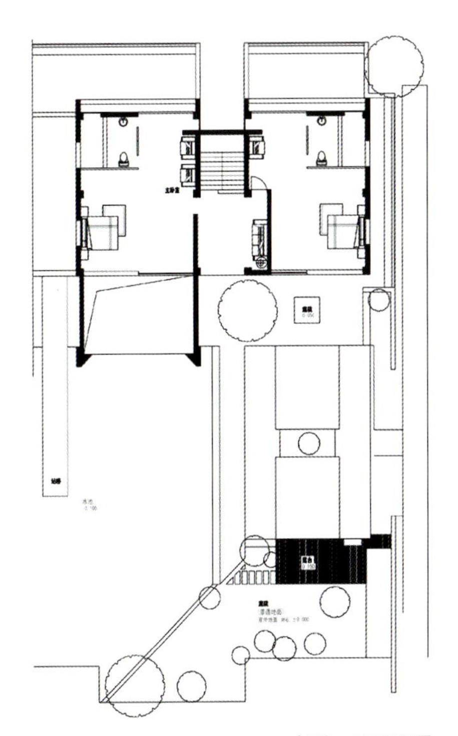

户型二层平面图

秦皇岛水墨画美术馆

总平面图

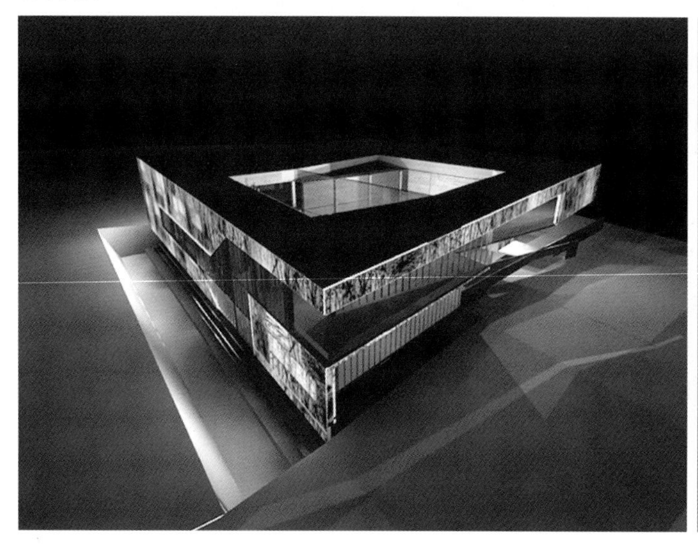

室外效果图

秦皇岛水墨画美术馆

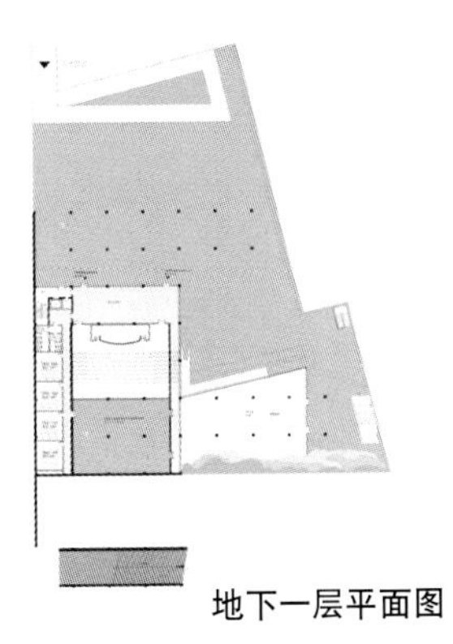

地下一层平面图

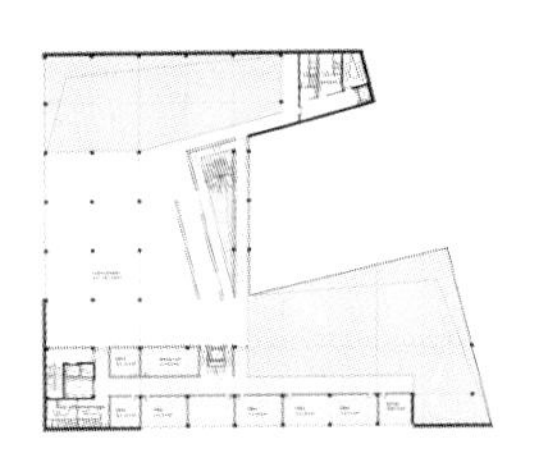

二层平面图

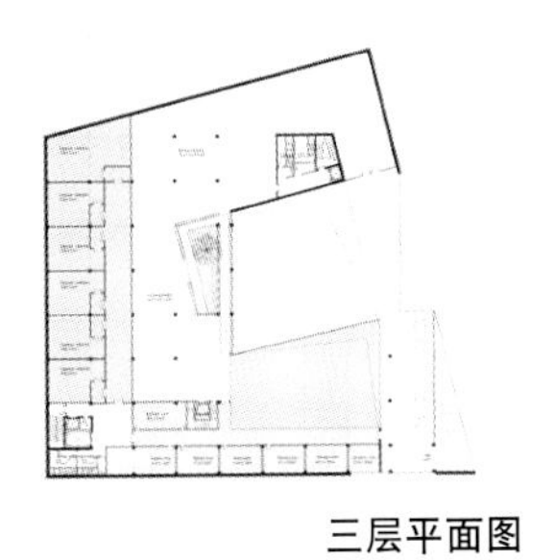

三层平面图

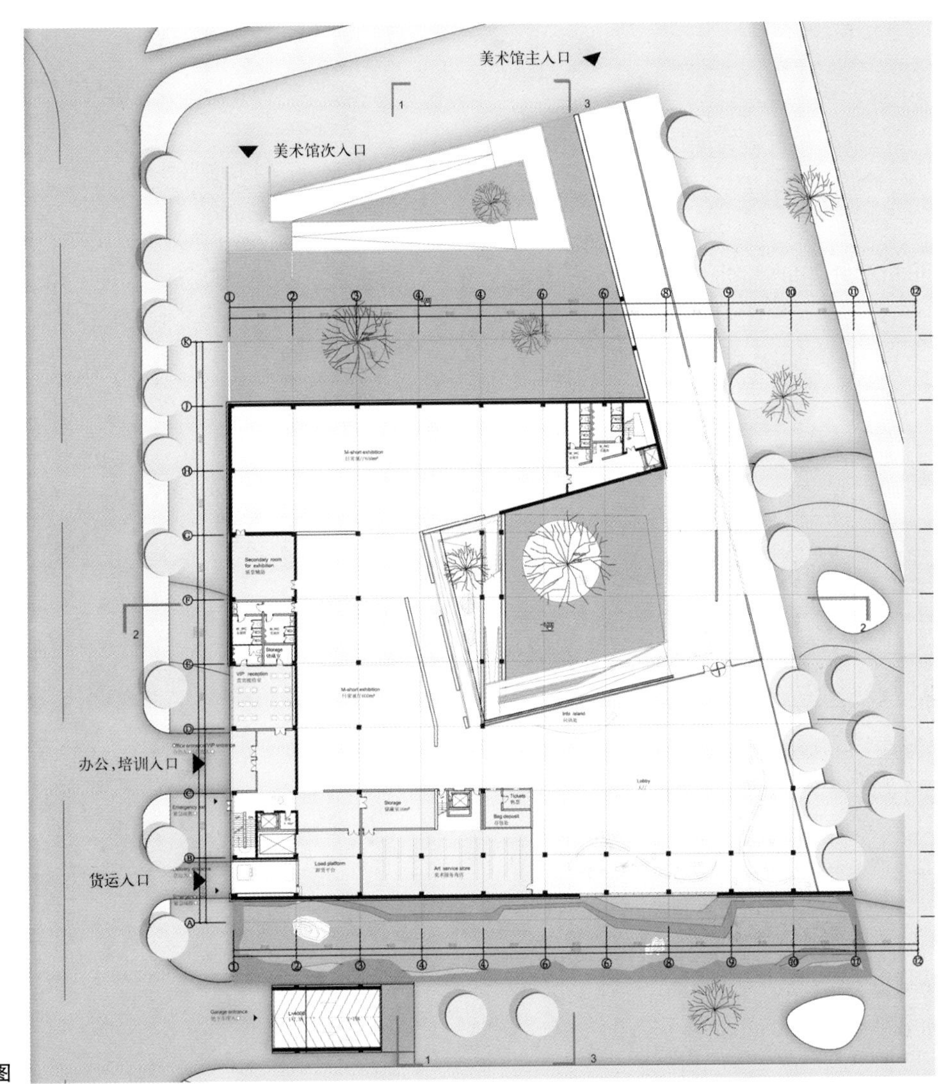

一层平面图

模型照片

立面图
剖面图

作者姓名：权　旭
课题名称：毕业设计
指导教师：戎　安
设计时间：2007年6月

模型照片

模型照片

夜景效果

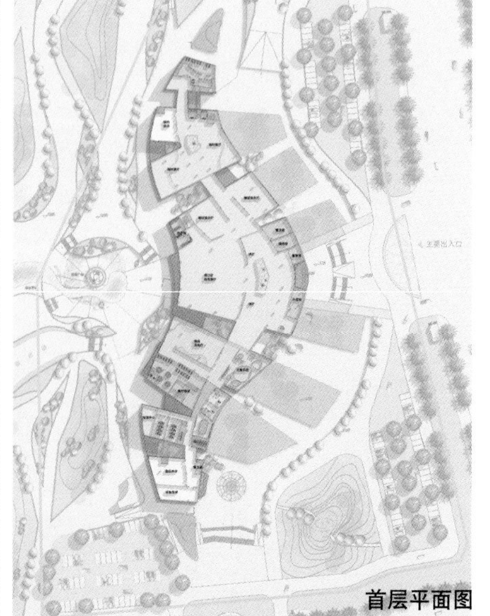

首层平面图

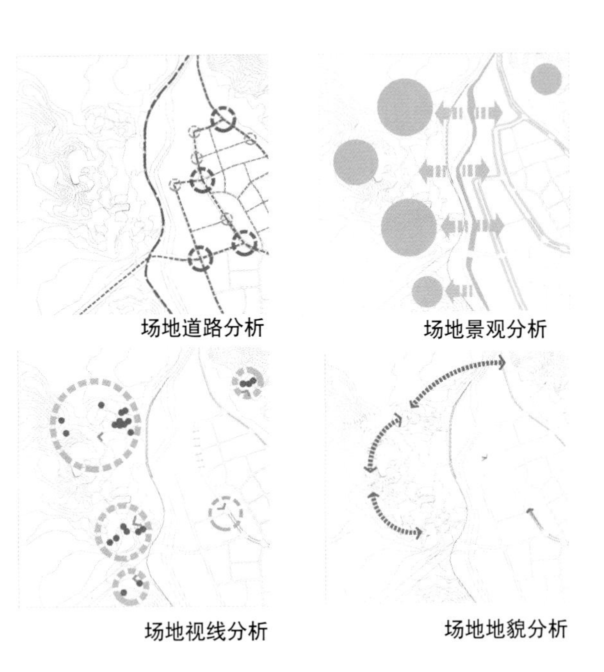

场地道路分析

场地景观分析

场地视线分析

场地地貌分析

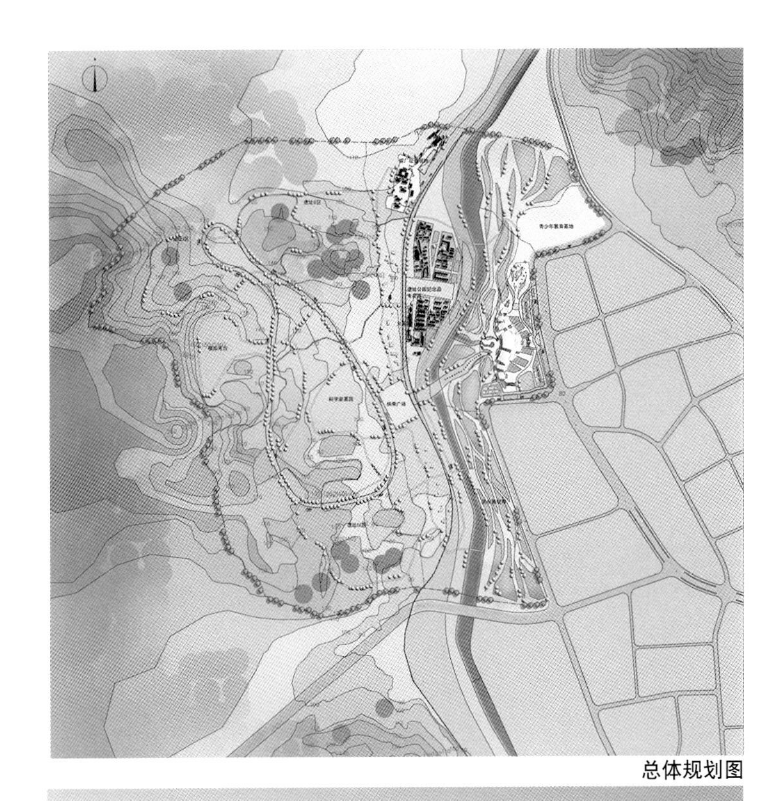

总体规划图

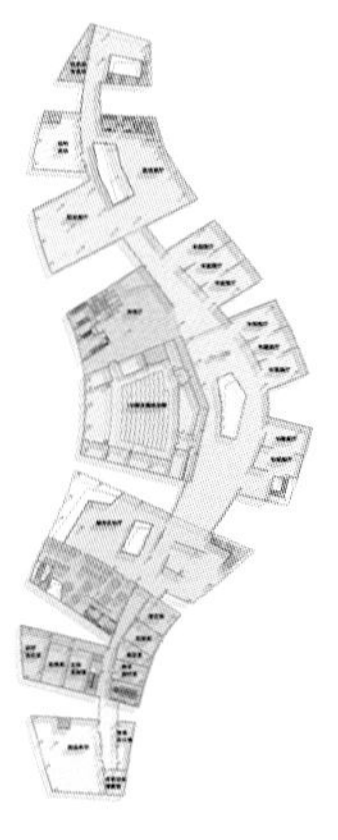

二层平面图

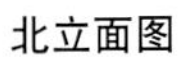

北立面图

南立面图

东立面图

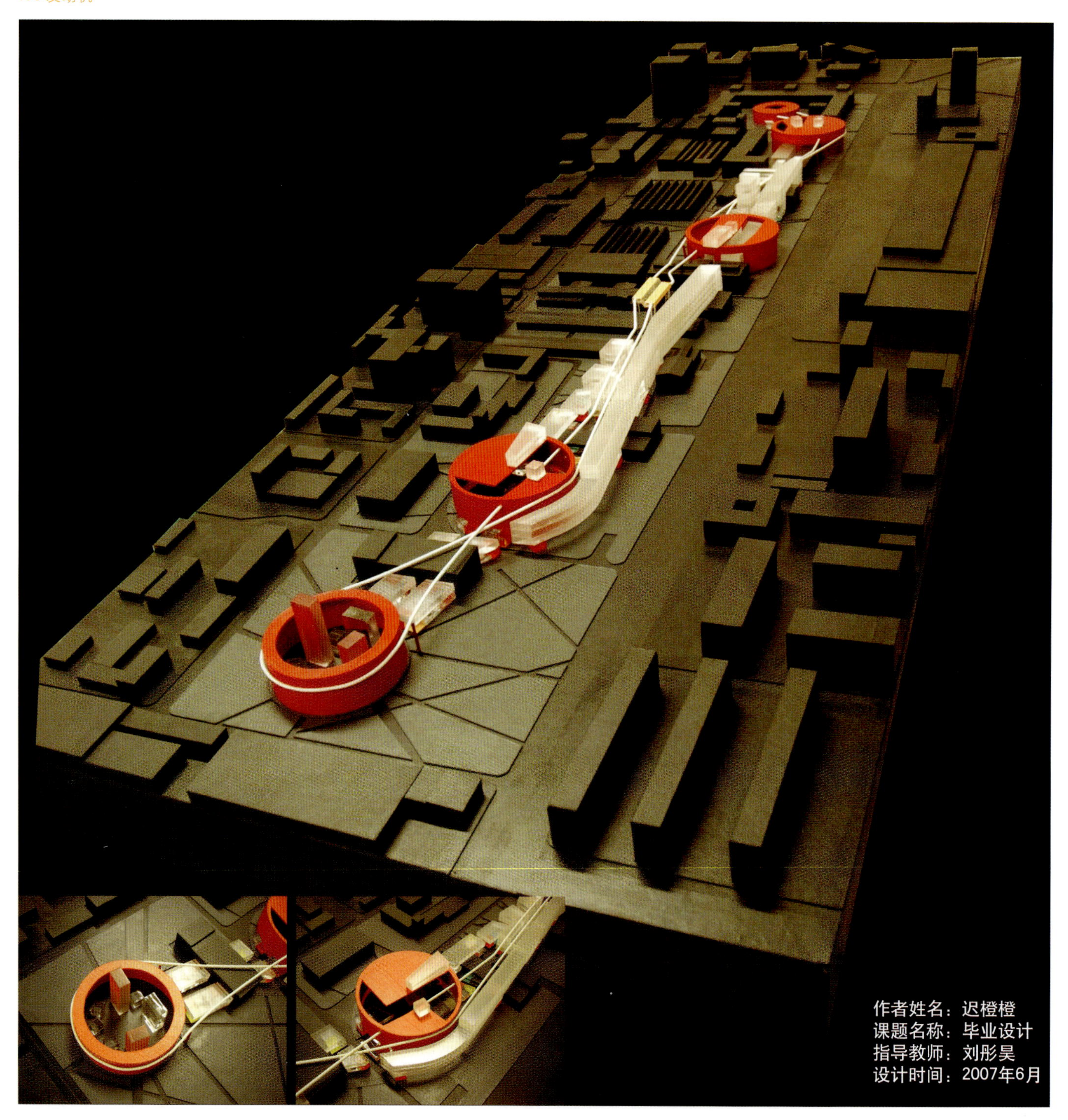
作者姓名：迟橙橙
课题名称：毕业设计
指导教师：刘彤昊
设计时间：2007年6月

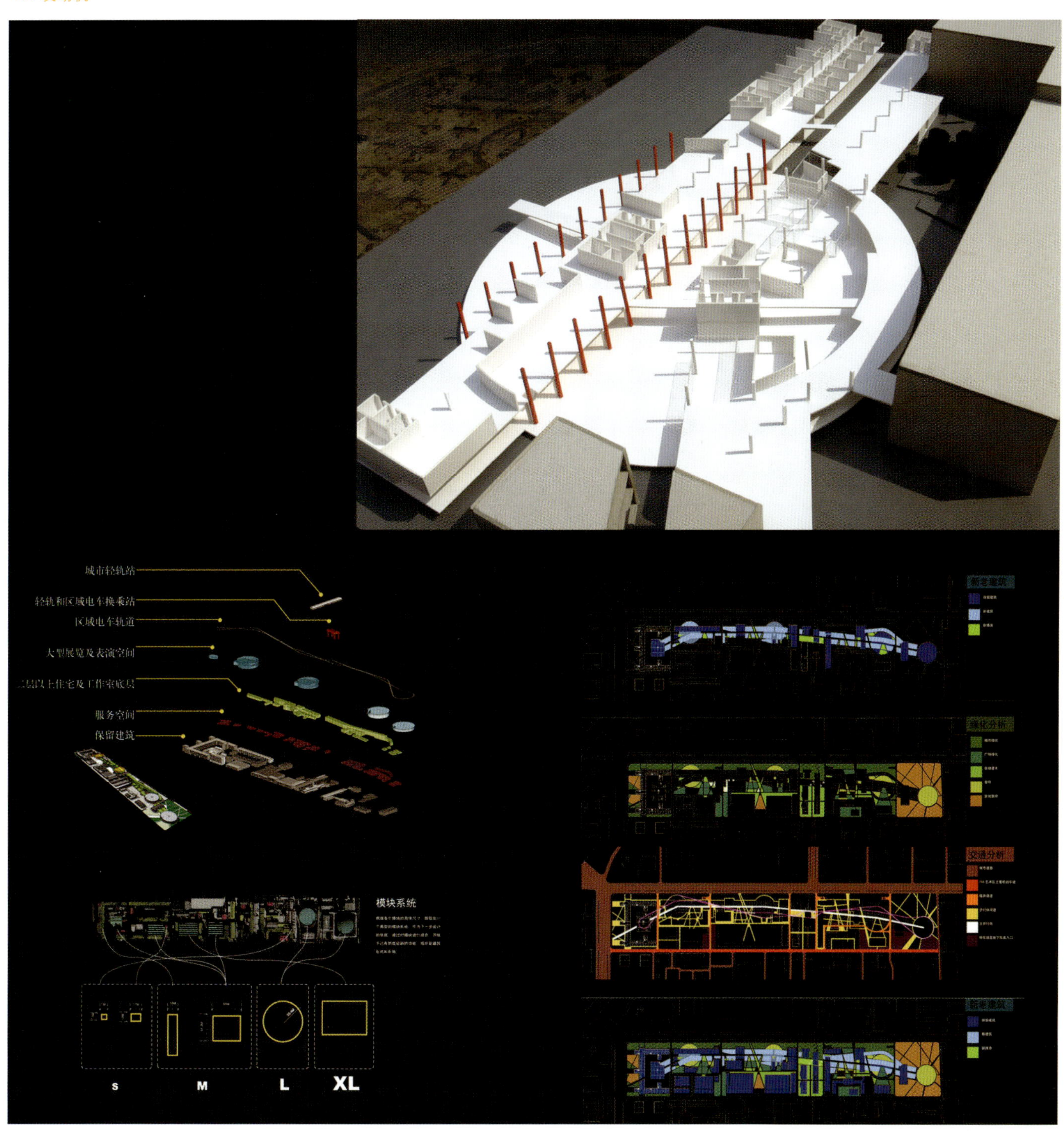

城市轻轨站
轻轨和区域电车换乘站
区域电车轨道
大型展览及表演空间
二层以上住宅及工作室底层
服务空间
保留建筑
模块系统
S
M
L
XL
新老建筑
绿化分析
交通分析

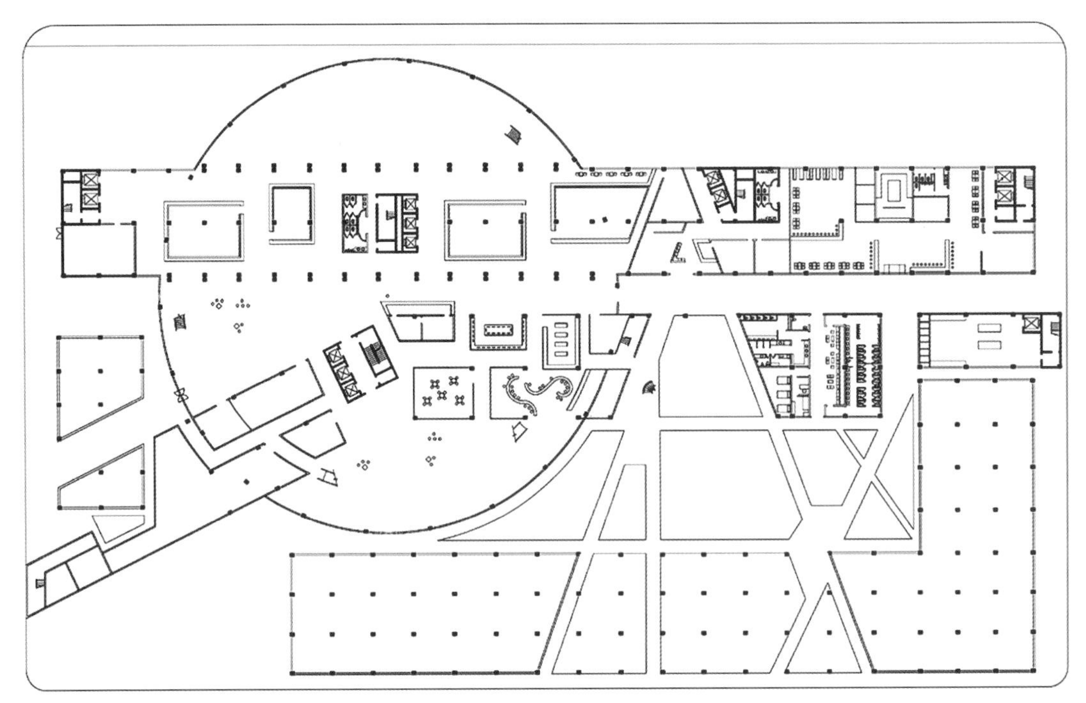

一层平面图

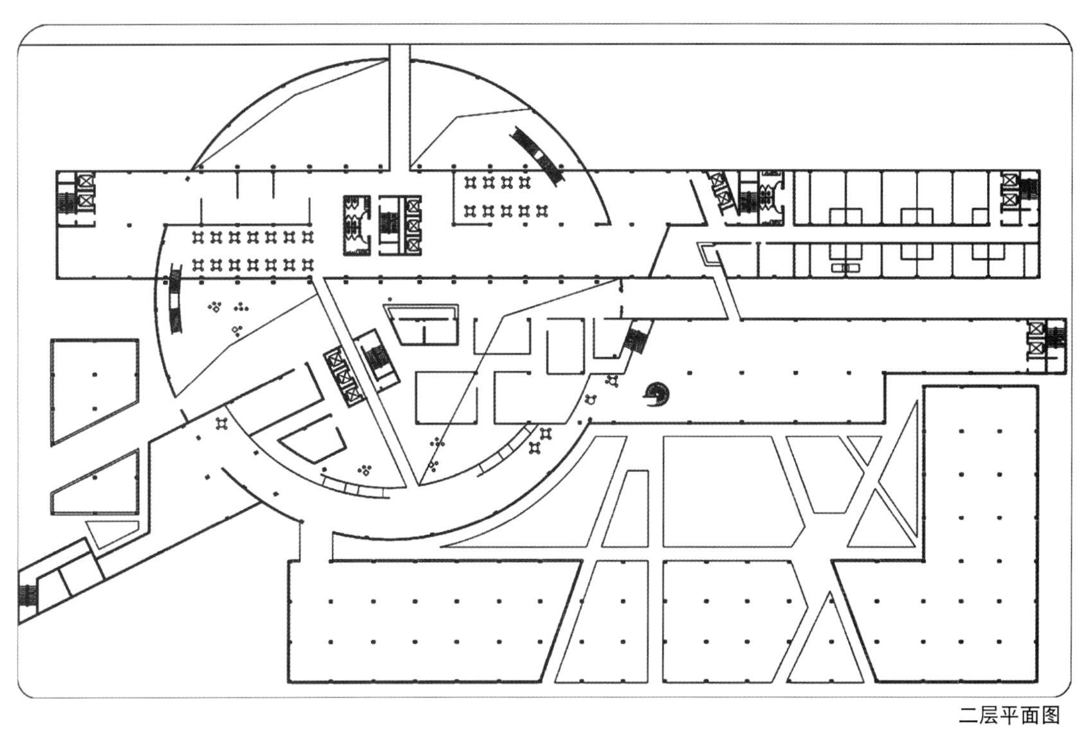

二层平面图

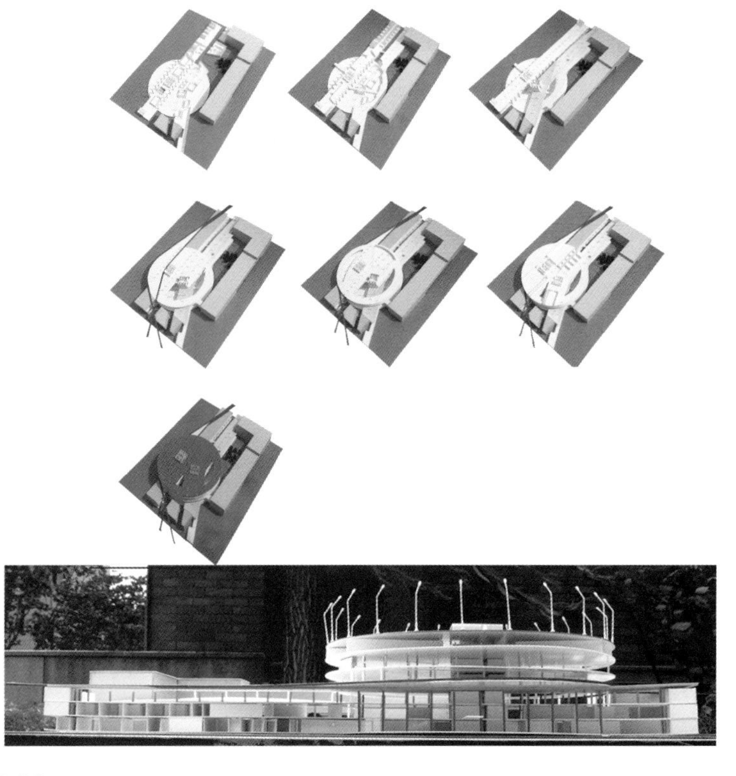

作者姓名：姜 萌
课题名称：毕业设计
指导教师：周宇舫
设计时间：2007年6月

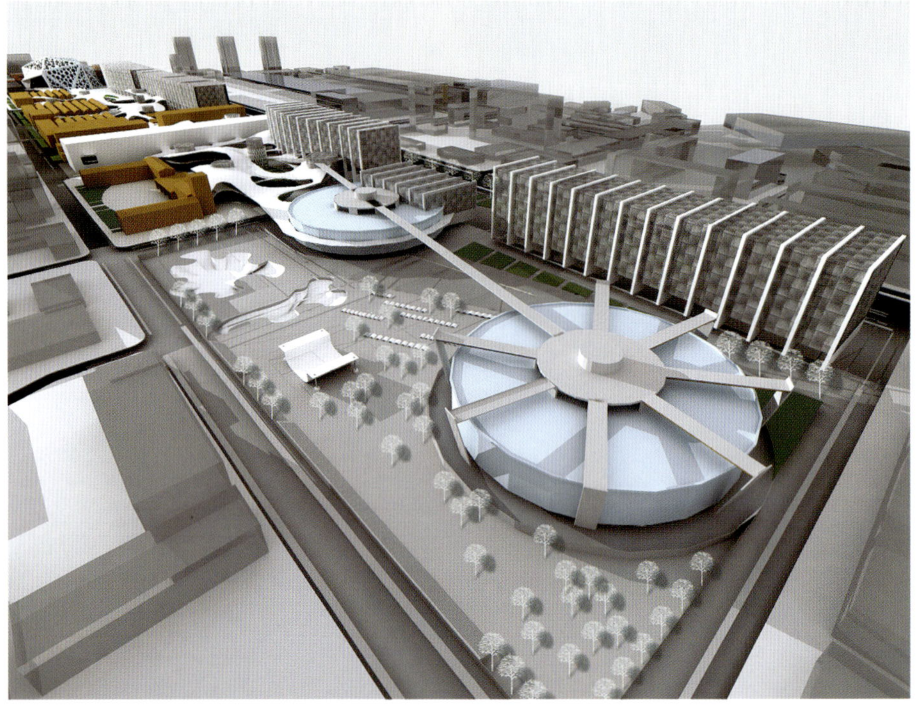

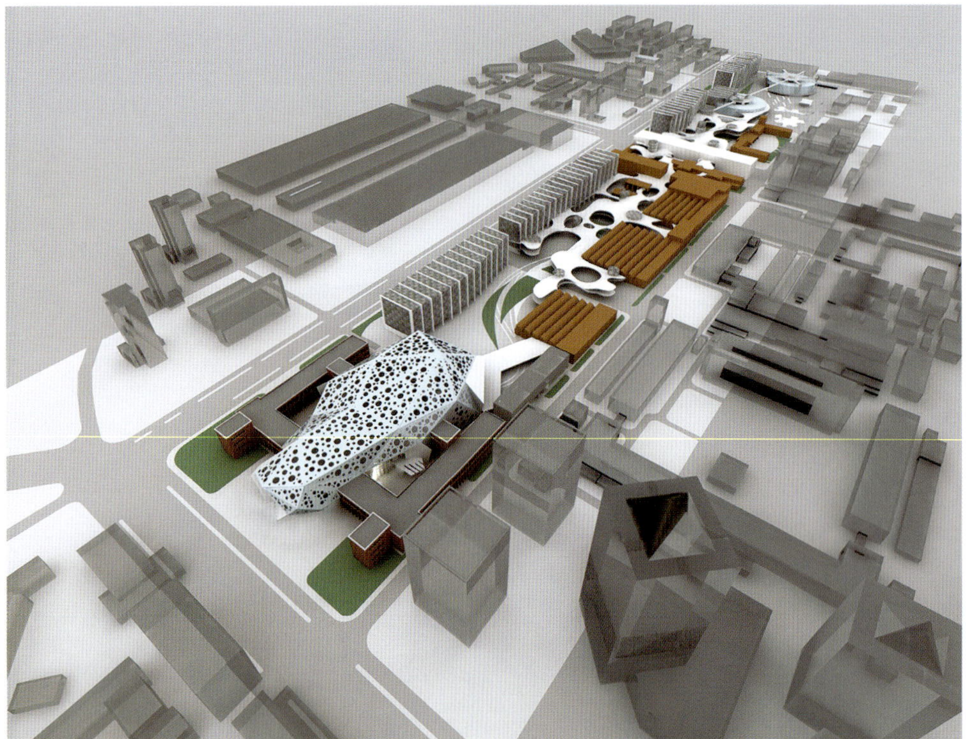

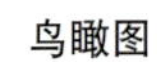

鸟瞰图

室内效果图

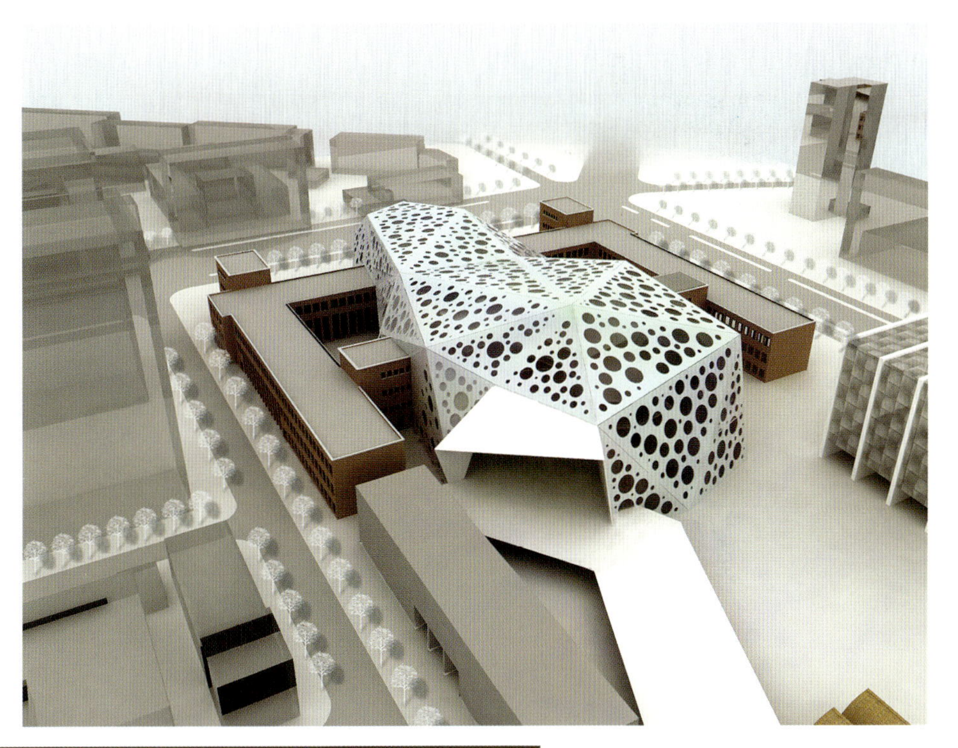

模型照片

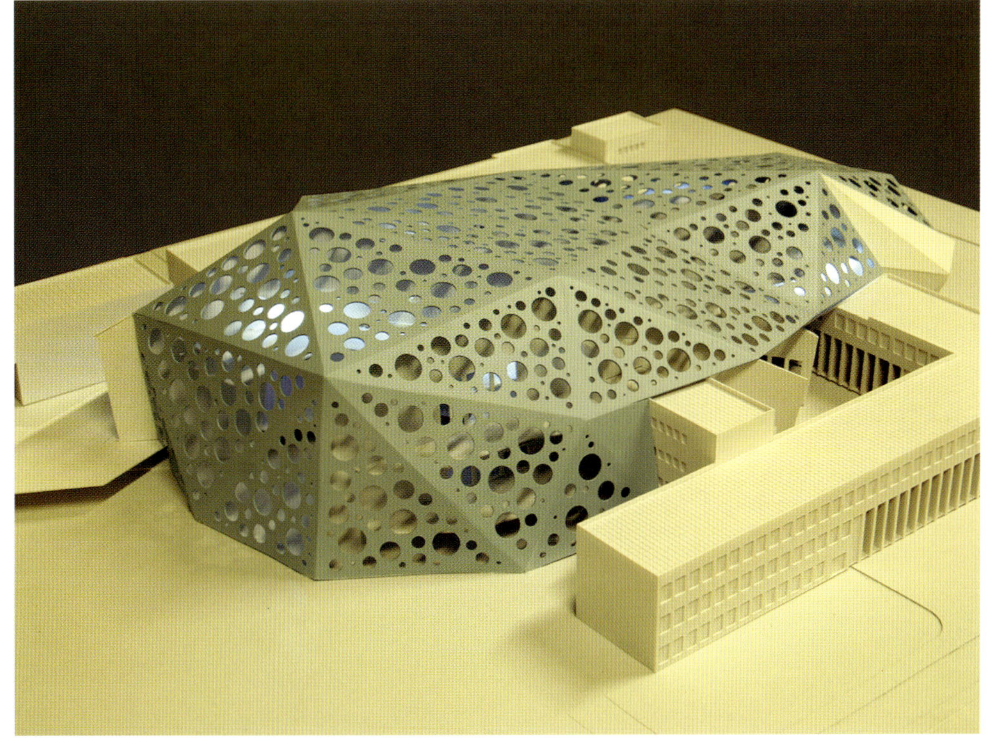

模型照片

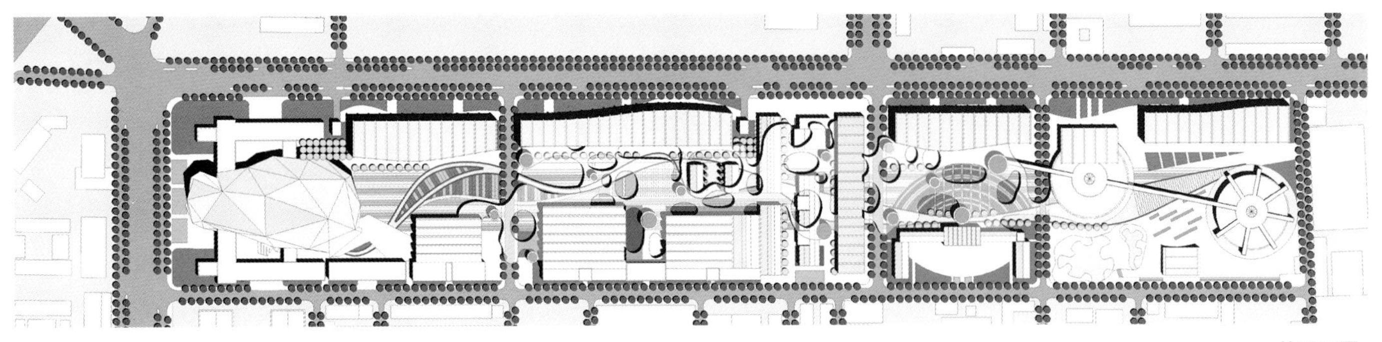

总平面图

建筑风貌分析图

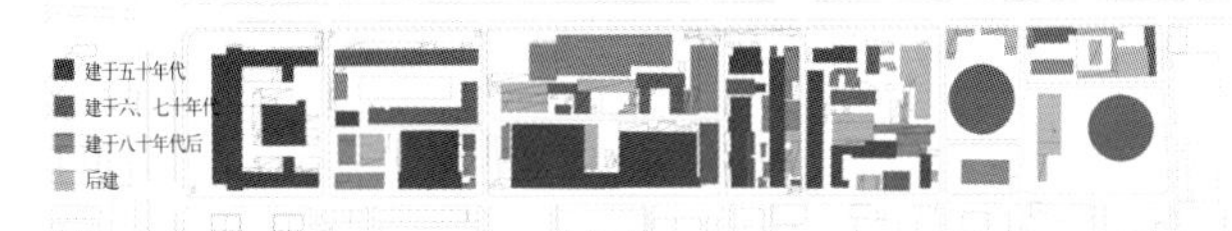

建筑建造年代分析图

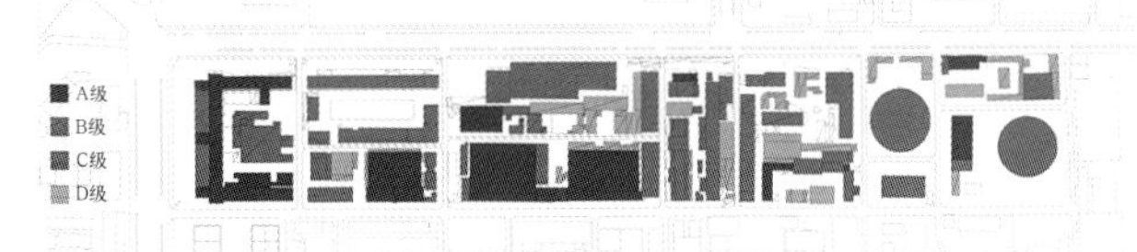

建筑质量分析图

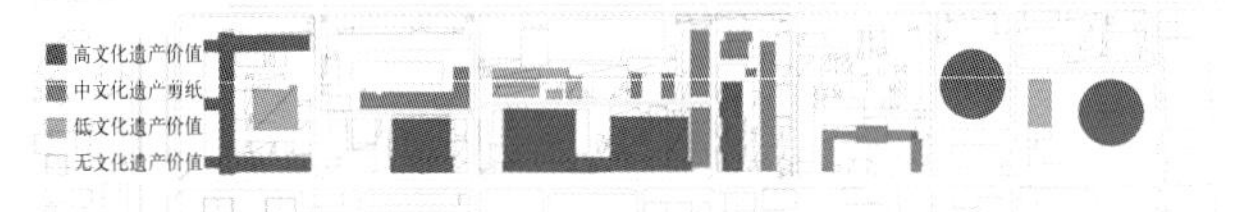

文化遗产价值分析图

综合保留分析图

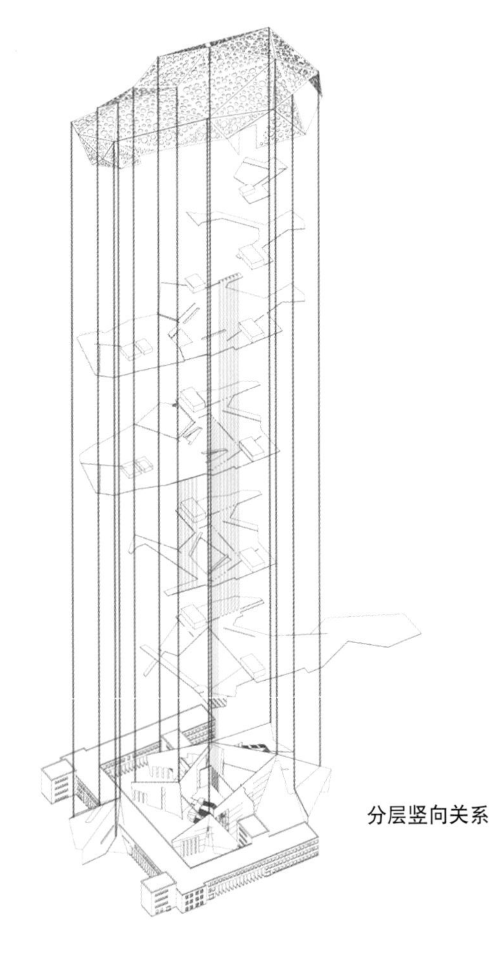

分层竖向关系

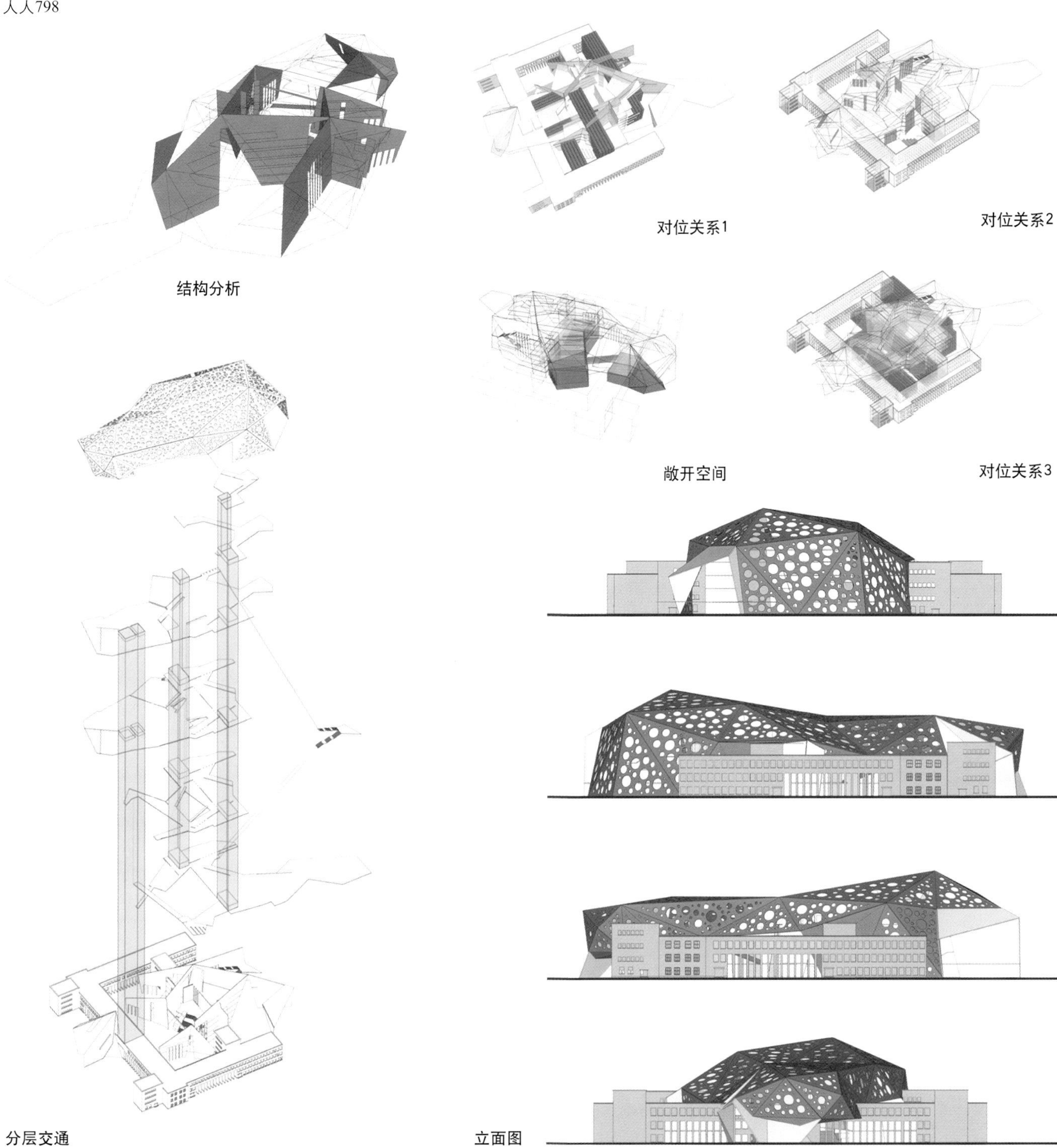
结构分析
对位关系1
对位关系2
敞开空间
对位关系3
分层交通
立面图

室外效果图

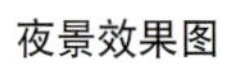

夜景效果图

室外效果图

作者姓名：周 堃
课题名称：毕业设计
指导教师：吕品晶　常志刚
设计时间：2006年6月

模型照片

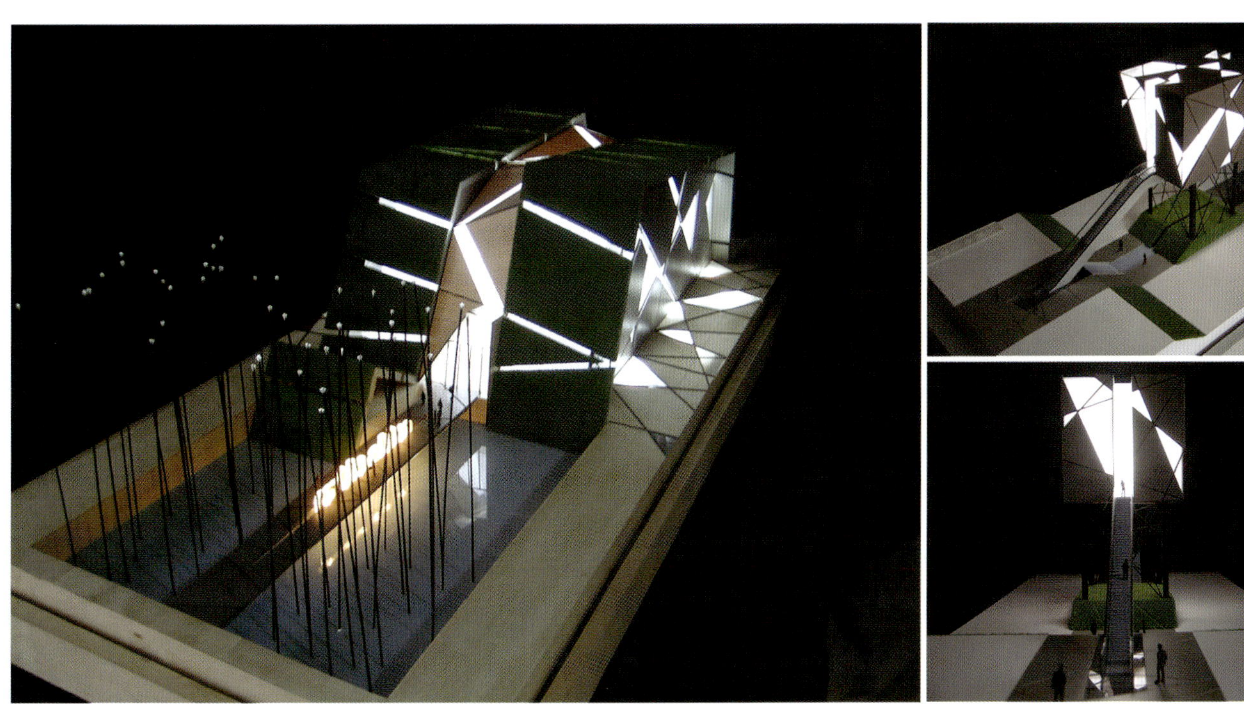

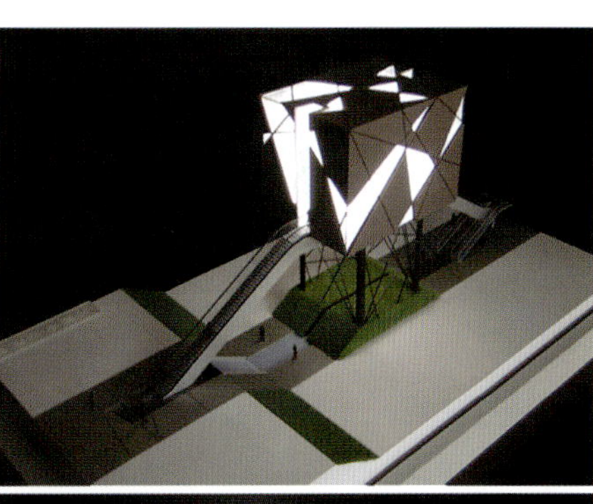

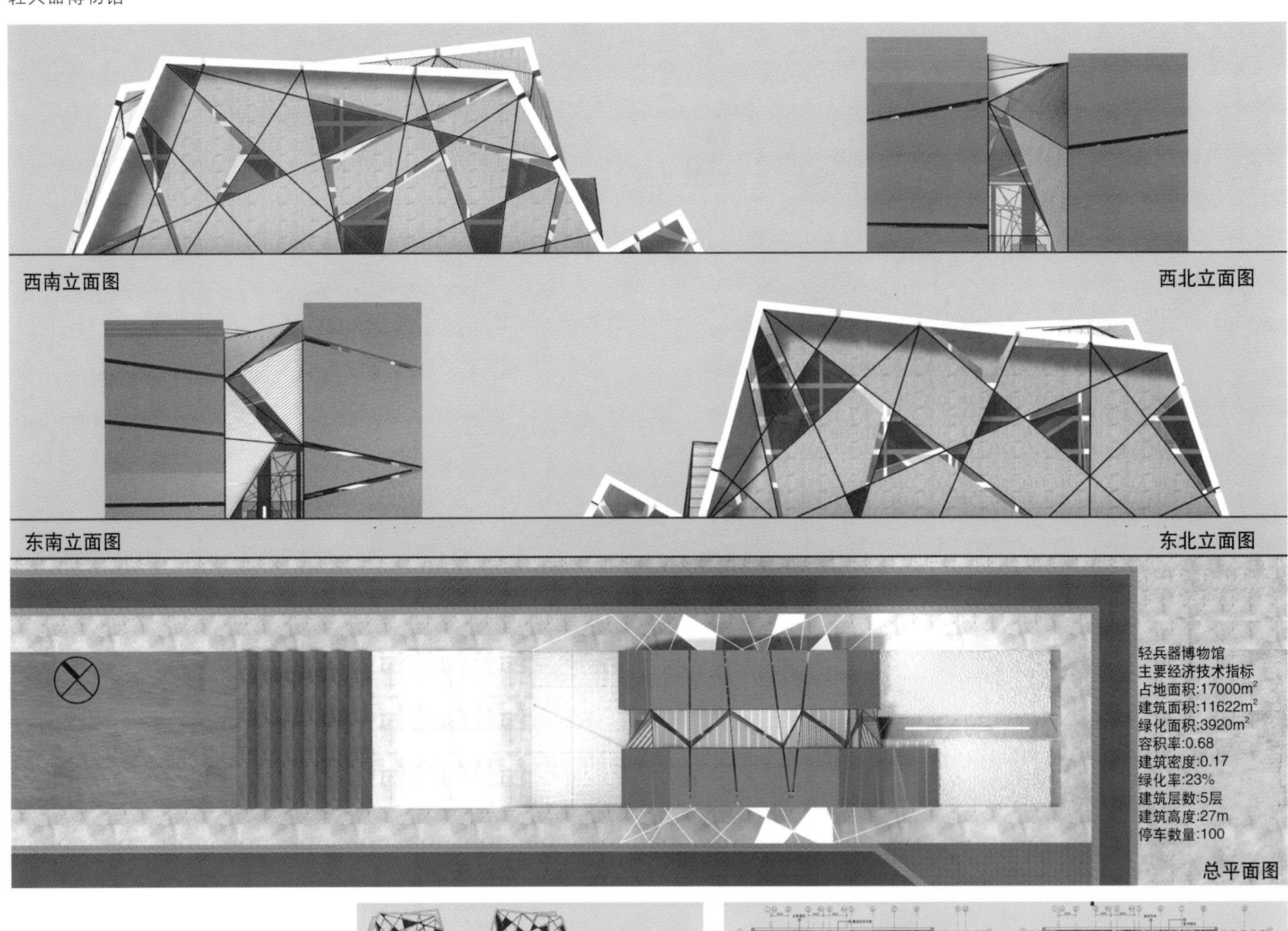

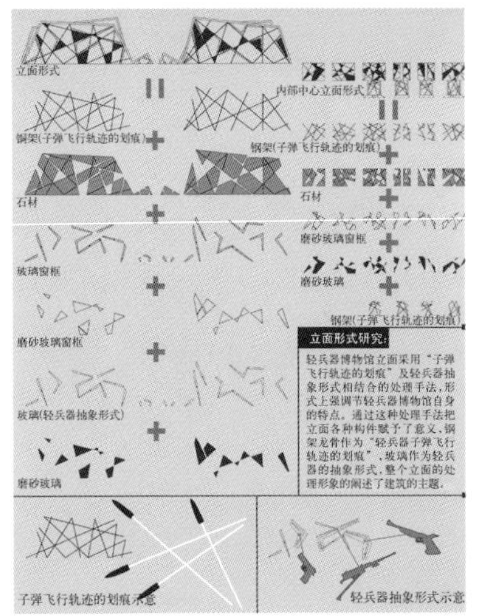

立面形式研究

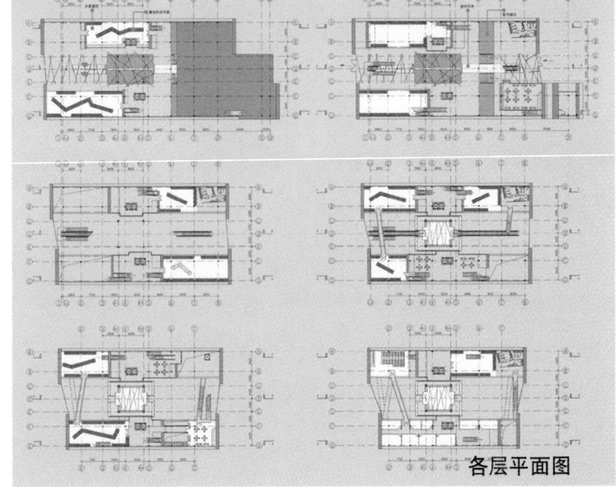

各层平面图

剖面图1-1

剖面图2-2

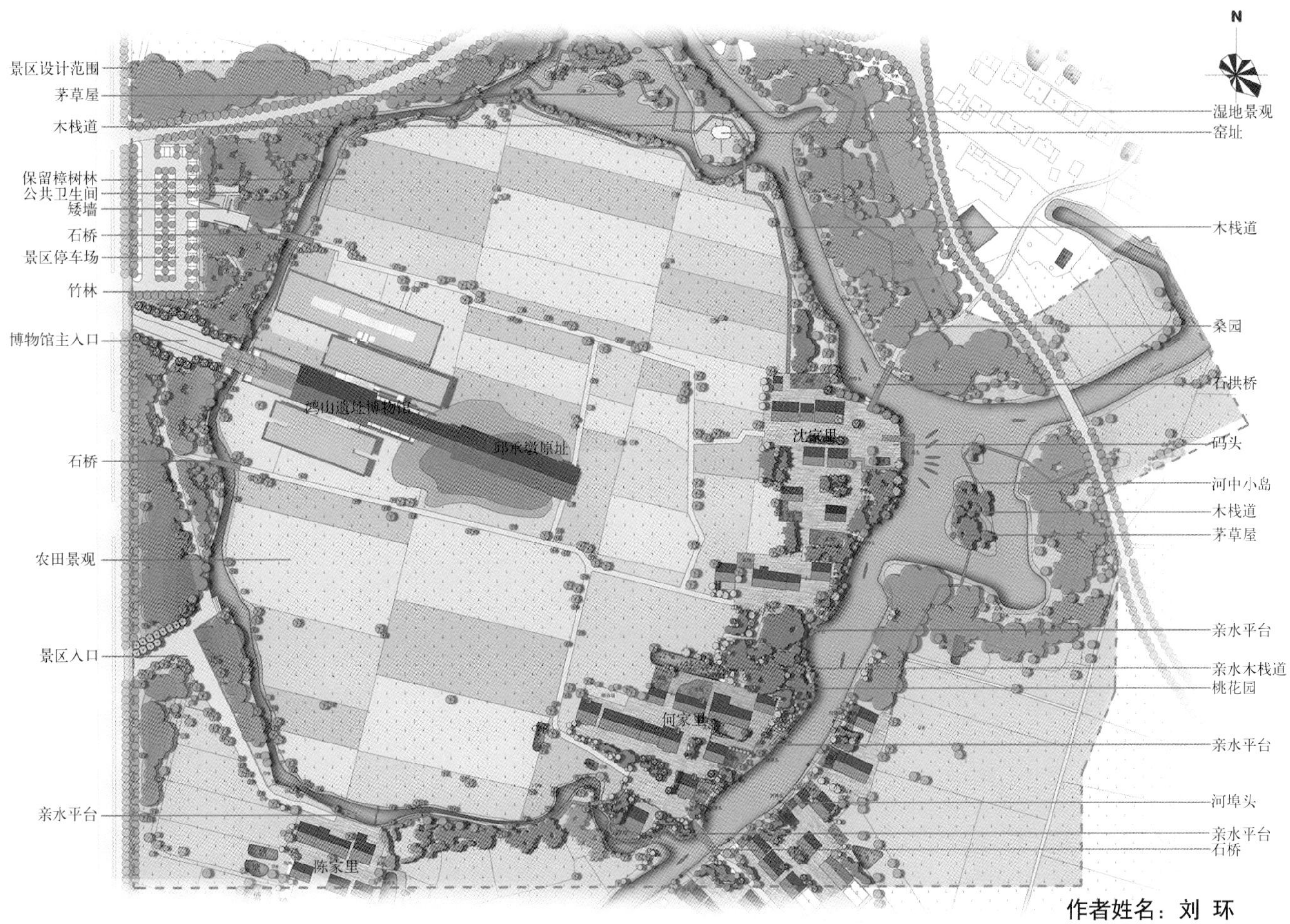

作者姓名：刘 环
课题名称：毕业设计
指导教师：丁圆　吴祥艳
设计时间：2007年6月

总平面图

沈家里稻田景观
湿地
沈家里桥案交通
沈家里游船码头

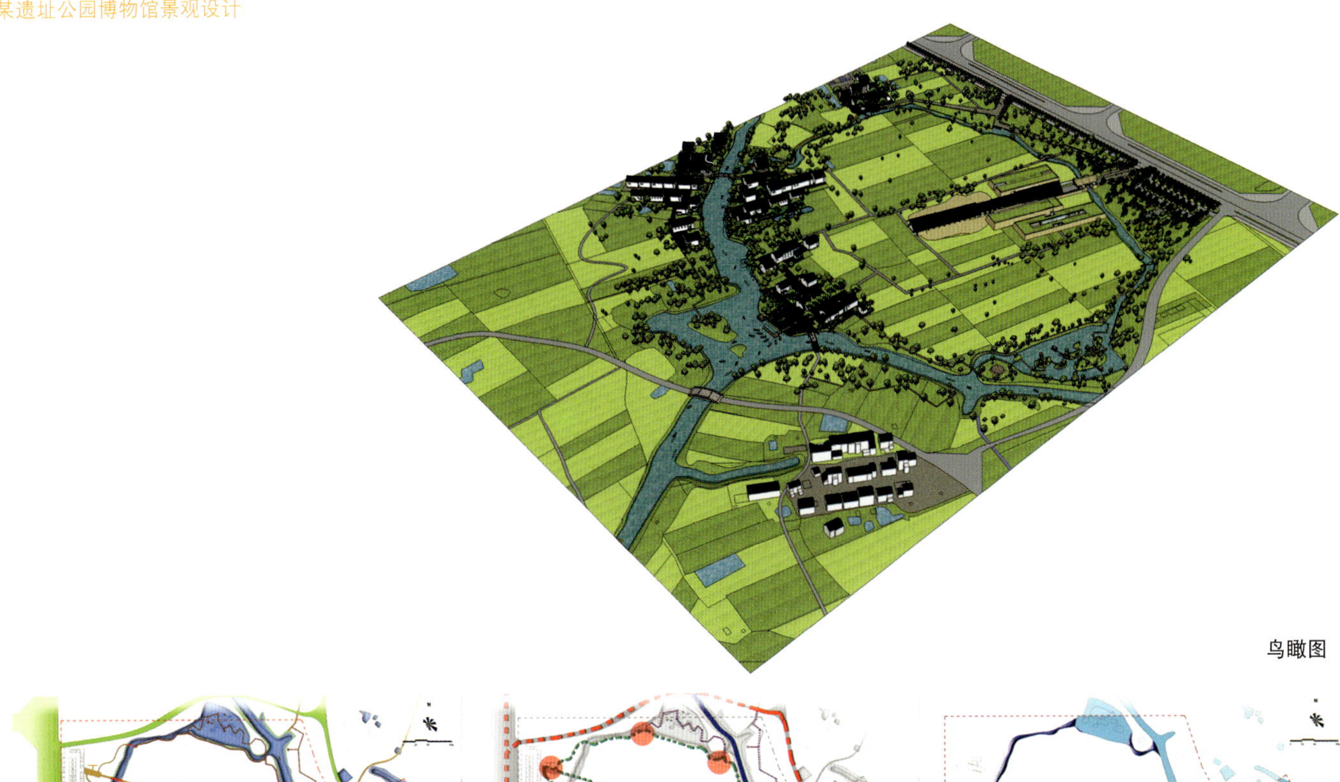
鸟瞰图

道路规划

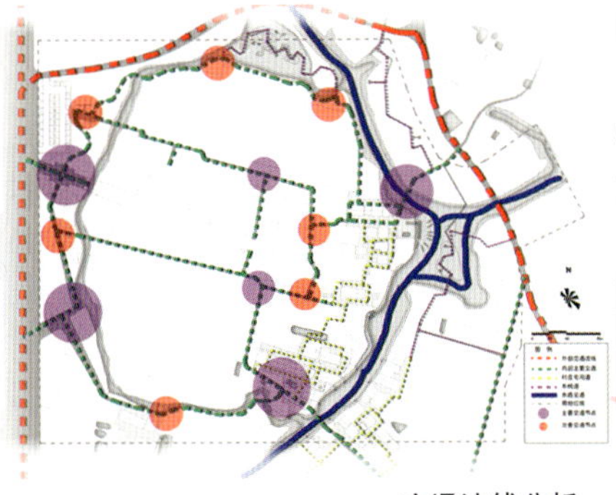
交通流线分析

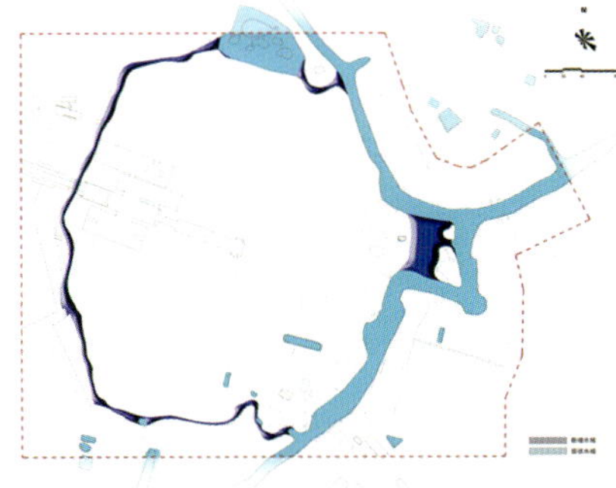
水体景观规划

博物馆入口区

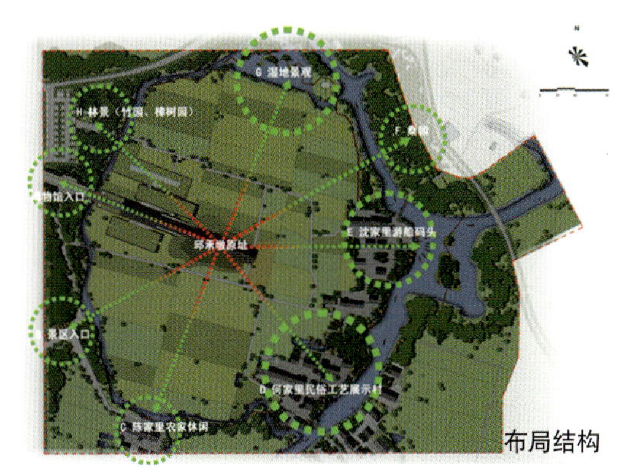

布局结构

北京五道口地区城市设计

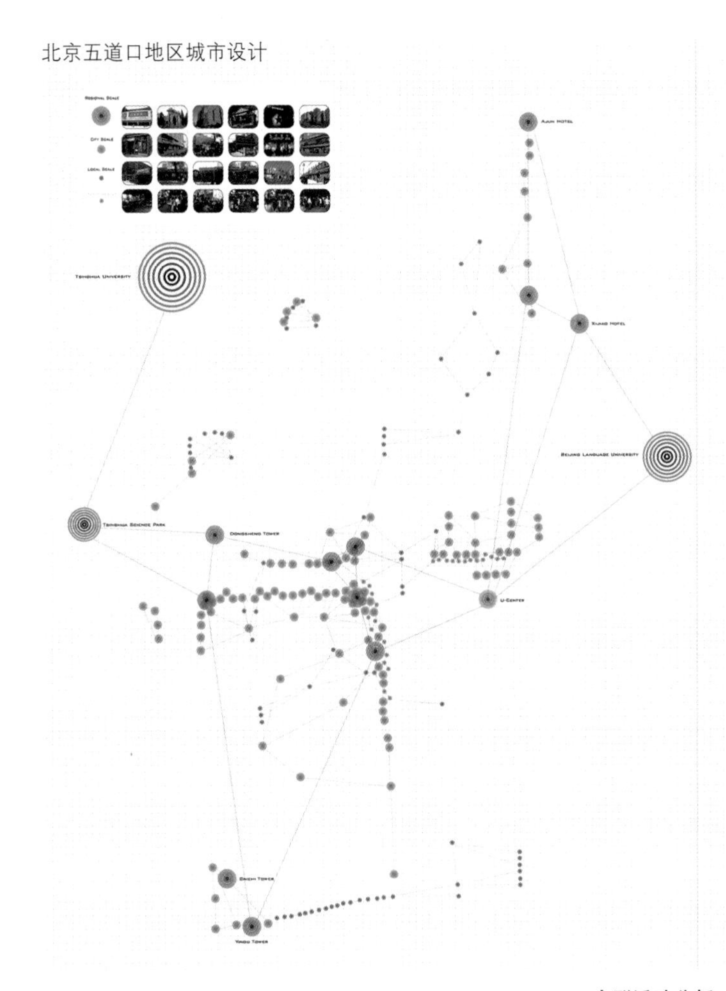

人群活动分析

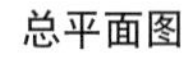

总平面图

街区效果图

作者姓名：史 洋
课题名称：毕业设计
指导教师：丁圆 吴祥艳
设计时间：2007年6月

鸟瞰图

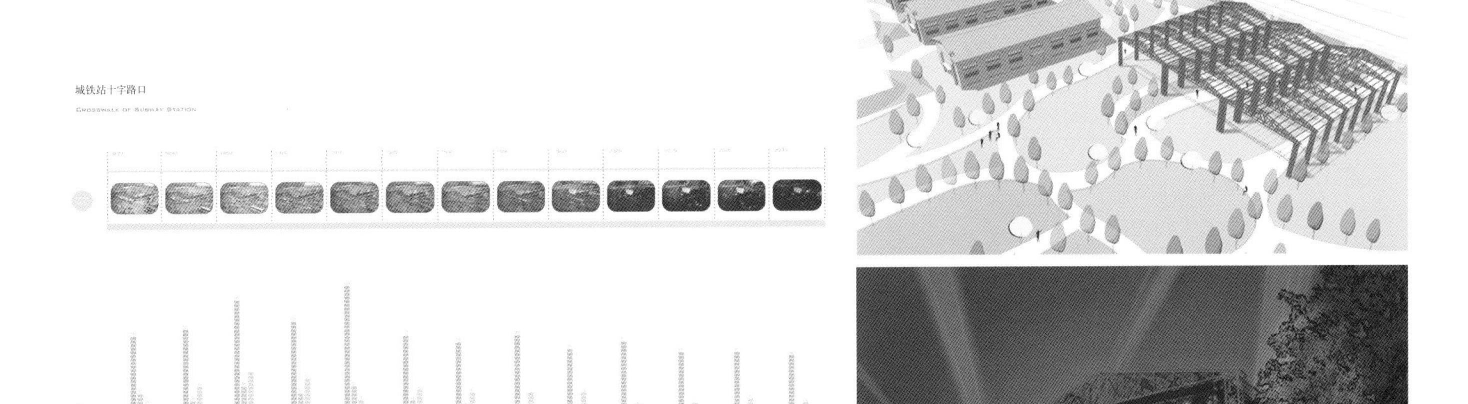

人流分析图

北部公园效果图

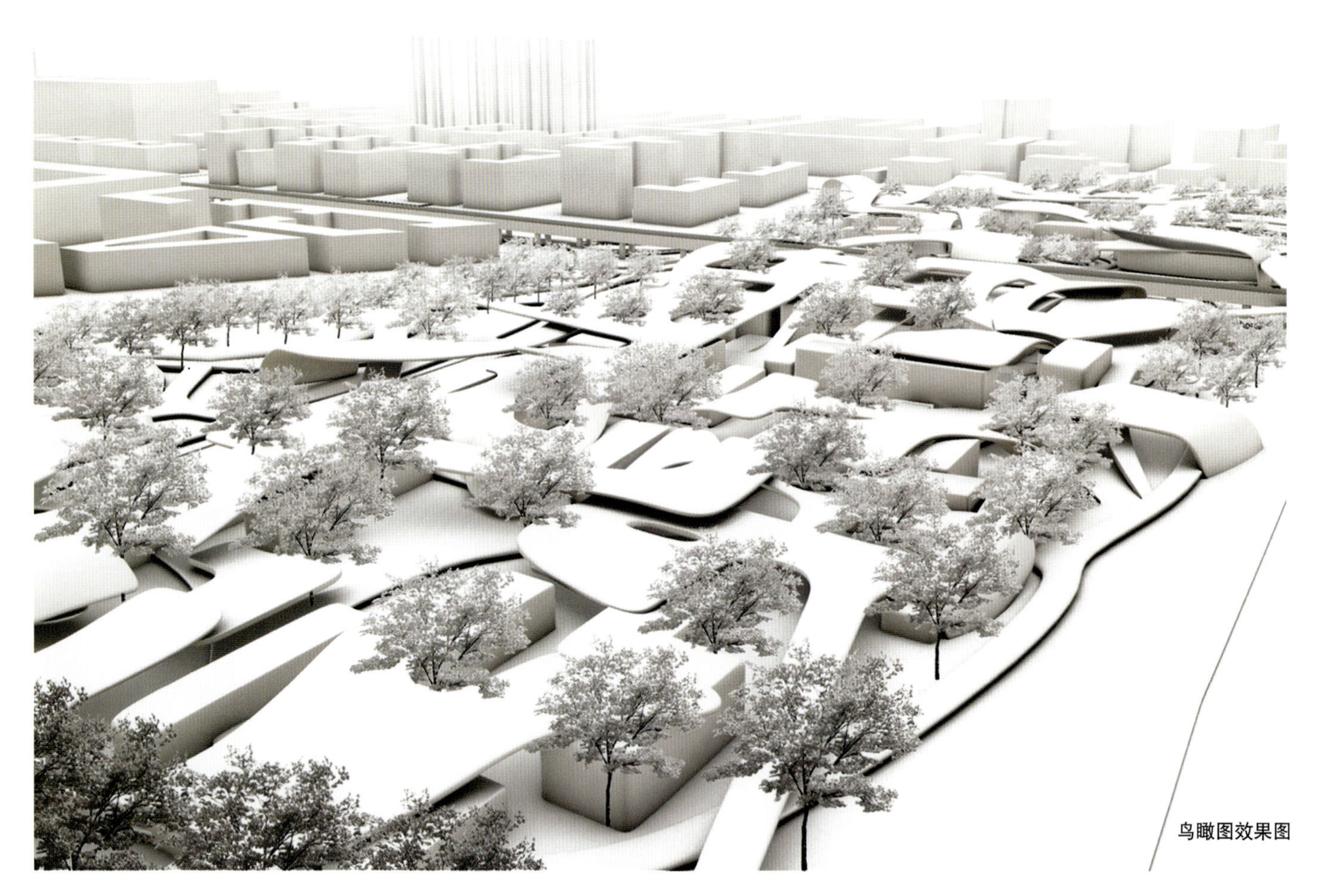
鸟瞰图效果图

街景效果图

街景效果图

街景效果图

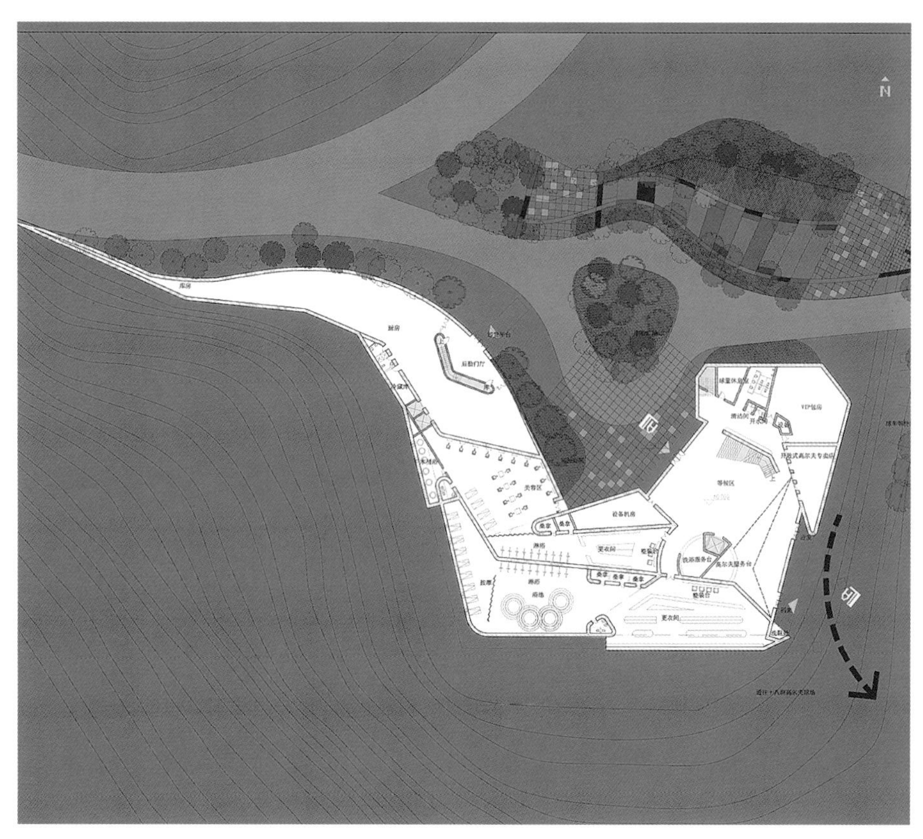

一层平面图

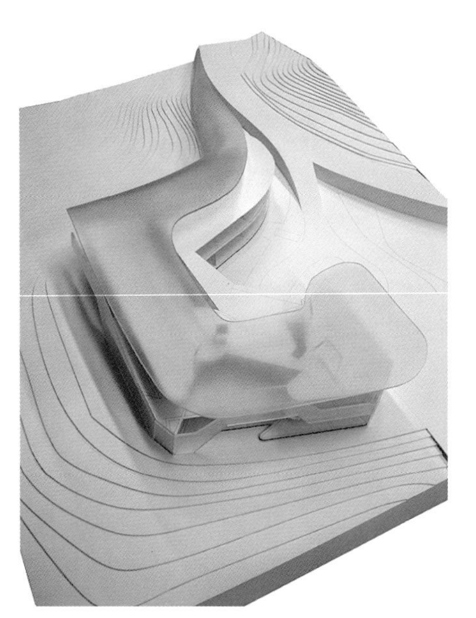

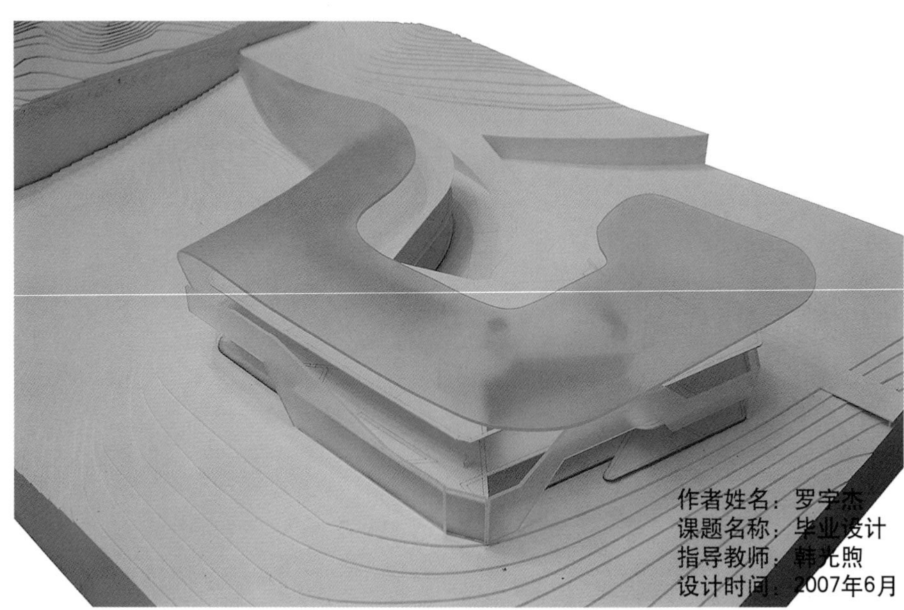

作者姓名：罗宇杰
课题名称：毕业设计
指导教师：韩光煦
设计时间：2007年6月

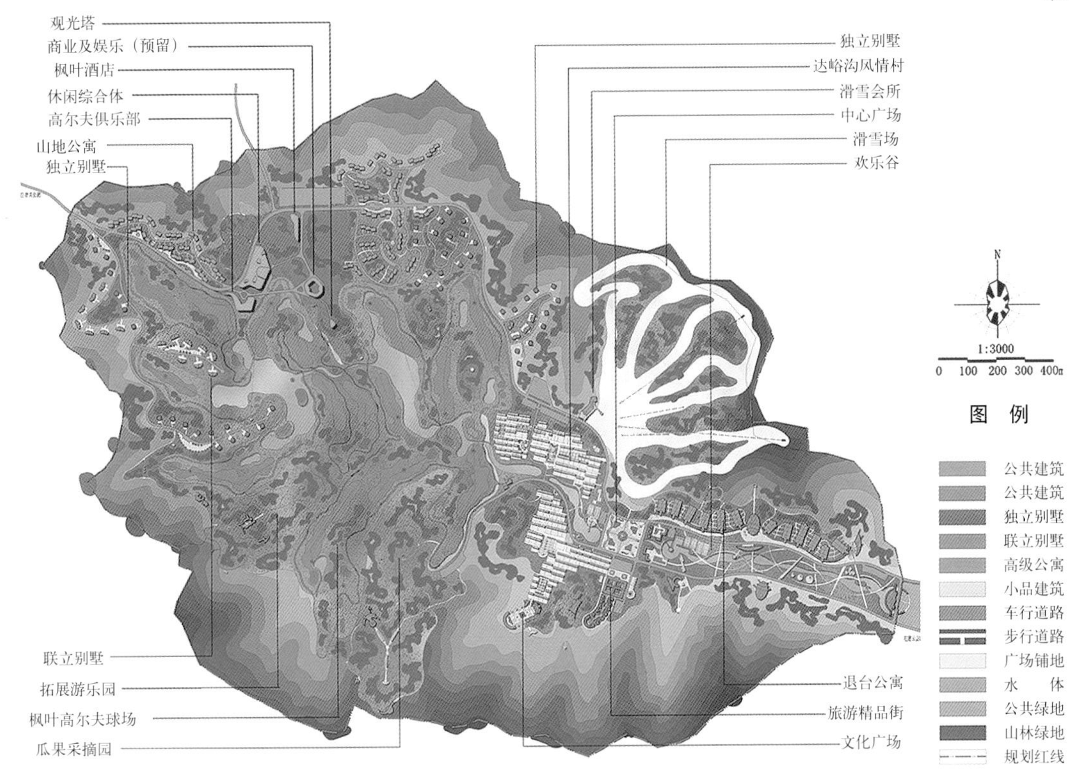

总体规划图

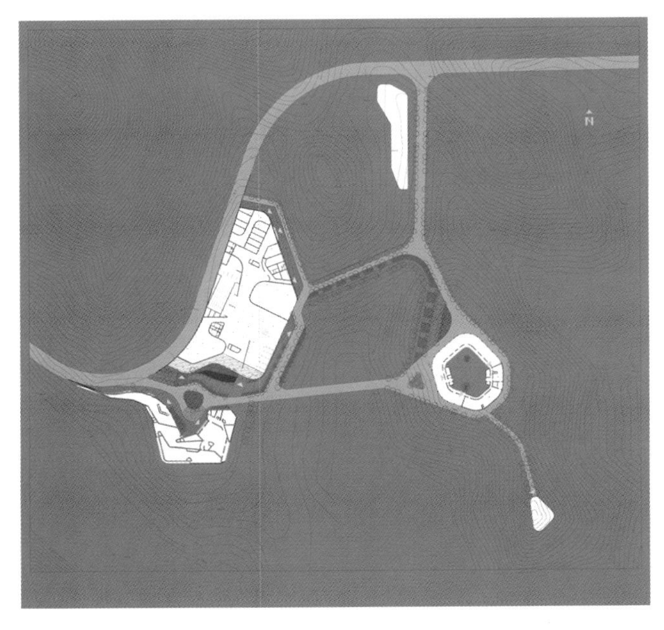
总平面图

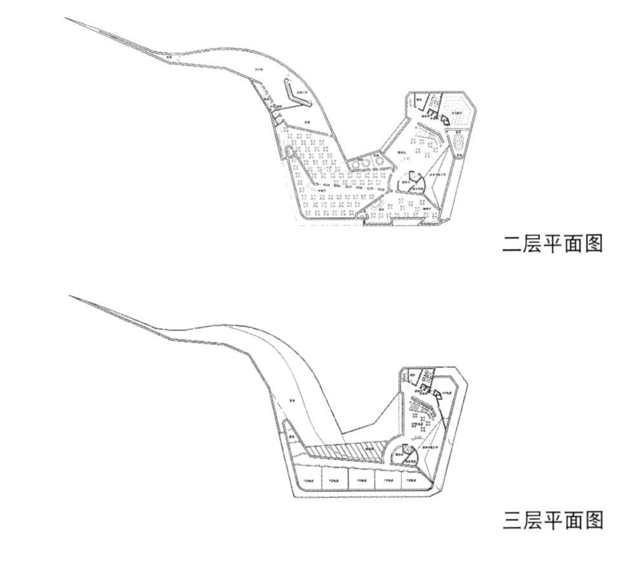
二层平面图

三层平面图

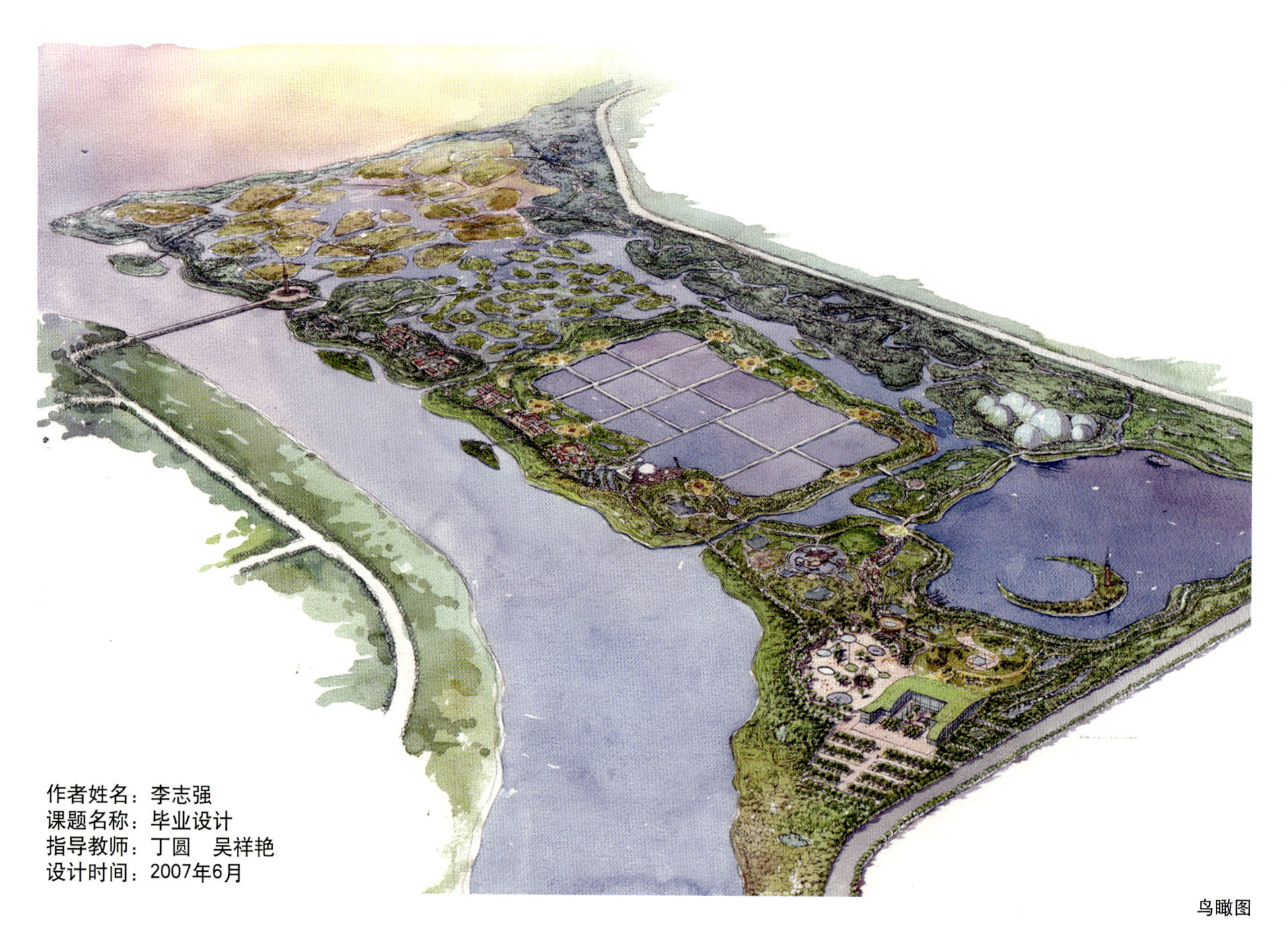

作者姓名：李志强
课题名称：毕业设计
指导教师：丁圆　吴祥艳
设计时间：2007年6月

鸟瞰图

步行街效果图

入口区主建筑效果图

温室效果图

码头一景

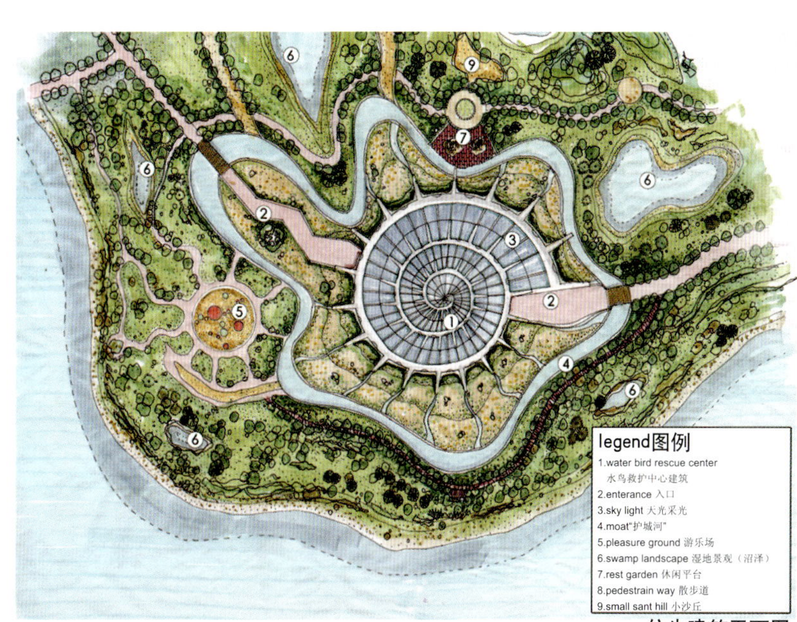

仿生建筑平面图

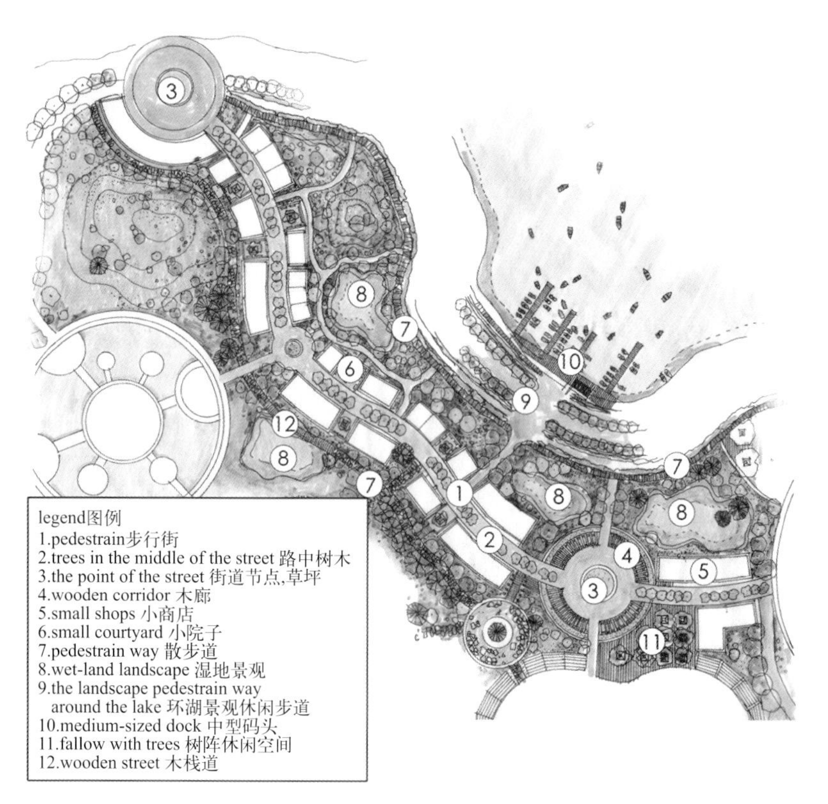

入口区步行街平面图

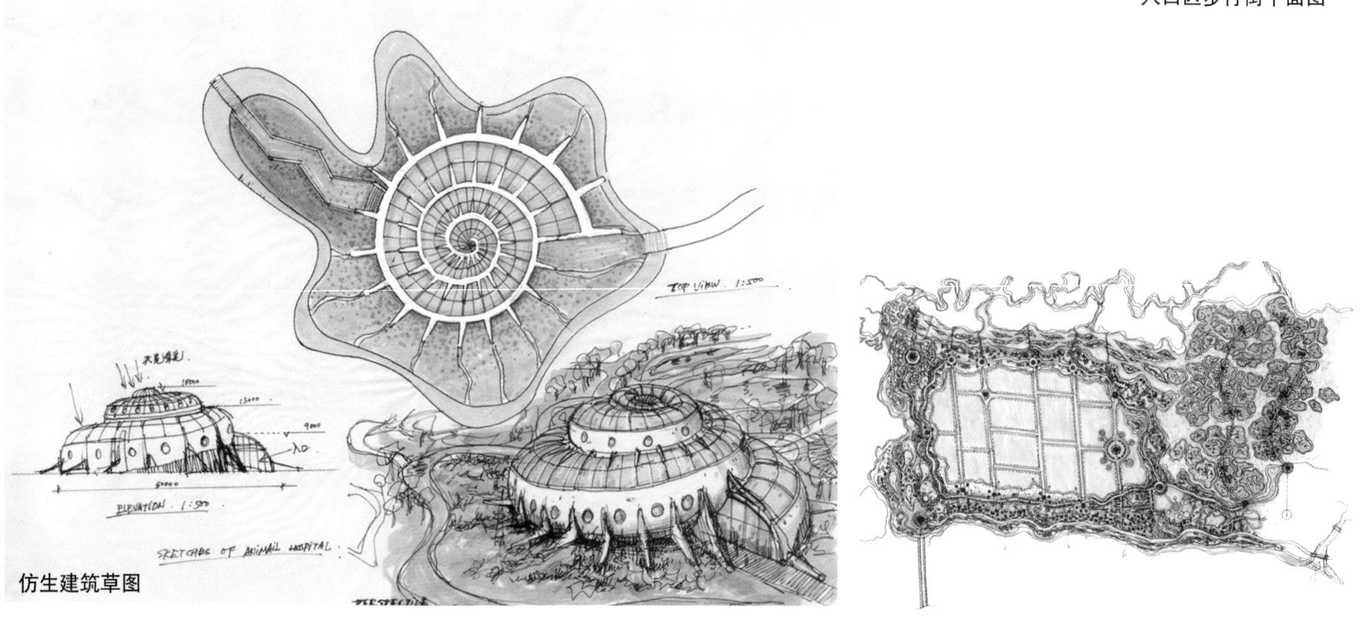

仿生建筑草图

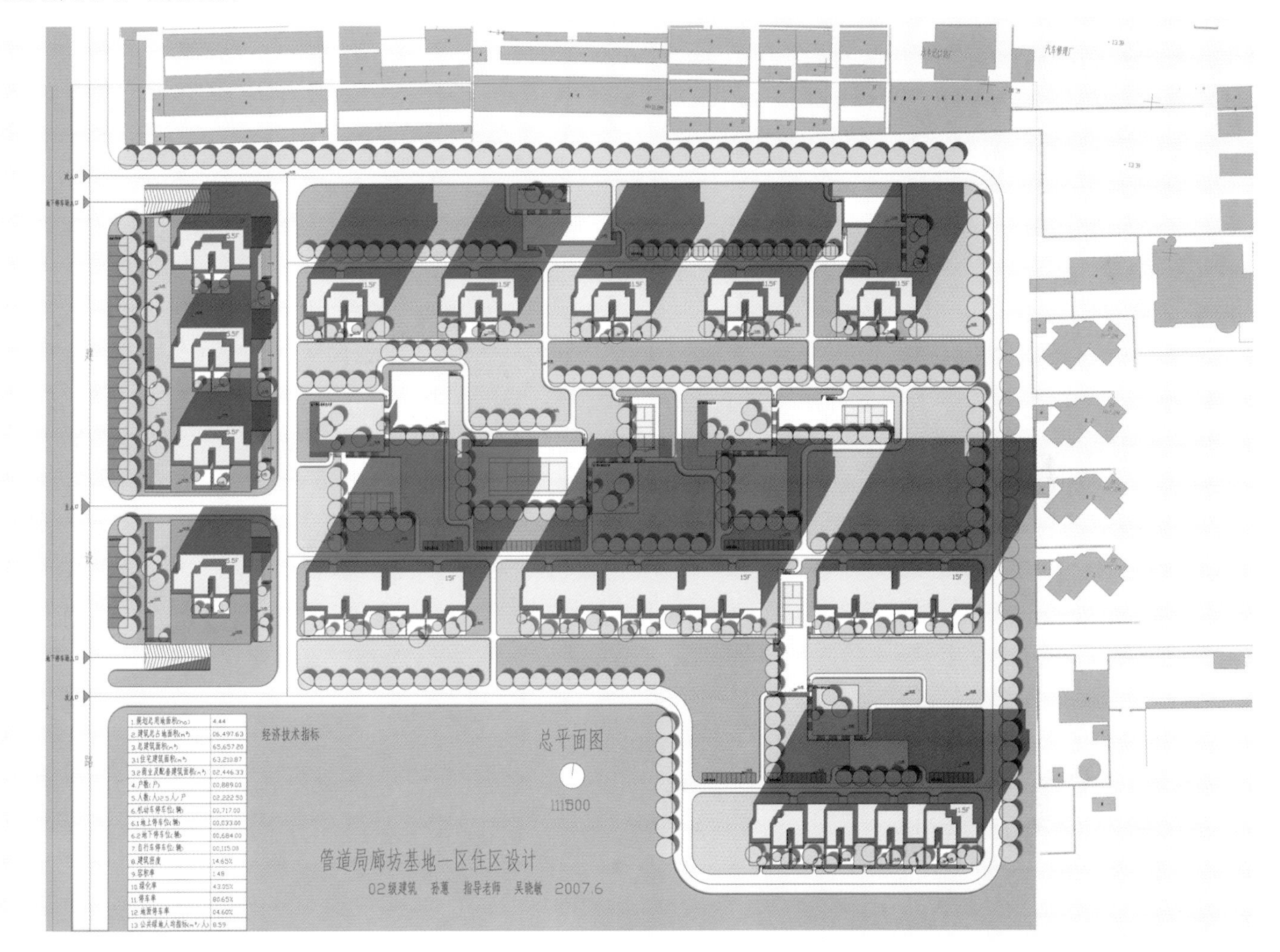

总平面图

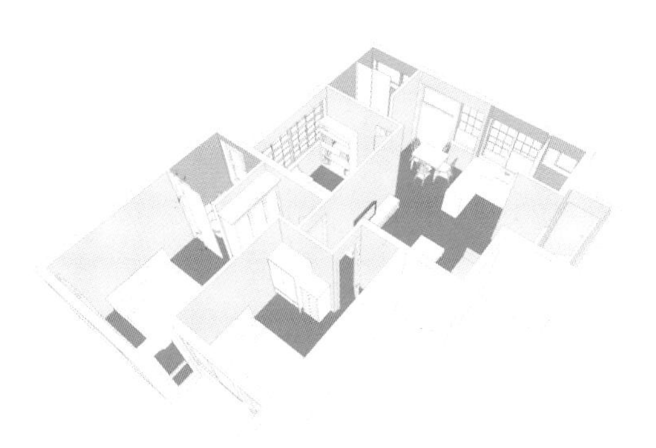

户型1

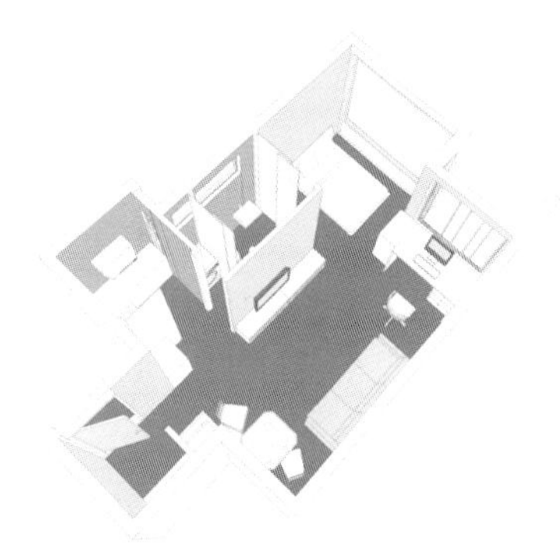

户型2

作者姓名：孙　蕙
课题名称：毕业设计
指导教师：吴晓敏
设计时间：2007年6月

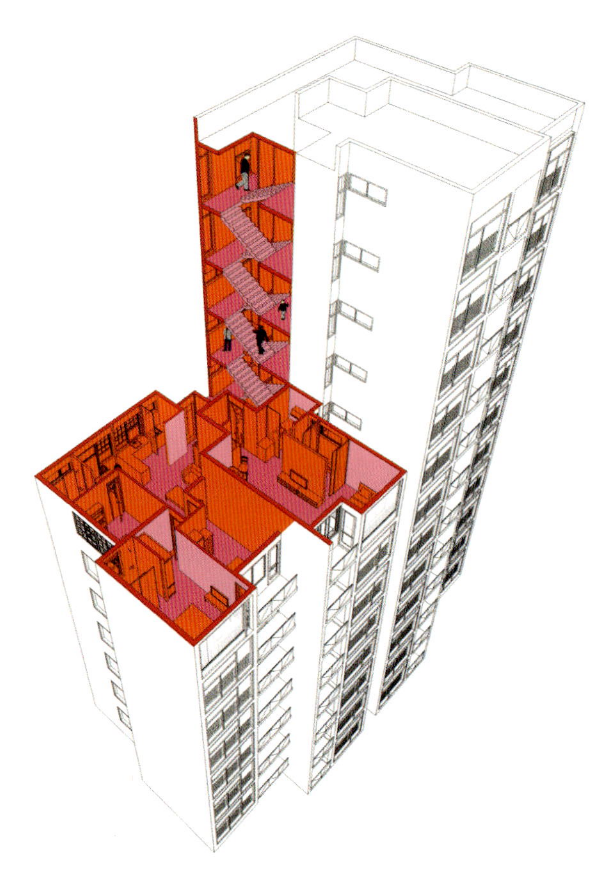

剖轴测

作者姓名：林晓亮
课题名称：毕业设计
指导教师：张绮曼
设计时间：2007年6月

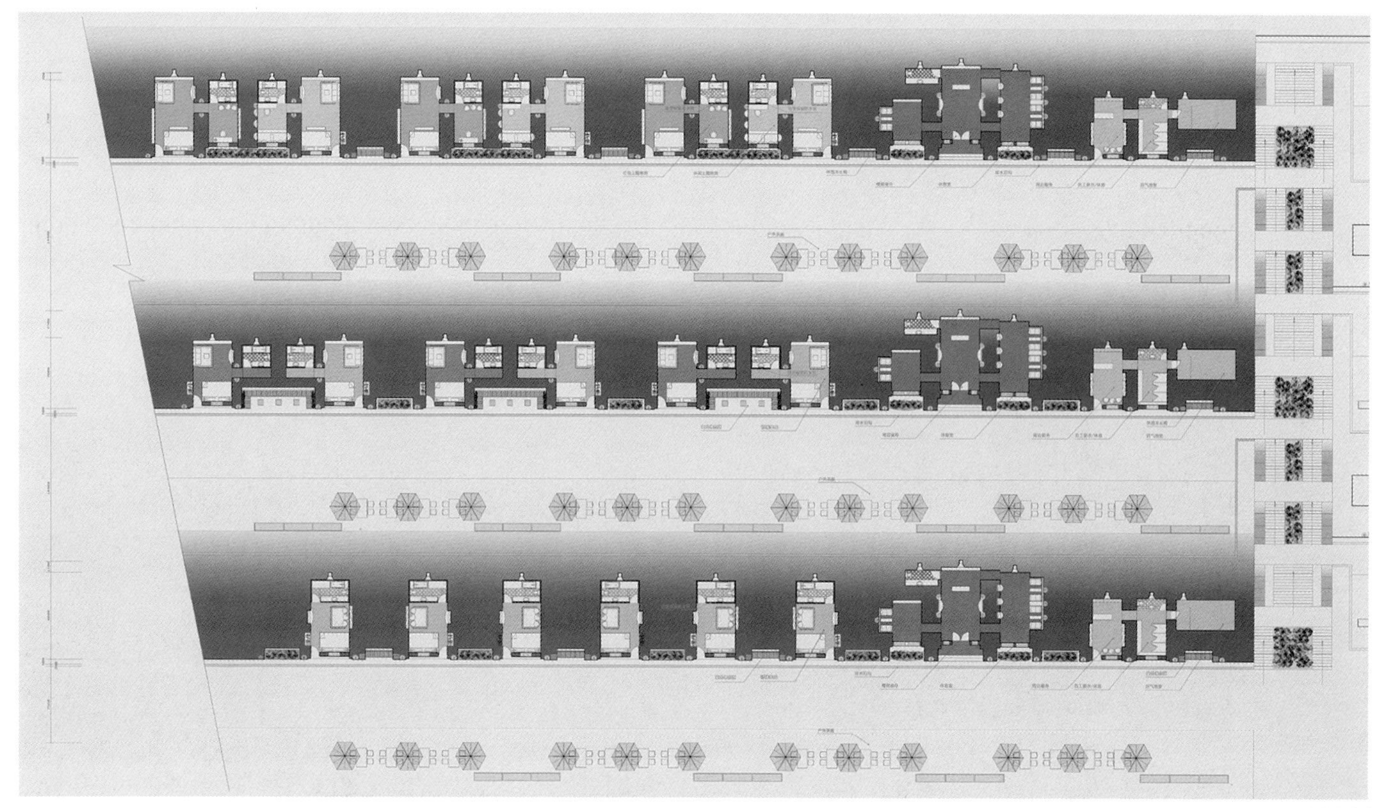

平面图

红色主题

休闲主题

红色主题

休闲主题

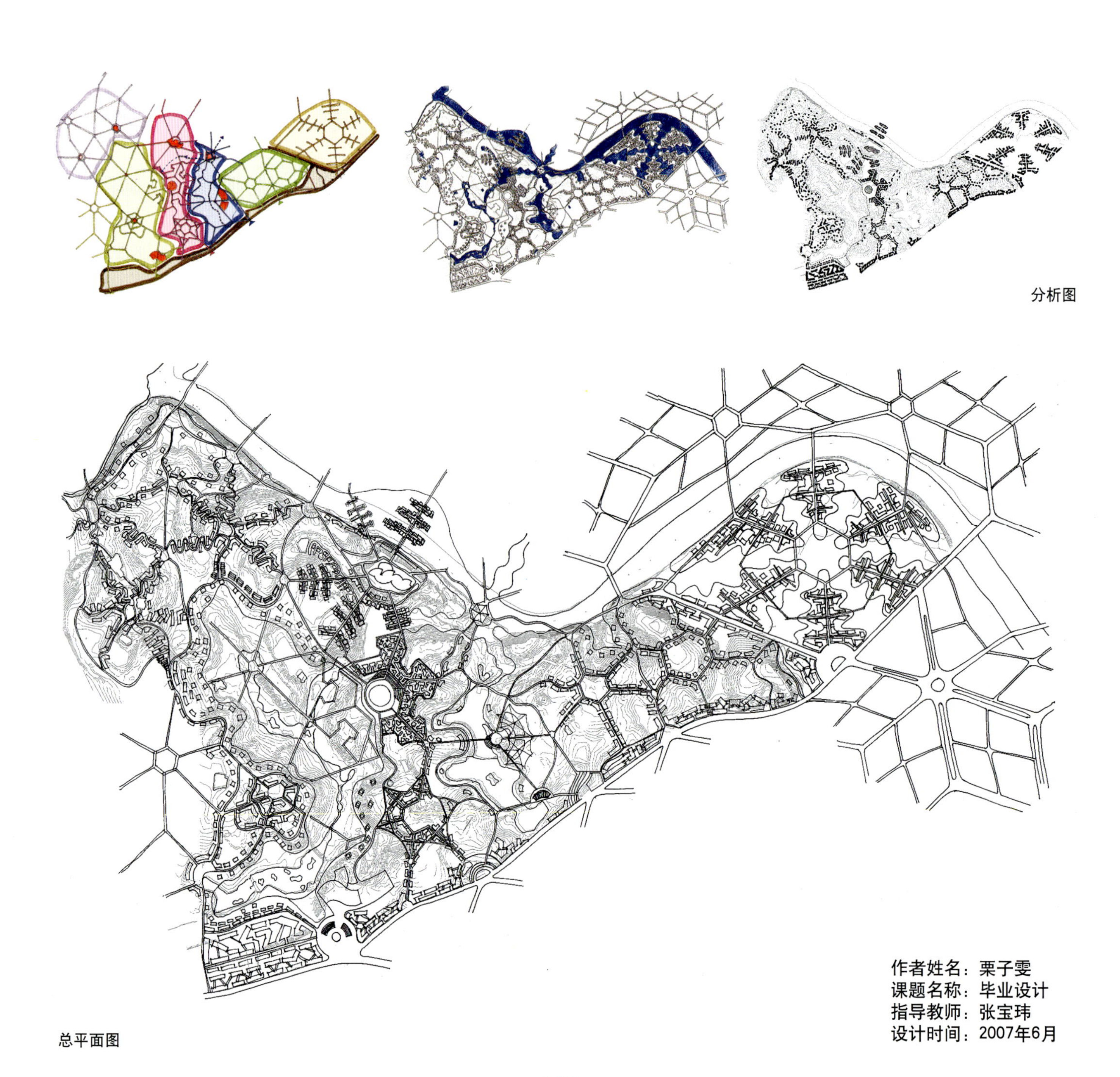

分析图

总平面图

作者姓名：栗子雯
课题名称：毕业设计
指导教师：张宝玮
设计时间：2007年6月

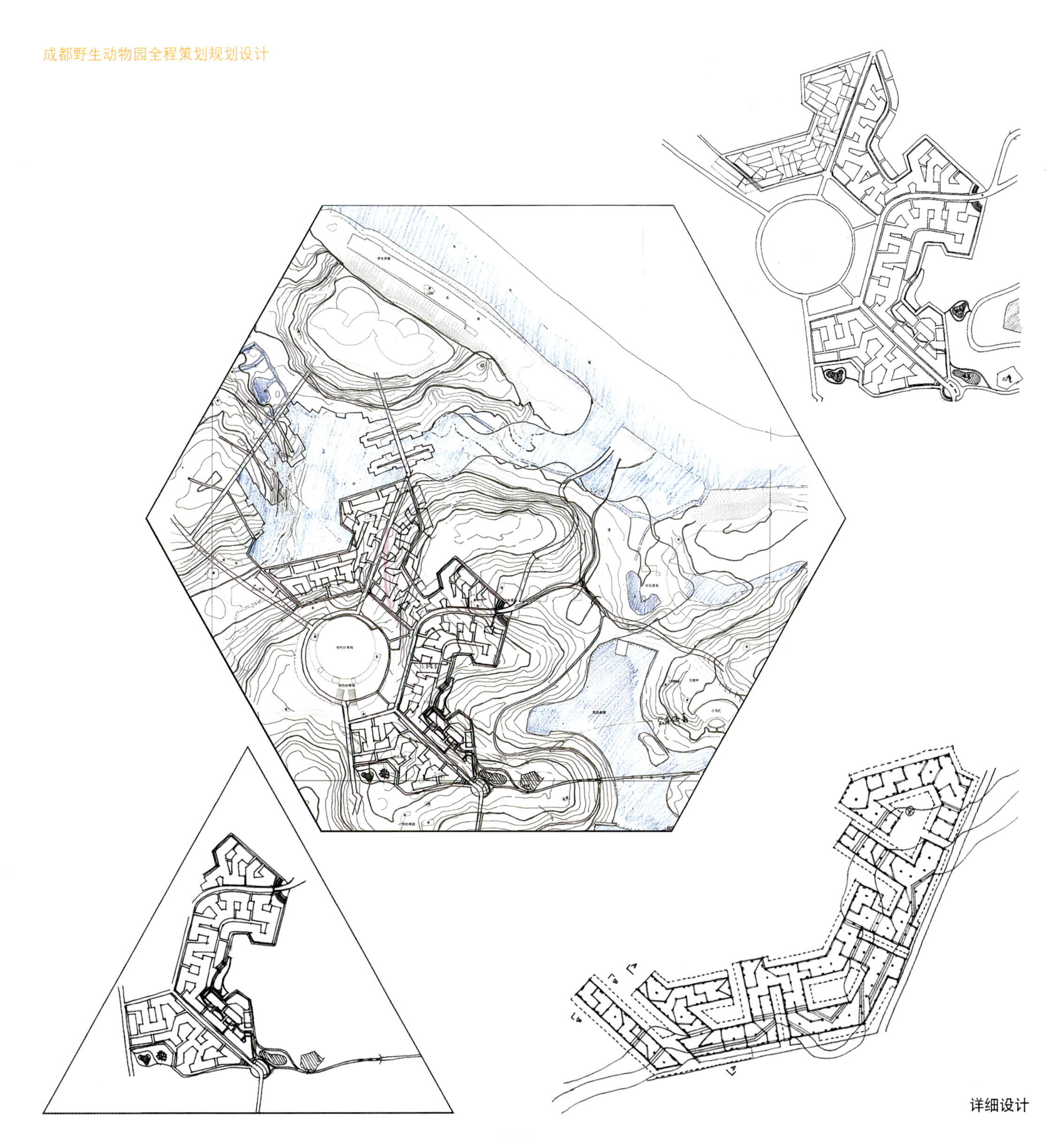

详细设计

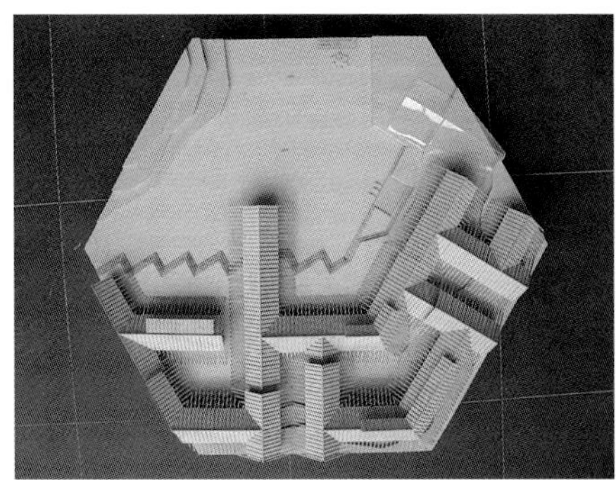

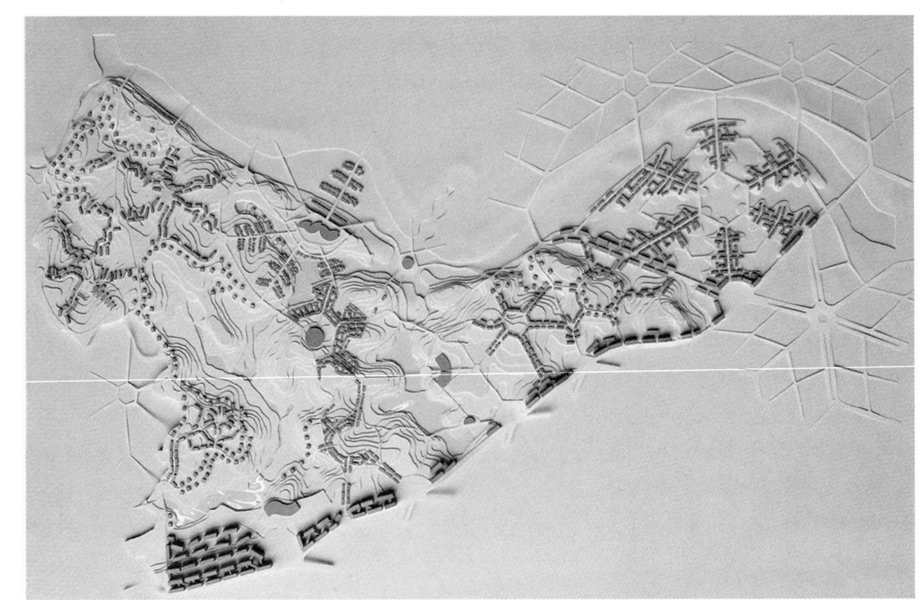

模型照片

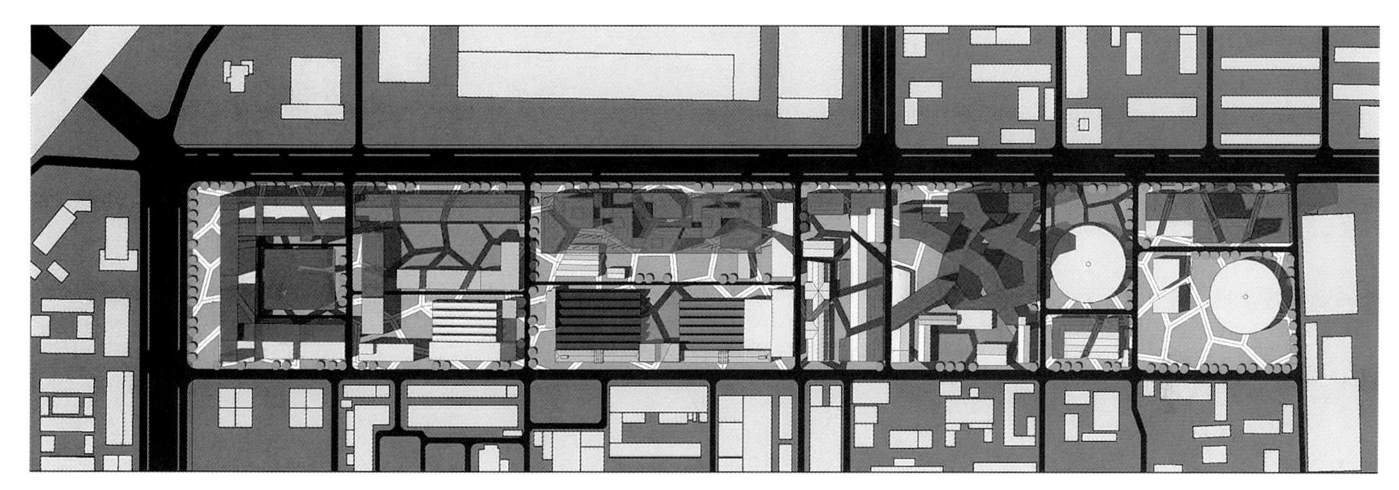

总平面图

新的网状结构空间系统

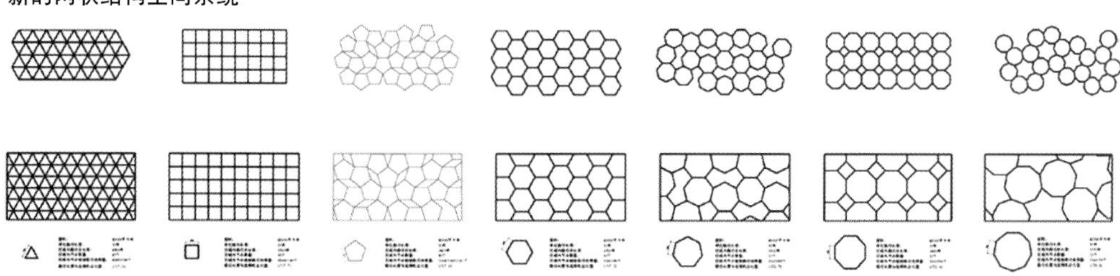

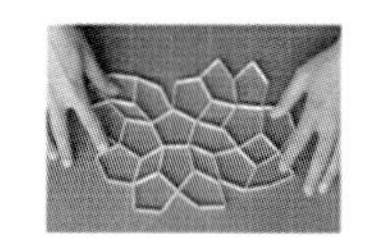

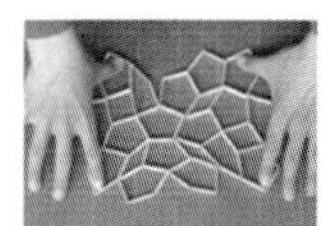
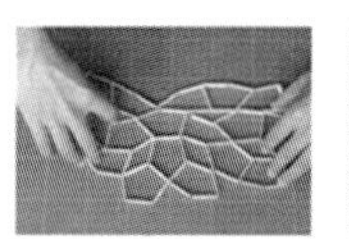

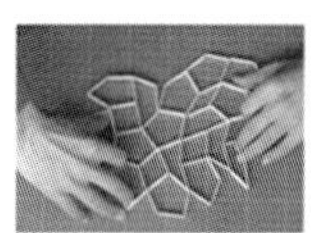

作者姓名：王志磊
课题名称：毕业设计
指导教师：周宇舫
设计时间：2007年6月

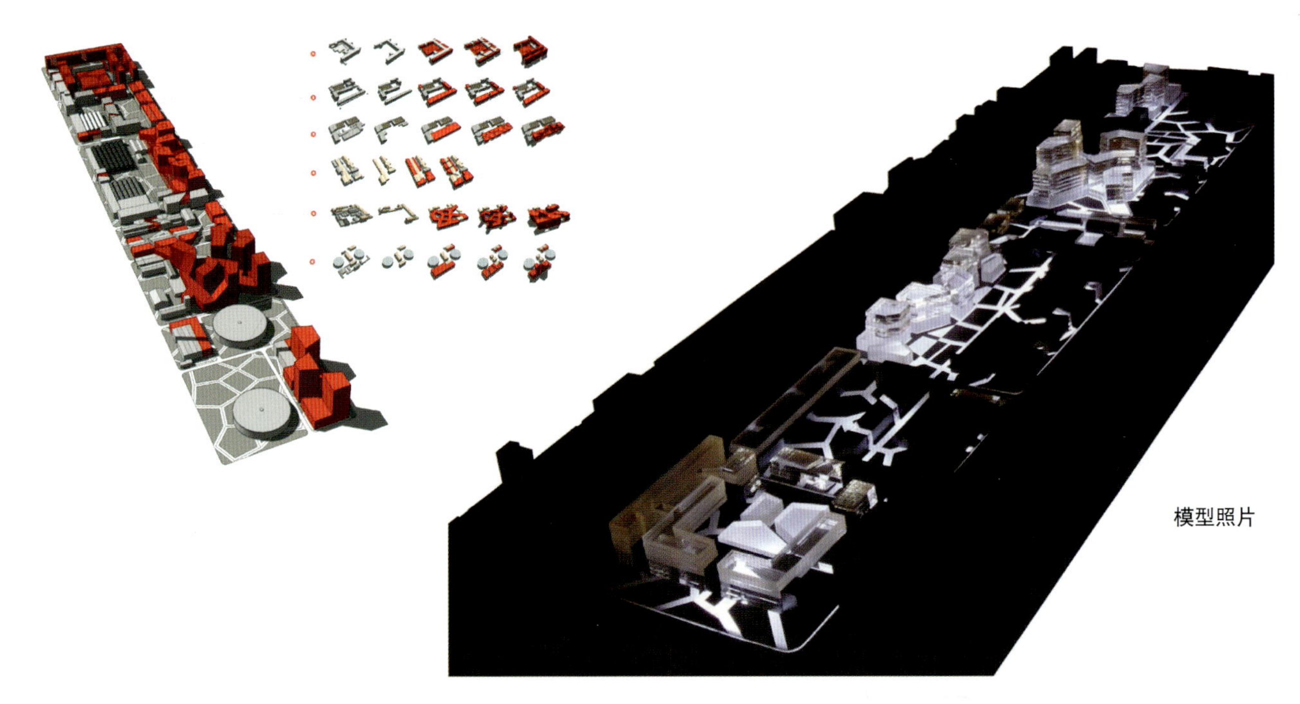

模型照片

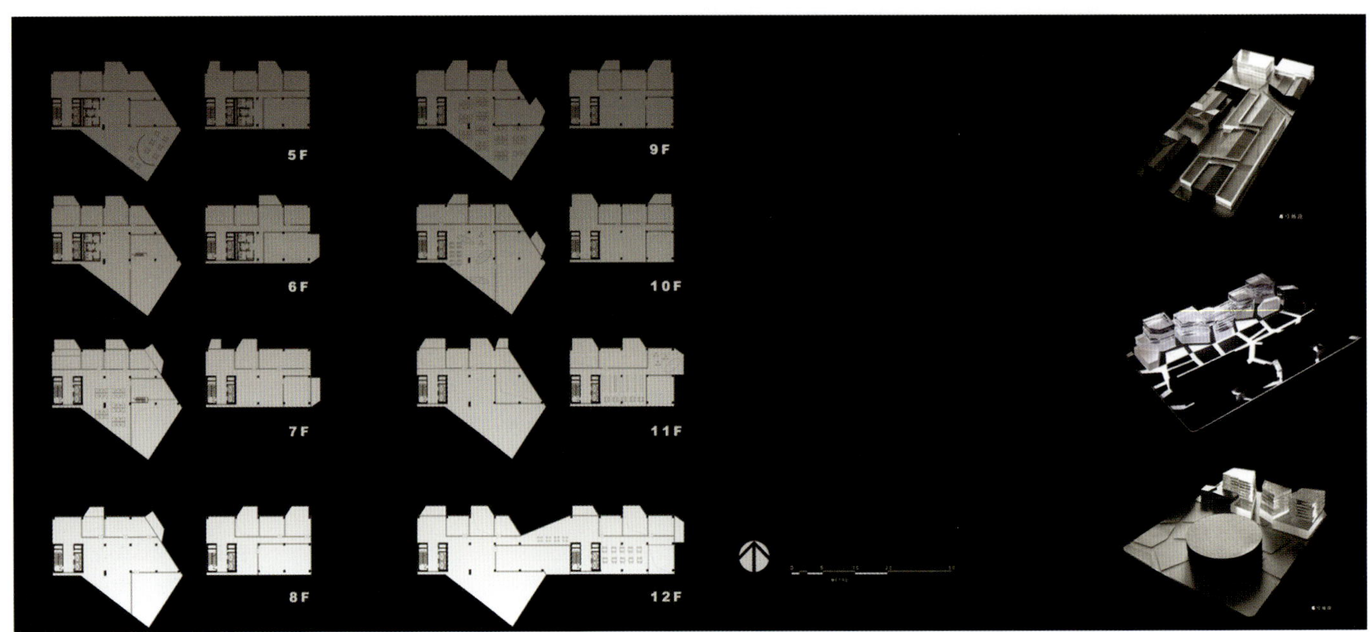

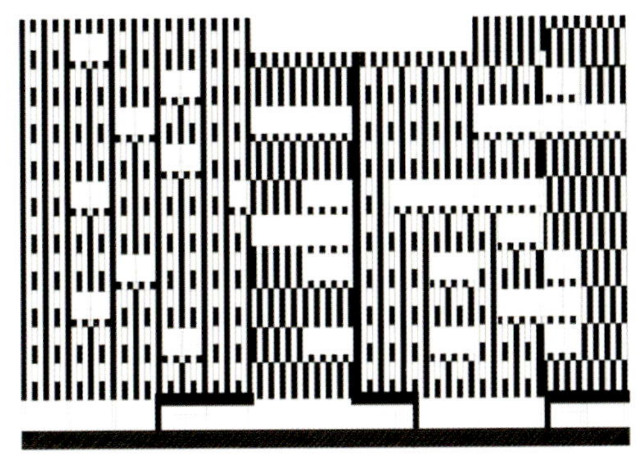

立面图

立面图

剖面图 1—1

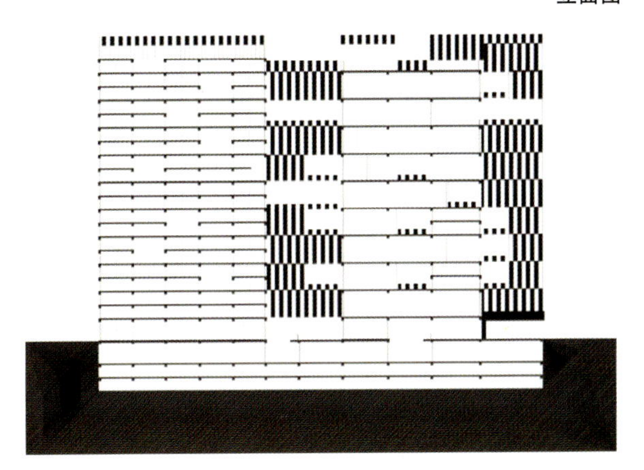

剖面图 2—2

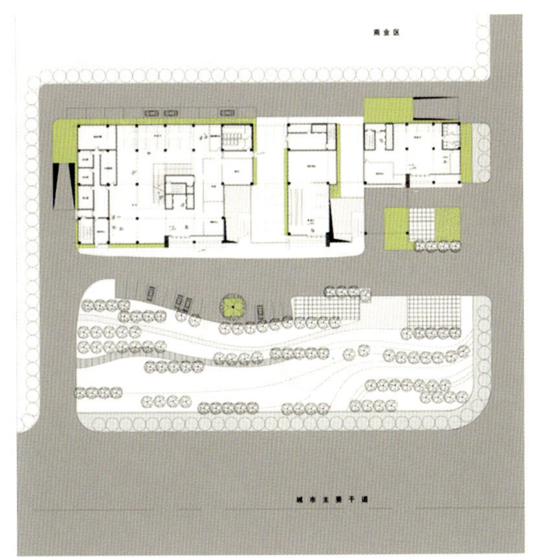

一层平面图

作者姓名：董丽娜
课题名称：毕业设计
指导教师：韩光煦
设计时间：2007年6月

高层综合体

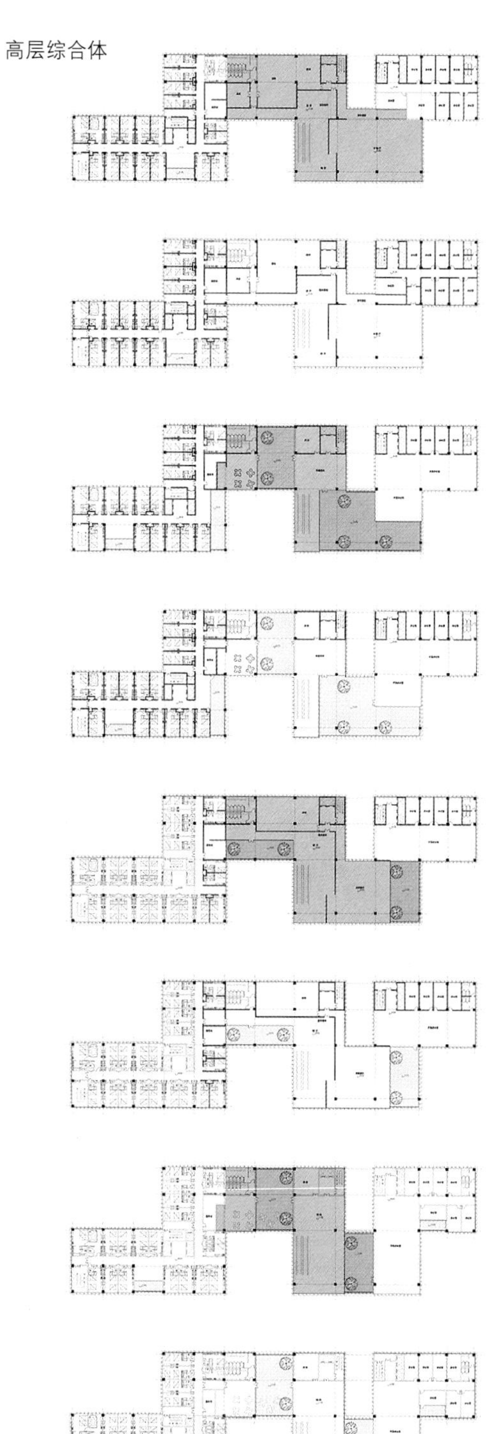

模型照片

各层平面图

模型局部照片

餐厅

厨房

大堂

作者姓名：张明晓
课题名称：毕业设计
指导教师：邱晓葵
设计时间：2007年6月

客房

You know what I said?
No.
Basically nothing!
what am I supposed to be doing here?
I thought it was very good and everything.

吧

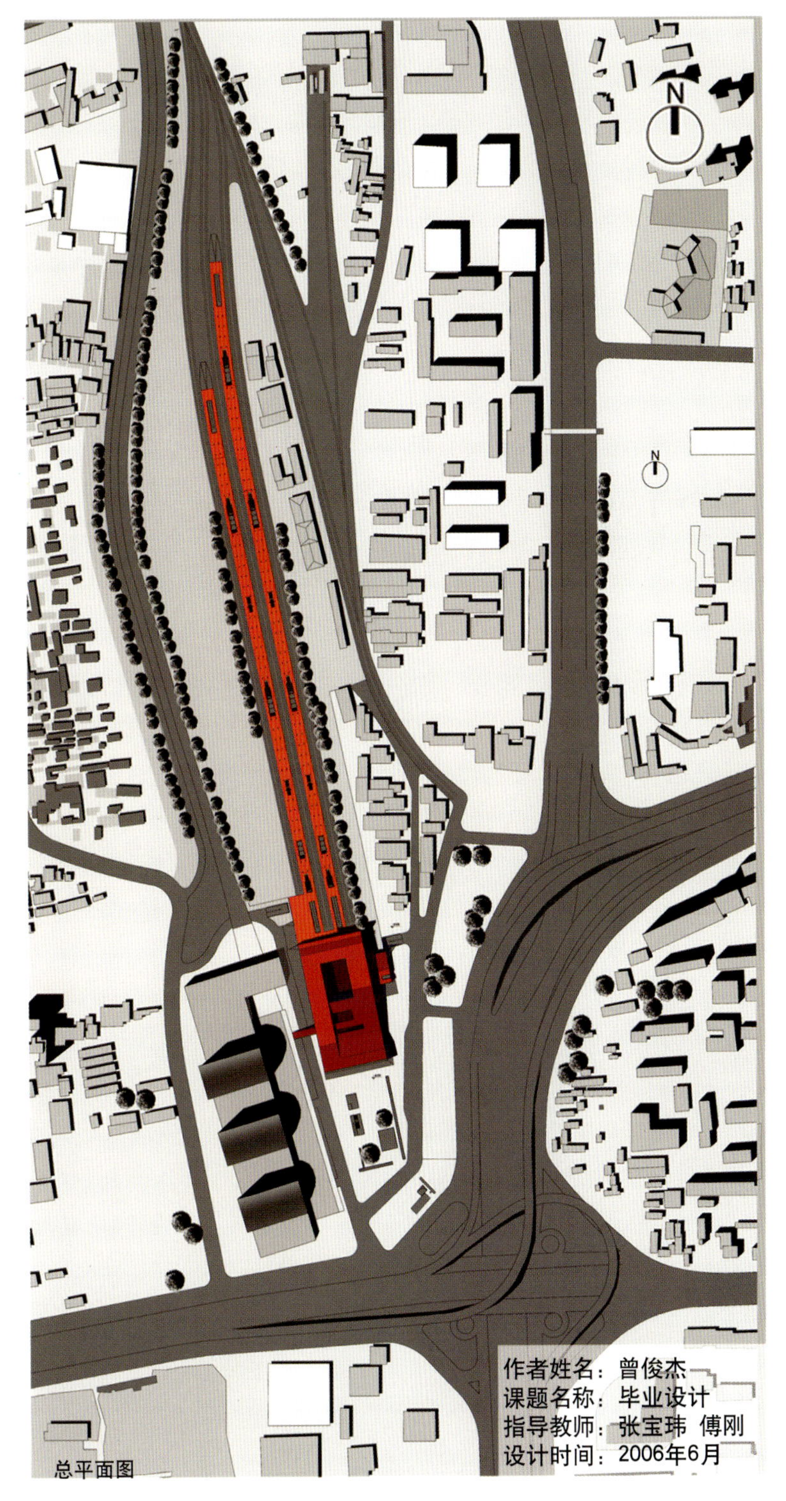

总平面图

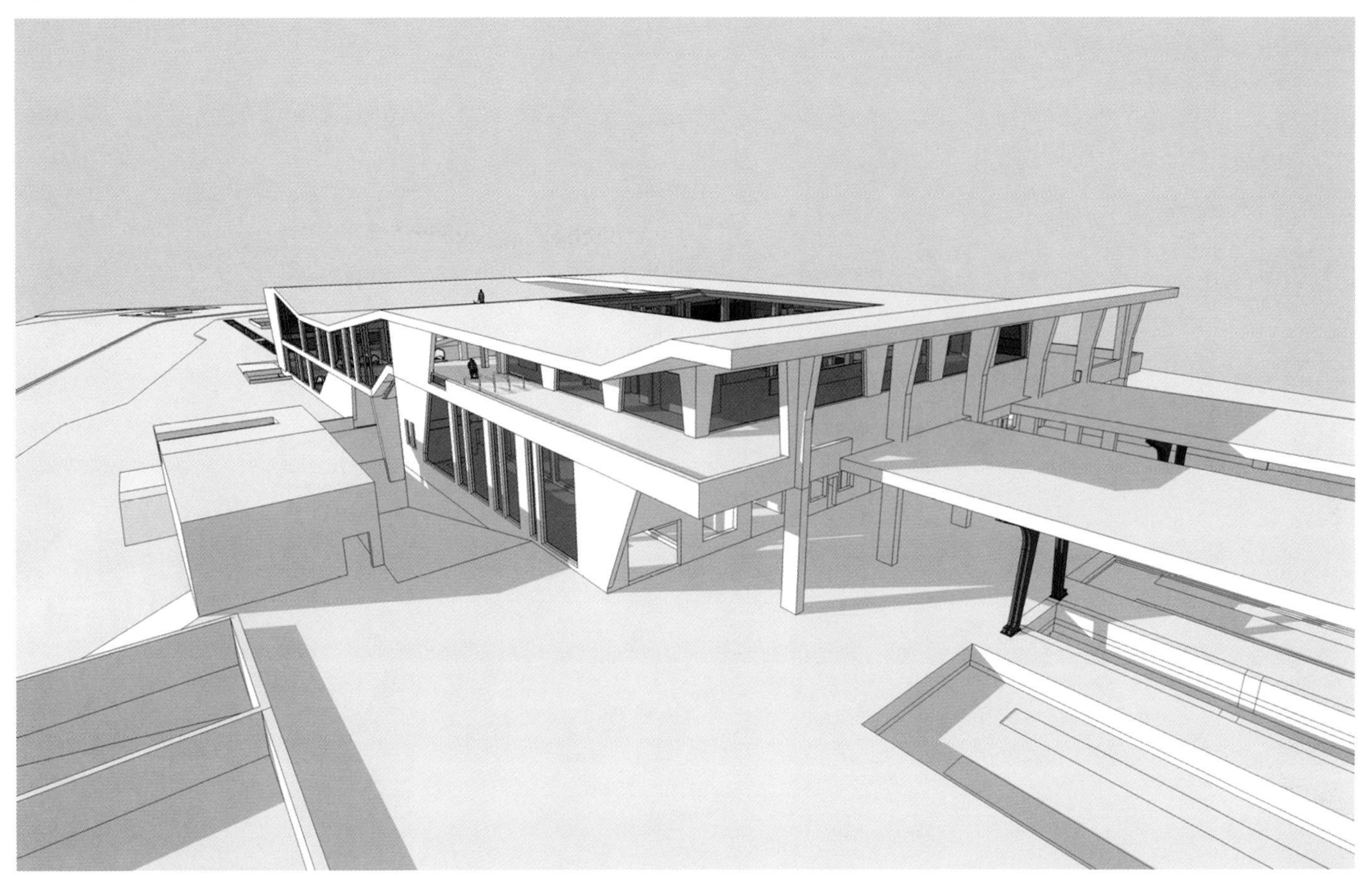

鸟瞰图

模型照片

模型照片

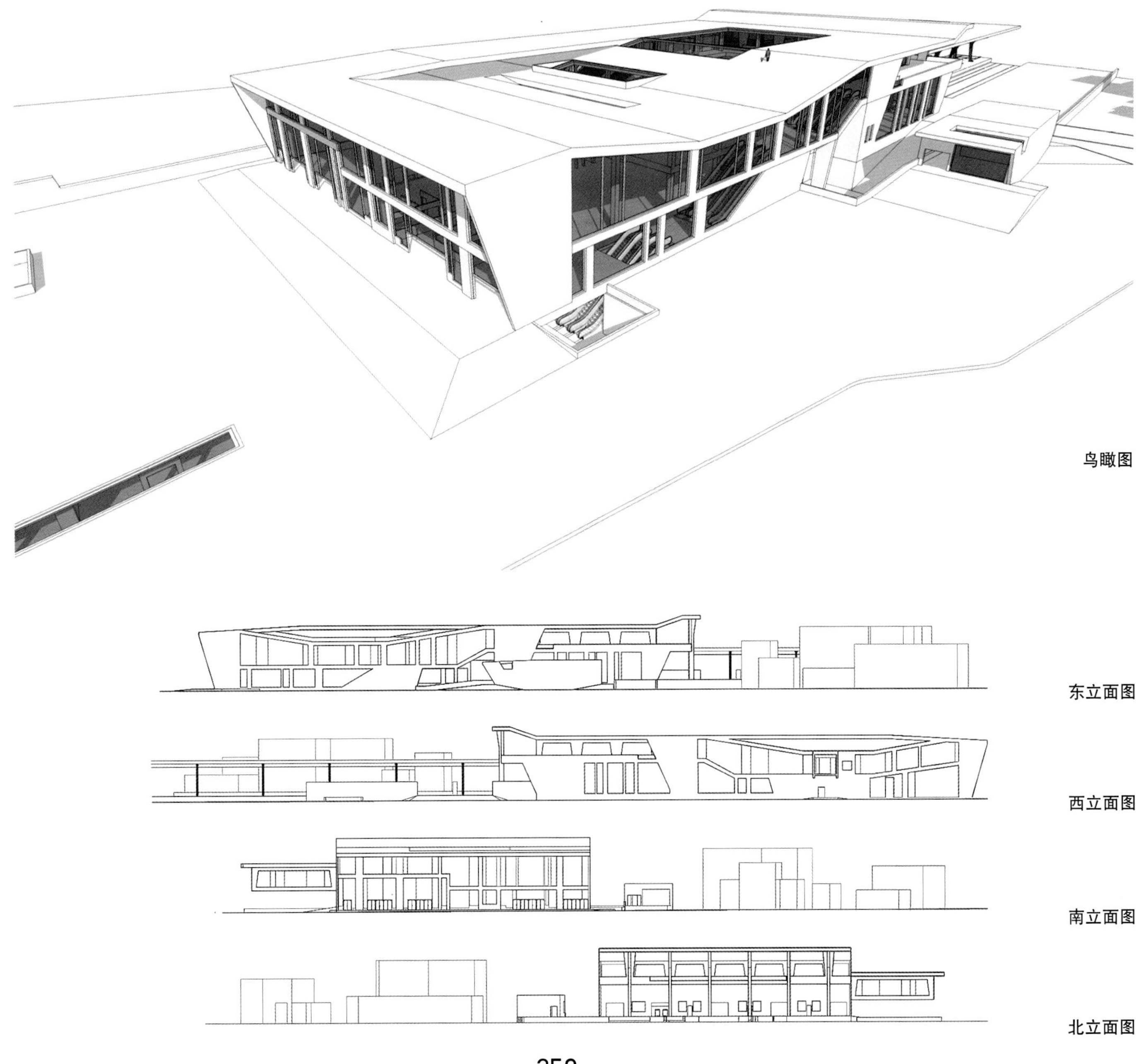

鸟瞰图

东立面图

西立面图

南立面图

北立面图

编　后　记

自从中央美术学院1993年设立建筑与环境艺术设计专业、2003年成立建筑学院以来，这是第一次以本科教学的课程体系为基本结构；以教学组织为基本线索；比较全面和集中的展示了中央美术学院建筑学院从一年级到五年级、涵盖建筑设计、室内设计和景观设计三个专业方向的优秀学生作业。

中央美术学院历来重视教学展览，并以此作为教学检查和学术交流的手段，每年有学年教学成果展、社会实习实践成果展、毕业设计展等固定展览，并从中遴选一定比例的优秀学生作业，给予奖励和作为示范。本书的学生作业大部分从这些获奖作品中挑选出来，一定程度上反映了建筑学院学生的专业水准和专业教学的整体面貌。

本书的编写过程中得到了建筑学院很多老师和学生的大力支持，在此向他们表示感谢。特别要提到的是下列老师在学生作品的收集和课程介绍的撰写方面所作的努力，他们是：王兵（造型艺术教研室主任）、王小红（基础教研室主任）、黄源、王环宇（建筑技术教研室主任）、崔鹏飞（基础教研室副主任）、周宇舫（建筑教研室主任）、崔冬晖（室内教研室主任）、丁圆（景观教研室主任），尤其要感谢虞大鹏老师（规划教研室主任）在收集内容和调整版式方面做了大量细致和繁琐的工作。

最后要感谢中国建筑工业出版社对本书出版的大力支持。

傅祎

中央美术学院建筑学院　副院长

After Word

Since 1993 when China Central Academy of Fine Arts established the majors of Architecture and Environmental Art Design, and in 2003 when it established the School of Architecture, it has been the first time to display the students' works based on the basic structure of curriculum in a full and concentrated way, covering the works of students from grade one to grade five majoring in architecture design, interior design and landscape design in the School of Architecture.

Through these years China Central Academy of Fine Arts has attached much importance to the exhibitions of students' work, which is taken as one of the means of teaching inspection and academic communication. Each year there are exhibitions such as Annual Student Work Exhibition, Social Practice Exhibition, and Graduate Thesis Exhibition etc., from which some excellent works of the students' will be selected as demonstration with awards. Most of the students' works in this book are selected from these award-winning works, which reflect the characteristics of students from School of Architecture and the integral feature of the overall teaching to some extent.

During compilation of this book, lots of support has been obtained from teachers and students from School of Architecture, and here I would extend my gratitude to them. Particularly some teachers have made great efforts on colleting students' works and courses introduction, for which their names shall be referred to: Wang Bing (Director of the Department of Fine Arts Basics), Wang Xiaohong (Director of Department of Design Basics), Huang Yuan, Wang Huanyu (Director of Department of Architecture Technology), Cui Pengfei (Vice-Director of Department of Design Basics), Zhou Yufang (Director of Department of Architectural Design), Cui Donghui (Director of Department of Interior Design), Ding Yuan (Director of Department of Landscape Design), and especially to Yu Dapeng (Director of Department of Urban Design and Planning), who is much appropriated for lots of considerate and tedious work in content collection and format adjustment process.

Finally, China Architecture & Building Press will be greatly appreciated for its vigorous support in publication.

Fu Yi, Vice President

School of Architecture

China Central Academy of Fine Arts

中央美术学院建筑学院概况

中央美术学院建筑学院正式成立于2003年10月28日，是我国第一所著名造型艺术学院与大型建筑设计院联合办学的建筑学院。中央美术学院博大深厚的艺术背景与北京市建筑设计研究院、中国建筑设计研究院环艺院强有力的设计实践平台的完美结合，为年轻的建筑学院开拓了广阔的发展前景。

中央美术学院建筑学院始终倡导密切联系艺术界和建筑界，建立集高水平教学、设计、艺术实践及理论研究为一体的教育平台，努力实现教学、科研与工程实践相结合，建筑科学、建筑艺术以及建筑文化并重，致力于培养具有艺术家素质的建筑师与设计师。

我院设置建筑设计、室内设计和景观设计三个专业，它们共同以造型艺术与审美训练、历史与人文素质训练、建筑学基本功训练与必备技术知识传授为基础，强调专业间的交融互补与学术渗透，构成三位一体、共同发展、相互促进的建筑艺术教育体系。

在教学组织上，强调宽基础、厚积累的基础与专业基础教学，三个专业方向的本科生在一、二年级接受共同的基础课和专业课教育，进入三、四年级后根据所选专业方向，进行专业内的深入学习，五年级进入导师工作室和毕业设计工作室学习。课程结构由文化共同课、艺术与设计专业选修课、专业基础课、专业表达课、专业理论课、专业技术课、专业设计课、专业实践课等八大板块构成。

在教学实践中，强调通过一系列转变体现自身特色：造型基础课程由表达训练转变为审美训练，强调审美能力的培养；专业技术课程由抽象化、定量式教学转变为形象化、概念化教学，强调专业技术思维能力的培养；专业设计课程由类型命题式教学转变为问题命题式教学，强调发现与解决问题能力的培养；理论类课程由纵向条块划分式教学转变为纵横交互式教学，强调综合艺术理论修养的培养。

在教学模式上，聘任北京市建筑设计研究院的主任建筑师和中国建筑设计研究院环艺院的室内设计师、景观设计师从三年级开始分别担任建筑设计专业和室内设计、景观设计专业学生的校外专业辅导教师。这种一对一师徒教育的模式使学生在专业学习生涯之初就有机会接受从业设计师的职业熏陶，有力地补充学校教育体系中职业教育的不足，成为当前我国建筑教育前所未有之举。

中央美术学院建筑学院现有学生571人，其中本科生501人，学制5年；硕士研究生50人，博士生研究生20人，学制3年。本科毕业生授予建筑学工学学士学位或艺术设计文学学士学位，研究生毕业授予建筑设计及其理论工学硕士学位或艺术设计文学硕士学位、设计艺术学博士学位。

Introduction to School of Architecture, CAFA

School of Architecture at the Central Academy of Fine Arts was officially founded on 28th, October 2003. It was the first architectural school in China that was co-founded by a famous fine arts academy and big design institutes. A perfect platform was constituted by combining the Central Academy of Fine Arts' prestigious artistic background with the abundant practical experience from Beijing Institute of Architectural Design and Research, and Faculty of Environmental Art & Design, China Architectural and Design Group. It created a new architectural education prototype, and provides a brand-new perspective for the newly established architectural schools.

The Central Academy of Fine Arts, School of Architecture has always been emphasizing the importance of cooperative relationship between fine arts and architecture. As a result, we created an educational platform that contains high-quality education, design, artistic practice and theoretic study and established a comprehensive system of education, research and engineering practice. We have been seeking for a parallel development among technology, art and culture, and nurturing future architects and designers with artistic aesthetics.

The school now has set up three majors including architectural design, landscape design and interior design. They all base upon the basic training of fine arts, aesthetic tutorial, historic and cultural knowledge, basic presentation skills and ce tain knowledge of technology. The school emphasizes the relationship among these three majors and creates an integrated system that allows full development in all approaches.

When it comes to the course organization, we emphasize to build a solid background for all three majors. Students at their first two years to take the common basics courses together, choose their major and take difference courses at the third and fourth year study, and then enter different studios at their last year at the school. The structure of the curriculum consists of eight parts: common courses, art and design, professional basics, presentation skills, history and theories, technology courses, design studios and internships.

In the curriculum, we also embedded a series of innovation to represent the characters of the school.In the fine art and design basic courses, we revise the presentation training to the aesthetic training in order to nurture students'aesthetic capability and acknowledgement; In the technological oriented courses, we supplement the abstract concepts with more graphic, formal illustration; In the design studios, we turn the traditional topic-oriented design into the problem-oriented design that to nurture students'capability of problem solving; In the history and theory courses, we revise the traditional chronological system into a network system with a combination of chronological and comparative method.

As for the teaching model, we started to invite tutors for each student since their third year. The tutors for architectural-majored students usually are leading architects from Beijing Institute of Architectural Design and Research, the tutors for interior and landscape design-majored students are professionals from the Faculty of Environmental Art of China Architectural Design and Research Group. This tutor-apprentice network provides students with professional education from the beginning, and supplements the education shortage from the typical academy. School of Architecture of CAFA becomes the first school to establish this prototype in the architectural education in China.

The school now has 571 students, which include 501 undergraduate students with 5 years programs; 50 graduate students and 20 doctoral students with 3 years programs. The students will obtain either Bachelor of Science in architecture or Bachelor of Arts degrees, while the graduate students will obtain either Master of Science in Architectural Design and Theory, Mater of Art in Design, or Doctor of Art in Design degrees.